中国城市科学研究系列报告
Serial Reports of China Urban Studies

中国绿色建筑2019

China Green Building

中国城市科学研究会　主编
China Society for Urban Studies（Ed.）

U0286449

中国建筑工业出版社
CHINA ARCHITECTURE & BUILDING PRESS

图书在版编目（CIP）数据

中国绿色建筑.2019/中国城市科学研究会主编. —北京：中国建筑工业出版社，2019.3
（中国城市科学研究系列报告）
ISBN 978-7-112-23359-5

Ⅰ.①中… Ⅱ.①中… Ⅲ.①生态建筑-研究报告-中国-2019 Ⅳ.①TU18

中国版本图书馆 CIP 数据核字(2019)第 035694 号

　　本书是中国绿色建筑委员会组织编撰的第十二本绿色建筑年度发展报告，旨在全面系统总结我国绿色建筑的研究成果与实践经验，指导我国绿色建筑的规划、设计、建设、评价、使用及维护，在更大范围内推动绿色建筑发展与实践。本书包括综合篇、科研篇、标准篇、交流篇、地方篇、实践篇和附录篇，力求全面系统地展现我国绿色建筑在 2018 年度的发展全景。

　　本书可供从事绿色建筑领域技术研究、开发和规划、设计、施工、运营管理等专业人员、政府管理部门工作人员及大专院校师生参考使用。

　　责任编辑：刘婷婷　王　梅
　　责任校对：王　瑞

中国城市科学研究系列报告
中国绿色建筑2019
中国城市科学研究会　主编
＊
中国建筑工业出版社出版、发行（北京海淀三里河路 9 号）
各地新华书店、建筑书店经销
北京红光制版公司制版
北京同文印刷有限责任公司印刷
＊
开本：787×1092 毫米　1/16　印张：30　字数：602 千字
2019 年 3 月第一版　　2019 年 3 月第一次印刷
定价：**76.00**元
ISBN 978-7-112-23359-5
　　　（33677）

《中国绿色建筑 2019》编委会

代　序

生态城区 ABC 模式利弊分析

仇保兴　国务院参事　中国城市科学研究会理事长　博士

Preface

Analysis on the advantages and disadvantages of Eco-district's ABC model

从国际经验来看，生态城区具有 ABC 三种模式，其利弊各不相同。A 模式是以高技术为主，不计成本，这种模式是一种乌托邦，依赖于高昂的投资与高技术，很难推广。B 模式是采用逆城市化、外部植入的措施，被动适应，其自身难以持续发展。C 模式是建造成本适当、自身可持续、可推广复制的模式，能够自我进化改进。

1　生态城区之 A 模式

A 模式有一个典型样板，就是马斯达生态城（图 1）。这种模式具有七个特点：

第一，体现工业文明的传统思路——"挑战自然"。A 模式生态城区设计时候的立意就是体现工业文明的传统思维，就是要挑战自然、征服自然、改造自然。马斯达生态城规划在沙漠中筑起 7m 高的平台，在平台上重建一个高科技的城市，大量的能耗在其建设初期就已表现出来。

第二，以"高科技、高代价、高指标"来追求零排放。却不计城市建设过程中会产生多少温室气体的排放。

第三，为了新技术的集成、使用而设计城市，而不是为了人的生活更美好。即使城市设计得非常精准、非常减排，但是城中人的生活很枯燥，这样的城市是不可持续的。

第四，需要长期的研究过程充满不确定性——学院先建。因为是在沙漠中建造一个新的城市，所以存在着巨大的不确定性。马斯达生态城建设过程中选择与美国的 MIT（麻省理工学院）合作，建了一个沙漠的 MIT，来消除这种不确定性。这个做法是对的，但是成本异常高昂。

第五，昂贵的建造维护费用，使项目难以进行。总规划 5 万人的城市，居然要 220 亿美元的投资，而后续投资规模还不止于此。所以很多项目从一开始建设就难以持续进行。

图 1　A 模式生态城区案例（马斯达生态城）

第六，由于超高的投资，不具可复制推广性。现在所谓的高技术很可能就变成明天的低技术，马斯达生态城用了个人快速公交系统（PRT），这个系统道路专用，且自动化，同时也非常昂贵。但是现在无人驾驶问世之后，这个技术马上变成了低技术。虽然前面大量的投资但这个技术不可复制，没有推广意义。

第七，忽略了城市改造的渐进性及居民的自主创新能力——"低碳的居住机器"与人的行为无关。"罗马不是一天建成的"，城市是基于居民的自主创新能力靠人民逐渐建成的。而马斯达这种低碳的居住机器，却把人和人为节能因素排除在外，这样的城市保证不了真正的绿色高质量。人与建筑、建筑与周围气候互动，为了人的生活状态具有气候适应性，这才是绿色高质量的真谛。

2　生态城区之 B 模式

B 模式认为，生态城区可以跟城市化没有关系；可以外部植入一个系统，而跟当地系统没有关系；可以被动地适应，跟人的主体行为没关系。对于这样一种模式，人类也做了许多的探索，但这也是一种乌托邦。

杰出的意大利建筑师保罗·索莱里认为，城市代表着高碳和问题，而不是解决之道。必须要离开城市，才能回到低碳绿色的田园里面去。所以他私人出资，在美国亚利桑那州建设了一个绿色社区——阿科桑蒂（图2）。来自全世界的1500多个志愿者参与了这个项目，但20多年过去了，这个项目依旧非常艰难。

图2　B模式生态城区案例（阿科桑蒂）

无独有偶，中国辽宁黄柏峪村中美低碳示范项目也采用了这一种模式。它忽视本地化的低碳材料和传统智慧，外部植入低碳"新子系统"，建了上百个所谓节能的绿色别墅（图3），但是这些别墅跟当地人的居住习惯背道而驰，导致所有的建筑现仍空置。阿科桑蒂、黄裕村这些事例都告诉我们这条路也走不通。

图3　B模式生态城区案例（中国辽宁黄柏峪村中美低碳示范项目）

在B模式指导下的所谓低碳社区中，没有汽车、电视及任何现代化的通信设施，这种被动的适应性完全排除机动化和城市化，居民被迫保持非常低碳的原始生活，居民生活在其中非常单调。而实际上，人们千里迢迢到此参加修建"生态城"，其交通工具上所排放的CO_2，比节省的还要高出许多倍。

B模式错误地认为市场的机制能够自发促进城市演变到绿色发展阶段，演变到低碳发展的阶段。这是完全不可能的，因为市场机制解决不了$PM_{2.5}$问题，市场机制更解决不了低碳环保和气候变化等问题。而是需要我们聪明的政府，运用恰当的技术和政策来逐步来解决这些问题。要依靠人的价值观，依靠人类共同命运，才能解决！

3 生态城区之 C 模式

C 模式就是这种背景下提出来的。C 模式成本适当，其自身是可持续的，而且它可以不断与环境、与气候自适应式进化，可以推广和复制。中国－新加坡、中国－法国、中国－德国、中国－芬兰等中外合作项目，都取得了成功，证明了此模式的适应性。

第一，有整体长远的战略目标，确立城市的长远发展规划，运用三维立体思维，归结到以人为本。

第二，立足城市规划，尊重自然生态、本地历史文化和普通居民的利益、有创造力的规划管理过程，使城市具有持续减碳的自进化能力。

第三，紧凑、混合的城市空间与宽敞的田园和自然山水，是非常重要的空间规划原则，尽可能地降低对山丘、河道湖泊、绿地的干扰（图4）。

图 4 中新天津生态城

第四，绿色交通设计与用地模式相融合，把轨道交通与微交通联系在一起。只有亚洲的一些城市是紧凑的、混合的，人均交通碳排量非常低。所以要用一个大的历史观来判断理论的正确性，来判断实践道路的正确性。

第五，持续优化可再生能源和材料的循环利用系统（微能源）。要坚持分布式的能源系统，采用微能源来代替工业能源那种中心控制式的大能源系统。

第六，设计与推广适应本地气候的绿色建筑。一个建筑在夏季、冬季的性能是不一样的，建筑的本质是为了人的生活更美好，所以绿色建筑跟健康建筑是一个必然的创新方向。

第七，采用合适的技术为主。跟时代同步的技术而不是昂贵的高技术，新城建设与旧城改造能同时适应。城市建设是一个过程，把城市规划分隔成几个时间单元进行量的评估、过程的评估，然后进行信息化的管控。让城市的每一步都进行规划先导的评估、技术和费用的评估，并把规划的过程跟信息化结合在一起。

互联网就是一个万物互联，5G 时代使我们的感知能力可以提高上百倍，从而使智慧治理城市得到实现。

新的国家标准《绿色生态城区评价标准》GB/T 51141—2017，把土地利用得紧凑、混合，控制自然生态环境的质量以及修复的程度，规定绿色建筑的个数以及等级，要求资源、能源的循环利用与低碳排放，规定绿色交通的比率及发展趋势，并且把绿色的发展与产业的发展组合在一起，提升人的积极性和价值观。

小　结

综上所述，首先要防止 A、B 模式的"低碳陷阱"。第二，C 模式，就是传统智慧、使用的新技术、现代智慧技术和合理城市规划的最佳组合。第三，"以人为本"是生态城设计建造的灵魂，减碳/投入效率高、自身可持续、可复制、内生自我改进升级能力。第四，绿色建筑、健康建筑是生态城的细胞，也是城市韧性的基础，应与城市共同进化、自我更新、协同"绿化"。

前　言

党的十九大报告提出"我国社会主要矛盾已经转化为人民日益增长的美好生活需要和不平衡不充分的发展之间的矛盾",要求要"加快生态文明体制改革,建设美丽中国","实施健康中国战略"。我国"美丽中国"建设和"健康中国"建设发展进入新时代。绿色建筑被赋予了"以人为本"的属性,以人民日益增长的美好生活需求为出发点,以建筑使用者的满意体验为视角,定位从之前的功能本位、资源节约转变到同时重视建筑的人居品质、健康性能,逐步向高质量、实效性和深层次方向发展。

本书是中国绿色建筑委员会组织编撰的第12本绿色建筑年度发展报告,旨在全面系统总结我国绿色建筑的研究成果与实践经验,指导我国绿色建筑的规划、设计、建设、评价、使用及维护,在更大范围内推动绿色建筑发展与实践。本书在编排结构上延续了以往年度报告的风格,共分为7篇,包括综合篇、科研篇、标准篇、交流篇、地方篇、实践篇和附录篇,力求全面系统地展现我国绿色建筑在2018年度的发展全景。

本书以国务院参事、中国城市科学研究会理事长仇保兴博士的文章"生态城区ABC模式利弊分析"作为代序。文章对三种模式进行利弊分析,指出适合我国的生态城区发展方向。

第一篇是综合篇,主要介绍了我国绿色建筑发展的新动向、新内容、新发展和新成果。阐述了包括智慧城市、北方清洁供暖、绿色校园、建筑碳排放、国家绿建标准修订、抗震建筑、海外实践、绿色建造、海绵城市建设等推动绿色建筑高质量发展的举措,提出绿色建筑实效化发展的建议。

第二篇是科研篇,从规划设计方法与模式、建筑节能与室内环境、绿色建材、建筑工业化、建筑信息化等多个角度,阐述我国现阶段重点研发项目的背景、目标、主要任务等。

第三篇是标准篇,本篇选取1个国家标准、1个行业标准、1个协会标准,分别从标准编制背景、编制工作、主要技术内容和主要特点等方面进行介绍。

第四篇是交流篇,本篇内容是由中国城市科学研究会绿色建筑与节能专业委员会各专业学组共同编制完成，旨在为读者揭示绿色建筑相关技术与发展趋势，推动我国绿色建筑发展。

第五篇是地方篇，主要介绍了北京、天津、上海等 10 个省市开展绿色建筑相关工作情况，包括地方发展绿色建筑的政策法规情况、绿色建筑标准和科研情况等内容。

第六篇是实践篇，本篇从 2018 年的绿色建筑项目、绿色生态城区项目中，遴选了 10 个代表性案例，分别从项目背景、主要技术措施、实施效果、社会经济效益等方面进行介绍。

附录篇介绍了中国绿色建筑委员会、中国城市科学研究会绿色建筑研究中心、绿色建筑联盟，并对 2018 年度中国绿色建筑的研究、实践和重要活动进行总结，以大事记的方式进行了展示。

本书可供从事绿色建筑领域技术研究、规划、设计、施工、运营管理等专业技术人员、政府管理部门、大专院校师生参考。

本书是中国绿色建筑委员会专家团队和绿色建筑地方机构、专业学组的专家共同辛勤劳动的成果。虽在编写过程中多次修改，但由于编写周期短、任务重，文稿中不足之处恳请广大读者朋友批评指正。

本书编委会

2019 年 1 月 31 日

Foreword

The report of the 19th CPC National Congress puts forward that "major social contradictions in our country have been transformed into contradictions between the people's growing needs for a better life and unbalanced and inadequate development", and called for "accelerating the reform of the ecological civilization system to build a beautiful China" and "implementing the strategy of a healthy China". The construction of a "beautiful China" and a "healthy China" has entered a new era. In the new phase, green buildings have been given the "people-oriented" attributes, focusing on people's growing demand for a better life and the satisfaction of building users. From emphasis on functions and resources-saving, more attention is paid to quality, health and performance of buildings.

This book is the 12th annual development report of green building compiled by China Green Building Council, aiming to systematically summarize the research achievements and practice experiences of green building in China, guide the planning, design, construction, evaluation, utilization and maintenance of green building nationwide and further promote the development and practice of green building. The book continues to use the structure of the former annual reports, and covers 7 parts including general overview, scientific research, standards, communication, experiences, engineering practice and appendix. It aims to demonstrate a full view of China green building development in 2018.

The book uses the article of Dr. Qiu Baoxing, counselor of the State Council and Chairman of Chinese Society for Urban Studies, as its preface, which is titled "Analysis on the advantages and disadvantages of Eco-district's ABC model". This paper analyzes the advantages and disadvantages of the three models, and points out the development direction of ecological urban areas suitable for China.

The first chapter is General Overview. In this part, the new trend, content, development and achievements of green building in China are introduced. And measures for the high—quality development of green buildings such as smart city, clean heating in north China, green campus, building carbon emission, revision of national green building standard, seismic building, overseas practice, green construction, sponge city construction, etc.

The second part is about scientific research, which introduces the background, objectives and main tasks of key research and development projects in China are expounded from multiple perspectives, such as planning and design methods and models, building energy conservation and indoor environment, green building materials, building industrialization, building informatization.

The third chapter is about standards. In this part, one national standards, one industry standard and one association standard are selected to introduce the compilation background, compilation work, main technical content and main characteristics of the standards respectively.

The forth chapter is about academic communication. This paper is jointly compiled by the professional group of CGBC, aiming to reveal the related technologies and development trends of green building for readers and promote the development of green building in China.

The fifth chapter is Experience, which mainly introducing the related work of green building in Beijing, Tianjin, Shanghai and other ten provinces and cities, including the local development of green building policies and regulations, green building standards and scientific research.

The sixth part is Engineering Practice. In this part, 10 representative cases were selected from the green building project and green ecological urban area project in 2018, which were respectively introduced from the aspects of project background, main technical measures, implementation effect and social and economic benefits.

The appendix introduces China Green Building Council, CSUS Green Building Research Center, provides a list of projects of 2018 National Green Building Innovation Award. It also summarizes research, practice and important activities of green building in China in a chronicle way.

This book should be of interest to professional technicians engaged in technical research, planning, design, construction and operation management of green building, government administrative departments, and college teachers and students.

This book is jointly completed by experts from China Green Building Council, local organizations and professional associations of green building. Any constructive suggestions and comments from readers are greatly appreciated.

Editorial Committee

January 31, 2019

目　录

Contents

第一篇 | 综 合 篇

　　中国的绿色建筑推广与实施，十年有余。我们以"四节一环保"的常规技术深化细化，开始向区域及高科技方向发展，最典型的就是实施城镇化和应对气候变化中的绿色内涵。中央政府强调"人工智能"是全球新一代的技术革命，中国的工程技术人员必须开拓及掌握这项新技术。而智慧城市是"人工智能"的重要载体，所以高科技的智慧化在绿色城市、城区及建筑中必须引起高度重视。

　　北方城镇供暖是我国建筑能耗和碳排放比例中最大的一块，中央领导对此作出系列指示，本篇请权威专家撰文介绍北方城镇清洁供暖的政策及技术对策。基于我国绿色校园在标准、青少年、科普教育、系列丛书、绿色优秀青少年评选等系列活动，已走在国际前列的情况下，我们请大学领导亲自撰稿介绍这方面工作，使国内外同仁了解中国的绿建发展，植根于青年一代，是我国软硬同时推进绿色的重大战略。中国政府扛起气候变化与减碳行动全球行动的大旗，本篇介绍中国在节能减排尤其是建筑碳排放方面的方针政策及技术措施，建筑碳排放的要点分析，及生动的案例示范。绿色建筑是多专业的技术集成，建筑师是建筑项目的领头人，他们越来越感悟到，建筑专业应担当起绿色建筑创新的前行者。国标《绿色建筑评价标准》的修编，无疑是本年度绿建工作中的一件大事，编制组在短时间内，通过高强度的努力工作，创新理念，比较完美地编出具有中国特色的新版标准。针对我国众多的建筑灾害，特别是影响面广、灾害强度大的地震，必须建设新型的韧性城市，确保人民生命财产的安全。由于中国是个缺水国家（北方资源型缺水，南方是水质型缺水），海绵城市尚处于起步阶段，有待深化、细化的可持续发展。我国五千万建设大军中，施工队伍占了很大比例，他们从工程总承包、智慧建造、建筑工业化、绿色建材、强化人才建设五个方面提出了新型建造方式。日本工程院院士还介绍了用中国绿建评价标准对日本的一栋办公楼进行绿色评价，谈出了他们的新的体会。

期盼读者通过本篇内容，对中国绿色建筑发展的新动向、新内容、新发展、新成果有一个新的认识，鼓励中国的绿色建筑在新时代中走向一个新的高度！

Part 1 | General Overview

China has been engaged in the promotion and implementation of green buildings for more than ten years. We have deepened and refined the conventional technology of "A green four sections" and started to develop in the direction of regional and high-tech, to implement urbanization and deal with the green connotation of climate change are the most typical. The Central Government stresses that "Artificial Intelligence" is a new generation of technological revolution in the world. Chinese engineers and technicians must develop and master this new technology. Intelligent city is an important carrier of "artificial intelligence", so in green cities and urban areas and buildings, the intelligence with high-tech must be paid great attention to.

Urban heating in North China is the largest proportion of building energy consumption and carbon emissions in China, on which the central leadership has issued a series of instructions. The authoritative experts are invited to write an article to introduce the policy and technical countermeasures of clean heating in northern cities and towns. Based on Green Campus in China, the relevant standards, popular science education for adolescents, series of books, green excellent youth selection and other series of activities have take the forefront in the international. Under such circumstances, we invite university leaders to contribute to the introduction of this work, so that colleagues at home and abroad can understand the development of green construction in China. Educating the younger generation is an important strategy to promote green building in China. The Chinese government is charged with the task of global action on climate change and carbon reduction. This paper introduces China's policies and technical measures in energy saving and emission reduction, especially in building carbon emissions, the analysis of key points of building carbon emissions, and the demonstration of living cases.

Green building integrates multi-professional Technology. Architects are the leaders of architectural projects, more and more, they realize that architects should be the pioneers of green building innovation. The revision of the national standard 《Evaluation standard for green building》 is undoubtedly a major event in this year's green building work. In a short period of time, the compilation team has worked hard, innovated ideas and compiled a relatively comprehensive new edition of standards with Chinese characteristics.

In view of the numerous building disasters in China, especially the earthquakes with wide influencing areas and high with high frequency and intensity, we must build a new type of resilient city to ensure the safety of people's lives and property. Because China is a water-scarce country (The Shortage of Water Resource in the north and the shortage quality of water in the South), Sponge city is still in its infancy and needs to be deepened and refined for sustainable development. Among the 50 million construction personnel in China, the construction team accounts for a large proportion. They put forward new construction methods from five aspects: general contracting, intelligent construction, construction industrialization, green building materials and strengthening talent troops construction.

We are looking forward for readers to have a new understanding of the new trends, new contents, new developments and new achievements of China's green building development, and help China's green building make great achievements in the new era.

1　5G 时代的智慧城市设计初探
——基于复杂适应理论视角

1　Research on intelligent urban design in 5G era
—based on a complex adaptive systems perspective

1.1　5G 时代智慧城市的特点和技术创新

从复杂适应理论角度来看，人类早已拥有的第一代系统论（以控制论、信息论、一般系统论为主）和第二代系统论（以耗散结构、突变论、协同论为主）而言。这两代系统论都没有清楚地表达作为系统的主体的自主性、能动性、适应性、深度学习的能力，而是对主体进行了简化。这样一来，这两代系统论就难以对大量现实世界的有机、社会和经济等复杂系统进行解释，因而，在 20 世纪 90 年代，科学家们进一步提出了第三代系统论——复杂适应理论，即 CAS（Complex Adaptive System）。

复杂适应理论认为系统中每个主体都能对外界的信息做出适度的反应，并且能够根据这些信息和经验进行深度的学习转型，继而自适应地应对外界的变化。系统就是因为这种潜在的力量与能动性不断变化和演进发展的，这是现实社会不断演变的事实依据，只不过以前被我们简化忽视了。与此同时，我们即将迎来一个新通信时代的到来——5G 时代。

从图 1-1-1 中我们可以看到，中国会是最早将 5G 时代投入应用的国家之一。有必要强调的是，5G 将会给我们创造一个人类历史上前所未有的、彼此时刻保持紧密联系的社会。这样的一个新社会对于智慧城市技术创新将会带来什

图 1-1-1　5G 网络商用时间表

么样的影响呢？我们只能做初步的探索，因为正如因创立耗散结构理论而获得诺奖的普里戈金所指出的那样："当前世界上唯一能确定的就是不确定性"，我们只

能在充满不确定性的汪洋大海中发现几个隐隐约约的"确定性小岛"。

1.2 智慧城市的主体简化

虽然智慧城市的主体是复杂的具有自适应的，同时也是千变万化的，但是所有的主体的活动也会有某些共同的特征。这些特性就可以简化为四个方面：第一，感知环节；第二，运算的环节；第三，对运算结果执行的环节；第四，对执行结果反馈的环节，这四个方面构成了一个闭环，并且无限循环。

图 1-1-2 智慧主体的四大能力

而现代城市正是由成千上万个这样具有四个环节运行能力的主体所构成。这就是我们认识到的智慧城市的主体，认识到 CAS 的精华——智慧主体的四大能力（图 1-1-2）。

5G 将带领我们走向一个前所未有的主体间"不间断"联系和无所不在连通，对环境无所不在进行感知、运算、执行和反馈的时代，基于 CAS 理论，5G 时代的智慧城市设计将衍生出六个新原则。

1.3 智慧城市设计六个新规则

首先，智慧城市赋予了现代城市一个"新集聚"状态，而伴随着城市多样性的不断增强，"多样性"是一切创新的源头，然后催生一个能够准确预知近期内将发生的变化"内部模型"，并且它会带来一个"流"的空间，主体基于固有的经验、现有的知识"模块"，这些模块能够进行无限的组合产生复杂的新系统，更能够使城市每一个方面都具有不同的特征，这些特征将有可能产生更大的互补共振效应。这是 CAS 的六大基点，也是系统中无数主体在任何复杂环境的作用之下，六个相互作用的基本规律。我们用这个基本规律来看现在的城市发展。

2000 多年来，在人类追求城市文明的过程中，永远记住了古希腊哲学家亚里士多德说过的那句话："人们为什么到城市里来，因为城市的生活更美好"。由此可见，任何时代，城市首要的目标应该是活力宜居；第二目标是绿色智慧、可持续发展；第三目标，是构建安全的、韧性的、无坚不摧的城市。任何一个城市只要符合这三大目标，它就是一个理想的"铁三角"城市（图 1-1-3）。城市的发展理论千变万化，城市的乌托邦也无穷无尽，但是这三大城市目标始终千古不变。那么，5G 时代到来，我们便有新的手段来实现这三大目标。

1.3.1 新规则之一：新集聚

首先，我们用 CAS 理论来看"新集聚"。因为城市的主体是多层次、能够千变万化的，但是每一个主体都有自我的能动愿望、都能够感知、都有智能、都能够运算执行反馈。现代城市之所以具有防灾减灾的韧性实际上是由于这些具有"自适应能力"的多主体集聚的结果。这与第一代系统论和第二代系统论所说的旧集聚有相似性——集聚有时也会带来新混乱，因而对韧性具有两重性。

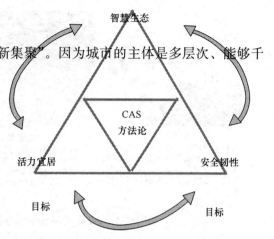

图 1-1-3 理想城市"铁三角"目标模型

更重要的是，新集聚能够给城市带来新科技创新。根据联合国教科文组织定义：把人类的知识分为两种，一种是"显性知识"可以在网上可以做成代码传输，而另一个知识则叫做"隐性知识"，隐性知识占人类知识的 90% 以上，只有隐性知识的碰撞、争论、相互交换才能够使创新在不可预知中涌动或者爆发，所以隐性知识事实上是创新的源泉。

正如城市主体的新集聚模式对系统结构的影响虽然是隐性的，但同时也是具有主导性的。这也就解释了人类为什么会在城市里面聚在一起，为什么在互联网时代大城市会更加集聚，更加繁荣。

在互联网时代，人们更需要坐在一起讨论，更加需要捕捉演讲者交流者所有的肢体语言跟潜在的信息，因为这其中包含着 90% 的隐形知识。而 5G 技术将让人工智能无处不在，让所有的东西无处不连、无处不智，同时又让空间"压缩"在一起。万物互联、万物集聚、万物智能的时代是我们可以期待的，这是由于 5G 应用的第一个场景——即海量的即时通信带给人们的惊喜（图 1-1-4)。

5G 既能保持低功耗、小数据化的状态，同时还能支撑巨大的连接数——5G 时代一平方公里的空间内可以接入 100 万个传感器，这是 4G 时代的成千上百倍。这样的一个无处不在的连接，把所有的微不足道的事物，比如一支钢笔、一件衣服、一个帽子等，都可以通过互联网联结，都可以变得对环境有感知，能够自主运算、执行、反馈的智慧主体。可以想象，未来我们人类身上可能会带着无数个新智慧主体。

我们的人工智能从一开始的计算智能走向感知智能再到认知智能，进一步走向环境和情感智能（图 1-1-5)，而且人工智能越来越与人类的生活密切结合在一

智能家居
所有家居产品互通互联，由计算机通过大数据学习主人行为习惯，根据天气状况自动调节室内温度湿度，根据主人行为调节室内灯光

智能农业
随时监测农作物生长状态，传感器采集数据，处理器大数据分析，根据土壤、空气、未来天气预期进行灌溉和施肥

车联网
分析城市所有汽车的位置状态信息，规划路线，提示停车位，预防交通事故

图 1-1-4　5G 应用场景——海量机器类通信 mMTC

起，一切变为可携带式。我们现在的手机——华为，已拥有 20 多个传感器，将来手机将有上百个传感器，未来这种传感器在城市的 5G 空间里将变得无所不连。

图 1-1-5　计算智能—感知智能—认知智能—环境/情感智能

1.3.2　新规则之二：多样化

"多样化"是一切创新的源头，没有多样化就没有科技、文化等领域的创新，没有新的知识"组合"。所以 CAS 系统总是动态的，总是实时的，而且充满着协调性，在细节上充满着适应性，对环境、信息、干扰无所不在的坚韧不拔的应对，从而形成不断增长的适应性。

这种适应性正是所有城市活力的源泉，5G 技术为城市创造了新的连接空间，新的连接方式和新的多样化产生方式，城市比以往任何时代都更具多样化，同时也使"多样化"在多个层次（区域、城市群、都市圈等）更加聚集。

城市"多样化"是怎么产生的呢？因为作为一个系统，能够自主产生新主体，这个新主体所占生态位和原来的旧主体是一样的，但是它在细节上进化了，并产生了突变，这种进化和突变实际上就是一种创新。这种突变使"多样化"有了差别，而随着"多样化"特点在城市里更加普遍，并且越来越常见，任何一个生态系统它将越具备多样性和具备突变的广泛性的特点，而正是由于这些特性构成了城市的"韧性"，使城市更能对外来的干扰有抵抗力和转型力。

因此，在这种情况下，通过对无数多样性通道的扩展，城市将会衍生出更加多样性的创新和主体多样化爆炸式的涌现。5G有一个典型应用就是"增强移动宽带"（图1-1-6），并有希望将"万物"变成传输载体，这将大大降低"宽带"成本。我们的VR虚拟现实或者增强虚拟现实可加速人与人之间的互动。使人们远距离的互动，就好像近在咫尺之间，好像伸手可以触摸，这就是把多种层次的知识聚集在一起后的应用效果。

超高清视频通话

超高清直播

3D电影

图 1-1-6　5G 应用场景——增强移动宽带 eMBB

1.3.3　新规则之三：流

众所周知，现代化的城市就是一个高度机动化的城市，是无限通达的城市，是四通八达的城市。继而使城市产生能量流、物质流、信息流、知识流，更重要的是5G将带来价值流动和资产流动，这些一旦流动起来将会产生高倍数的"乘数效应"和"循环强化效应"，任何系统之间这些效应的"N次"叠加将产生难以预测的发展模式与演变方向。

现代城市是一个高度的"流"空间，而5G就使各类"流"的特性得到了数倍的强化，使价值也开始流动。5G时代跟4G时代及2G、3G的巨大区别，就是5G时代是一个D2D的时代，任何一个手机跟移动端可以相互之间组成一个微网络（图1-1-7），微网络信息传输不但方便而且成本非常低。即使整个网络瘫痪了，但是微网络仍然存在，仍然有活力。

区块链号称物联网的2.0，物联网的1.0是信息的物联网，传输的是编码信息，而物联网的2.0则将是价值的互联网。价值的互联网是借助于我们的区块链使价值能够"无成本、无摩擦"超越空间流动，继而使价值能够高效、安全的传递是2.0互联网的特征，这个特征在5G时代将被高度强化（图1-1-8）。

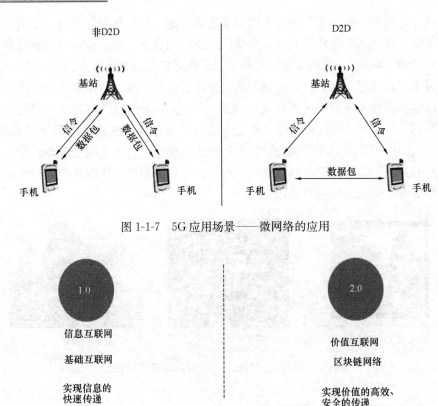

图 1-1-7　5G 应用场景——微网络的应用

图 1-1-8　信息互联网与价值互联网

区块链的另外一个技术价值核心就是穿透式的追溯：比如说任何物品的时间链能清晰地展示在人们面前——哪里来、哪里去、中间经历了哪些阶段？留下什么痕迹？人的时间链、资产的时间链，这些时间链的传递已经高度地超越了时空特性，在所有时空中就能留下痕迹，这是一个已经非常简单的事实，而这就是5G 加上区块链给人们带来的可能的未来（图 1-1-9）。

图 1-1-9　区块链的追溯作用

1.3.4 新规则之四：积木

积木是什么？积木实际上是人对知识的传承、是"成熟的经验"，而所有的创新实际上是对既有的"积木"以不同的方式进行的重新组合。而人类最强大的力量就是能够将这些积木进行无限的组合——积木的组合可以是从小到大，这是生物学的组合，也可以从大到小组合，这是化学的组合。不同的组合、无穷的组合，通过无穷的途径将产生无穷种新的信息。当系统的某一个层次发现了一个新积木，这个积木的突变或许将开启一系列可能性。因为它会自动与现有的其他"积木"组合进而形成新的物种，从而产生大量的创新。所以5G在这个过程中既是"触发器"也是"催化器"，它本身既是参与组合的新积木，也是加速组合的元素。

因此未来是不可知的，唯一可知的就是这样一个"不可知"的时代正在到来。我们都知道人类有很多新的积木可用，例如：大数据、人工智能、区块链、云计算……无穷无尽的新积木，我们都可以通过5G技术把它们重新组合、重新排序，通过不同组合方式产生系统性的突变，使其焕发新组合的威力。

1.3.5 新规则之五：内部模型

"内部模型"是怎么来的呢？当主体遇到新的情况时，会将相关的、用过的"积木"组合起来，用于应对新的情况……使用积木生成"内部模型"是CAS的一个普遍特征。在我们的认知上，人类有一些"内部模型"是隐性的，比方说人会感觉到饥饿，细菌会沿着某种化学梯度向前移动，这些在亿万年的进化中形成的本能则是隐性的，并具有极大的韧性（鲁棒性）。

但是更加重要的是要形成显性的"内部模型"，这种显性模型能够进行自主前瞻性的运算，进而预知到几分钟、几小时、几天之后会发生什么，使我们能够提前制定应对方案，而这个过程即是通过"积木"的加速组合，将人类的认知能力进行进一步提升和发展的关键，这也是我们能应对"快变量"的基础条件。

5G时代将使各种主体的预测能力成千万倍的增加，大大强化了人们对于环境的认知，使无穷无尽的内部模型得到强力的扩展。这种扩展即是基于5G的低时延高可靠性的特点（图1-1-10）。

基于这些特点，5G的该应用场景可以使一个稀有的、高明的外科大夫通过遥感操作为世界上任意一个角落的患者动手术。他也可以通过操作B超的检测系统，以他的经验来检测世界上任何一个角落的病人的情况。众所周知，低时延高可靠性的特点使得跨越时空的执行系统变成可能，这使得人类不仅有"顺风耳""千里眼"，而且有"无限延长"的手与脚。

远程医疗
医生对病人做远程手术时，一点的数据丢失或者卡顿都会对病人的生命安全造成极大的隐患，5G为远程医疗提供了基础

VR
目前市面上大多数VR产品只能提供视听和娱乐功能，且会产生不同程度的眩晕感。而据相关数据研究表示，VR时延只有低于20ms才能缓解眩晕感。所以高速率、低时延的5G网络是有效解决VR数据传输问题的关键

无人驾驶
无人驾驶需要实时掌握周围车辆及道路的信息，当车速较高时，1ms的时延也可能造成巨大的交通事故

图 1-1-10　5G 应用场景——低时延高可靠 uRLLC

1.3.6　新规则之六：标识

　　"标识"是为了在系统中聚焦和边界的形成而普遍存在的一种机制。一个人有了标识，可以使对方观测他的时候，易于发现他背后隐藏着的特性。人类创造了无数的标识，我们的教育标识——学士、硕士、博士，我们的科技标识——助教、教授、院士等。正是因为这些"标识"的存在才使得对象背后隐藏特征显性化，标识是 CAS 的共性层次组织中隐藏着的机制。但"标识"在运行过程中间，总是企图向那些有需求的其他主体提供连接，进而丰富内部模型。

　　除上述内容之外，CAS 这六大新规则是紧密连接在一起的，总是协同动作的，是能够产生共振的。再举一个简单的例子，基于人工智能的"人脸识别"技术已能达到 99.9％ 的识别能力（图 1-1-11）。当某一个人进入海口，管理者就可

图 1-1-11　"标识"在人脸识别中的应用

以读出,他具有什么样的潜在标识,如果是危险分子,公安部门可以持续跟踪他,使城市管理系统具有防范危险分子的功能。

众所周知无人驾驶是一个大家梦寐以求的时代,但是无人驾驶光靠车顶上那个多线雷达是不行的,雷达仅属于"第一感知"。而5G技术的应用则能产生"环境感知",把环境的数据整合在一起,使驾驶员的前瞻能力大幅度提高了,并且可观察和辨别到几十平方米、几平方公里内可能对这辆车运行的安全产生影响的因素(图1-1-12)。

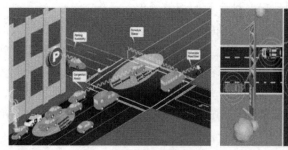
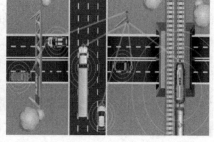

图 1-1-12 5G应用场景——车路协同技术 V2X

5G带给现代城市的是"无处不连"和"无处不智",这不仅能使标识智能化而实现自动配对,而且借助5G技术人们身边将涌现出无穷无尽的创新,这样一个创新时代已经在到来(图1-1-13)。

图 1-1-13 万物互联+万物智能

13

1.4 总　　结

首先，5G的"超级连接"使价值传输、大数据、AI等新技术低成本简易武装到每个主体，使每个主体自适应性快速提高（因为系统的变化本质来源是主体的适应性）。

第二，主体的新集聚、多样性、流空间、积木、内部模型和标识等等新规则在相互循环强化下，势必将涌现出一种全新的智慧城市。

第三，5G将是各行各业融合创新的催化剂，而5G时代城市则成为巨大的创新孵化平台，以"5G智慧城市"作为平台，个人创业的爆炸式时代将真正到来——这是托夫勒在《第三次浪潮》中明示的观点。

回过头看，我们旧的智慧城市的设计规则是从上而下的，讲究顶层设计，但是新的规则将是自主进化的，从下而上的设计；旧的规则是一次性工程——沦为交钥匙工程，但是新的规则是自组织演化能够多次迭代的；老的规则是"中心控制式"的智慧为主，而新的规则则是在追求"中心控制"的同时更讲究"分布式"智慧，以"众智"为主；旧的规则以单项渐进创新为主，而新的规则是相互强化循环创新，5G变成了催化剂，这是一个新时代的到来，大家准备好了吗？

作者： 仇保兴（中国城市科学研究会）

2 我国北方城乡冬季供暖现状和实现清洁供暖途径

2 Present situation and ways to realize clean heating of urban and rural winter heating in north China

2.1 我国北方地区冬季供暖现状

我国北方地区目前有民用建筑近 200 亿 m^2，其中城镇建筑 130 亿 m^2，其余为农村建筑。城镇建筑与农村建筑的主要差别是建筑的密集程度。城镇建筑容积率（建筑面积与区域土地面积之比）高于 0.6，近年来高层建筑比例增加，建筑容积率可高达 3 以上。农村建筑相对稀疏，容积率一般都低于 0.6。建筑的密集程度不同决定供暖方式的不同。

20 世纪 80 年代及以前建造的城镇建筑门窗和外墙保温水平一般，为满足室内热舒适冬季需要的热量为 0.4～0.7 GJ/m^2，而全面推广建筑节能工作以来，城镇建筑的围护结构保温水平有了显著提高，尤其是进入 21 世纪以后，很多新建城镇建筑冬季供暖需热量已经降低到 0.2 GJ/m^2 以下。目前北方地区城镇建筑平均的冬季供暖需热量约为 0.27 GJ/m^2。

相对于城镇建筑，农村建筑的保温状况不容乐观。在 20 世纪 80 年代北方农村很多为土坯墙，或土窑洞，具有较好的保温性能。但以后都盖起了砖房，却很少采用保温材料，再加上门窗漏风，低层建筑体形系数大，同样气候条件下单位面积建筑需要的热量是城市建筑的 2～3 倍。尽管冬季供暖室温一般在 10～15℃，低于城镇建筑水平，但需要的热量却高达 0.5～1GJ/m^2。近年来一些地区（如北京市）开展农宅的保温改造工作，由国家投资补贴推动农宅增加保温和南向阳光厅，取得了很好的效果。但大多数农村建筑保温改造还有待深入。

高密集区的城镇建筑目前主要采用规模不同的集中供热方式。我国北方县及县以上城市绝大多数都已建成覆盖主城区范围的城市供热网，目前北方地区集中供热系统的供热面积已接近 100 亿 m^2，剩余的不足 30 亿 m^2 的城镇建筑主要采用各类分散方式供暖。而低密集区的 70 亿 m^2 的农宅中约 70％则采用分散方式供暖，其余在冬季空置或不供暖。

目前城镇集中供热系统的热源约一半由热电联产电厂提供，另一半则是容量不同的燃煤或燃气锅炉提供，此外还有很少部分由工业余热、多种方式的水源热泵等提供热源。按照产出能源火用分摊的方法由热电厂的输出电力与热量共同分摊热电厂消耗的燃料，则热电联产的供热能耗在 $18\sim35$kgce/GJ 之间，取决于热电厂热量制备的方式、热电机组性能及其运行状态。燃煤热电厂的污染物大气排放状况取决于其采用的脱硫、脱销和除尘方式及运行水平。目前我国燃煤电厂实行的是世界上最严格的排放标准，一些新建的和经过改造的大型燃煤电厂的排放水平已经优于常规的天然气电厂。2017 年的政府工作报告中提出要对燃煤电厂进行超低排放改造，所以在严格的运行监管基础上大型燃煤电厂（20 万 kW 发电机组及以上）可以达到清洁燃烧标准，接近零排放。但是对于小容量机组，脱硫、脱销等超低排放技术相对来说成本高、效率低，所以这些小容量机组将逐渐淘汰。与燃煤电厂类似，燃煤锅炉的效率也主要取决于锅炉的容量和形式。目前单位热量的煤耗为 $40\sim55$kece/GJ。一般来说，单体容量越大的锅炉效率越高，而容量在 20 蒸吨以下的燃煤锅炉从效率到污染物排放等各方面看，都比大容量锅炉差得很远，属应该淘汰对象。大容量燃煤锅炉投入超低排放装置并严格管理运行，也可以实现清洁燃烧，但净化成本相对高于燃煤电厂。尽管大型热电联产电厂和大容量燃煤锅炉提供了北方城乡建筑冬季 60% 以上的供热热量，但其排放的污染物在目前各类冬季供暖设施排放到大气中的污染物总量中不到 15%。

以北京为代表的一些城市近年来大量引进天然气替代燃煤，由燃气热电联产电厂替代燃煤热电联产，由大型燃气锅炉替代燃煤锅炉。这样做使电厂和锅炉排放的粉尘与硫化物进一步降低，但对降低氮氧化物排放总量的贡献不大。尤其是改为燃气—蒸汽联合循环的热电联产电厂后，由于其热电比仅为燃煤电厂的一半，为了输出同样的热量，发电量要翻番，燃料总量也要增加约 40%，从而导致氮氧化合物的排放总量不减反升。目前的 $PM_{2.5}$ 的主要产生源来自大气中的氮氧化合物，因此燃煤热电联产电厂改为燃气蒸汽联合循环的热电联产电厂并不有利于治霾。

集中供热热源产出的热量并不完全等于末端供暖建筑所需要的热量。由于输送热量的管网热损失，以及末端调节不当导致的过量供热，集中供热热源提供的热量目前平均比建筑供暖需热量高约 25%。这使得目前集中供热尽管获得了高效低污染热源，但也付出的代价。

城镇建筑总量的 30% 左右的建筑由于各种原因未能接入集中供热网。其中一多半采用燃气壁挂炉、各种类型的电动热泵供热，其能耗在 $30\sim45$kgce/GJ 之间。由于使用燃气或电力驱动，所以也属于清洁供暖。平均 10% 左右的城镇建筑目前仍采用散煤小锅炉或分户燃煤土暖气供暖。农村采暖建筑中的约一半也是这种散煤土暖气方式。这两部分总量不到 40 亿 m^2 的建筑平均能耗在 30kgce/m^2 以上，并且基本上无任何消烟除尘措施，其污染物排放总量占我国北方冬季各类供暖设施排放总量的约 50%，是导致我国北方地区冬季雾霾的重要污染源，也是清洁供暖整改的重点。

在远郊区和主要粮食作物区目前的建筑主要供暖方式仍然是在火炕中燃烧秸秆。这种方式应占到北方农村供暖建筑的一半左右。秸秆在柴灶中直接燃烧效率低于 15%、所排放的灰分高，是构成我国冬季雾霾污染物的重要组成部分。通过先进技术改变秸秆燃烧方式，提高效率并减少污染物排放，是清洁供暖的又一重要任务。

农村与城乡交界地区大量的散烧燃煤土暖气以及远郊的秸秆直接燃烧能耗高、污染物排放量大，但供暖效果并不好。城镇集中供暖的室温基本可维持在 20℃ 以上，而这些散烧户的室温大多在 10～15℃。由于炉具不良等原因，冬季室内空气质量差，粉尘、一氧化碳等污染物超标现象严重。因此，通过清洁供暖工作改变这一地带的供暖状况，不仅可以减少大气的污染物排放，降低供暖能耗，而且可以改善这一低收入群体的生活质量，显著提高他们的生活水平。

综上所述，我国北方地区城乡供暖建筑约 180 亿 m²（另有 20 亿 m² 左右为非采暖建筑），冬季需要的供热量约 60 亿 GJ，其中城镇建筑 130 亿 m²，需要的供热量为 35GJ。目前城乡建筑供暖总能耗折合约 3 亿吨标准煤，其中 100 亿 m² 集中供热能耗 1.1 亿吨；20 亿 m² 分散燃气、热泵等方式能耗 0.25 亿吨；40 亿 m² 城乡散煤供暖能耗 1.2 亿吨；20 亿 m² 农宅采用原生生物质燃烧供暖，折合标煤 0.5 亿吨。散煤供暖和原生生物质燃料供暖两项仅占供暖总面积的三分之一，但排出的污染物占冬季建筑供暖向大气排出的污染物总量的 80%，应作为清洁供暖改造的主要对象。

2.2 我国北方地区冬季供暖面临的主要问题

由于冬季供暖燃烧造成的向大气的污染物排放，是冬季形成雾霾的主要原因之一。这是清洁供暖行动直接面对的问题和必须解决的任务。此外，随着我国城镇化的发展，冬季城乡建筑供暖领域还面临着如下问题：

2.2.1 城镇冬季供热热源短缺

随着城镇化迅速发展，城镇房屋增长迅速，城镇需要供暖的建筑也以每年近 8% 的速度增长。这就需要相应的增加配套热源以满足需求的增长。为了缓解雾霾。各地严格限制各种燃煤应用，消减燃煤锅炉，严格控制增设燃煤热电联产电厂。而天然气供应量不足，并且其价格为同热值燃煤的 3 倍以上，很难完全靠天然气替代燃煤。城镇清洁取暖工程的主要目标之一就是取缔目前的小容量燃煤锅炉，并逐步减少大容量的采暖用燃煤锅炉。但是，如何替代燃煤锅炉，发展什么样的新型热源，既清洁，又经济，成为困扰各地供热企业和相关政府部门的难题。

2.2.2 热电联产与电力调峰的矛盾

采用热电联产是目前各类供暖热源中效率最高的热源方式，也完全有可能通过超低排放改造实现清洁排放。但目前的热电联产的运行模式都是"以热定电"，也就是根据供热的需要运行电厂，根据供热的需要确定发电量。我国北方的主要电源为燃煤热电厂，城市用电日夜间的峰谷差调节、与风电的变化所需要的协同调节，目前都主要依靠燃煤电厂完成。由于这些燃煤电厂的调节才使得我国北方的风电在春、夏、秋季基本上能够有效上网。然而进入冬季供暖期之后，相当多的燃煤电厂改为"以热定电"的模式运行，不再承担电力调峰的功能，这就导致冬季电网中的灵活电源缺失严重，从而出现严重的弃风现象。我国目前风电丢弃率高达 20%，而其中约 80% 都发生在冬季供暖期。热电联产占用了电网中的灵活电源，成为出现冬季弃风现象的主要原因。如何使热电联产电厂在为城市建筑提供热量的同时还成为电网调节的灵活电源，在保证供热的同时还能承担电力的负荷调节，成为进一步发展风电等可再生能源和进一步利用好热电联产这种高效热源的关键问题。

2.2.3 需求侧与热源侧热电比的矛盾

城市对热量和电力需求之比，也就是热电比，与城市热电联产产生的热量与电力之比之间的不匹配也逐渐成为严重问题。随着城市经济结构的转型，高能耗产业消减，电力需求减少，而与此同时由于第三产业发展和房屋的大量建设，冬季供暖需要的热量又不断增加。这导致需求侧的热电比持续增加。目前北方一些大城市需求侧的热电比最高为 3～4，比燃煤热电联产热源侧可提供的热电比 1.2～1.5 高出两倍多，比燃气热电联产可提供的热电比 0.7～1 高出 4～5 倍。当城市需求侧的热电比是热源侧热电比的 2 倍时，热电联产最多承担城市供热热源的一半，否则热电厂产生热量的同时所发出的电力已经超过城市当时的用电负荷，必须对外输出电力。东北地区冬季为了平衡热电比满足热电联产发电的需要，只能停掉红沿河核电站的一台核电机组，并且放弃冬季大量风电；北京市目前热电联产热源尽管只承担全市四分之一建筑的供热，2017 年仍出现由于电力过剩而不得不停止一台发电机组，消减供热量的现象。发展电热型热源，尽管可以增加电力负荷，减少直接的热力需求，改变需求侧热电比，但简单地把电力这种高品位能源转变为供热用热量这种低品位能源，是在能源转换中的巨大浪费，绝不可提倡。如何解决需求侧和供给侧热电比的匹配问题，是发展热电联产这种高效清洁的城市供热热源必须解决的关键问题。

2.2.4　农村需要可承受的清洁取暖方式

进入 21 世纪以来，北方农村出现的大趋势是由户式散煤锅炉替代原来的生物质火炕。这一替换改善了农宅冬季的室内环境，提高了热舒适并减少了原来散烧秸秆造成的室内严重污染。要实行清洁取暖，就要取消这些散煤锅炉，那么采用什么清洁的取暖方式呢？自 2016 年以来，从华北地区开始，在中央和地方财政支持下，开始了"煤改气""煤改电"等取消散煤的工程。为此，各地开始投入巨量资金进行农村基础设施改造工程，通过农网改造增加农户入户电力容量，通过天然气管网的铺设使农户接入管道燃气。无论是以电力还是以燃气作为燃料替代散煤或原生生物质燃料，燃料费用要增加 4～6 倍，完全超出大多数农户可承受的范围。为此，各地只好出台各种采暖燃料补贴政策，把燃气补贴到 1 元/Nm^3 以下，低谷电力补贴到 0.10 元/kWh。很难想象地方财政有能力可以这样长期补贴下去。要真正实现农户可持续的清洁取暖，可以有国家和地方财政支持工程建设与改造，但不可能持续地依靠财政补贴解决运行燃料费用。所以，发展可承受的清洁取暖方式，实现农村取暖的可持续发展，是清洁取暖工程必须解决的问题。

2.3　供暖系统各环节的分析

以下从建筑需求侧、热量输送方式、热源方式这三个供暖系统的基本环节出发，分别分析各种技术方式的影响和作用。

2.3.1　供暖建筑的保温水平

供暖系统为建筑提供热量用来平衡建筑对外界散失的热量。改善建筑的保温水平，减少建筑的冷风渗入，可以显著降低对热量的需求，从而减少要求供热量，也就减少了热源的能耗和热源造成对大气的污染物排放量。以北京的建筑为例，20 世纪 80 年代建造的房屋外墙无保温，钢窗气密性差，维持室内 18℃时整个冬季需要的热量为 $0.5GJ/m^2$。按照节能 50% 的要求外墙保温，更换气密性好的门窗，维持室内 18℃ 需要的热量可降低到 $0.25GJ/m^2$。而进一步加强保温，并改善外窗的气密性时，现在已经完全可以使热量需求降低到 $0.15GJ/m^2$ 的水平。这样供暖所需要的热量仅为原来的 30%，或者说同样的热量可以为三倍面积的建筑供暖。这样的保温改造需要的投资约为 200～300 元/m^2，大约为热源建设需要的投资的 2～3 倍。但是却大幅度降低了供暖系统的运行能耗、污染物排放、也降低了运行成本。目前北京郊区农村正在进行煤改电的清洁供暖改造。为了满足每户供暖用电 9kW 的供电容量要求，电力部门需要投入平均每户 2 万元的电网增容改造费用。如果用这笔费用进行建筑的节能改造，可以使供暖负荷降低到原来的三分之一，供暖热泵电力装机容量可以减少到每户 4kW 以下，这样不需要再进行电力增容改造，且大幅度降低了供暖运行电耗。所以清洁供暖改造首先应该对建筑进行围护结构保温改造。根据优化分析，当围护结构保温达到一定水平后，进一步提高保温水平的投入就会大于保温节能形成的收入，这个平衡点根据当地外温的不同大致在冬季供暖能耗为 $0.1\sim0.2GJ/m^2$ 左右。因此应取这个平衡点作为围护结构保温的标准，当供暖需热量高于这一平衡点，应进一步通过加强保温和改善密闭性，而达到或低于这一平衡点后，节能和减排的重点就应该是提高热源和输配系统的效率。

2.3.2 集中供热还是分散供热？

集中供热需要通过输热管网把热量从热源输送到建筑末端，这需要一定的初投资和运行管理费用，热量输送导致的热量损失和输送能耗可以占到所输送热量的 3%～20%。每个末端对热量的需求是不一致的而集中供热又很难根据末端实际的需求进行精确调节。一般情况都是以最冷的末端能够满足要求为调节目标，由此就导致为了满足个别用户的要求，多数建筑用户出现过热现象。这种"过量供热"一般造成的热量浪费也为末端实际需求热量的 5%～20%。这样，集中供热的管网损失和过量供热共导致 8%～35%的热量浪费。目前我国北方集中供热系统的平均损失约为 25%。既然集中供热造成这样大的热量损失，为什么还要采用集中供热方式呢？这是因为北方地区的供暖热源主要是燃煤锅炉或热电联产模式运行的燃煤电厂。分散地使用燃煤很难处理其烟气污染、炉渣污染，运行管理也非常麻烦。只有大规模利用燃煤，才能实现相对清洁地处理烟气、炉渣，并实现运行调节的机械化和自动化。这是北方地区大规模集中供热系统发展至今的唯一理由。当热源方式改变为可以小规模自动化运行的清洁热源之后，如采用天然气锅炉、各类热泵，以及直接电热热源时，无论是用能效率、污染物排放都与系统规模无关，而分散的自动化运行可能更容易管理，且节省人力成本。这时，集中供热方式就不再有任何存在的必要。使用分散的供暖方式，可以大大减少管网热损失、避免末端过量供热现象，省掉前述提到的集中供热的 8%～35%的损失。而继续使用集中供热方式，在热源处得不到任何收益，却还要为集中供热的这些浪费和损失买单。所以系统方式一定要与热源方式相适应、相匹配，集中供热系统仅仅是为了燃煤而存在，在改为可分散化的清洁热源后，就应该同时放弃集中供热方式。

实际上目前在北方地区各个中等以上城市已经建成的集中供热网又是实现供暖节能减排的宝贵资源。世界上很少国家能够建成我国北方城市这样完善的城市供热管网，怎样用好这个管网，是供暖清洁改造的重要课题。把天然气锅炉、电热，或空气源热泵制备的热水送到集中供热管网中输送，实际上无任何意义。我国北方城市的热网应该用来输送热电联产电厂和各类工业生产过程排出的低品位热量。这些热量由于是工业生产过程需要排出的余热，不充分利用就只能白白丢掉。通过集中供热管网收集、输送这部分热量，以替代各种常规能源，这才是集中供热网最主要的应用。

2.3.3 各类热源的能源转换效率和污染排放状况

现在再来具体分析和评价可能利用的各类供暖热源。

（1）工业余热

我国能源的 65% 以上都用于各类工业生产。而其中钢铁、有色、建材、化工、炼油这五大耗能产业消耗了工业用能的 70%。这些产业消耗的能源部分转化为最终产品，部分转换为 $30 \sim 80℃$ 范围的低品位热量，以水蒸发冷却、空气冷却或与环境辐射换热冷却的方式排放到大气中。在一般的工业生产过程中总希望全年四季工艺参数稳定不变，这样相对于夏季较高外温，工业过程排放的低品位余热利用价值不大，但对北方的冬季，外温到了零度以下，这样的低品位热量恰是可利用价值很高的供暖热源，应作为宝贵的供暖热源充分回收利用。使用这部分热源作为供暖热源，如果与原本的工业生产过程相比没有付出额外的能源，则应该认为是零能耗热源，从而也是清洁能源。当工业生产过程排出的余热温度较高（例如 $65℃$ 以上）时，可以通过吸收式换热器把热源侧进出口之间的小温差变为长途输送时循环水供回水之间的大温差，实现长距离的经济输送，当排出的余热温度较低时，则需要通过电动热泵提升其温度品位或引入另外一股温度较高的热源驱动吸收式热泵提升其温度品位。初步估算，我国北方供暖地区具有规模以上的可以用的工业余热资源 2.4 亿 kW，如果建筑供暖负荷为 $40W/m^2$，则可为 60 亿 m^2 接入集中供热系统的建筑提供供暖热源。目前我国已有一批成功的工业余热供暖案例，如唐山迁西县两个钢厂为整个县城近 500 万 m^2 建筑供暖；赤峰一个铜冶炼厂的余热接入赤峰市供热管网，为赤峰市区提供相当于 180 万 m^2 建筑供暖所需要的热量。工业低品位余热是在清洁供暖改造中必须高度关注、充分开发利用的热源，且属于清洁热源范畴。

（2）热电联产热源

我国北方地区有装机容量超过 5 亿 kW 的燃煤电厂。这些电厂中目前仅有不超过 2 亿 kW 的电厂冬季按照热电联产方式运行，为集中供热系统提供约 2.5 亿 kW 的热量，为 50 亿 m^2 的建筑供热。而如果这 5 亿 kW 的燃煤电厂中的 70% 得以充分开发利用，即可提供 5.5 亿 kW 热量，可为超过 100 亿 m^2 的建筑供暖。目前主流的热电联产方式是抽凝方式，为了使热源有较好的独立的热量调节能力，仅抽取低压蒸汽加热热网循环水，而相当于抽气量一半左右的低压蒸汽还是继续做功发电后，从尾部以乏汽的形式通过冷却塔或空冷岛排出。2009年起我国开始推广回收这部分低温乏汽余热的热电联产改造，主要是采用三种方式：①在末端降低回水温度至35℃以下，在电厂利用高温抽汽驱动吸收式热泵，回收乏汽余热，加热热网循环水。这种方式可以全部回收汽轮机乏汽余热，与原来的纯凝发电方式相比，每输出1kWh热量仅减少发电量0.12～0.17kWh；②不进行末端的降低回水温度改造，提高汽轮机背压或直接改为背压方式运行，利用低压蒸汽直接加热热网循环水。这种方式也可以回收全部乏汽余热，但由于背压提高，每输出1kWh热量减少发电量0.18～0.22kWh；③不进行末端的降低回水温度改造，利用高温抽汽驱动吸收式热泵回收乏汽余热。这种方式由于热网回水温度高，所以不能回收全部乏汽余热，每输出1kWh热量减少发电量0.15～0.22kWh。余热深度回收的热电联产电厂每kW标称电力装机容量可以输出热量1.6kW，而目前大多数热电联产电厂单位标称发电量所输出的热量在1.2kW以下，有些甚至不到1kW。在很多情况下热源输出不足是因为缺少发电指标，在这种情况下一些地区又热心于建新的热电厂以满足热源需求，而电厂越多发电上网的指标越紧缺，热源问题也就仍不能解决。因此深度挖潜，回收热电联产电厂的全部低品位余热才是解决热源不足最有效的措施，也是发展热电联产热源的首要任务。

（3）地热直接利用

这是指直接抽取地下千米以上深井的地下热水，直接作为供热热源。当抽出的地下水温度高于50℃时，这是很好用的供暖热源。为了保护地下水资源，实现可持续利用，要求释放出热量后的地下水100%回灌。怎样对抽出的地下水梯级利用，尽可能降低回灌水温度，从而使单位抽水量释放出最多的热量，是开发这种地下热资源面对的主要课题。怎样监管这种系统，确保运行者全部回灌，则是政府部门必须高度注意的监管责任。地热供暖系统仅是水泵消耗电力，因此属于高效节能热源，并且为清洁热源。然而我国地热资源分布很不均匀，可以勘探到具有可开发价值的地热资源的地区并不广泛。

（4）各类水源热泵

在冬季取各种温度高于外温的水作为低温热源，通过热泵进一步提高热量的温度品位，从而成为供暖热源。根据作为低温热源的水的来源，可以是原生污水、处理后的中水、地下水，以及海水等。水源热泵系统依靠电动热泵消耗电力从低温热源中取热，并提升热量的温度品位。提升温差越大，单位热量需要的耗电量也就越高。当作为低温热源的水温为10～15℃，提升后的热水温度为40～45℃时，电动热泵的COP可达到5。也就是1份电力可以获得5份热量。作为低温热源水的温度降低到5℃，要求的热水温度为55℃时，热泵的COP就只能在3左右。这时尽管1份电力还可以产生3份热量，但由于火力发电的效率也仅有三分之一，所以这时的热泵与燃煤锅炉相比，能耗处在同等水平。因此水源热泵是否高效节能取决于其所工作的低温热源温度和要求输出的热量温度。采用水源热泵以电力为动力，避免了当地的燃煤直接燃烧，但与燃煤锅炉相比，并不是一定总是节能的。当抽取地下水作为低温热源时，保证降温之后的水的有效回灌，不造成对地下水资源的破坏，是这种水源热泵必须严格监管之处。出于对地下水资源的保护，近年来很多地方已经禁止采用地下水水源热泵方式了。

除地下水之外，水源热泵作为低温热源取水的还可以是污水厂处理后的中水、集中的污水，或者冬季不结冻的海水、湖水等。这些可作为低温热源的水源只能来自特定的位置。如果这个位置远离被供暖建筑，则需要制备较高的热水才能避免过高的热量输送管线的建设和运行成本。而提高制备的热水水温，又会导致热泵系统的效率下降、经济性变差。这就限制了水源热泵应用范围，也成为规划设计水源热泵时必须认真考虑和对待的问题。

（5）各类地源热泵

不抽取地下水，而是在地下埋放作为换热器的管道，通过管道中的水循环与地下土壤的换热，可以把循环水加热到接近土壤的温度，再通过热泵从循环水中提取热量，产生供热所需要的高温热水。当从地下返回的循环水为10℃、要求的高温热水温度为45℃时，电动热泵的COP也可以达到4以上。这种方式由于不抽取地下水，因此不会对地下水资源带来任何影响，但在地下埋放大量作为换热器的管道，有时会影响地下空间的开发利用，因此需要对当地土地规划和地下空间应用的充分论证后才能建设。

如果埋放换热管道的土层内有稳定的地下水渗流，则地下土层温度由当地地下水温度决定，热泵系统的运行模式对其影响不大。如果地下土层内无有效的地下水渗流，则在冬季持续从地下提取热量，就会使土层温度逐渐下降，热泵系统的性能也就会逐渐恶化。这时需要在夏季向地下补充热量。具体的方式是利用这套热泵系统在夏季制冷，为建筑的空调提供冷源。把从室内提取的热量通过地埋管排放到地下，补充冬季被热泵系统提取的热量。这样就需要冬夏之间的热平衡，冬天提取的热量与夏季释放到土层中的热量接近。冬季通过热泵系统为集中供热提供热源的建筑就要在夏天通过同样的系统进行集中空调。对于我国华北、西北地区的办公建筑，冬天需要的供暖热量与夏天需要空调排除的热量基本接近，因此是实现集中供热、集中空调的好方式。然而对于这一地区的居住建筑来说，夏天的集中空调的实际用电量将远高于目前广泛使用的一室一机的分体式空调，从而采用地源热泵方式导致一年中总用电量大幅度上升，所以这种地源热泵方式不适合居住建筑。

近年来在西北地区开始发展一种中深层地源热泵系统。利用石油钻井技术钻2000～3000m深、直径约200mm的井，在其内放置换热管。循环水经过换热管道与管道周边岩土换热，返回时的温度可在 20～30℃之间，通过热泵从循环水中提取热量，再将其提升至供暖要求的 40～45℃，送到室内供暖系统中。这种方式也需要耗电来驱动电动热泵，但由于低温热源温度高，所以 COP 可以超过5。这种情况下系统提取的热量确实来自于底层深处向地表的传热，所以它可以在全年都稳定地提供热量，不需要浅层地源热泵那样全年的冷热平衡。这种方式只是从地下取热，不会造成对地下环境的任何影响，对地下岩土结构也没有过多的要求，只要能够钻井，就能够使用。一口井可以提供 200～400kW 的热量，为一万多平方米的建筑供热。除了初投资较高（每口井和设备投资 150 万～200 万元）外，这一方式目前看来无地域限制，应该是一种适合于居住建筑冬季供暖的有效方式，满足节能和清洁供暖要求。

（6）空气源热泵

再一种热泵方式就是直接从空气中取热，经过热泵提升其热量的温度水平，使其成为供暖热源。当外温在－5℃左右，直接利用热泵产生热风、向室内供暖时，热泵的 COP 可以达到 3 以上。当室外温度为－15℃时，利用目前国内新开发研究出的空气源热泵也可以正常供热，COP 在 2 以上。最近三年在北京郊区农村"煤改电"工作中，主要是采用了这种分户的空气源热泵，获得了较好的供暖效果。

因为是从空气中提取热量，所以需要有大量的空气循环。大规模的集中系统很难实现大量空气的无掺混循环，从而导致热泵附近的空气温度低于外温，热泵能效大幅度降低。因此空气源热泵应该尽可能小型化，分散供暖，如同我国目前大量使用的分体式空调方式，一室一机，或一户一机。

空气源热泵的另一侧可以直接是热风，也可以产生热水、再通过散热器等室内末端装置向室内释放热量。热风方式的设备一体化程度高，安装和维护方便，很适合为一个房间单独供暖的需要。以往的这种空气—空气热泵在设计中都以空调供冷为主要目标，系统参数与机组结构都更多地考虑夏季空调的需要，这导致冬季室内有吹风感、室内上热下冷、干燥等不适。近年来一些厂家专门针对华北、西北地区冬季供暖要求开发研制出"空气源热泵热风机"，专门针对冬季供暖需要而设计，通过下送风方式显著改善了室内舒适性，使其成为非常适合农宅的分室供暖需要。

而产生热水再通过室内末端换热供暖的方式室内系统相对复杂，需要较多的安装维护工作。由于增加了水泵和水循环系统，系统 COP 从热风的 3 左右降低到 2.5 左右。由于系统热惯性较大，所以启动缓慢，更适合连续供暖，而不适合有人时开，无人时关的节约用能的运行模式。

（7）各类锅炉热源

燃煤、燃气和生物质燃料锅炉都属于传统的直接通过燃料燃烧产生热量的方法。与前面各类热源方式相比，在能源利用率和清洁供暖上都不如前述各种热源方式。

由于污染治理、运行维护等多种原因，燃煤锅炉必须大容量，现在看来至少是单台 20 蒸吨（14MW）以上的锅炉才有可能实现经济地脱硫脱硝和烟尘净化。为了实现燃煤的清洁燃烧，近年来陆续研发出水煤浆等新的燃煤锅炉方式，可以实现较高水平的清洁燃烧。

燃气锅炉可以实现无尘、无硫燃烧，但其释放的氮氧化合物约为燃煤锅炉的 70%。由于氮氧化合物是目前形成雾霾的主要原因，因此天然气锅炉并不能认为是完全清洁的。天然气成分中有较大比例的氢，从而使其排烟中有较多的水蒸气，这成为可见的"白烟"。回收这部分水蒸气的热量，可以使天然气产热量提高 10%，是天然气应用中节能的主要方向。发达国家普遍使用的"冷凝锅炉"就是可回收天然气排烟中的水蒸气余热的锅炉。对于我国单独用来为建筑供暖的系统，由于回到锅炉的回水温度比较高，国外的冷凝锅炉很难真正实现水蒸气余热的有效回收。对于大型天然气锅炉，近年来国内已经创新研发出多种烟气冷凝回收技术，并在工程应用中获得很好的效果。应用推广这些天然气烟气余热深度回收技术，是天然气锅炉供暖中应推广的最主要的节能减排技术措施。实际上天然气锅炉的效率与锅炉容量无关，户式小型壁挂炉燃烧温度低，反而更容易实现低氮燃烧和烟气的冷凝余热回收。当采用地板供暖时，进入壁挂炉的水温仅为 30℃，这就可以直接利用国外成熟的冷凝锅炉技术，实现高能效的清洁燃烧。所以如果使用天然气燃烧供暖，分户壁挂炉应该是比大型天然气锅炉更节能更清洁的方式。

现在一些地方开始推广电热锅炉供暖。这种情况下电到热的转换效率也就是 COP 不到 1，远低于各类热泵方式时的 2~5。因此，电热锅炉属低效的高能耗方式。使用电热锅炉的目的是为了消纳谷电，参与电力的峰谷差调节。实际上完全可以有其他的不降低能源转换率的协助电力峰谷差调节的方法。利用热泵把电力高效地转换为供暖热量，再利用建筑物本身的热惯性在建筑末端蓄热，也可以实现电力峰谷差的调节。目前国内还开发出利用相变材料高密度地蓄存热泵制备的 50℃ 左右的中温热量的蓄能技术，也可以在电力低谷期间制备和储存热量，待电力高峰期释放利用。这样既保证了高效的能源转换，又参与了电网的峰谷差调节。采用大型电热锅炉还需要集中供热网输送热量，热网造成的 10%~40% 的输热损失和过量供热损失都不可避免。而充分利用电力的易输送易调节的特点，把电力输送到建筑末端，在最末端转换为热量，至少可以免去集中供热网的输热损失，并避免过量供热现象。所以从哪个角度看，大型电热锅炉都是低能效方式，不应该作为清洁的供暖方式推广。

（8）太阳能光热热源

在有条件的地方利用太阳能产生热量作为供暖热源，应该是最符合节能减排和清洁供暖的方式。利用太阳能的基本条件是拥有充足的可接受太阳光的表面，因此太阳能供暖在城郊和农村的低密度住区要远远优于高密集的市区。可以用太阳能热水器产生热水作为供暖热源，但热水系统复杂，且要防冻、蓄热等，维护运行管理复杂，在农村推广有一定问题。还可以采用热风式太阳能集热系统，有太阳能集热器直接产生热风，再将热风引入室内供暖或经过楼板内蓄热降温后再进入室内。这种方式维护简单，不会冻结，利用建筑结构本体自行蓄热，系统造价也低廉，应该作为太阳能资源充沛的西部地区低密集区域的主要供暖方式。

2.4 我国北方的清洁供暖途径

以下针对实现我国北方地区清洁供暖的一些关键问题和技术分别进行分析。

(1) 城镇供暖热源在哪里？

实现清洁供暖，第一个问题就是：应该选用哪些热源作为供暖热源？按照前文所述，我国北方地区规模以上目前排出的各类工业余热达 2.4 亿 kW。这些工业余热所排出的热量从 30～150℃不等。考虑到热量过多地分布在低温段不宜回收、辐射方式排出的热量回收困难等情况，再考虑一些生产状况不确定等可靠性不高的情况，可以有把握地稳定地提供热量的北方工业余热约为 1.0 亿 kW。北方热电厂有效的电力装机容量为 5 亿 kW，充分挖掘其 70%，既可提供余热 5.5 亿 kW。二者之和为 6.5 亿 kW，如果北方城镇集中供热建筑面积为 150 亿 m^2，那么平均可以为每平方米建筑提供 $43W/m^2$ 热量，完全可以满足建筑供暖的基荷。只要再提供 $10W/m^2$ 的调峰热源作为严寒期调峰和事故状态下备用，就可以满足这些建筑冬季供暖需求。这种调峰热源希望灵活性强，清洁高效易调节，所以最适合在供暖末端用天然气锅炉。天然气调峰热源每个冬季最多折合满负荷运行 1000 小时，这样，每平方米供暖建筑每个供暖季消耗 $10kWh/m^2$，折合 $1Nm^3/m^2$ 天然气。全国 150 亿 m^2 集中供热建筑，一共需要天然气 150 亿，与目前北京城市煤改气冬季供暖所消耗的天然气处在同一数量级，但是解决的是整个北方地区城镇集中供热系统的热源。工业余热能耗可以仅考虑部分热泵提升耗电和热量输送耗电，共计每个供暖季耗电 210 亿 kWh，热电联产热源的热量每个供暖季折合耗煤 0.4 亿 tce，热量输送耗电 570 亿 kWh。按照发电煤耗把耗电量都折合为标准煤，按照热量法把天然气也折合为标准煤，城镇热网连接的 150 亿 m^2 城镇建筑冬季供暖能耗合计为 0.9 亿 tce，平均每平方米建筑能耗 $6kgce/m^2$。

北方城镇还有 30 亿～40 亿 m^2 建筑远离城市热网，不适合接入城市热网，这就需要安排单独的热源。为了保证大气质量，应尽可能为这部分建筑安排清洁热源。可根据具体情况优先采用各类电动热泵热源，对不适合空气源热泵又无法安装深层地热热泵的严寒地区和一些其他原因无法使用热泵的建筑，可采用各类天然气锅炉。对于居住建筑应优先使用分户天然气壁挂炉。如果是 25 亿 m^2 电动热泵，15 亿 m^2 天然气锅炉，则冬季供暖季消耗电力 750 亿 kWh，天然气 150 亿 Nm^3。这两部分共折合 0.45 亿 tce，相当于每平方米 $11kgce/m^2$。

由此，城镇 190 亿 m^2 供暖建筑每个供暖季能耗可控制在 1.35 亿 tce，为我国目前 120 亿 m^2 供暖建筑供暖能耗 1.8 亿 tce 的 75％。

（2）解决热电需求在时间上不匹配的途径

实现上述热源模式，就要使主要的热电厂在冬季都按照热电联产模式运行。然而，目前北方地区缺少灵活调节的电源，调节电力需求和风电上网造成的供与需求之间的不平衡主要依靠燃煤电厂。如果按照热电联产"以热定电"模式运行，就使得电网缺少灵活电源无法应对供需之间的不平衡。由此，必须改变热电联产"以热定电"的运行模式，而是要"热电协同"，热电联产电厂在供热的同时也要承担电力调峰功能。实际上，热电厂经过改造完全可以成为热电协同模式的热电联产电厂。主要方式是在热电厂设置两个巨型的蓄热水罐，当用电高峰期，电厂可以按照全负荷发电模式运行，由低谷期蓄存在高温蓄热水罐的热水作为驱动源，通过吸收式热泵提升当时的汽轮机乏汽余热，加热热网循环水。此时还剩余部分乏汽余热蓄存在低温蓄热水罐中。在低谷期，则最大程度抽汽，并将其转换为高温热水存储于高温蓄热水罐。利用电动热泵提取当时排出的低温乏汽和存储于低温水罐中的低温热量，用这些热量加热热网循环水，满足当时的供热需求。采用这种模式，可以实现电厂 100％ 的余热回收，同时输出的电力可在 38％～100％ 之间快速调节。这就破解了冬季由于热电机组都转为热电联产之后缺少灵活调节电源的困境，使得热电联产模式下的燃煤机组比纯发电模式的燃煤机组具有更好的电力输出调节特性，成为电网上的灵活电源。这样一来，就可以把所有可能与大热网联接的热电厂都改造为热电联产电厂，而不再顾虑冬季电力调峰问题。如果北方地区 5 亿 kW 火电厂中的 3 亿 kW 改造成热电协同模式的热电联产电厂，则可以在稳定地提供 5 亿 kW 热量的同时，还可产生 2.4 亿 kW 的电力调节能力，除应对 1.5 亿 kW 左右电力负荷侧的日峰谷差外，还可以提供 0.9 亿 kW 的风电接纳能力，这大约就是目前我国北方地区风电的装机容量。

（3）解决热电供需关系不匹配的途径

由于热电联产电厂输出的热量与电力之比仅能在一定的范围内，我国北方大多数城市冬季严寒期的热电比需求大于热电联产电厂的热电比范围。这样，仅依靠热电联产电厂提供热量，就会出现电力过剩而热量不足的现象。为此，需要有部分热负荷由电力承担。采用直接电热的方法固然可以缓解这一热电矛盾，但高品位电力转换为低品位热量造成巨大的能源浪费。可以采用各类热泵的方式，把电力高效地转化为热量，从而增加了需求侧对电力的需求，减少了其对热量的需求，降低了终端需求侧的热电比，从而缓解北方城市供需间热电比不匹配的现象。

对于消费型城市，由于工业用电低，且缺少工业余热，需要由热泵提供1/4左右的热量，才能解决热电比的需求匹配问题；对于东北、内蒙古、新疆等严寒地区的大城市，当缺少足够的工业电力负荷时，电力供暖的比例可能要达到1/3以上。而对于其他的华北、西北地区各大中城市，基本都有较大的工业布局，具有足够的电力负荷，因此就应该尽可能优先发展热电联产供热方式，热泵仅作为少量补充。

当然，适当发展"北电南输"，在冬季把北方热电联产电厂生产的过多电力输送的南方非采暖区，替代那里的燃煤电厂，也应该是未来缓解冬季热电比供需间不匹配矛盾的又一有效途径。

（4）解决热量热源与汇之间地理位置不匹配的途径

实际上我国北方地区的夜间最低电负荷所对应的发电厂余热量加上40％的北方地区规模以上高能耗工业所产生的低品位余热已经足以满足北方地区县及县以上城镇的供热的基础负荷了。前述部分地区热电比源侧与需求侧之间的不匹配主要是由于热电联产余热和工业余热的产出地与需要热量的建筑所在地之间地理位置上的不匹配所致。也就是说，对于北京等工业很少的消费型大城市来说，工业用电负荷很低，需求侧热电比高；而对一些制造业为主的城市，较高的工业用电导致热电比在1附近，这时源侧就有多余的热量。仔细分析的结果，发现对于我国目前的工业生产和热电厂布局，以半径120km划区，基本上可以实现热量的供与需的平衡。也就是说在最远输热距离不超过120km的条件下，我国北方地区的县以上城镇基本上可以找到热电厂或大型工业余热热源，满足其供暖的基础负荷需要。这样，问题就转为：热量经济输送距离是多少？长距离输送热量是否能保证其安全性，热损失和输送泵耗以及初投资是否可接受？分析表明，经济输送距离与管径成正比，管径越大，经济输热距离越长。而输热功率又与管径的平方成正比，因此输热功率越大，经济输送距离越长。十年前国内就提出了大温差热量输送技术，相比传统的热量输送方式，供回水温差提高了50％～80％，这就意味着单位热量的输送成本可降低30％～45％。采用大温差输送技术，对于平原地区，当输送功率为2000MW时（大约可为5000万m^2建筑供热），长途输送100km所损失的热量低于4％，管道设备投资按照10年静态回收的话，包括循环水泵电耗，输送成本不高于25元/GJ，如果所输送的热量为余热废热，采集成本为15元/GJ，则采用长途输送获得热量的成本基本上与在末端建大型燃煤锅炉相当，远低于燃气锅炉成本。再考虑燃煤锅炉当地排放的污染治理等问题，应该认为输送100km内的余热要优于在当地兴建大型燃煤锅炉。在平原地区长途输送的技术已经很成熟，所以只要设计合理，也没有安全性问题。当输送途中要穿山越岭，或者两地高差很大（超过 200m）时，管道修建和隔压及防止水击的安全措施有时会较大程度地增加初投资，但随着热量长途输送技术的不断发展完善，相关成本还有进一步降低的空间。

目前国内已经建成的山西古交—太原输热工程，利用古交电厂的余热为太原市供热。两地高差 180m，尽管输送距离为 40km，但其中穿越隧道 16km，并 5 次跨越汾河，地理条件非常复杂。整个工程投资约 40 亿，输送热量功率 3000MW，为约 7000 万 m^2 建筑提供供暖热量。2016～2018 供暖季这个系统已经安全运行了三个供暖季，各项运行数据基本达到设计预计指标，当年的经济收益可以偿还项目贷款利息和部分本金。我国北方地区大多数的地理条件优于古交—太原管网，100km 输送距离的投资及运行成本大约与这个项目接近。因此，这个项目的运行将开启我国长距离热量输送事业。

（5）未来城市建筑的清洁供热模式

我国北方城市目前都建有健全的集中供热网，连接了主城区绝大多数建筑。如何用好这一宝贵的热网资源，实现清洁供暖，是必须正确对待的大问题。如前文所述，巨大投资和高额运行成本的城市热网不应该用来输送电力、燃气等易于输送的能源直接转化的热量，而只能输送必须在特定位置产生的热量。这主要包括：燃煤热电联产的余热、各类工业生产过程的余热、城市垃圾燃烧处理得到的热量、城市污水处理后中水的低品位热量等。如前文所分析，如果实现在半径不超过 120km 的规模下的跨区域热量输送，我国北方大多数城市都可以通过大规模集中供热系统从上述这些热源中得到 40W/m^2 以上的热量，这就可以满足城市供暖的基础负荷，也就是初寒期末寒期的全部负荷及最寒冷期负荷的 70% 以上。这可以使巨大投资的跨区域热量输送网和热电联产热源在整个供暖期长期稳定运行，保证巨大初投资的收益。严寒期热量不足部分，则由各类局部调峰热源满足需要。局部调峰热源可以采用天然气锅炉，解决严寒期短时间内对热量的巨大需求。即使天然气调峰锅炉提供冬季最大负荷时 30% 的热量，也仅相当于整个冬季总热量的约 4%～7%，因此并不会由于天然气价格过高的增加供热成本。燃气锅炉的初投资远低于热电联产等高效热源，但运行成本远高于这些高效热源。因此用燃气锅炉调峰，解决严寒期热量的不足，而尽可能使区域热网和各类余热利用热源在整个供热季节都能满负荷投入，这应该是整体经济性最佳的方式。调峰用天然气锅炉应该尽可能分散地设置在供热系统的二次侧，也就是与建筑直接相连的系统上。这样，可以不占用一次热网资源，不占用宝贵的热量输送管网，同时，还可以有效降低这些热源的供热参数。把天然气锅炉这些调峰热源引入到二次管网，缩短了热源到末端的距离，由此就可以大幅度改善系统的调节特性，使得出现突然变冷或突然变暖的气候时，及时调整，避免建筑过冷或过热。这些局部热源还可以大大提高供热系统的安全可靠性，使城市供暖实现双热源高可靠供暖。

(6) 县、镇的供热模式

对于总人口在 10 万左右或更少，且远离集中热网的县、镇，如果附近找不到高能耗工业或热电厂提供余热，只能发展独立的供热热源。依照这类人口聚集区功能的不同，供暖热源方式也就不同。当这种县镇人口聚集区的主要功能是为周边农牧林区提供经贸、文化及医疗服务时，周边一定会有大量的产粮区、林区或牧区。此时可以优先利用这些区域的秸秆、枝条、生物粪便等生物质能，通过压缩颗粒化方式把这些生物质材料转化为易于储存、利于燃烧的颗粒燃料，再通过生物质锅炉进行集中供暖。对于一些没有足够生物质资源的旅游区，冬季往往属于萧条期，建筑的空置率高。这时应该优先采用各类分散的电动热泵供暖方式，既可以快速保证要使用的房间很快达到室温要求，又可以避免大量空置房间无谓采暖造成的浪费现象。对于空气源热泵不适宜的极严寒区，可以采用燃气壁挂炉或设置在终端的电热采暖方式，实行分散式供暖。

(7) 乡村供热模式

对于人口聚集程度低于 1 万人的乡村，已经不适合发展集中供热方式。这时就应该根据当地的资源、环境和气候状况，因地制宜地发展各类清洁的分散供暖方式。对于产粮区、林区，必然有大量的秸秆、枝条等生物质材料产出，通过压缩颗粒的方式将其加工成生物质颗粒燃料，是解决这类地区炊事和采暖的最好的能源。目前国内已经开发出多种型号的小型生物质颗粒燃烧器，适合于分户的炊事和采暖，实现高效和清洁的燃烧。这类生物质颗粒燃烧器可以使燃烧效率从以前散烧方式的不足 20% 提高到 50% 以上，排放烟气的清洁程度也接近于天然气燃烧的排烟。由于生物质材料为自产，颗粒加工费在 100 元/吨左右，每吨生物质颗粒可替代 0.7 吨燃煤，这样，农户承担的燃料费用不高于原来的燃煤费。

当没有足够的生物质材料可利用时，可行的方式是分散的空气源热泵。2016年以来在华北地区农村开展的大规模清洁取暖工程最成功的方式就是分户或分室的空气源热泵。尤其是每个房间一套的空气源热泵热风机，可以实现快速启停，适合于目前农村这种"部分时间、部分空间"采暖方式的需求，且免维护、低故障，在北京、河南、山东一些农村深受欢迎。而采用分户的空气源热泵热水机，在室内通过热水循环依靠散热器供暖的方式，由于系统缓解多，故障率相对就高。这种方式往往同时为一户各个房间供暖，不容易停掉部分房间，这就出现无人房间还要持续供暖的现象，造成一定的热量浪费。2016 和 2017 年在北京郊区农村统计的结果表明，在满足采暖要求的条件下，热泵热风机整个冬季的用电量为 $20\sim40kWh/m^2$，而热泵热水机为 $30\sim60kWh/m^2$。如果农宅采暖面积为 $100m^2$，采用热风机时的供暖用电在 3000kWh/户左右。目前无补贴的农电价格为 0.5 元/kWh，1500 元/户与原来的燃煤采暖成本大致相当。

对于东北、内蒙古等地一些既没有足够的生物质能，气候寒冷又不适合空气源热泵供暖的农村（这种农村实际上非常少），采用分散的电热方式是最后的保底方式。这种情况下应该高度重视建筑的保温和气密性，在改善房间保温性能上的投资可以很快从节省运行电费中回收。

西藏、青海、甘肃、宁夏等地区是我国太阳能资源最充足的地区。在这些地区发展被动式建筑，充分接收太阳能热量，利用建筑本身的蓄热性能储存白天收到的太阳能，完全可以使夜间室内温度不低于15℃。只要层高不超过三层，屋顶及南侧接收到的太阳能就可以使整个建筑实现零能耗采暖。从降低投资、容易利用建筑结构本体蓄热，以及便于维护等多方面看，太阳能热风方式应该是实现这些地区被动式采暖的最适宜方式。目前在川西藏区、甘南等地区已经有了一些这样的示范性项目，在常规的建筑投资标准下建成的一些学校校舍可以实现零能耗的舒适采暖。

2.5 结 论

目前在北方地区开展的这场清洁取暖大工程对改善冬季大气雾霾现象，还百姓以蓝天；对改善农民冬季居住状况，缩小城乡差别；对调整我国能源结构，减少化石能源消耗；都有重大意义，是中央提出的能源生产和消费侧革命的重大实践。三年来在华北地区的改造工程实践在这三方面都取得良好效果。

我国不同地区在人口密集程度、气候条件、资源环境等多方面都有巨大差别，因此因地制宜、实事求是应该是清洁取暖工程应坚持的重要原则。北方地区清洁取暖唯一的普适性原则就是：要清洁和节能，房屋改造应先行。加强围护结构保温、改善房间气密性，可以在提高室内舒适性和降低采暖能耗上得到显著回报。对于城市来说，应该充分利用热电联产和工业生产释放的大量余热作为冬季集中供热方式供暖的主要热源。对于县镇和农村，则应优先发展生物质能源和被动房，再依靠电力来补齐不足。

通过统一规划、相互协调，我国完全可以发展出全新的北方冬季采暖方式，有效改善百姓居住环境，找回冬季的蓝天。这一工程还将对我国的能源革命起到重要的引领和实践作用。

作者：江亿（清华大学建筑节能研究中心）

3 绿色校园——走向可持续的未来

3 Green campus—towards a sustainable future

3.1 背 景 介 绍

校园作为国家基础教育的重要载体，是社会培养未来接班人的摇篮，体现了城市时代的风貌，有着深远的社会影响。绿色校园是生态文明的示范基地，它让孩子们率先在绿色环境中学习善待生态之道，成为具有可持续发展意识的未来主人和领导者。

根据中国教育部 2017 年教育事业发展统计公报，全国现有普通小学为 16.70万所、初中阶段学校 5.19 万所、普通高中学校 1.36 万所、中等职业教育学校1.07 万所、普通高等学校 2631 所，全国中小学校舍建筑面积总量超过 75088.46万 m^2，各级各类学历教育在校学生为 2.98 亿人，教职员工近 2385.21 万人。目前校园数量多、人口稠密、校园建筑设施量大面广，能耗高且管理水平低、学校能源消耗严重制约着低碳校园工作深入持久地开展。

2010 年 5 月 21 日，由笔者担任组长的中国绿色建筑与节能专业委员会绿色校园学组在上海世博会瑞典馆举行成立仪式。学组由华南理工大学建筑学院何镜堂院士、西安建筑科技大学刘加平院士担任顾问，并拥有 45 位教授、政府专家担任委员，4 名学组助理。学组根本目的就是为了更好地推广和规范绿色学校的建设和发展，推动我国的可持续发展事业的发展。

2013 年 10 月 25 日，绿色校园学组在重庆举办发起成立了国际绿色校园联盟（International Green Campus Alliance，简称 IGCA）。由笔者担任国际绿色校园联盟主席，来自中国绿建委、同济大学、清华大学、重庆大学、美国麻省理工学院、卡内基梅隆大学、香港大学、华东师范大学第二附属中学、南京宁海中学、上海世界外国语小学、北京第二实验小学朝阳分校等 40 多家单位的 70 多位校方代表与中外嘉宾参与联盟建设。进一步推动绿色校园学组建设及相关领域的国际交流，倡导在校园中率先示范智能城镇化技术，推动校园的节能减排领域的人才培养与高智能城镇化相关学科的发展。

学组成立后建立了中国绿色校园网站，并每年举办多次主题论坛，开展中小学、职业学校、大学的绿色校园的技术、管理、教育和行动的行业及国家标准

《绿色校园评价标准》的编制工作，逐步开展北欧、中欧、南欧、东亚和北美五个国际交流，并进行大量的绿色校园案例整理工作。

3.2 绿色校园是城市变绿的起点

当下，我们面临来自资源短缺和环境问题的挑战。校园作为绿色建筑到绿色城区的过渡尺度和智能城镇化的先行军，是城市生态可持续的开始，把校园变绿是把城市变绿色的起点。绿色校园的建设应当充分尊重校园的低碳发展规律，识别并遵循城校园节能减排的内在动力，看清校园低碳空间发展的趋势。应突破传统绿色校园的局限性，着力于技术创新和技术应用。

"中德节能示范中心"项目在绿色学组成员沈阳建筑大学落成，成为辽宁省第一个被动式超低能耗绿色建筑，获国家三星级绿色建筑认证标识，获德国能源署技术应用贡献奖，获中建联被动式超低能耗建筑联盟第一批认证标识，开启了沈阳建筑大学被动式建筑领域的技术研究与工程实践（图1-3-1）。

图 1-3-1　沈阳建筑大学中德节能示范中心

沈阳建筑大学中德节能示范中心是沈阳建筑大学与德国达姆施塔特工业大学、德国达姆施塔特应用技术大学、德国威斯玛大学联合设计的节能示范项目，示范中心建筑面积1600㎡，由辽宁省政府和沈阳建筑大学共同投资建设。示范中心以"被动式技术优先、主动式技术辅助"为设计原则，全面展示了被动式超低能耗建筑设计理念和绿色建筑集成技术的系统结合，实现了严寒地区超低能耗绿色建筑的设计目标，目前已经获得我国绿色建筑三星级设计认证标识。

示范中心立足严寒地区气候特征，建筑体形系数为 0.22，各方向窗墙面积比为南向 0.29、北向 0.16、东西向均为 0.11，屋顶天窗面积比例为 12.7%。应用了德国被动式超低能耗建筑高性能外保温构造技术手段，并进行了无热桥技术设计，使外墙、屋面、地面等围护结构的传热系数达 0.12W/m²·K。外窗的传热系数达 0.8W/m²·K，天窗传热系数达 0.9W/m²·K，且外窗采用高气密性构造措施，使整窗气密性达到 8 级，并采用了外遮阳技术，从而体现了被动式技术优先的设计原则。在主动式技术方面，示范中心在能源系统上进行了创新，采用空气源—地源双源热泵系统，热泵机组功率仅为 4.3kW。

经监测数据分析，在过渡季完全采用自然通风条件下，示范中心全部空间均不超过 24℃。夏季最热月仅二层需要开启空调，中心夏季空调制冷能源消耗约为 10.8kWh/m²·a，冬季热泵机组、循环泵和新风系统按室内监测温度智控间歇运行，采暖能源消耗约为 26.6kWh/m²·a，示范中心采暖制冷能源消耗约为 37.4kWh/m²·a，建筑节能率达到了 83.4%。示范中心为绿色校园实践中探索我国严寒地区超低能耗绿色建筑技术起到了积极的示范作用。

3.3 行业标准、国家标准《绿色校园评价标准》概述

绿色校园的评价应以既有校园的实际运行情况为依据。对于处于规划设计阶段的校园，重点在评价绿色校园方面面采取的"绿色措施"的预期效果。《标准》应以评促建，促进绿色校园运营及维护阶段需要给予足够的重视。

笔者于 2011 年进行行业标准《绿色校园评价标准》编写工作，并于 2013 年公布（编号：CSUS/GBC 04—2013），自 2013 年 4 月 1 日起实施，作为中国进行绿色校园建设的评价依据。2014 年起根据住房和城乡建设部《关于印发 2014 年工程建设标准规范制订修订计划的通知》（建标〔2013〕169 号）要求，笔者任主编进行国家标准《绿色校园评价标准》的编写工作，2016 年 10 月该标准在中国住建部标准司的标准审查中被评为国际先进（图 1-3-2），目前《标准》正在审

图 1-3-2　国家标准《绿色校园评价标准》北京审查会

核阶段中，将在后续发布。

《标准》契合学校自身特点，在满足学校建筑功能需求和节能需求的同时，重点突出绿色人文教育的特殊性与适用性。《标准》分为中小学校、职业学校、高等学校三大部分，并包含5类评价内容：规划与生态，能源与资源、环境与健康、运行与管理、教育与推广。《标准》注重人与自然的和谐，强调生态可持续观念是当今校园规划发展的大方向。校园建设是百年大计，其建设不仅需要考虑现实要求，同时要兼顾未来的可持续发展。进行校园用地划分、规划设计时要注重形成校园生命周期的生长脉络，使学校规划建设结构与整体校园布局的发展前景相吻合，并考虑校园作为城市重要元素如何纳入城市的整体发展格局和城市形态肌理中去。

3.4 中国首部绿色校园与绿色建筑知识普及专题教材概述

绿色学校其内涵和意义在于通过学校的绿色建设，培养学生的环境保护意识，并由此向全社会辐射，提高全民的环境素养。笔者会同国内外多个知名大中小学校长、一线教师与绿色建筑专家共同编制《绿色校园与未来》（1～5册），作为我国首部中国首部绿色校园与绿色建筑知识普及专题教材、首部一套贯穿基础教育到高等教育的系列教材。教材针对不同学段的知识结构和教学特点设置基准主题，通过全学段知识点的层层递进辅以经典案例和主题活动，培养学生绿色可持续发展的核心价值观、绿色生态知识体系的建构以及绿色生活习惯的养成。系列教材的编制历时3年，经历多次会议讨论及编审修改，于2015年由中国建筑工业出版社正式出版，并已在上海等地开办示范课程（图1-3-3）。

图1-3-3 《绿色校园与未来》1～5册系列教材

教育与推广内容致力于在校园满足前述"硬性"指标外，强调评价学校的绿色课程、绿色活动、创新研究和低碳基地建设等内容，将校园文化的建设与物质空间建设结合。"软质"与"硬质"相结合。提倡将绿色教育的思想纳入学生的学习和生活中去，构建绿色校园与生态环保知识的科普教育学校基地。

学组成员在过去的一年中通过系统地给各位同学介绍绿色建筑的理念、特点及相关技术原理及应用情况，并结合多个中小学、大学的绿色校园建设经验，讲解如何在校园学习生活中实践节能行为、低碳生活的方式。和学生们讨论遇到的雾霾、短命建筑、城市空气质量等问题引出城市发展的危机和思考，请学生们提出未来绿色生态城市的建设理念与愿景模式（图1-3-4）。

图1-3-4　绿色校园学组向学生们开展绿色校园教育

绿色校园应注重营造开放的学习环境，与社会各部门密切联系，建立产、学、研一体化合作机制，并在学习知识机构上注重可持续发展人才培养方式，注重学生主动获取和应用可持续知识的能力、独立思考能力和创新能力。

3.5　与教育部的就绿色校园进一步的沟通与合作

十九大报告中指出："倡导简约适度、绿色低碳的生活方式，反对奢侈浪费和不合理消费，开展创建节约型机关、绿色家庭、绿色学校、绿色社区和绿色出行等行动。"绿色校园学组、笔者与教育部学校规划建设发展中心邬国强副主任就学组如何配合教育部开展绿色学校创建行动进行了深入探讨（图1-3-5），讨论如何在校园倡导绿色发展理念，积极推动绿色学校建设。教育部学校规划建设发展中心在绿色学校创建活动中，将绿色校园与平安校园建设、绿色行为意识培育、绿色教育课程体系、绿色学校管理机制等纳入创建内容，深入指导和服务全国绿色学校建设。学组与中心就绿色校园规划建设、节约用水、绿色智慧校园建设重点的细节

图1-3-5　学组与教育部学校规划建设发展中心沟通与合作

进行深入沟通，并明确了下一步合作的内容。普及绿色科技和倡导低碳生活方式是实现我国生态文明建设的重要途径，使学校真正成为集生态教育、人才培养、科技创新和推动绿色社区、绿色城市发展于一体的实验室和引擎，对于中国绿色校园的发展具有重要意义。

3.6 展　望

绿色校园学组以实际行动进一步取得关心绿色学校未来的专家、建设者们的认同，学校作为接受教育的场所，是人类文化传承的纽带。因此，绿色校园不单单要为学生创造舒适健康高效的室内环境，降低能源和资源的消耗，也要作为可持续发展理念传播的基地，通过学校本身向学生、教师和全社会传播绿色生态观。这与中国城市可持续发展主题，倡导节能减排，改善人居环境，维护人与自然的和谐关系，建设绿色城市，是息息相关的，学生在低碳校园内成长，形成可持续的科学世界观、人生观和价值观，推动低碳城市建设的发展。

作者：吴志强　汪滋淞　（中国绿色建筑节能专业委员会绿色校园学组）

参考文献

[1] 吴志强，汪滋淞. 绿色校园——为了我们共同的未来——中国绿色建筑与节能专业委员会绿色校园学组工作. 建设科技，2013(12)：16～19.

[2] 吴志强，汪滋淞. 中国首部绿色校园与绿色建筑知识普及专题教材《绿色校园与未来》系列教材编写解读[J]. 建设科技，2016(16)：64～67.

[3] 中国教育部 2017 年教育事业发展统计公报 http：//www. moe. edu. cn/jyb _ sjzl/sjzl _ fz-tjgb/201807/t20180719 _ 343508. html

4 气候变化与建筑碳排放

4 Climate change and building carbon emissions

4.1 气候变化的背景与中国政府自主决定目标

自人类社会进入工业文明以来，随着全球对以煤、石油为代表的化石燃料需求的快速增长，化石燃料使用对环境的影响日益显现，国际社会对这种环境影响进行探究的过程中，气候变化问题开始逐渐进入人们的视野，并在短时间内演变为全球最受瞩目的热点问题之一。

地球在自然发展演化进程中，气候也是不断变化的，但这种变化是地球系统在自然力驱动之下的长期演变过程，因此，在一般意义上，气候变化是气候平均状态统计意义上的长时间或较长尺度（通常为 30 年或更长）气候状态的改变。但自工业革命以来，人类活动（特别是化石燃料使用）所产生的温室气体排放不断增加，影响了自然气候变化进程，导致全球温室效应的加剧，从而加速了气候变化。因而，现今对气候变化的认识必须考虑人为因素，故目前所说的气候变化是指由人类活动直接或间接导致全球大气组分改变而产生气候状态的变化，即在特定可比时间段内观测到的自然气候变率之外的气候变化。气候变化会导致光照、热量、水分、风速等气候要素值量值及其时空分布变化，进而会对生态系统和自然环境产生全方位、多层次的影响。

联合国政府间气候变化专门委员会的报告显示，如果气候变暖以目前的速度持续下去，预计全球气温在 2030 年会比工业化之前水平升高 1.5℃。能否守住"1.5℃"这根控温线，对今后数十年的地球生态系统和许多人而言可谓"生死攸关"。联合国的报告显示，在全球气温升高 1.5℃ 的情况下，世界中纬度地区的极端高温将比目前的高温增加 3℃，北极在 21 世纪就可能出现夏天无冰的情况，现存 70%～80% 的珊瑚礁也将消失。升温 1.5℃ 的情况下，21 世纪末全球海平面将比 1986～2005 年末的平均水平上升 0.26～0.77m，比升高 2℃时海平面的上升幅度低 0.1m。

更重要的是，全球气温上升并不意味着全球"均匀变暖"，由于陆地和海洋的热容量差异很大，一般来说陆地升温幅度要比海洋大，而陆地的中高纬度又比低纬度地区升温幅度大，陆地上极端温度的变化幅度要高于全球地表平均温度的变化幅度。例如高纬度地区的极端低温在全球温升 1.5℃ 时会上升 4.5℃，在全球温升 2℃ 时会上升 6℃，这意味着极端天气出现的频率会更高。

全球气温上升还可能直接关系到每个人的身心健康，《美国科学院院报》的论文称，全球平均气温的上升与精神健康问题的增加有关，"过去五年，平均气温每上升 1℃ 都会导致精神疾病更加普遍"，妇女和穷人受到的影响更为严重。

气候变化对人类社会和地球构成紧迫的可能无法逆转的威胁，它将威胁整个地球的生态安全以及全球的生态与各国的可持续发展空间，任何国家、团体和个人都难以独立应对，也不能独善其身，应对全球性威胁必须全世界各国通力合作，同舟共济，共同行动。

应对气候变化长期减排目标下的低碳经济转型，不应成为对经济社会发展的制约，而是作为难得的发展机遇，更是各国实现自身可持续发展的根本路径。对发展中国家而言，在工业化和现代化进程中要同时实现发展和低碳的双重目标，既需要自身发展方式的低碳转型，也需要发达国家资金、技术和能力建设上的支持。《巴黎协定》中提出，2020～2025 年发达国家每年负责筹集至少 1000 亿美元资金，用于支持发展中国家的适应和减缓活动，广大发展中国家依此找到了低碳经济的发展路径。

低碳发展不仅是世界的事情，更是中国自己的事情。中国在根本利益上和世界潮流高度重合。它从根本上决定了中国在低碳发展上应该有所作为，而且要大有作为。否则，可能就失去了一次在全球范围内提升自己竞争力的宝贵历史机遇。因此，在全球气候变化这一议题上，中国政府以积极、科学、实事求是的态度去应对。

中国在全球低碳发展中地位、作用的形成，由其体量、禀赋、能力、比较优势、意愿决定。但最终还是由我们的智慧、努力、治理效果决定。中国需要不断地向世界上优秀的国家学习，对世界文明作出新的贡献，从而也实现自己的复兴。同时我们在今天要尤其强调战略思维，强调放开服务，坚定长远的方向，慎对眼前的形势，精心设计开拓实现路径。

中国在《巴黎协定》提出 2020 年后国家自主决定贡献目标：

(1) 到 2030 年单位 GDP 的 CO_2 强度比 2005 年下降 60%～65%；

(2) 非化石能源在一次能源消费中的比重提升到 20% 左右；

(3) 森林蓄积量比 2005 年增加 45 亿 m^3；

(4) 特别提出了 CO_2 排放到 2030 年达到峰值并争取早日达峰这一目标。

落实《巴黎协定》将节省全球医疗保险成本 50.54 万亿美元。据英国医疗期刊《柳叶刀》中的一篇报告，到 2050 年，如能落实《巴黎协定》减缓温室气体排放目标，将为全球节省 54 万亿美元的医疗保险成本，该数值是落实减排所需投资成本的两倍多。报告还提出，落实《巴黎协定》能使3000万人口免于空气污染导致的过早死亡。根据研究测算，中国和印度是所需投资金额最多的国家，共计为9万亿美元，然而这两国所节省的医保成本也将最高。

中国2030年左右CO_2排放达峰，届时GDP增长率仍将保持4％～5％的较高水平，这是由众多国际机构（世界银行、国际货币基金组织、亚合经济组织等）共同分析得出的结论（图1-4-1），远高于发达国家达峰时低于3％的增速，届时单位GDP的CO_2强度就必须相应保持较大的年下降率。中国在"十二五"和"十三五"期间，单位GDP的CO_2强度年下降率已达到或即将超过4％，到2030年左右预期可达4.5％～5.5％的水平（随产业结构调整，GDP的CO_2强度年下降率会增大），故中国GDP潜在增速的同时，会使CO_2排放在2030年达峰，甚至更提前些。

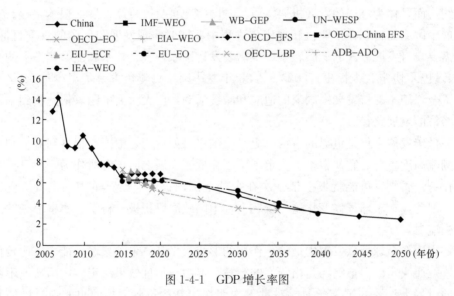

图1-4-1　GDP增长率图

至2030年需新建核电、水电、风电、太阳能发电等非化石能源总量达10亿kW，相当于美国当前发电装机的总容量，届时非化石能源供应量折算一次能源消费量约达12亿tce，将相当于日本、德国和英国一次能源总消费量的总和。煤炭的比重将下降到50％以下，所以非化石能源消费中的比重提升到20％左右，是有把握的。

世界上任何国家的碳排放均由产业、建筑、交通三大块组成，国家不同，三块的比例不同，能源结构相异，其碳排放总量也会引起不同程度的差异。中国过去这三块大约各占三分之一，近几年中央政府采取积极措施，产业结构调整，绿色出行，绿色交通，而建筑仍以每年新建10亿～20亿 m^2 的速度发展（城镇化的推进需求），有专家预测，建筑能耗及碳排放将占国家总量的50％。

所以建筑节能及碳排放的预测对每一个工程技术人员而言，应该提到一定的高度加以认识。

日本学者茅阳（Kaya Yoichi）提出了著名的碳排放理论公式，即一个国家或地区碳排放的推动力主要是四个因素：

$$CO_2 = P \times (GDP/P) \times (E/GDP) \times (CO_2/E)$$

其中，P 为人口；GDP/P 为人均 GDP；（E/GDP）为单位 GDP 的能量用量（能源强度）；（CO_2/E）为单位能源用量的碳排放量（碳强度）。

由此公式看出，中国的人口尚在增长，人均 GDP 当然越高越好，节能减排的措施只能依据第三项与第四项决策。减小单位 GDP 的能源用量，首先要检查我国 GDP 的组成，对高能耗、高排放、高污染的产业（冶金、重化工、水泥、铝业……）要适度调整，宜发展含金量高的科技产业，同时通过科技创新，降低各行各业的用能强度。第四项就是要调整我国的能源结构，中国的化石能源储量丰富，价格成本低廉，占总量的 70% 左右，但产生大量的 CO_2，污染了空气。经过努力，中国已将化石能源压缩到 60% 左右，最终目标是压缩至 50% 左右，而取代的可再生能源（风能、太阳能、生物质能）已成为中国的新兴经济。

习近平指出我国的基本国情是"胡焕庸线"，东南方 43% 的国土，居住着全国 94% 左右的人口，以平原、水网、低山丘陵和喀斯特地貌为主，生态环境压力巨大；该线西北方 57% 的国土，供养着大约全国 6% 的人口，以草原、戈壁、沙漠、绿洲和雪域高原为主，生态系统非常脆弱。我国可再生能源的资源分布，与人口密度、经济发展需求又不是很协调，特别是建筑赖以考虑的太阳能，其辐射强度及日照时间并不是随纬度而规律性的变化，其最好及最差的资源均在北回归线的纬度区域内，以及我国面临着"西电东送"的太阳能资源利用问题。这是我国低碳转型必须要解决的一个关键问题。

4.2 建筑碳排放的几个重要理念

2014 版《绿色建筑评价标准》提出建筑碳排放的条文，标志着我国的建筑碳排放工作正式启动并纳入国家标准中，在工程界产生了强烈的反应。总结一下五年的建筑碳排放的实践，是很有必要的。

（1）绿色建筑的全生命周期定义为建材生产、建材运输、施工、运营、维修保养、拆解、废弃物处理七个阶段，每个阶段均会耗能与碳排放。根据国内外的经验，运营是起主导作用的环节，联合国环保署提出，运营阶段的能耗及碳排放将占全生命周期的 80%～90%。中国城科会绿建委曾组织过课题研究，采集了北方、中部、南方十来个案例的详细计算分析，印证了这个结论。所以在建筑碳排放起步阶段，不必为生产、运输、施工等阶段费尽心机地收集数据，喋喋不休地争论，笔者认为抓住了运营阶段就是抓住了根本。当然运营的使用年限各个国家是有差异的，中国建筑的使用年限是 50 年，他国有 40 年、60 年，运营的年能耗与排放量乘上 40、50、60 差异也不小。

（2）碳排放计算的基础数据是能耗，也是绿色建筑最核心的参数。目前在工程界碳排放计算的能耗取值不是太清晰。绿色建筑设计标识申报时，必须提交能耗数据，当然只能依据设计提供的参数进行分析计算。理论计算通常是采用国内外的软件，针对设计资料（朝向、体型系数、窗墙比、遮阳、外墙外窗及屋面的传热系数……）根据当地几十年的气象资料（最低温度、最高温度、采暖时间、制冷时间）及工况条件（室内温度、新风需求）仅对采暖、制冷、照明（照度要求、照明功率）进行能耗分析计算。至于插座能耗、动力能耗等其他能耗基本未予考虑，更谈不上人员变化，工作时间的长短等情况。

国内外能耗计算软件甚多，由于模型不一，工况条件差异，最终的能耗计算值差异较大，甚至于有成倍的差异，故软件模型计算有一定的局限性，但在设计标识评审时有一定的参考意义。

实测能耗是以年为单位，建筑在春夏秋冬四季用能情况不一，所以论及能耗常规是指每平方米每年用掉的能，顾实测能耗是指一年内，在正常的气候条件下（非冷冬或酷暑）面对相对稳定的人员和工作时间测得的综合能耗（含电、气、油、煤、热水等）。由于气候条件、工作条件、建筑内人员的不定性，建筑保温隔热性能的变异，特别是人的用能行为（温度设置高低、开窗开空调、暖气等）这个实测值也是动态变化的，但要比模拟计算的准度要高，参考价值大。各种论坛上，有的专家会理直气壮地用此数据分析说理。但细究一下，还是要科学推敲的。如五星级宾馆的实测能耗，首要的得需指出在什么样的入住率情况下取得的测试值。其次要报告建筑面积的范畴，地下车库的工况条件要求较低，五星级宾馆的前台后台工况条件不一，若宾馆的总能耗数除以车库及副楼在内的总面积数，那就稀释了真正的宾馆的能耗数。所以要科学、严谨地考虑实测能耗。

近年来，我国政府重视能源监测平台，主要对公共建筑进行检测，有些已推进到监控，这些大数据的获得对推进我国建筑节能的工作是非常有利的，图 1-4-2 是上海市五类公共建筑（政府办公建筑、办公建筑、旅游饭店建筑、商场建筑、综合建筑）的月均能耗，可以看出面对上海夏热冬冷的气候条件，功能的峰值系 7、8 两月的制冷所产生。图 1-4-3 是五类公共建筑自 2013 年至 2015 年，1300 栋的能耗均值从 92knh/m^2，说明我国绿色建筑的推广，节能改造的系列活动还是有效的。更可取的是这些大数据的均值，完全可作为碳排放计算的依据，这些相同功能建筑的均值排除了离散性，作为碳排放计算的可靠性更高，也是中国向世界递交建筑碳排放的一大特色。

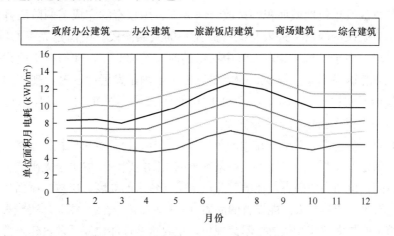

图 1-4-2　上海市五类公共建筑月均能耗

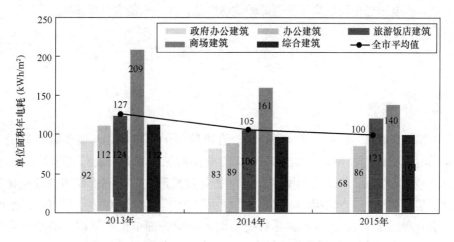

图 1-4-3　上海市 2013 年至 2015 年五类公共建筑年能耗

（3）碳排放因子（单位能源的碳排放量）是碳排放计算中非常重要的一个参数。由于我国地域宽广，能源结构复杂，管理多头，各地区的能源配给受到制约。如华北电力局以火电为主，每度电碳排放量约 0.65kg/kWh，上海地区以清洁能源为主的华东电力局（三峡水电、秦山核电站的核电等），每度电的碳排放量约为 0.31kg/kWh。随着国家能源结构的调整，这个参数是动态变化的，计算碳排量时，一定要按照当时公布的碳排放因子分析考虑。同时，评判建筑或城市、城区时，切莫根据量值的大小，就定为低碳建筑、低碳城市或低碳城区，碳排放因子是由国家决策的，低碳的定义要根据政策法规及节能减排的主观努力来决定的。

（4）碳排放的表征方法。国内外基本有三阶段表征方法，即单位 GDP 的排放，人均排放及单位地域面积的排放。西方发达国家有的完成前两阶段峰值，有的完成了三阶段的峰值，进入与碳排放无关的发展阶段。中国走完了 GDP 排放达峰的阶段。由于二氧化碳在大气中滞留的时间约 200 年，他们在工业化过程中释放的二氧化碳系当今气候变暖的主要原因。中国是发展中国家，现在用人均排放或单位地域面积排放的指标来要求中国是不公平不公正的。但我们自身发展中，应该用这三个指标相互比较相互考量。

（5）可再生能源系节能减排中的重要手段，建筑所能直接依赖的基本上是太阳能。这个问题涉及两个主要因素，一是本土的太阳能资源，取决于太阳能辐射强度与日照时间，也与当地的大气环境有关；二是与建筑的高度、层数、屋面型式及太阳能储存有关。当然与太阳能设备的品质（转换率、耐久性）相关。实践表明，我国在建筑上安装太阳能光伏效果不甚理想，主要价格性能比偏低及占建筑总能耗的比例偏低。有的专家提出，在西部太阳能资源丰富、土地利用面积丰富处利用太阳能发电，西电东送采用超高压及直流的输送方法，为国家能源开辟蹊径。

4.3 案 例 示 范

4.3.1 案例 1

中国政府 2017 年 12 月在全国 31 个省市建立了碳市场，开展了碳交易的活动，同时将实施配额制度。随着政府节能减排的深化管理，有信心有决心完成"巴黎协定"的承诺。试以上海市 2018 年碳排放配额方案，剖析我国的碳减排的政策实施。根据《上海市碳排放管理试行办法》［沪府令（10 号）］有关规定，为科学合理确定 2018 年本市碳排放交易纳入配额管理单位（下称"纳管企业"，详见《上海市碳排放交易纳入配额管理的单位名单（2018 版)》）碳排放配额，规范有序开展配额分配和管理，特制定本方案。

（1）配额总量

根据本市 2018 年及"十三五"碳排放控制目标和要求，在坚持实行碳排放配额总量控制，促进用能效率提升和能源结构优化、平稳衔接全国碳交易市场的原则下，确定本市 2018 年度碳排放交易体系配额总量为 1.58 亿吨（含直接发放配额和储备配额）。

（2）分配方法

本市采取行业基准线法、历史强度法和历史排放法确定纳管企业 2018 年度基础配额。在具备条件的情况下，优先采用行业基准线法和历史强度法等基于排放效率的分配方法。

行业基准线法——发电企业、电网企业、供热企业。

历史强度线法——工业企业、航空港口及水运企业、自来水生产企业。

历史排放法——商场、宾馆、商务办公、机场等建筑，以及产品复杂、近几年边界变化大、难以采用行业基准线法或历史强度法的工业企业。

① 历史强度法

工业企业：历史强度基数，一般取企业各类产品 2015～2017 年碳排放强度（单位产量碳排放）的加权平均值。当三年内碳排放强度持续上升或持续下降，且累计变化超过 30%，取 2017 年碳排放强度数据；不满足上述条件，但年度间碳排放强度变化超过 20%，取其变化后各年度碳排放强度的加权平均值。

航空港口及水运企业：取企业 2015～2017 年单位业务量碳排放的加权平均值。

自来水生产企业：取企业 2017 年单位供水量碳排放数据。

② 历史排放法

对商场、宾馆、商务办公、机场等建筑，以及产品复杂、近几年边界变化大、难以采用行业基准线法或历史强度法的工业企业，采用历史排放法。计算公式为：

$$企业年度基础配额 = 历史排放基数$$

历史排放基数，一般取企业 2015～2017 年碳排放量的平均值。当三年内企业碳排放量持续上升或持续下降，且累计变化幅度达到以下标准的，取 2017 年碳排放数据：2017 年碳排放量在 500 万吨以上且碳排放量变化超过 100 万吨、2017 年碳排放量在 100 万～500 万吨之间且变化幅度超过 30%、2017 年碳排放量在 100 万吨以下且变化幅度超过 40% 的。不满足上述条件，但年度间碳排放量变化超过 20%，取其变化后各年度碳排放量的平均值。

4.3.2 案例 2

2019 年年初，由能源基金会发起，能效经济委员会·中国（CCEEE）实施的"气候领袖企业"项目在北京举行了首次年度颁奖仪式。格力、蒙牛、首都机场和金风科技 4 家企业入选首批"气候领袖企业"。

（1）格力

据统计，每年空调设备用掉了全球 10% 的电，而全球的大部分电力是由燃烧产生，也产生了大量的温室气体。中国生产了全球八成的空调，珠海格力电器有限公司是全球最大空调生产商。在产品技术设计方面，从利用光伏发电驱动变频离心机进行制冷和制暖，到在大型公共建筑空调系统使用的搭载高效率离心机技术的冷水机组，再到适用北方低温的低温空气源热泵供暖技术，格力不断创新，在提升舒适度的同时，显著提升了制冷设备能源利用效率。

（2）蒙牛

在能源使用方面，蒙牛推行能源综合利用，增大太阳能、风能、生物质能等绿色可再生能源的比例。2015 年，清洁能源在蒙牛的能源结构中仅占 1.5%，近两年这一占比已跃升至 10.08%。三年来多能互补措施帮助蒙牛节约化石能源相当于近 3 万吨标准煤，减排二氧化碳约 5.8 万吨，相当于植树 4 万亩。

（3）首都机场

机场是用电大户，首都机场于 2014 年成为国内首家通过能源管理体系认证的大型机场，2016 年成为内地首家获得国际机场协会机场碳管理认证（ACA）的企业，在具体运行中，首都机场对航站楼的照明系统进行精细化管控，使其可以随自然光线及旅客动线规律而变，明暗有"度"，以 3 号航站楼为例，与系统投运初期相比，总体节电量近 40%；对行李处理系统开发"按需运行"的策略，而不是全部同时处于高速运行状态，较行李系统投运初期相比，实现了高达 25% 的节能量；多台机组联动的空调设备智能系统，联动频率和风量，降低能耗。首都机场自 2014 年开始参加北京市碳交易市场，每年均对温室气体排放量进行核查。2017 年碳排放量较 2016 年下降 3.17%，单位旅客人均碳排放量下降 3.97%，单位面积和单位旅客碳排放强度与国际相似规模、类型、气候的机场相比处于领先水平。

（4）金风科技

全球第三大风电企业——新疆金风科技股份有限公司拿出一招：打造绿色"朋友圈"。金风科技的大宗设备由上海 400 多家供应商提供，链上企业更是多达 1500 余家。根据金风科技对链上 296 家企业的节能减排潜力分析，如果能对这些企业进行节能改造，可以实现约 62 万吨二氧化碳当量的减碳能力；按照一棵树每年可吸收二氧化碳 18.3kg 粗略估计，相当于每年植树 3300 多万棵。金风科技于 2017 年成立了专门的绿色供应链项目组。2017～2019 年三年间，金风科技共计划投资 2.1 亿元，并有工信部补贴 1580 万元，让供应链的"朋友圈"更加绿色，已经有 80% 的供应商与其签署了"供应链绿色提升战略合作协议"。

由上海市 2018 年碳排放配额方案和能源基金会发起的"气候领袖企业"这两个案例可以看出，中国政府在《巴黎协定》作出的自主决定贡献的承诺，不是发表在会议上，停留在口头上，而是在政府出台文件、发动企业落实的行动中。中国不仅是全球气候变化举足轻重的打过，中国还是负责任的大国，是信得过的大国。中国人民有决心有信心在中央政府的领导下，为地球的生存安全，为全人类的幸福作出自己应有的贡献！

作者：王有为（中国城市科学研究会绿色建筑与节能专业委员会）

参考文献

［1］　林宪德．建筑碳足迹（上）—评估理论篇．2014

［2］　林宪德．建筑碳足迹（下）—诊断实务篇．2014

［3］　国际气候变化科技政策及科技合作态势．科学出版社，1916

［4］　国家发改委下属能源基金会简报

5 绿色建筑创新——建筑师的担当

5 Green building innovation is architect's responsibility

2018 年的最后一天，冷风吹走了霾，留给我们一片蓝蓝的天。应该说，在国家大力的环境整治和管控下，这两年来的空气质量有了很大的改善，蓝天数也在不断地增加，在老百姓点赞的背后，经济上也付出了沉重的代价，如何让天更长久的蓝下去？如何让经济可持续的发展？

作为建设行业来讲，加大力度推动绿色建筑，少用能、少排放、多节约资源、多生态是理应担起的责任。在过往的二十多年里，绿色建筑主要由机电工程师领衔推动，主要手段是强化围护结构的保温和自然采光、遮阳、通风等被动式技术路线和提高设备系统效率、智能控制、清洁能源利用的主动式技术路线，之后还制订了三节一环保的评价标准体系。应该说在政府的大力推动下，在行业的管控下，总体来说还是起到了不小的作用，一般建筑能耗指标得到了控制，绿色建材、绿建设备的产业也得到了很大的发展，值得肯定。

但我们应该看到实际中还存在不少问题，比如绿建设计标识多，运行标识少，一些装配齐全的绿建三星抑或 LEED 白金的挂牌项目的真实运行节能效果不理想，甚至能耗更高；比如投入巨大的区域供热和供冷系统运行中能源浪费现象普遍，节能目标难以达到；比如建筑普遍寿命短于应有周期，大量的拆除造成资源的浪费和垃圾排放的增加；比如建筑空间大而无当、玻璃幕墙处处泛滥、建筑装修铺张浪费的现象十分普遍，让后期的节能技术的应用杯水车薪；还有城市快速扩张，土地资源的浪费，还有城市庆典艺术照明的大量投入和惊人能耗，等等。这中间有技术问题，有设计理念问题，有规划问题，也有建筑问题，但我认为关键的是面对环境生态问题，我们应该首先提倡节俭的理念，有了节俭的意识，城市规划就应更集约地利用已有的土地资源而不是占用更多的自然空间；有了节俭的意识，建筑修修补补，更新改造就可以再用几十年，而不是一拆了事，排出更多的垃圾，建更多的新房；有了节俭的意识，建筑的规模应以适用为准，标准以舒适即可，而不是贪大、比高、显奢华；有了节俭的意识，人们的行为模式就会自我调节，更健康、更自然、更积极、更开放；有了节俭的意识，许多经济账也能理清了：提高质量，保证建筑的长久寿命比压低一次性建设投资要合算；花不少钱把绿建设备武装到牙齿，节的能要多少年才找平成本？保温材料，光伏材料的大量生产要耗费多少能源？未来如何降解？归根到底做绿色建筑是真想节能环保，还是想拉动一个产业，创造更多的 GDP？

当然我认为节俭并非是要降低人们生活的舒适度，冷的时候要采暖，热的时候要空调，但用能空间应该是人的尺度，温湿度也应该因人、因行为、因功能而调节，用更智慧的技术为人的生活提供保障。节俭并非要一味省钱，在规模压缩，抑制奢华的前提下应把钱用在质量和细节上，让建筑更精美、更有长久的艺术价值。节俭显然也并非要限制发展，只是应该更珍惜自然资源，更理性、更智慧地、更平和地看待财富和消费的关系，更多地投入对生态的修复和对城市的修补上。

2018 年，越来越多的建筑师参加到绿色建筑的领域中来，是十分可喜的。因为毋庸置疑一个建筑的形态和空间的构成还是出自建筑师之手。那些奇奇怪怪的，贪大媚洋的，以追求资本效益和政绩抱负为目标，以吸引眼球为手段，在自然环境面前或霸气十足，或冷漠无情的建筑无一不是建筑师所为。其中除了被迫听命于甲方和领导的旨意之外，多少也反映出建筑师个人的价值取向。显然，当建筑师设计出高耗能、高耗材、高维护成本的建筑空间来，再由暖通工程师去帮你对标绿建，采取各种技术措施和设备系统去凑分，肯定都难以达到真正节能的效果，这也可能是许多有绿色设计标识的项目最终拿不到运营标识的主要原因。因此，让建筑师端正设计的价值观，认清自己在绿色建筑中应该担负的责任是十分必要的。

自 2017 年以来，在国家科技部的"十三五"课题指南项下，几位院士大师牵头，许多建筑学院、建筑设计单位、建筑科研院所和相关企业强强联合，先后成功申报了"目标和效果导向的绿色公共建筑设计新方法及工具""地域气候适应型绿色公共建筑设计新方法与示范""经济发达地区传承中华建筑文脉的绿色建筑体系""基于多元文化的西部地域绿色建筑模式与技术体系"的重大科研攻关课题，掀起了建筑师和建筑学者参加绿色建筑设计研究的热潮。如同一场大会战，声势浩大，形势喜人！应该说这一轮课题指南要求成果比以往更深入，不仅要有研究报告、论文、软件、专利等科研标准内容，更要求要按期完成一批示范项目，能够试验和验证设计方法和技术路线的有效性，这无疑会推动和引领我国绿色建筑创作的大发展。

两年多来，不同的课题组相继开展了大量的工作，启动会、专题会、实地调研、选择示范项目、针对选项进行论证、选定项目的设计评审和施工控制，一环扣一环，紧锣密鼓。其中大量的工作也在研究和教学的一线展开，课题的分解，论文和报告，数据库的建立，软件和工具的开发和升级，在设计课教学和大学生竞赛中的命题指导也都全面推进。大家都希望在基础理论上、设计方法上、技术体系上、验证工具上以及协同创新机制上等方面都有所突破与创新，也都期待着不仅规定的示范项目能如期建成，更希望在同期能推出更多的绿色建筑项目，彻底扭转绿建不绿的尴尬局面。

如果说绿色建筑的创新主要目标是节能、减排、环保、生态，但也应该意识到这是一种我们传统文化的回归和传承。"天人合一，道法自然"是古代先贤留给后人的经典哲理，代代流传。中国的诗词歌赋、山水书画、风景园林、皇家宫寝、各地民居，无不反映出这一哲学理念，与西方宗教文化脉络有本质的区别。当然，近几十年来，伴随着石油危机和全球气候变化，也伴随着发达国家把制造业向发展中国家的转移，欧美率先开始推广生态环保和绿色建筑的理念，并订立了相应的评价标准，这无疑是我们应该学习和跟进的。但同时也应看到，他们基本走的是在科研创新引领下的高标准、高技术、高成本的路线，简单地照搬过来，不仅技术水平短期内达不到，而且建设成本还会增加很多，难以普及，这也是许多绿建设计标识的建筑最后措施和设备都难以落地的主要原因。因此回归中国传统哲理，研究不同地域传统民居的内在智慧，进而用当下信息工具去模拟、设计、分析，使之数据化、科学化，便于在建筑创作中广泛应用是我们应该走的中国智慧的道路，也是我们建筑师应该发挥作用的地方。坦率地说，这种传统智慧和理念的传承相比较形式语言的沿用模仿，不在一个层次上，是真正自内而外的、核心的传承创新，而由此创作出来的外在形式将是理性的、智慧的、因地制宜的、丰富多彩的，是中国建筑文化传承创新的正路，也是能够推而广之，被"一带一路"广大发展中国家能够理解和认同的，因为关键是理念和智慧，而不是形式。

2018年10月，由中国工程院和中国建设科技集团主办，由四个课题组近三百多人参加的绿色建筑创新大会在北京建筑大学成功举行，各个团队都分别介绍了各自的进展，交流了阶段性成果，充满了积极、开放、协作、相互促进的氛围。同时，也对正在修编的《绿色建筑评价标准》提出了宝贵的意见和建议。主要的想法就是希望把以建筑师为先导的，以空间节能、行为节能，传统生活和营造智慧的传承创新的技术路线能够记入评价标准的得分项，从而确认这类绿色设计的应有价值，当然也会对当代中国建筑创作起到积极引导作用，让"适用、经济、绿色、美观"的新时期建筑指导方针落到实处。

2018已经过去，新的一年业已开始，衷心祝愿我们中国的建筑科技界和建筑设计界、建筑教育界携手共进，为中国建筑的绿色发展，为中国建筑文化的传承与创新而共同努力，以更丰硕的成果迎接新中国成立七十周年。

作者：崔愷（中国建筑设计研究院）

6 国家标准《绿色建筑评价标准》GB/T 50378 修订工作简介

6 The revision of national standard *Assessment Standard for Green Building*（GB/T 50378）

6.1 修 订 背 景

6.1.1 绿色建筑发展概况

我国政府高度重视绿色建筑发展，发展绿色建筑已连续列入《国民经济和社会发展第十二个五年（2011—2015 年）规划纲要》《国民经济和社会发展第十三个五年（2016—2020 年）规划纲要》及《国家中长期科学和技术发展规划纲要(2006—2020)》等国家纲要方案。江苏、浙江、河北、河南、辽宁等地通过立法的方式强制推动绿色建筑发展。《住房城乡建设事业"十三五"规划纲要》不仅提出到 2020 年城镇新建建筑中绿色建筑推广比例超过 50% 的目标，还将推进绿色建筑发展定为十三五时期的主要任务之一，同时部署了进一步推进绿色建筑发展的重点任务和重大举措。

历经 10 余年的发展，我国绿色建筑已实现从无到有、从少到多、从个别城市到全国范围，从单体到城区、到城市的规模化发展。大部分省市全面执行绿色建筑施工图设计文件审查，全国省会以上城市保障性安居工程、政府投资的公益性建筑、大型公共建筑开始全面执行绿色建筑标准。

在绿色建筑发展领域，最重要的标准是国家标准《绿色建筑评价标准》GB/T 50378（以下简称《标准》），先后于 2006、2014 年发布两版标准，两版标准明确了绿色建筑的定义、评价指标和评价方法，对评估建筑绿色程度、保障绿色建筑质量、规范和引导我国绿色建筑健康发展发挥了极其重要的作用。

6.1.2 绿色建筑发展过程中存在的问题

绿色建筑实践工作稳步推进、绿色建筑发展效益明显，从国家到地方、从政府到公众，全社会对绿色建筑的理念、认识和需求逐步提高，绿色建筑评价蓬勃开展。但随着我国生态文明建设和建筑科技的快速发展，我国绿色建筑在实施和发展过程中遇到了新的问题、机遇和挑战。

2006 版和 2014 版国家标准《绿色建筑评价标准》GB/T 50378 促进了绿色建筑的理念推广与实践发展。国家和地方的多项强有力举措使我国绿色建筑呈现跨越式发展，绿色建筑由推荐性、引领性、示范性向强制性方向转变。但随着绿色建筑工作的推进，绿色建筑实效问题逐渐显现。据统计，截至 2017 年底，全国获得绿色建筑评价标识的项目累计超过 1 万个，建筑面积超过 10 亿 m²，但目前绿色建筑运行标识项目还相对较少，占标识项目总量的比例为 7% 左右，而且随着近几年部分地方绿色建筑施工图设计文件审查工作的普遍开展，绿色建筑运行标识项目所占的比例则更低，可见相当数量的建筑在进行绿色建筑设计评价后并未继续开展绿色建筑运行评价。

同时，两版标准更多考虑的是建筑本身的绿色性能，考虑"以人为本"及"可感知"的技术要求涉及不够，建筑使用者难以感受到绿色建筑在健康、舒适等方面的优势。此外，随着建筑科技的快速发展，建筑工业化、海绵城市、建筑信息模型、健康建筑等高新建筑技术和理念不断涌现并投入应用，而这些新领域方向和新技术发展并未及时反映在国家标准《绿色建筑评价标准》GB/T 50378—2014 中。

6.1.3 新时代对绿色建筑发展的新要求

党的"十九大"报告指出，中国特色社会主义进入新时代，我国社会主要矛盾已经转化为人民日益增长的美好生活需要和不平衡不充分的发展之间的矛盾，对新时代满足人民美好生活需要提出了新要求。"十九大"报告强调了创新、协调、绿色、开放、共享的发展理念，对推进绿色发展进行了明确阐述。发展绿色建筑，是响应"十九大"绿色发展理念的重要途径之一。

党的"十九大"对新时代满足人民美好生活需要、推进绿色发展提出了新要求，加之我国建筑科技发展的新理念、新技术相继涌现，2014 版标准已不能满足当前绿色建筑发展需求。新形势下，绿色建筑的发展应转变思路，响应当前建筑科技新理念新技术发展，构建新时代的绿色建筑评价技术体系，契合新时代绿色建筑高质量发展需求，逐步形成"以人为本、强调性能、提高质量"的绿色建筑发展新模式。

因此，为全面贯彻落实党的"十九大"精神，坚持以人民为中心的基本理念，结合我国社会主要矛盾变化，以构建新时代绿色建筑供给体系、提升绿色建筑质量层次为目标，充分结合工程建设标准体制改革要求，梳理提出新时代绿色建筑的技术要求，形成高质量发展绿色建筑新阶段的控制性要求与一般性技术要求相结合的标准技术指标体系，并与强制性工程建设规范研编工作有效衔接，进而完成《绿色建筑评价标准》的修订,是我国绿色建筑发展新阶段的重点工作。

2018 年 7 月 23 日,住房城乡建设部标准定额司下发的《住房城乡建设部标准定额司关于开展〈绿色建筑评价标准〉修订工作的函》(建标标函〔2018〕164 号),同意由中国建筑科学研究院有限公司组织开展标准修订工作。

6.2 开展的主要工作

为保证《标准》修订的科学性、合理性,并符合新时代对绿色建筑发展的新要求,《标准》修订历经了修订研究工作和正式修订两个阶段。

6.2.1 《标准》修订研究工作

2017 年 12 月 27 日由住房和城乡建设部建筑节能与科技司、标准定额司联合下达《关于同意开展国家标准〈绿色建筑评价标准〉GB/T 50378—2014 修订研究工作的函》(建科节函〔2017〕131 号),同意由中国建筑科学研究院有限公司会同相关单位开展标准修订研究工作。

修订研究工作开展了新时代绿色建筑发展要求分析、修订意见和建议调研、绿色建筑技术应用现状研究、国内外绿色建筑指标对比研究等多项专题研究工作,结合专题研究成果形成了 2 套绿色建筑评价指标体系的修订方案。经过广泛意见征集、重点问题专题研究与汇报、专家审查论证等多个环节,结合新时代绿色建筑发展要求,确定了以人民为中心、提升百姓对绿色建筑的认知和感知、注重性能实效作为《标准》修订的方向。

6.2.2 正式修订

2018 年 8 月 14 日,由中国建筑科学研究院有限公司召集相关单位召开了《标准》修订组成立暨第一次工作会议,正式启动了《标准》修订任务。

2018 年 9 月 20 日~10 月 20 日,根据《住房城乡建设部办公厅关于国家标准〈绿色建筑评价标准〉公开征求意见的通知》要求,向公众进行了为期一个月的征求意见,并向高校、企业、科研院所、设计院等专家定向征集意见。至征求意见截止日,共收到了来自 80 余家单位专家反馈的 1300 余条意见或建议。此外,还多次组织领域专家、地方相关管理部门负责人等对标准重点问题开展讨论及意见征集。

2018 年 12 月 1 日,在北京召开了国家标准《绿色建筑评价标准(送审稿)》审查会。审查专家组认真听取了《标准》修订工作报告,对《标准》内容进行逐条讨论和审查审查,专家组一致同意通过审查。

6.3 标准修订的重点内容

（1）构建了新的指标体系

2014 版绿色建筑的评价指标体系为"四节一环保"，此次修订结合新时代需求，坚持以人民为中心的发展思想，始终把增进民生福祉作为发展的根本目的，以百姓为视角，构建了具有中国特色和时代特色的新的绿色建筑指标体系，具体为：安全耐久、健康舒适、生活便利、资源节约、环境宜居。

（2）丰富了绿色建筑内涵

以"四节一环保"为基本约束，同时紧密跟进建筑科技发展，将建筑工业化、海绵城市、健康建筑、建筑信息模型等高新建筑技术和理念融入绿色建筑要求中，同时通过考虑建筑的安全、耐久、服务、健康、宜居、全龄友好等内容而设置技术要求，进一步引导绿色生活、绿色家庭、绿色社区、绿色出行等，丰富了绿色建筑的内涵。

（3）更新了绿色建筑术语

结合构建的绿色建筑指标体系及绿色建筑新内涵，对绿色建筑的术语进行了更新，使其更加确切的阐明了新时代的绿色建筑定义。将绿色建筑术语更新为：在全寿命期内，节约资源、保护环境、减少污染，为人们提供健康、适用、高效的使用空间，最大限度地实现人与自然和谐共生的高质量建筑。

（4）重设了绿色建筑评价时间节点

绿色建筑发展需要解决从速度发展到质量发展的诉求，而解决新时代绿色建筑发展诉求的关键途径之一则是重新定位绿色建筑的评价阶段。且以运行实效为导向是绿色建筑发展的方向，评价阶段是引导发展方向的关键途径。将绿色建筑评价的节点重新设定在了建设工程竣工验收后，可有效约束绿色建筑技术落地。同时，将设计评价改为设计阶段预评价，能够尽早地掌握建筑工程可能实现的绿色性能，及时优化或调整建筑方案或技术措施，为建成后的运行管理做准备，同时作为设计评价的过渡，能够与各地现行的设计标识评价制度相衔接。

（5）增加了绿色建筑"基本级"

《标准》作为划分绿色建筑性能档次的评价工具，既要体现其性能评定、技术引领的行业地位，又要兼顾我国绿色建筑地域发展的不平衡性和推广普及绿色建筑的重要作用，同时还要与国际上主要绿色建筑评价技术标准接轨。因此，在原有绿色建筑一星级、二星级和三星级基础上增加"基本级"，扩大绿色建筑的覆盖面的同时也便于国际交流。"基本级"与正在编制的全文强制国家规范相适应。

（6）提出了绿色建筑星级评价特殊要求

　　为提升绿色建筑品质，对一星级、二星级和三星级绿色建筑提出了全装修的规定，并对全装修工程质量、选用产品质量提出要求。对三个星级的绿色建筑还提出了更高的性能要求，除了满足应达到的分数要求外，还对三个星级的绿色建筑额外提出了节能、节水、隔声、空气质量等要求。因此，建筑应同时满足全装修要求、分数要求、额外性能要求三方面的要求，才可获得相应的绿色建筑星级标识。

　　(7) 提升了绿色建筑性能

　　更新和提升建筑在安全耐久、节约能源、节约资源等方面的技术性能要求，提高和新增全装修、室内空气质量、水质、健身设施、全龄友好等以人为本的有关要求，综合提升了绿色建筑的性能要求。

6.4　修订工作成效与《标准》先进性

6.4.1　修订工作成效

　　(1) 与新时代人民美好生活需要相统一

　　深入贯彻"十九大"精神和新时代中国特色社会主义思想，设计绿色建筑指标体系，凸显安全、耐久、便捷、健康、宜居、适老、节约等内容，将绿色建筑的可感知性贯穿于绿色建筑中，紧密联系绿色生活，突出绿色建筑给人民群众带来的获得感和幸福感，满足人民群众美好生活需要。

　　(2) 契合新时代绿色建筑高质量发展要求

　　积极响应新时代、新形势对于绿色建筑的高质量发展要求，重新定位绿色建筑的评价阶段，确保绿色技术措施落地，引领绿色建筑的运行实效。增设绿色建筑基本级，扩大绿色建筑覆盖面。绿色内涵与绿色性能双提升，促进绿色建筑高质量发展。

　　(3) 全装修要求促使建筑向产品属性转变

　　对一星级、二星级和三星级绿色建筑进行了全装修要求，对全装修工程质量、选用产品质量提出要求。同时，对"菜单式"装修方案以及全装修材料和产品选用结合当地品牌认可和消费习惯等进行引导，最大程度避免二次装修。全装修的要求，既杜绝了擅自改变房屋结构等"乱装修"现象，保证建筑安全、避免能源和材料浪费、减少室内装修污染及装修带来的环境污染，又将建筑以"最终产品"的形式交付，促使了建筑向产品属性的转变。

　　(4) 响应和推进绿色金融服务体系再发展

　　绿色金融服务包括绿色信贷、绿色债券、绿色股票指数和相关产品、绿色发展基金、绿色保险、碳金融等。绿色建筑作为绿色金融的重点支持领域之一，中国人民银行等七部委联合印发了《关于构建绿色金融体系的指导意见》，提出通过绿色金融对包括绿色建筑在内的绿色领域提供金融服务，进一步拓宽了绿色建筑投融资的渠道。《标准》是绿色金融支持绿色建筑产业的重要抓手，因此在"基本规定"中对申请绿色金融服务的建筑项目提出了明确要求，即使绿色建筑和绿色金融服务有效衔接，又能让绿色建筑项目充分享受到绿色金融带动下的新一轮发展红利。

6.4.2　标准先进性

《标准》修订过程，编制组进行了深入调研，开展了多项专题研究，借鉴了国内外相关标准和工程实践经验，广泛征求了各方面的意见，并进行了有效的试评。审查专家认为，《标准》全面贯彻了绿色发展的理念，丰富了绿色建筑的内涵，内容科学合理，与现行相关标准相协调，可操作性和适用性强；《标准》重新构建了绿色建筑评价技术指标体系，体现了新时代建筑科技绿色发展的新要求，创新性强；《标准》的实施将对促进我国绿色建筑高质量发展、满足人民美好生活需要起到重要作用。审查专家组认为，《标准》总体上达到国际领先水平。

6.5　下一步工作计划

《标准》是我国绿色建筑发展的重要技术依据，新时代对绿色建筑发展提出了新要求，按照新时代绿色发展要求对《标准》进行修订，是推动我国绿色建筑高质量发展的重要工作。为更好地促进《标准》的执行，后续还将开展评价技术细则、典型案例集等相关配套书籍的编写；标准发布后，还将开展技术内容宣贯、国内外宣传等工作；为将《标准》推向国际，还将开展《标准》的英文版翻译工作。

作者：王清勤[1]　王晓锋[1]　孟冲[1,2]　李国柱[1]（1. 中国建筑科学研究院有限公司；2. 中国城市科学研究会）

7 建造地震中确保安全的建筑
——推广采用隔震减震技术

7 Buildings that are safe during an earthquake

建造地震中确保安全的建筑，是我国城乡绿色建筑的前提要求。本文针对我国不断重复的一次次地震灾难，分析造成我国严重地震灾难的原因，指出我国城乡建设现行采用的传统抗震技术存在的问题和不足。在目前我国大面积、大幅度提高抗震设防标准还不现实的国情下，提出在我国城乡建设中推广采用隔震、减震技术的可行性和必要性。文章简要介绍了隔震、减震控制技术体系的减震效果、技术发展、工程应用和成功经历地震考验的工程实例，论证了在新时期我国城乡建设中推广应用隔震、减震技术，是终止我国城乡地震灾难的必然技术选择。

7.1 中国不断重复的地震灾难

我国地处世界两大地震带——环太平洋地震带和地中海南亚地震带的交汇区域，是世界上地震活动最频繁的国家之一，地震区已占我国国土100%。自从我国有地震记录以来，死亡人数在20万以上的灾难性大地震有，1303年的山西洪洞大地震、1556年的陕西华县大地震、1920年的宁夏海原大地震、1927年的甘南古浪大地震、1976年的唐山大地震等。20世纪，全世界由于地震死亡的人数中，中国人约占56%。近几十年来，我国高烈度地震频发，如邢台地震、海城地震、唐山地震、汶川地震、玉树地震、芦山地震、鲁甸地震等，都造成了大量人员伤亡和巨大经济损失。

我国陆地面积约占全世界的1/14，而大陆破坏性地震却占了全世界的1/3。我国是世界上地震风险最高的国家，平均每5年发生1次7.5级以上地震，每10年发生1次8级以上地震。历史上，我国各省区均发生过5级以上的破坏性地震。我国地震主要有以下几个方面的特点：（1）多数是浅源地震，烈度高、破坏性大。（2）震级和烈度远高于原预期的震级和烈度，造成大灾难。（3）我国城镇人口集中，房屋密集，地震时死伤惨重。（4）地震时人员伤亡有90%是由于房屋破坏倒塌以及伴随的次生灾害造成的，而我国城乡大量房屋抗震设防标准偏低，房屋抗震能力普遍不足，"小震大灾、中震巨灾"的现象在我国频频出现，给人民生命财产带来巨大损失，也给国家社会稳定造成巨大影响。一次 6～7 级地震，在发达国家仅造成几人至几十人死亡，而在我国会造成数千人乃至数万、数十万人伤亡，导致地震大灾难。这迫使我们要从一次次地震灾难中吸取教训，对原有的抗震设防要求和抗震技术体系，进行反思和创新。我国正在建设小康社会、步入以人为本的新年代，我们这一代人有责任，在中国这片国土上，建造地震中确保安全的建筑，终止地震造成的一次次重复的大灾难！

7.2 传统抗震技术体系及其存在的问题

世界在 18 世纪发生工业革命，以英国为中心，发展了现代科学技术。但英国等欧洲国家处于非地震区域，致使防震技术在第一次工业革命未被启动。至 19～20 世纪，技术革命向有地震危险性的美国、日本等国家扩展，防震技术有了长足发展，先建立了强度抗震体系（20 世纪 30 年代），后又建立了强度—延性抗震体系（20 世纪 70 年代），即现在的传统抗震体系。我国近二百年，闭关自守，内忧外患，贫穷落后，近代防震技术几乎处于空白，直至新中国成立，先后从苏联、美国、日本等引进防震技术，经过不断发展完善，建立了与世界各国类似的强度—延性抗震体系，即传统抗震技术体系。这个抗震体系，为我国减轻地震灾害，做出了重要贡献。但由于我国国情，这个抗震体系仍未能终止我国一次次重复的地震大灾难。

7.2.1 传统抗震技术体系

一般建筑结构，在地震发生时，地面地震动引起结构物的地震反应，结果固结于地下基础的建筑结构，犹如一个地面地震反应"放大器"，结构物的地震反应沿着高度将逐级被放大至 2 倍以上。中小地震发生时，虽然主体结构可能还未破坏，但建筑饰面、装修、吊顶等非结构构件可能破坏而造成严重损失，室内的贵重仪器、设备可能毁坏而使用功能中断，导致更严重次生灾害。当大地震发生时，主体结构可能破坏乃至倒塌，导致地震灾难。为了减轻地震灾害，人们先后发展了下述抗震技术体系：

（1）抗震"强度"体系。通过加大结构断面和配筋，增大结构的强度和刚度，把结构做得很"刚强"，以此来抵抗地震，即"硬抗"地震。这种体系，由于结构刚度增大，也将引起地震作用的增大，从而可能在结构件薄弱部位发生破坏而导致整体破坏。在很多情况下，这样"硬抗"地震很不经济，有时也较难实现。

（2）抗震"延性"体系。容许结构构件在地震时可以损坏，利用结构构件损坏后的延性，结构进入非弹性状态，出现"塑性铰"，降低地震作用，使结构物"裂而不倒"。对比"强度"体系，结构"延性"体系仅需要较小的断面和配筋，更为经济。"延性"体系从 20 世纪 70 年代建立，已成为我国和世界很多国家采用的"传统抗震体系"（图 1-7-1）。它的设计水准是：在限定设计地震烈度下，小地震时不坏，中等地震时可能损坏但可修复，大地震时明显破坏但还不致倒塌。超大地震时就无法控制了。

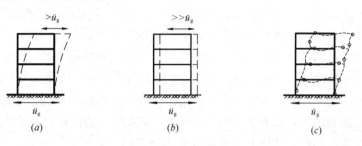

图 1-7-1　传统抗震体系

（a）一般结构；（b）强度设计体系；（c）延性设计体系

7.2.2　传统抗震技术体系存在的问题及对策

传统抗震技术体系长期存在下述难以解决的问题：

（1）结构安全性问题。在设计烈度内，这种传统抗震体系能避免结构倒塌，但当遭遇超过设计烈度的地震时，将可能导致成片建筑结构倒塌，引发地震灾难。2008 年我国"5·12"汶川地震，地震前的汶川是一个美丽的县城，地震后成为一片废墟。

（2）建筑破坏问题。在设防地震作用下，传统抗震结构容许钢筋屈服和混凝土裂缝，结构出现延性；国内外专家早就指出"延性就是破坏"，这将导致建筑物结构在震后难以修复，虽未倒塌但又不能使用，成为"站立着的废墟"。2008 年汶川地震后，由中国香港红十字会援建的隆兴乡博爱学校，使用仅 4 年，在 2013 年芦山地震中破坏严重，其塔楼及结构底层柱有明显破坏，震后修复非常困难（图 1-7-2）。

图 1-7-2　2009 年新建的隆兴乡博爱学校在 2013 年
芦山地震中塔楼及结构柱破坏情况

（3）建筑功能丧失问题。在地震作用下，传统抗震结构的非弹性变形和强烈震动，引起建筑中的非结构构件及装修、吊顶等的破坏，以及室内设备、仪器、瓶罐等的掉落破坏，必然导致建筑使用功能甚至城市功能的丧失，引起直接或间接的人员伤亡或灾难。例如，医院、学校、指挥中心、网络、试验室、电台、机场、车站、电站等的破坏，会导致现代城市瘫痪或社会灾难，后果是难以想象的！

上述传统抗震技术体系存在的问题，在我国凸显严重，原因是：

（1）我国的建筑物地震设防标准偏低。除少部分地区外，我国大部分地区的设计地震动加速度为 $0.10g$；而日本、智利为 $0.30g$，土耳其为 $0.20\sim0.40g$，伊朗也已提高为 $0.35g$。也即，我国建筑物地震设防标准（地震动加速度）仅为世界其他多地震国家设防标准的 $1/2\sim1/4$。如果同样的地震发生在我国，建筑物的破坏和人员伤亡，要比其他国家要严重得多！

（2）我国灾难性地震，很多发生在中、低烈度区。我国在中、低烈度区频繁发生超基准烈度大地震，引发大灾难。唐山的设计烈度为 6 度（地震动加速度 $0.05g$），1976 年唐山大地震烈度达 11 度（地震动加速度估计为 $0.90g$）；汶川的设计烈度为 7 度（地震动加速度 $0.10g$），2008 年"5·12"汶川地震烈度达 11 度（地震动加速度 $0.90g$）；青海玉树的设计烈度为 7 度（地震动加速度 $0.10g$），2010 年玉树地震烈度达 $9\sim10$ 度（地震动加速度 $0.50\sim0.80g$）；四川芦山的设计烈度为 7 度（地震动加速度 $0.10g$），2013 年芦山大地震破坏烈度达 $9\sim10$ 度（地震动加速度 $0.60\sim0.90g$）；云南鲁甸的设计烈度为 7 度（地震动加速度 $0.10g$），2014 年"8·3"鲁甸大地震破坏烈度为 $9\sim10$ 度（地震动加速度 $0.60\sim0.80g$）。即实际地震的地震动加速度值为设计值的 $6\sim18$ 倍！按照传统抗震技术建造的结构，哪能防御这种超级大地震？大灾难不可避免！

目前，我国大面积、大幅度提高设计标准还不现实，再加上传统抗震技术体系长期存在难以解决的问题，在中国这片国土上，要终止地震造成的一次次重复的大灾难，必须在原来采用传统抗震技术体系的基础上，大力推广采用创新的防震技术新体系——隔震、减震技术体系——四十年来世界地震工程最重要的创新成果之一！

7.3 隔震技术及其应用

7.3.1 隔震技术体系

隔震体系是指，在结构物底部或某层间设置由柔性隔震装置（例如，叠层橡胶隔震支座）组成的隔震层，形成水平刚度很小的"柔性结构"体系。地震时，上部结构"悬浮"在柔性的隔震层上，只做缓慢的水平整体平动，从而"隔离"

从地面传至上部结构的震动，使上部结构的震动反应大幅降低，从而保护建筑结构、室内装修和非结构构件、室内设备、仪器等不受任何损坏，使隔震结构在大地震中成为"安全岛"，不受任何损坏。隔震体系把传统抗震体系通过加大结构断面和配筋的"硬抗"概念和途径，改为"以柔克刚"的减震概念和途径，是中华文化"以柔克刚"哲学思想在结构防震工程中的成功运用。从结构动力学分析，隔震结构是把结构的自振周期大大延长（即"柔性结构"），从 T_{s1} 延长至 T_{s2}，则结构加速度反应将从 $\ddot{x}_{s1}$ 降为 $\ddot{x}_{s2}$，约降为原来传统抗震结构加速度反应的 $1/4\sim1/8$，结构抗震安全性大幅提高（图 1-7-3，图 1-7-4）。

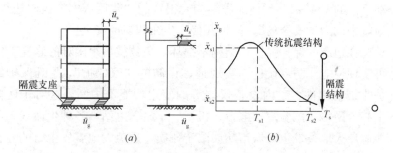

图 1-7-3 建筑结构隔震原理

（a）柔性隔震层；（b）结构加速度反应随结构自振周期延长而降低

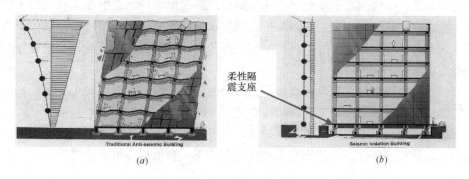

图 1-7-4 地震中传统抗震体系与隔震体系的对比

（a）传统抗震体系；（b）隔震体系

早在一千年前，我们的祖先就成功地应用隔震减震的概念和技术建成了遍布全国各地的宫殿、寺庙、楼塔等建筑，经历多次地震而成功保留下来。现代隔震技术是 20 世纪 80 年代出现的一项新技术，多年来，世界各国学者对此项技术开展了广泛、深入的研究，并已在工程上推广应用。

我国近代隔震技术与国际基本同时起步，但发展较快。我国首幢砂垫层隔震建筑由李立教授主持于 1980 年建成；由刘德馨、曾国林主持的石墨砂浆滑移层隔震房屋于 1986 年建成；我国最初建成的这几幢隔震房屋至今尚未经历地震考验，而由于砂垫层或砂浆滑移层在地震后没有复位功能，故未能推广应用。由本文作者主持，于1989～1993年在汕头市建成的我国第一幢夹层橡胶垫隔震房屋，在1994年9月6日台湾海峡M7.3级地震中经受了考验。之后，相继在云南、河南、新疆、四川、山西、北京、福建等地建成了多幢夹层橡胶支座隔震房屋，有些还成功经历地震考验。目前，隔震房屋已逐渐在我国推广应用，至2017年底，已建成隔震建筑超过12000栋。

与传统抗震结构相比，隔震结构有下述的优越性：

(1) 确保建筑结构在大地震时的安全。隔震体系可使结构的地震反应降为传统结构震动反应的1/4～1/8，使隔震结构有很宽的"防巨震安全极限边界"，在超烈度大地震中成为"安全岛"，保护几代人生命和财产安全！

(2) 结构在地震中保持弹性，结构不损坏，免致震后很困难的修复工作。

(3) 可实现性能化防震设计，实现地震设防的"双保护"，既既保护结构安全，也保护非结构构件、室内设备仪器等的使用功能不中断。这对于医院、学校、指挥中心、网络、试验室、电台、机场、车站、电站、各种生命线工程等尤为重要，能避免大地震发生时城市功能陷于瘫痪，避免大地震发生时的直接灾害或次生灾害。

(4) 适用于规则建筑结构，也适用于非规则建筑结构。隔震后的结构地震反应大幅降低，结构的水平变形（层间变形或扭转变形等）都集中在柔软的隔震层而不发生在建筑结构本身，从而保护功能要求较高的复杂建筑结构在地震中不损坏。这适合于对学校、医院、高档住宅、办公大楼、影剧院、机场、交通枢纽等的地震保护。

(5) 采用隔震技术，投资增加不多。当隔震技术应用于防震安全要求较高或设防烈度较高时，还能降低建筑结构造价。

(6) 隔震技术不仅可用于新建建筑，也可用于对旧有结构进行隔震加固，能大幅提高地震安全性。在达到基本相同的要求下，造价比传统方法更低。

7.3.2 隔震技术的工程应用

中、美、日、意大利、新西兰等国家已较多采用隔震技术，表1-7-1列出了中、美、日三国隔震工程应用的情况。经过40来年的发展，中国的隔震技术已迈入了国际先进行列，其应用领域广泛。

中、美、日三国隔震结构应用统计表（截至2018年）　　　　表1-7-1

应用领域	国别	数　　量	最大层位
建筑结构	中国	已建近12000幢	31层
	美国	已建近180幢	29层
	日本	已建近6000幢	54层

续表

应用领域	国别	数　量	最大层位
桥梁结构	中国	已建近 850 座	—
	美国	已建近 110 座	—
	日本	已建近 1800 座	—

隔震技术主要应用于住宅、学校、医院、高层建筑、复杂或大跨建筑、桥梁结构、核电站、重要设备、历史文物古迹保护、乡镇民房等，有些隔震工程还成功经历地震考验。举例如下：

（1）住宅建筑及学校、医院等公用建筑

【实例 1】我国第一栋橡胶支座隔震房屋，钢筋混凝土框架隔震结构，8 层住宅（图 1-7-5），位于广东省汕头市，是联合国工发组织（UNIDO）隔震技术国际示范项目，1989 立项，1993 建成使用。是当年世界最高的隔震住宅楼。1994 年 9 月 16 日，发生台湾海峡地震 M7.3。传统抗震房屋晃动激烈，人站不稳，青少年跳窗逃难，学校孩子逃跑踩踏，死亡及受伤共 126 人。但隔震房屋内的人毫无震感。震后，从窗外看到马路上挤满惊恐逃跑的人们，才知道刚才发生了地震，但隔震房屋内的人感到很安全，安心住在隔震屋里，不必外逃。

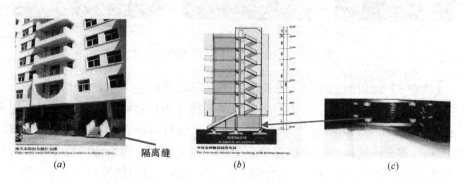

（a）　　　　　　　　　　（b）　　　　　　　　　（c）

图 1-7-5　我国第一栋橡胶支座隔震房屋，8 层住宅

（a）立面图；（b）剖面图；（c）橡胶隔震支座

【实例 2】乌鲁木齐石化厂隔震住宅楼群，共 38 栋 18 万 m^2，2000 年建成，为当年全世界面积最大的隔震住宅群，采用了基础隔震形式，结构地震反应降为 1/6。在 7～8 级大地震时也保证安全。

【实例 3】北京地铁地面枢纽站大面积平台上隔震住宅楼（通惠家园），隔震建筑面积 48 万 m^2，是当年世界面积最大的层间隔震建筑群，隔震层设在二层平台顶部（图 1-7-6），采用三维隔减振体系，结构地震反应降为 1/6，火车引起的振动降为 1/10，既确保地震安全，也避免地铁震动干扰。

图 1-7-6　北京地铁地面枢纽站大面积平台上隔震住宅楼

【实例4】芦山县人民医院隔震楼。2008年汶川地震后澳门援建的医院建筑（图 1-7-7），包括采用了橡胶支座隔震技术的门诊楼1栋，采用抗震（未隔震）的住院楼2栋。2013年芦山地震中，抗震的2栋住院楼破坏严重，功能中断和瘫痪，而隔震的1栋门诊楼，结构和室内设备仪器完好无损，震后马上投入紧张繁重的医疗抢救工作，隔震门诊楼成为震后全县急救医院。医院曾院长说："地震后全县所有医院都瘫痪了，就剩这栋隔震楼，成为全县唯一的急救中心，如果没有这栋隔震楼，灾后就无地方对重伤员进行抢救了，后果真是不堪设想。"

(a)　　　　　　　　　*(b)*　　　　　　　　　*(c)*

图 1-7-7　芦山县人民医院隔震与抗震楼

(a) 医院3栋建筑；*(b)* 抗震住院楼 震后破坏瘫痪；*(c)* 隔震门诊楼 震后完好无损

【实例5】汶川第二小学，钢筋混凝土多层教学楼共7栋，全部隔震，2010年建成。老师对学生说："地震时，千万不外往外跑！我们待在隔震楼里，屋里比屋外更安全"。在2013年4月20日，发生7级芦山地震，从装在几个建筑物（隔震和抗震）中的仪器得到地震反应记录，隔震楼的地震反应，只有相邻的抗震房屋地震反应的1/6～1/8，所有隔震楼完好无损，隔震楼就像"安全岛"。

（2）复杂大跨建筑

【实例6】昆明新机场隔震航站楼，隔震建筑面积50万 m^2，是目前世界最大的单体隔震建筑（图 1-7-8）。因为靠近地震断层，地震危险性较大。采用隔震技术，能够在大地震时保护结构安全、保护上部曲线彩带钢柱不损坏、保护特大玻

图 1-7-8　昆明新机场隔震航站楼

璃不破坏、保护大面积天花板不掉落，还要在大地震时保护内部设备仪器不晃倒掉落损坏、确保地震后航运功能不中断等要求。2015 年 3 月 9 日，云南嵩明县发生 4.5 级地震，昆明新机场隔震航站楼的仪器记录如下：地震时，楼面加速度反应降为地面加速度反应的 1/4，显示非常明显的隔震效果。

2015 年开工建设的北京新机场，航站楼约 70 万 m²，采用全隔震技术。建成后将成为全球最大的单体隔震建筑，将会是隔震技术在全球范围内的新范例。正在新建的海南海口美兰国际机场，新航站楼约 30 万 m²，也采用全隔震技术。

我国地震区的新建机场，有采用全隔震技术的趋势。这将大大提高我国机场的防震安全性，确保大地震发生时机场航运功能不中断，大大提高我国城市防震减灾能力，造福子孙后代！

（3）乡镇农村房屋

我国广大乡镇农村地区农民住房，抗震问题非常严重。农村建房缺技术，无正规设计和施工，材料多为砖石木等，抗震性能很差。小震大灾、中震巨灾的现象在我国乡镇农村地区频频发生，广大乡镇农村农民并未能分享现代科学技术进步的成果。如何把隔震技术应用于我国广大乡镇农村地区，保护广大农民生命和财产，是我们这代人的重要任务。

广州大学和相关单位部门合作，对我国乡镇农村房屋隔震技术进行了多年的研究、试验和应用，取得了可喜的进展。已开发了适合我国广大乡镇农村地区应用的"弹性隔震砖"技术体系。

【**实例 7**】适合农村地区应用的"弹性隔震砖"技术体系（图 1-7-9）。该体系

图 1-7-9 乡镇农村"弹性隔震砖"隔震房屋
（a）"弹性隔震砖"技术体系；（b）"弹性隔震砖"铺设；
（c）"弹性隔震砖"房屋施工；（d）"弹性隔震砖"房屋建成

设计施工简单、免大型建筑机械、农民工匠就能自建、造价很低。地震振动台实验表明，应用的"弹性隔震砖"的简易砖房，能经受 7～8 级地震而完好无损。

可以预期，"弹性隔震砖"技术的推广应用，将为我国广大乡镇农村房屋的地震安全、建设美丽并安全的新农村、保护广大农民生命和财产、终止我国地震造成的一次次重复的大灾难，展现了未来的美景！

7.4 消能减震技术及其应用

7.4.1 消能减震体系

结构消能减震体系，是把结构物的某些非承重构件（如支撑、剪力墙等）设计成消能构件，或在结构的某些部位（节点或联结处）安装耗能装置（阻尼器等），在风荷载或小地震时，这些消能杆或阻尼器仍处于弹性状态，结构物仍具有足够的侧向刚度，以满足正常使用要求。在中强地震发生时，随着结构受力和变形的增大，这些消能构件和阻尼器率先进入非弹性变形状态，产生较大阻尼，消耗输入结构的地震能量，使主体结构避免进入明显的破坏并迅速衰减结构地震反应，从而保护主体结构在强地震中免遭过度破坏。

传统抗震结构是通过梁、柱、节点等承重构件产生裂缝、非线性变形来消耗地震能量的，而消能减震结构是通过耗能支撑、阻尼装置等产生阻尼，先于承重构件损坏而进行耗能，衰减结构震动，从而起到保护主体结构的作用（图1-7-10）。

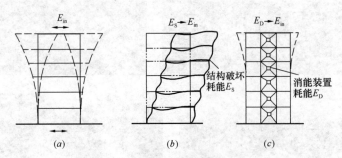

图 1-7-10 消能减震体系的减震机理
(a) 地震输入；(b) 传统抗震结构；(c) 消能减震结构

与传统的抗震体系相比较，消能减震体系有如下的优越性：

（1）传统抗震结构体系是把结构的主要承重构件（梁、柱、节点）作为消能构件的，地震中受损坏的是这些承重构件，甚至导致房屋倒塌。而消能减震体系则是以非承重构件作为消能构件或另设耗能装置，它们的损坏过程是保护主体结构的过程，所以是安全可靠的。

（2）消能构件在震后易于修复或更换，使建筑结构物迅速恢复使用。

（3）可利用结构的抗侧力构件（支撑、剪力墙等）作为消能构件，无须专设。

（4）有效地衰减结构的地震反应 20%～50%。

由于上述的优越性，消能减震体系已被广泛用于高层建筑、大跨度桥梁等结构的地震保护中。

7.4.2　消能减震体系的工程应用

消能减震结构体系按照所采用的减震装置，可以分为"速度相关型"和"位移相关型"。速度相关型阻尼器，主要有黏滞型阻尼器（其耗能能力与速度大小相关），包括油阻尼器，黏弹性阻尼器等。位移相关型阻尼器（其耗能能力与位移大小相关），包括金属屈服型阻尼器（包括软钢阻尼器、铅阻尼器，屈曲约束支撑 BRB，形状记忆合金 SMA 等），摩擦阻尼器等。近年来，以陈政清为代表的团队研发了高灵敏、高效能、高耐久性的电涡流阻尼减震装置，将是耗能减震领域的革命性突破。

美国是开展消能减震技术研究较早的国家之一。早在 1972 年竣工的纽约世界贸易中心大厦的双塔楼安装了黏弹性阻尼器，有效地控制了结构的风振动反应，提高了风载作用下的舒适度。日本也是应用消能减震技术较多的国家。31 层的 Sonic 办公大楼共安装了 240 个摩擦阻尼器；日本航空公司大楼使用了高阻尼性能阻尼器。加拿大也较早研究摩擦消能减震支撑并大量应用。世界各国应用消能减震的工程案例不胜枚举。

本文作者通过多方面的试验研究，提出了在高层建筑中设置"钢方框消能支撑"进行消能减震，并完成了足尺模型的试验。于 1979 年在洛阳市建成我国第一栋设置有钢方框消能支撑的厂房结构。

我国自 20 世纪 80 年代起一直致力于消能减震技术的研究工作和工程实践应用，目前已自行研发出了一些消能减震装置，并提出了与之适应的新型消能减震结构体系，完成了多项消能装置的力学性能试验和减震结构的模拟振动台试验研究，获得了大量有学术价值的研究成果。

消能减震技术在我国工程结构中的应用范围和应用形式越来越广泛，在各种重要建筑及大跨桥梁中均有较多的应用。目前全世界建成的消能减震房屋和桥梁约有 30000 余座。

【实例8】消能减震支撑在房屋结构减震中的应用（图 1-7-11）。

(a)　　　　　　　　　　　　　(b)

图 1-7-11　房屋结构中的消能减震支撑

(a) 油阻尼器消能减震支撑；(b) 屈曲约束支撑（BRB 消能支撑）

7.5　减震控制技术的发展和应用

随着高强轻质材料的采用，高层、超高层等高柔结构及特大跨度桥梁不断涌现，如果采用传统的"硬抗"途径（加强结构断面，加强刚度等）来解决风振和地震安全和抗风问题，不仅很不经济，而且效果差，常常难以解决问题。而巧妙的结构减震控制技术，为解决超高、超长结构的风振和地震安全问题，提供了一条崭新的途径。

结构控制是指在结构某个部位设置一些控制装置，当结构振动时，被动或主动地施加与结构振动方向相反的质量惯性力或控制力，迅速减小结构振动反应，以满足结构安全性和舒适性的要求。其研究和应用已有 40 多年的历史。

结构振动控制，主要是为了满足高层建筑、超高层建筑、电视塔等高耸建筑结构的抗风、抗震性能。按照是否需要外部能量输入，结构控制可分为被动控制（免外部能量输入）、主动控制（需外部能量输入）、半主动控制（改变结构刚度或阻尼）和混合控制（被动控制加主动控制）4 类；被动控制系统主要有调谐质量阻尼器（TMD）、调谐液体阻尼器（TLD）等；主动控制系统主要有主动质量阻尼系统（AMD）、混合质量阻尼器（HMD）等；半主动控制系统主要有主动变刚度系统（AVS）、主动变阻尼系统（AVD）等；混合控制是将主动控制和被动控制同时施加在同一结构上的控制形式。

世界首次将控制技术应用到建筑结构的，是建成于 1989 年的日本东京的 Kyobashi Center，采用了 AMD 控制系统。之后，控制技术在全世界及我国得到了广泛的发展和应用。

【实例 9】2009 年建成的广州塔是我国在超高层建筑中成功应用混合控制技术的典范（图 1-7-12）。由广州大学、哈尔滨工业大学、广州市设计院和 ARUP

68

等单位合作,为该塔的风振和地震安全控制研发了新型主动加被动的混合控制系统(HTMD)。

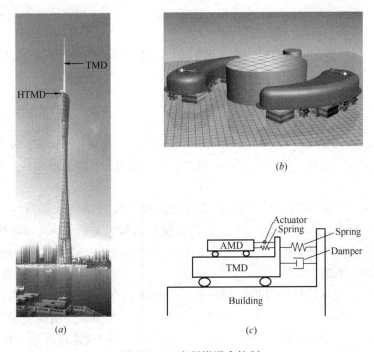

图 1-7-12 广州塔混合控制

(a) 广州塔;(b) 广州塔塔顶水箱作为调谐质量;(c) 混合控制系统 HTMD(TMD+AMD)

广州塔采用混合控制体系,是经过多方案比较分析而采用的。如果采用被动控制(免外部能量输入)的调谐质量阻尼器(TMD)体系,技术成熟可靠,造价低,但只能减震 10%~30%,对桅杆是满足要求的,但对主体结构达不到减震要求。如果采用主动控制(需外部能量输入)的主动质量阻尼系统(AMD),能减震 30%~60%,但技术成熟性和可靠性较差,造价也高。经过深入分析和试验研究,采用混合控制体系(HTMD),即在被动调谐质量装置(TMD)上再设置一小质量的主动调谐系统(AMD),可达到技术成熟和可靠,减震效果达到要求,能减震 20%~50%,造价也不高。该体系还巧妙地利用塔顶 2 个消防水箱(各 600 吨)作为调谐质量,不必额外专门制设钢制质量球,更加经济。

广州塔利用塔顶水箱作为调谐质量的混合控制系统 HTMD(TMD+AMD),从形式上看是两级调谐质量在运动。通过小质量块的快速运动产生惯性力来驱动大质量块的运动,从而抑制主体结构的振动。当主动调谐控制系统失效时,就变为被动调谐质量阻尼器(TMD),因此具有 fail-safe(失效仍安全)的功能。这保证该系统在很不利的条件下,都能正常运行,可靠性很高。

通过结构分析和振动台试验表明,广州塔在用了 HTMD 系统后可有效减震

$20\%\sim50\%$。该塔建成后,经历了多次大台风的考验,实测有效减震 $30\%\sim$ 50%。这进一步实际验证了 HTMD 应用在高耸结构上的有效性、可靠性和经济性。

7.6 抗震、隔震、减震的技术比较和未来的技术选择

7.6.1 抗震、隔震、减震技术比较

抗震:结构自振周期很难远离地面卓越周期,地震时容易发生一定程度的共振,结构的震动反应可放大至 250% 以上,大地震时会严重威胁结构和内部设施的安全。

消能减震:通过增大结构阻尼来消耗能量以减轻结构地震反应,可减震 $20\%\sim50\%$(即降低至 $80\%\sim50\%$),但结构震动放大系数仍大于 1,约为 1.20 ~1.80。能实现降低结构位移(地震变形)反应的目标,减少结构的破坏程度,提高结构的抗倒塌安全性。

隔震:通过延长结构自振周期,避开振动共震区,有效隔离地震。可减震 $75\%\sim90\%$(即降至 $25\%\sim10\%$ 或约 $1/4\sim1/8$),大幅提高结构安全性。震动放大系数远小于 1,约为 $0.10\sim0.30$。能大幅减低结构加速度反应(地震作用)的目标,既能在大地震中保护结构安全,也能保护内部设施完好无损,使用功能不中断。

7.6.2 抗震、隔震、减震结构地震损坏维修代价比较

图 1-7-13 为日本 Yusuke WADA 教授对日本传统抗震结构与减震、隔震结构在震后维修代价随地震烈度变化的趋势图。可以看出:

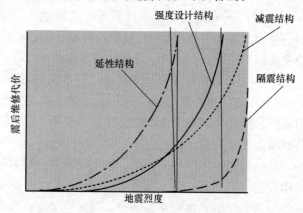

图 1-7-13 维修代价趋势图

在中等烈度地震时，抗震结构尤其是延性设计的结构就会发生损坏，包括非结构构件或室内设备仪器，震后维修代价较大；而减震结构的损坏较轻微，震后维修费用较低；而隔震结构完好无损。

当烈度较大地震时，延性设计的结构破坏程度就会加剧甚至倒塌，直到失去维修价值；而减震结构在较大烈度地震时的破坏主要还是减震装置的破坏，在经历地震后，只需更换、维修损坏的减震装置；而隔震结构完好无损。

在烈度特大地震时，延性设计的抗震结构已经倒塌；减震结构比强度设计的抗震结构破坏程度轻些，维修代价低于抗震结构；而隔震结构仍然完好，仅在隔震层（隔震支座或柔性管线联接等）有轻微损坏，稍加维修即可恢复正常。

7.6.3 减轻或终止我国地震灾难的技术选择

近年来，世界各地及我国已呈现地震频发的趋势。目前，我国要在全国范围内大幅度提高城乡抗震设防标准，仍有难度，但对于有可能出现的巨灾不可不防。传统强度设计和延性设计已不能满足我国大规模城乡建设发展对抗震的要求，而隔震、减震技术正好弥补了传统抗震技术所不能满足的技术要求。

隔震、减震技术是四十年来地震工程领域的重大创新成果，是城乡建筑大幅提高地震安全性、防止地震破坏的最有效途径，是终止我国城乡地震灾难的必然技术选择！在 2015 年第 14 届国际隔震减震与控制大会上，国内外专家一致认为："工程结构，包括旧有结构，广泛采用隔震减震技术的时代来临了！"

作者：周福霖（广州大学工程抗震研究中心）

8 中国绿建理论与日本实践结合的案例分析

8 A case study on the combination of Chinese green building theory and Japanese practice

2018 年 4 月，由中国《绿色建筑评价标准》GB 50378—2014 (Green Building Rating System) 认证的首例三星级海外项目在第十四届国际绿色建筑与建筑节能大会正式授牌，标志着中国绿色建筑评价标准正式走上国际舞台。这是中国绿色建筑发展历史性的突破，反映了中国绿色建筑评价方式的科学性与国际通用性。认证项目北九州市立大学国际环境工学部 2003 年竣工投入使用，采用了大量节约资源与保护环境的技术措施。投入运行近二十年的项目在今天仍可以达到三星级绿色建筑的要求，其建设运行的理念与经验对中国的绿色建筑发展有着非常大借鉴与学习的价值。基于中日两国绿色建筑发展的背景与现状，结合中国绿建理论在日本的实践，将是中国绿建理论未来国际化推广与发展的经验基础。

8.1 日本市立大学国际环境工学部项目概况

北九州市立大学国际环境工学部位于日本北九州市，与早稻田大学、九州工业大学等高校组成了工学学术研究组织——北九州学术研究都市，进行尖端性科学技术研究，特别以"环境技术"和"资讯技术"作为中心开展活跃性的教育研究活动。整个学研都市用地面积为 35 万 ㎡，绿地率 41%。项目所在区域用地面积为 37733.45㎡，区域内建筑面积为 56800㎡，容积率 1.5。项目建筑面积 35060㎡，包括教育栋、事务栋、实验栋三栋相连建筑。建筑形式是装配式建筑，预制构件比例达 80%

图 1-8-1　北九州学研都市

以上，建筑结构为钢筋混凝土主体和钢结构顶棚混合结构，建筑高度 17m，共 4层（图 1-8-1）。

2003 年 10 月，经日本《建筑物综合环境性能评价系统（CASBEE 1.0）》评价，建筑物环境品质性能 Q 得分 70，建筑物环境负荷 L 得分 21，最终 BEE 得分3.3，为 CASBEE 最高等级 S 级。2018 年 3 月经中国《绿色建筑评价标准（GB 50378—2014)》评价，建筑最终得分为 90.68 分，为 GBRS 最高等级三星级运行标识绿色建筑。（表 1-8-1）

北九州市立大学国际环境工学部项目 GBRS 得分汇总表　　　　表 1-8-1

	节地与室外环境	节能与能源利用	节水与水资源利用	节材与材料资源利用	室内环境质量	施工管理	运行管理	提高与创新项
总分值	100	100	100	100	100	100	100	10
适用分值	100	94	96	94	93	86	100	10
自评得分	84	73	83	78	80	64	90	8
换算得分	84	77.66	86.46	82.98	86.02	74.42	90	—
权重系数	0.13	0.23	0.14	0.15	0.15	0.10	0.10	1.00
加权得分	10.92	17.86	12.10	12.45	12.90	7.44	9.00	8
自评总分	90.68			自评星级		★★★		

8.2　主要技术措施

项目以降低环境负担为目标，最大限度地使用了光、风和热等自然能源，在系统上积极采用不会浪费水、能源的方式。项目共计有十大创新技术点：（1）自然风活用；（2）自然光导入；（3）地下冷穴预冷预热；（4）中水利用；（5）维护自然水路保护各种野生动物栖息地；（6）太阳能电池；（7）燃料电池；（8）燃气内燃机；（9）热电联产；（10）装配式建筑。这些创新点使得项目在节地、节能、节水、节材、室内环境等各个部分均获得较高评分，下面将逐项进行阐述。

8.2.1　节地措施与室外环境优化

（1）土地空间利用

日本人均享有面积远远大于中国大部分地区，因此大多建筑并不过于强调高容积率，项目用地面积 35 万 m²，主楼建筑面积 35060m²，容积率为 1.5。且由于地震灾害在日本比较常见，项目场地内并未过多开发地下空间，仅有地下设备间、通风冷穴、雨水收集池与共同沟。

在生态建设方面，项目场地最大限度保护了原有生态资源，绿地率达到42%，且校园内无围墙，所有绿地和广场均向公众开放。

（2）室外环境优化

项目为非玻璃幕墙建筑。室外夜景照明仅设置地灯，路灯。建筑自身照明只有室内教室和办公室照明，不会对周边建筑和道路造成光污染。在日本环境省噪音基准规定中，项目地域类型 B 类，规定基准与中国《声环境质量标准》GB 3096 中 1 类要求相近。满足昼间不大于 55dB，夜间不大于 45dB。

在风环境及热岛效应控制，由于项目设计阶段就有学校专家参与设计，合理设计楼宇间距、朝向，充分利用南部山坡对于主导风向的遮挡作用，且建设有大面积绿色植被，在风环境、热岛效应控制方面均达到了较高水平。

（3）场地设计与场地生态

项目场地内原有一个池塘花村池，建设过程中予以保留。学术研究城市校区的排水和雨水通过一个"共同沟"沟渠聚集在环境能源中心。在同一中心，经过生物处理和过滤处理的处理过的水被用作每个建筑物的厕所清洗水，洒水，冷却塔补充水等，形成了一套完整的排水及雨水利用系统。

8.2.2　节能措施与能源利用

（1）建筑与围栏结构

项目所属气候分区为夏热冬冷地区，所处地区常年风向为南南西，在设计布局时，合理利用周围山体条件，遮挡主导风向。整个建筑布局有利于夏季室外通风和冬季防风，有利于室外活动，且有利于建筑通风。

特别是在通风采光方面，在建筑屋顶设置有太阳能烟囱，利用太阳热能造成的温差效果，强化自然通风。同时利用地下廊道空间形成地下冷穴，回收夏季空调冷能及冬季空调热能。在北面的建筑中，设置有天井加强自然采光通风。

（2）供暖、通风与空调

项目采用集中供能站＋风机盘管＋新风系统的形式进行冷热供应，同时建设有分项计量能耗监测系统，可监测各类照明、动力、温度等数据。项目主要制冷采暖设备为吸收式冷温水机以及燃气锅炉。

（3）能源综合利用

项目集中供能站中，建设有 160kW 内燃机以及 200kW 燃料电池，在发电的同时，利用其余热制取生活热水，设备满负荷运行时，一小时可制取生活热水量约 5 吨，可全额覆盖生活热水需求。项目设置有分布式屋顶太阳能光伏系统，采用分项计量系统所记录的数据，全年光伏发电量占全年用电量的比例约为 3.1%，未达到满分的 4%，但也获得了较高的分数。

8.2.3　节水措施与水资源利用

（1）节水系统

本项目设置有雨水和中水利用系统。学术研究城市校区的排水和雨水通过一个"共同沟"沟渠聚集在环境能源中心。在同一中心，经过生物处理和过滤处理的处理过的水被用作每个建筑物的厕所清洗水，洒水，冷却塔补充水等。本项目在教育栋、实验栋和事务局栋一层分别设置了雨水滞留槽，共 640m³，中水槽 475m³。屋面雨水以及这些建筑周边道路和绿地的雨水。通过雨水弃流装置将初期径流雨水排入后端雨水管网，雨水经过弃流后，使较为干净的雨水收集雨水蓄水池中。蓄场地内还有 11544㎡ 的自然水体花村池，以及下凹式绿地、树池等可用于调蓄雨水的生态设施。

（2）节水器具与设备

所有供水用水使用的设备、管材和器材均满足日本国家、地方及行业标准。建筑选用节能环保高效的供水设备，使用节水型卫生器具。但由于项目建造年限较早，例如厕所坐便器，节水灌溉系统等无法达到最高评分要求。

（3）非传统水源利用

项目非传统水源主要为雨水及中水的利用，利用率 81%。中水经过膜处理回用于冲洗等用途，雨水还用于燃料电池补水，空调循环冷水补水以及冷却塔补水等。项目场地冷却塔补水量 269m³/d，全年按 135 天计算，共 36315m³。补水来源全部采用非传统水源雨水利用，利用率 100%。

8.2.4　节材措施与材料资源利用

（1）节材设计

本项目的建筑设计由日本设计完成，考虑到项目所在地的环境、交通和当地工业发展水平，决定建筑主体采用预制装配式混凝土框架结构，基础和部分楼板进行现场浇筑。鉴于案例所处位置临近海边、四季多雨，自然环境对建筑材料的侵蚀性较强，采用防腐水泥和金属表层涂料。建筑采用土建与装修一体化设计施工，土建施工在室内装修设计方案的基础上预留各类孔洞，避免装修时对已有建筑构件打凿、穿孔。建筑设计采用模数化设计方法，不同功能区通过若干单元模块拼接来实现。不同功能区的划分通过可拆卸式隔墙实现，因采用模数化设计，隔墙可重复使用。隔墙材质为轻钢龙骨石膏板与铝合金型材，可拆解回收。

本项目为装配式混合结构建筑。预制构件包括预制框架梁、预制柱、预制楼板、预制楼梯、雨棚以及栏杆等，预制构件比例达 80% 以上。项目所有部位采用土建工程与装修工程一体化设计。

（2）材料选用

本项目建筑主体分为两部分，分别是实验栋和教育栋。其中，实验栋的功能为日常教学及科学实验，教育栋为教职员工的办公空间以及学生的教室与研究室等。隔墙的安装方式为刚性连接，通过螺栓分别固定在楼板及相邻墙体或构造柱上，安装时将隔墙沿地、沿顶以及靠墙处按控制线位置固定。

项目建筑材料均选用日本本土材料，来自施工现场 500km 以内。现浇部分的混凝土全部采用预拌混凝土。建筑砂浆全部采用预拌砂浆，符合建设时日本规范标准。钢结构部分采用 SN490 钢材。可循环材料比例 15％；可变换空间全部采用灵活隔断，达到 100％。

8.2.5 室内环境质量改善措施

（1）室内声环境

由于本项目是教学研究场所，因此项目在设计之初即充分考虑噪声及振动的控制，在建造完成后也根据日本环境省《与噪声相关的环境标准》等相关规定进行了噪声测定，测定方法是在各房间楼板以上 1.5m 出设置收音麦克风，按不同频率对机器运行噪声和杂音进行测定，噪声的分解再进行修正。对机械振动的传播状态测定则是利用振动计测量各空调机械室楼板和空调机本体的接触面水平和垂直加速度变位量，测定基准为在 31.5Hz 频段下不超过 0.0015mm 振幅。且建筑室内办公区域地面均铺设地毯，对减振降噪均有帮助。

（2）室内光环境与视野

项目共用电灯设备 7651 台，非常灯、诱导灯设备 434 台，日本学校照明标准规定学校教室、实验室、研究室等照度在 200 到 750 lx，平均显色指数 Ra 为 80。项目严格按照日本规范规定设计并施工，同时对使用的照明产品进行检测，运营后项目照明情况进行点检。但由于项目地下空间为地下设备间、通风冷穴、雨水收集池与共同沟，仅需进行日常点检，采光系数较低，基本使用电灯进行照明，因此未获得相应分数。

（3）室内热湿环境

本项目外墙面防水层结合外墙外保温系统构造设计，满足相关产品技术要求及日本相关规范及标准。外墙面预埋构件四周用防水密封材料填实，最大限度控制结露现象。在中庭位置，项目设计了通高天井，引入自然光线，从而改善室内自然采光效果。项目所有房间均有遮阳措施。采用多种遮阳方式，包括建筑自遮阳、高反射手动或电动的活动遮阳帘等方式合理控制眩光。

（4）室内空气质量

项目主要功能区布置以大开间为主，采用了南北通透的开窗设计，有利于形成"穿堂风"，有效增强自然通风。在建筑各处都采用自然通风结构，特别是在北楼和南楼的屋顶安装了"太阳能烟囱"，充分利用了太阳热引起的烟囱效应和外风的激励作用，促进了自然通风。另外，从地下冷穴取得空调外部空气，夏季预冷，冬季预热。其可实现每年节约用能 216Gcal，减少碳排放 141t。

8.2.6　施工管理

（1）环境保护

项目在建设过程中拍摄有大量施工现场照片，从中可以看出对于环境保护采用有大量措施。包括对进出场地的车辆进行冲水清洗，对场地内裸露的地表进行覆盖，对在建建筑进行防尘网覆盖。此外，日本建筑的建设过程中，均会在建筑主体覆盖厚重的帷幕，起到阻隔噪声的作用，同时避免夜间施工，从源头上消除了噪声。

在工程建设开工前，项目预先制定有废弃物回收及处理方案并与有资质的废弃物回收公司签订建筑废物回收合同，且考察过废物回收公司的资质状况，记录有相应说明。

（2）资源节约

日本的建设施工方案全部围绕《绿色采购法》《建设循环法》等法律法规进行绿色施工与管理，对施工的全过程进行最优化的管理，对资材尽可能最大化利用。项目建筑为装配式建筑，主要结构构件均采用装配式构件，构件中的钢筋均在预制工厂中工业化弯折成型，降低钢筋损耗，模板均为工具式定型模板，可重复利用。

（3）过程管理

本建筑为日本 1995 年动工的项目，未有专门针对绿色建筑重点内容进行的专项会审，但对项目进行的专项会审中，有与绿色建筑相关的会审内容。结合日本相关法律法规，本项目在施工过程中从施工策划到材料采购以及现场施工，再到最后的工程验收，项目施工单位与监理单位均进行严格管理和控制，虽未有绿色建筑施工交底，但该项目的施工交底内容中均涵盖了与其相似的内容，且该项目的施工日志内容也包含绿色建筑重点监控内容。

本项目所有设计变更均记录存档，设计变更中具体说明了变更产生的背景和原因，建设单位在施工前对设计图纸提出了合理的修改意见，杜绝了设计变更内容不明确及降低绿色建筑性能的重大变更。

8.2.7　运行管理

（1）管理制度

本项目由日本公益财团法人"北九州产业学术推进机构（FAIS）"进行管理和运营，每年运营财团将节能作为工作考核指标，并对在节约能源、保护环境方面有突出成果和贡献的团队及个人颁发奖学金等。区域能源管理是学研都市最重要的工作之一。

本项目建立了绿色教育宣传机制，包括校门口的光伏实时发电量及原理展示，能源中心入口处的各设备、地下冷穴以及共同沟等的案例说明，食堂及住宿区域的垃圾分类处理及校园绿色生活宣传等。每年有上百位来自东南亚多个国家的交流生来到北九州市立大学进行交流访学，学习本项目中的绿色技术。

（2）技术管理

建筑多处使用自动化进行相关能源控制以实现节能目的，包括但不限于自动感应门、自动感应灯、中央控制空调等措施。节能管理记录详细记录了各项主要用能系统和设备的运行情况、能源消耗的逐月数据。绿化管理中具有完备的绿化养护、灌溉用水情况，化学品使用情况以及各项作业施工照片。

FAIS 机构对于校区内所有设备进行按期点检。其中包括：定期点检作业、故障对应措施、365 日每日 24 小时有预备人员对设备紧急情况进行紧急维修、保证必要的设备配件以及紧急维修配件齐全、现场管理资料（作业履历、照片等）保管措施完善。

（3）环境管理

为有效控制控制废弃物和危险废弃物的产生，防止其污染环境，并对其进行合理回收利用，降低成本，项目所在区域内共设有 5 个废弃物处理点及 10 个废弃物回收点。达到了废弃物回收定时定点、分类收集、废弃物回收场所分区等要求。场地内物业管理机构根据建筑物功能，制定污染物排放管理制度。垃圾房等地面残留废水由物业管理人员每日定时冲刷且对产生的垃圾进行分类收集。

8.3 总 结

由于建筑年限较早，部分在当时认为是创新的技术特点在目前的普及程度较高，例如太阳能电池，热电联产以及自然光导入等，但项目中的地下冷穴预冷预热，太阳能烟囱的强化自然通风，装配式建筑带来的节材和环境保护以及系统完备的中水和雨水回收系统，均对目前国内的绿色建筑建设有较高的借鉴价值。在具体的评分项阐述过程中，也可得到体现。

作者：高伟峻（日本北九州市立大学）

78

9 新型建造方式是实现绿色建造的重要途径

9 New construction mode: the important way to the development of green construction

当前，中国进入了特色社会主义新时代。我国经济发展由高速发展阶段转迈入高质量发展阶段，正处在转变发展方式、优化经济结构、转换增长动力的攻关期，要以人民为中心，以新发展理念为指导，解决好发展不平衡不充分问题，更好地推动人的全面发展和社会的全面进步。建筑业提供的产品及服务，与人民关联最直接、与群众感受最密切，最有得天独厚的优势和条件为解决当前我国社会主要矛盾贡献智慧与力量。当前我国建筑业总体上仍然大而不强，产业结构还不够合理，劳动密集型特征仍然显著，建造方式也还不够绿色高效。我们必须以深化供给侧结构改革为主线，努力在群众所需和品质升级两个层面提供更为优质的产品和服务，推动建筑业进入科技引领、创新驱动、品质保障、绿色发展、效率兴企的高质量发展新时代。

9.1 绿色建造是建筑业高质量发展的必由之路

近年来，党和国家把绿色发展上升到了国家战略的高度。党的十八大把生态文明建设确定为国家战略；2013 年国务院办公厅 1 号文件转发国家发改委、住建部的《绿色建筑行动方案》；2015 年党中央、国务院出台《关于加快推进生态文明建设的意见》，首次提出"绿色化"，与十八大所倡导的"新四化"并举，这些政策的出台为绿色建筑发展提供良好的政策保障。2017 年党的十九大提出坚定实施可持续发展战略，强调以保护自然环境为基础、激励经济发展为条件、改善和提高生活质量为目标的全面协调发展。这给建筑业推进绿色建造提供了有力的政策引导。绿色建造是在绿色建筑和绿色施工等基础上提出来，是实现绿色建筑产品的工程活动过程，主要包括绿色设计、绿色施工等内容[1]。推进绿色建造应遵循以下原则：先进理念是指导，符合国情是重点；因地制宜是抓手，以人为本是目的；自主创新是灵魂，投入产出是关键；单项技术是基础，集成技术是核心；政策法规是保障，持续发展是根本。

绿色建造代表了建筑业转型升级的基本方向，将拉动建造产业链及产业要素的全面升级，推动工程建造向更优的产品品质、更好的过程质量、更高的建造效率及资源利用效率、更环境友好的高质量发展阶段全面迈进[2]。由此可见，推进绿色建造是实现建筑业高质量健康发展的基本保障，是建筑业以习近平新时代中国特色社会主义思想为指导，贯彻落实党的十九大精神的切实行动。

9.2　新型建造方式是实现绿色建造的重要途径

9.2.1　新型建造方式的基本内涵

伴随着社会发展主要矛盾的深刻变化，国家对建筑业节能减排的要求不断提高，建筑行业劳动力短缺问题逐步显现，劳动生产率相对较低等问题亟待改善。同时，在新时代以信息化、智能化、新材料、新装备等为代表的科技创新快速推进，为我国发展以品质和效率为中心的"新型建造方式"提供了技术基础。结合当前形势，我们认为新型建造方式是指在工程建造过程中，以"绿色化"为目标，以"智慧化"为技术手段，以"工业化"为生产方式，以工程总承包为实施载体，实现建造过程"节能环保、提高效率、提升品质、保障安全"的新型工程建设组织方式[3]。围绕这四个主要发展方向，我们尝试将新型建造方式简要定义为"Q-SEE"，就是在建造过程中能够提高质量（Q）、保证安全与健康（S）、保护环境（E）、提高效率（E）的技术、装备与组织管理方法。

9.2.2　发展新型建造方式的重要意义

发展新型建造方式能够实现建造方式由劳动密集型、资源密集型向现场工业化、预制装配化的新型生产方式转变，实现建造组织方式由传统承发包模式向工程总承包模式过渡，实现建造管理方式由传统离散管理向标准化、信息化、智能化管理方式蜕变。因此，伴随着新型建造方式的深化和推进，将促进我国建筑业产业模式发生两个根本性的转变：一是终结大规模现场流水作业生产方式完全主导的时代，从而逐步转向定制化的规模生产，大量个性化生产、分散式就近生产将成为重要特征；二是将工业互联网应用到建筑业，实现产业形态从生产型建造向服务型建造的转变。可以说，新型建造方式是建筑业实现专业化、协作化、精细化，从粗放型向集约型转变的重要途径；是实现创新驱动、科技进步，提高建筑业全要素生产率水平的必由之路；是建筑业加快绿色化、智慧化、工业化、国际化的"新四化"发展，开启高质量发展新时代的深刻革命。

9.2.3　新型建造方式是实现绿色建造的根本支撑

前述可见，绿色建造、智慧建造和建筑工业化构成了新型建造方式的落脚点，其中绿色建造是工程建造的终极要求，智慧建造和建筑工业化是实现绿色建造的技术手段。具体关系为：（1）绿色建造是工程建造的终极要求。绿色建造是在工程建造过程中体现可持续发展的理念，通过科学管理和技术进步，最大限度地节约资源和保护环境，实现绿色施工要求，生产绿色建筑产品的工程活动。绿色建造追求"环境友好、资源节约、品质保证、人文归属"，其基本理念是"以人为本"，体现人对自然的尊重，注重从人的感受、健康和需求出发提升建筑品质，将打造高品质的、人与自然和谐的、建筑与城市和文化融合的人类生存空间作为核心追求，这种以品质和效率为中心的新型建造方式与高质量发展的时代主题完全契合。（2）智慧建造和建筑工业化是实现绿色建造的技术手段。一方面建筑工业化技术是实现绿色建造的有效生产方式；另一方面建筑信息化是实现绿色建造的技术手段。特别是以信息化融合工业化形成智慧建造，可进一步丰富感知、分析、决策、优化等功能，形成"建造的大脑"，实现功能自动化和决策智能化，达到工程建造执行系统与决策指挥系统的有机统一，是实现绿色建造的基本技术途径[4]。由此可见，新型建造方式与绿色建造的本质要求一致，是实现绿色建造的根本支撑。

9.3 实施新型建造方式推进绿色建造的举措

从探索实施新型建造方式、推进绿色建造的视角出发，我认为：

9.3.1 发展工程总承包是推进绿色建造的重要保障

工程总承包模式，能够促使工程承包商立足于总体角度，从建筑设计、材料选择、设备选型、施工方法、工程造价等方面全面统筹，提高设计方案水平，减少设计变更，有利于提高能源利用效率，减少资源消耗，促进工程项目综合效益提高。绿色建造实现的基础在于整合设计与施工，强调从建筑产品全生命期视角、站在项目全过程管理控制的高度，提高各专业的协同以及设计方案的可建造性，实现更高品质，减少变更和浪费，实现价值创造。这与工程总承包对设计施工高度整合的优势恰好对应。因此，发展工程总承包是推进绿色建造的重要保障。但我国受制于体制机制的影响，工程总承包的发展还比较缓慢，为此：一是要借助全过程工程咨询等方式，来快速提高项目整体管理水平；二是完善工程总承包的相关法律法规，规范建设相关方的行为，为实现工程总承包创造条件；三是要培育一批具有强大总承包能力的大型企业，引导中小型企业以主营业务为方向向专业化企业发展，降低市场恶性竞争，实现市场结构的整体优化，才能从更根本上为高质量发展奠定市场基础。

9.3.2 发展智慧建造是推进绿色建造的重要手段

近年来，以 BIM 技术、物联网、云计算等为核心的智慧建造在我国获得了重视和发展。智慧建造是在设计和施工建造过程中，采用现代先进技术手段，通过人机交互、感知、决策、执行和反馈，提高效率和品质的工程活动。智慧建造通过应用先进技术与装备，实现更大范围、更深层次对人的替代，并从体力替代逐步发展到脑力增强，进一步提升人的创造力和科学决策能力，实现更高效率、更优品质。智慧建造技术以提升品质和效率为中心，有助于消除资源浪费，建立包括环境目标在内项目综合管控平台，是实现绿色建造的技术支撑手段[5]。

当前，我国建筑业将推动智慧建造的发展作为建筑产业现代化的主要方向。中建集团等企业高度重视智慧建造发展，较早推动 BIM 应用和智慧工地建设，探索应用机器人、3D 打印等先进技术，提升了设计质量，推动了建筑工业化与信息化融合发展，提升了项目协同管理的水平，提高了建造效率，并初步展现了拉通全生命期和全产业链的可行性，但在研发应用的整体水平和短板补齐上还需要进一步提升。为此：一是要以全过程集成应用为主导，通过开发基于 BIM 的协同设计平台等推动智慧设计发展，通过构建基于施工全过程的 BIM 大数据基础平台和集成系统、推动建造机器人应用等发展智慧工地，通过拉通建造生命期和产业链推动智慧企业发展，通过打通行业监管与企业和项目的渠道推动智慧行业监管，全面发挥智慧建造优势；二是从政府、科研院所、企业等各层面，加大基础平台的研发投入，重点解决三维图形引擎等关键技术，建立国家标准，加快突破 BIM 基础平台等智慧建造自主发展的技术瓶颈；三是通过现代科技的集成创新，将建筑和基础设施的系统、服务和管理等基本要素进行优化重组，以服务智慧城市建设为方向，拓宽智慧建造领域。

9.3.3 发展建筑工业化是推进绿色建造的有效方式

建筑工业化的主要标志是实现"四化"即建筑设计体系标准化、构配件生产工厂化，现场施工装配机械化和工程项目管理信息化。推动建筑工业化，具有性能改善、质量可控、成本可控、进度可控等优势，是应对未来产业工人缺乏的重要举措。当前阶段，行业内按照"适用、经济、安全、绿色、美观"的要求，大力发展了装配式混凝土建筑和钢结构建筑，在具备条件的地方发展现代木结构建筑，加大了政策激励，完善了标准体系，取得了很大的成绩。但在以下几个方面还有待进一步加强：一是要进一步装配式建筑的产品及技术体系，实现全产业链的高度集成和纵向贯通，更好地满足市场需求；二是要进一步强化装配式建筑的协同设计和标准化设计，打破"等同现浇"的理念约束，从根本上变革把现浇施工照搬到装配式建筑的"经验主义"做法，强化设计与施工的一体化，切实以产品品质和施工效率为核心来确定建造工艺，从根本上打造高品质的工业化建筑产品，逐渐形成市场品牌效应；三是切实以"工业化"水平提升为本质要求，进一步理顺装配式建筑的评价及指标约束，把品质提升和经济合理的协调作为工程建造的基本准则，实现科学发展。

9.3.4　发展绿色建材是推进绿色建造的物质基础

绿色建材是指在全生命周期内可减少对天然资源消耗和减轻对生态环境影响，具有"节能、减排、安全、便利和可循环"特征的建材产品。绿色建材采用清洁生产技术，少用自然资源和能源，促进废弃物资源化利用，有利于环境保护和人体健康。绿色建材是提升建筑居住环境和品质的主要途径，是实现绿色建造的物质基础，是建筑业转型升级的重要保障。但目前绿色建材市场还不规范，造成推广应用的困境。为此：一是要加快建立国家行业的绿色建材评价标准和产品认证体系，提高绿色建材评价与认证的统一性和权威性；二是出台国家鼓励性财政政策，提高公众对绿色建材的认识程度，加大绿色建材使用力度；三是从融资、税收等方面提供更好的政策环境，加强对绿色建材市场的培育与监管，形成生产、销售、服务的"一条龙"配套市场体系；四是推动利用地域性资源节约型绿色建材，充分利用各种有地域特点的工业固体废弃物、农业废弃物、建筑垃圾、生活垃圾等代替天然原材料，生产绿色建材产品；五是要提高建筑材料寿命与建筑产品寿命的匹配度，大力推动高性能绿色建材的研发与推广应用。

9.3.5　强化人才建设是推进绿色建造发展的根本保障

绿色建造的推进，离不开高水平的技术和管理人才的支撑。当前，尽管绿色建筑、绿色建造等在研究及工程实践领域受到了广泛关注，但在教育体系上还没有得到充分反映，导致了绿色建造人才队伍的短缺。为此：一是加强绿色建造综合性人才培养，在高等教育阶段应进一步拓展知识架构，将绿色建筑理念和技术纳入教学范围，注重工程实践锻炼，在绿色建筑概念把握、技术整合与协调以及综合价值判断等方面提升能力，进一步规范绿色建造职业资格认证；二是加大绿色建造技术工人培养，做好绿色建造培训工作，特别是绿色建造理念的宣贯和绿色建造技术和工艺的培训等。

总之，新型建造方式与绿色建造的本质要求一致，是实现绿色建造的根本支撑。在现代科技支撑下，通过发展新型建造方式，将不断提高资源利用效率和环境保护水平，推动工程建造向更深绿的生态意识建造迈进，推动建筑产品向高性能建筑升级，推动工程建造的系统化、一体化水平提升，带动设计、施工、材料等全产业链升级，从根本上实现绿色建造，推动建筑业生产方式的深刻变革。

作者：毛志兵（中国建筑股份有限公司）

参考文献

[1]　毛志兵，于震平．关于推进我国绿色建造发展若干问题的思考[J]．施工技术，2014，43
　　　（1）：14-16

[2]　毛志兵．中国建筑推进绿色建筑最新进展[J]．施工技术，2013，42(1)：7-11

[3]　毛志兵，李云贵，郭海山．建筑工程新型建造方式[M]．中国建筑工业出版社，
　　　2018，11

[4]　毛志兵．推广BIM技术是推进绿色建造的重要手段[J]．建筑，2015，16：31-32

[5]　毛志兵．推进智慧工地建设助力建筑业的持续健康发展[J]．工程管理学报，2017，31
　　　（5）：80-84

10　中国海绵城市建设与实践

10　Sponge city construction and practice in China

10.1　海绵城市建设背景

城市是人口高度聚集、社会经济也高度发达的地区，也是资源环境承载力矛盾最为突出的地方。改革开放以来，中国进入了城镇化快速发展阶段，从 1979 年的不到 20％，到 2017 年的 58.22％，年均增幅接近 1％（图 1-10-1）。在传统建设理念的影响下，城市开发建设带来的城市下垫面过度硬化，切断了水的自然循环过程，改变了原有的自然生态本底和水文特征（图 1-10-2）。

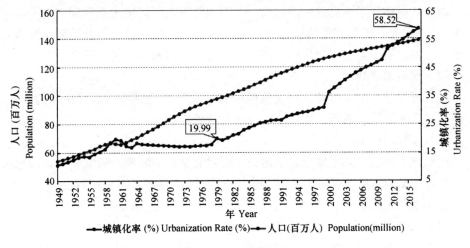

图 1-10-1　城镇化率

以中国北方城市为例，城市开发建设前，在自然地形地貌的下垫面条件下，70％～80％的降雨可以通过自然滞渗进入地下，涵养了本地的水资源和生态，只有 20％～30％的雨水形成径流外排。而城市开发建设后，由于屋面、道路、地面等设施建设导致城市下垫面的硬化，70％～80％的降雨形成快速径流，仅有 20％～30％的雨水能够入渗地下，呈现了相反的水文特征，破坏了自然生态本底，也使自然的"海绵体"功能消失了，出现"逢雨必涝、雨后即旱"。同时，也带来了水生态恶化、水资源紧缺、水环境污染、洪涝灾害频繁等一系列问题。

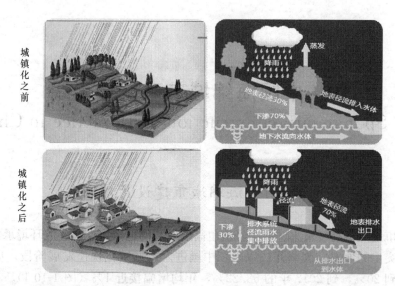

图 1-10-2　城镇化前后对比

（1）水生态恶化

城市建设破坏了原有的生态格局，建设用地挤占了河湖水系空间，以及拦河筑坝、"三面光"铺装等河道整治的过度工程化，混凝土切断生态联系，滨水绿带难以发挥应有的自然净化作用，使城市水系由"活水"变成"死水"。

（2）水资源紧缺

城市开发建设的大量硬化以及管网的快速收排，造成降雨形成快速的径流，切断了地下水补给的通道，加剧了城市水资源的短缺。

（3）水环境污染

雨水地表径流带来了城市面源污染。据对北京、上海调查研究表明，雨水径流的化学需氧量（COD）排放量占排入城市地表水环境 COD 总量的 30% 以上，城市黑臭水体现象普遍。

（4）水灾害频发

大量降雨在短时间内快速形成地表径流，不但加大了对城市排水系统的压力，同时，放大了城市雨洪灾害。据住建部 2010 年对全国 351 个城市的抽样调查显示，仅 2008～2010 年就有 62% 的城市发生过不同程度的暴雨内涝。

我国正处在城镇化高速发展时期，发展不平衡、不充分的矛盾十分突出，所面临的问题是，既要补短板，又要提品质。城市污水处理设施严重不足，即使是东部经济发达地区城市，污水处理设施的覆盖水平都很难达到全收集、全处理、全达标排放的要求，西部经济欠发达地区城市的设施建设水平就相差得更远了。以品质而论，排水管网标准偏低，逢雨必涝；雨污混接、污水管网渗漏严重，以至污水厂进水稀汤寡水；初雨污染失控、CSO 溢流污染严重，城市黑臭水体比比皆是；等等。

针对当前我国城市"水"问题的严峻形势，习近平总书记在 2013 年中央城镇化工作会议首次提出，并在 2014 年考察京津冀协同发展座谈会、中央财经领导小组第 5 次会议、2016 年中央城市工作会议等场合，多次强调要建设"自然积存、自然渗透、自然净化的海绵城市"。2015 年国务院办公厅印发了《关于推进海绵城市建设的指导意见》（国办发〔2015〕75 号），明确提出了要转变城市建设发展方式建设海绵城市，将 70% 左右的降雨就地消纳和利用。城市新区应以保护好生态格局，修复水生态、保护水环境、涵养水资源、保障水安全、复兴水文化为目标导向；城市老区要以治涝、治黑为问题导向，实现小雨不积水、大雨不内涝、水体不黑臭、热岛有缓解。并要求到 2020 年，城市建成区 20% 以上的面积达到目标要求；到 2030 年，城市建成区 80% 以上的面积达到目标要求。

10.2　海绵城市建设理念与方法

随着全球气候变化以及工业化带来的对环境生态的影响，发达国家也针对城市水生态环境所面临问题的复杂性和目标的多元化进行了重新认识，在总结和实践的基础上，不断调整和完善城市规划、建设和管理的理念，尤其是针对雨洪所引发的洪涝灾害和水污染问题，如美国的低影响开发（LID）、澳大利亚的水敏性城市设计（WSUD）、英国的可持续排水系统（SUDS）、德国的分散式雨水管理系统（DRSM）、新加坡的 ABC 水计划等。尽管各国在提法上不同，但做法上殊途同归，其初衷都是通过控制雨水径流，综合施策来解决上述问题。

中华先贤们早在秦代（公元前 200 年）就发明了梯田，雨水的地表径流通过人工修建的坎坝或鱼鳞池塘，历经"渗、滞、蓄、用、排"径流过程，即灌溉了农作物、调蓄了水资源、防止水土流失，又没有破坏水的循环和水文规律，很好地解决了人、地、水的关系，是世界上经典的雨水管理方法，列入了联合国教科文组织世界文化遗产名录。中国古人也将此人与自然和谐相处的发展方式引入到了当时的城邑和乡村建设中。

在传承中华先贤"师法自然"和借鉴发达国家经验的基础上，结合国情，中国提出了海绵城市建设的发展思路：即，通过城市规划、建设的管控，从"源头减排、过程控制、系统治理"着手，综合采用"渗、滞、蓄、净、用、排"等技术措施，统筹协调水量与水质、生态与安全、分布与集中、绿色与灰色、景观与功能、岸上与岸下、地上与地下等关系，控制城市雨水径流，最大限度地减少由于城市开发建设行为对原有自然水文特征和水生态环境造成的破坏，将城市建设成"自然积存、自然渗透、自然净化"的"海绵体"，使城市能够像海绵一样，适应环境变化和抵御自然灾害等方面具有良好的"弹性"，实现"修复城市水生态、涵养城市水资源、改善城市水环境、保障城市水安全、复兴城市水文化"的多重目标（图1-10-3）。海绵城市建设的方法就是将末端治理转化为"源头减排、过程控制、系统治理"，将快排改为"渗、滞、蓄、净、用、排"（图1-10-4）。

图 1-10-3　海绵城市建设理念

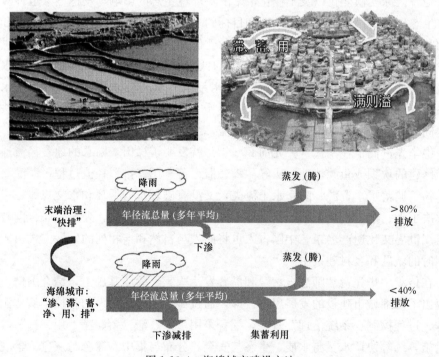

图 1-10-4　海绵城市建设方法

源头减排　即最大限度地减少或切碎硬化面积，充分利用自然下垫面的渗透作用，减缓地表径流的产生，涵养生态环境、积存水资源。从降雨产汇流形成的源头，改变过去简单收集快排的做法，通过微地形设计、竖向控制、景观园林等技术措施，有效控制地表径流，充分发挥其"渗、滞、蓄、净、用、排"耦合效应，当场地下垫面对雨水自然径流达到一定的饱和程度或设计要求后，再溢流排放至城市的市政排水系统中；以此维系和恢复自然水循环，实现雨水径流、面源污染源头减控的要求。

过程控制　通过灰绿设施的耦合作用，在充分发挥绿色设施渗、滞、蓄对雨水产汇流的削峰、错峰的作用，减缓雨水共排效应，使城市不同区域汇集到排水管网中的流雨水不要同步集中汇流，而是有先有后、参差不齐、细水长流地汇集到排水系统中，从而降低了排水系统的压力，也提高了排水系统的利用率。过程控制就是通过对雨水径流汇集方式的控制和调节，延缓或者降低径流峰值，避免雨水产汇流的"齐步走"，同时，通过大数据、物联网、云计算等智慧管控手段，实时动态优化设计和调控设施系统，实现系统运行效能的最大化。

系统治理　水的外部性很强，几乎无所不及。水又是重要的生态载体，治水绝不能"就水论水"。首先，要从生态系统的完整性上来考虑，避免生态系统的碎片化，牢固树立"山水林田湖草"生命共同体的思想，充分发挥山水林田湖草等自然地理下垫面对降雨径流的积存、渗透、净化作用。第二，要建立完整的水系统，水环境问题的表象在水上，但问题的根源主要在岸上，故应充分考虑水体的岸上岸下、上下游、左右岸联动效应。第三要以水环境目标为导向建立完整的设施系统，从产汇流源头及污染物排口到网、厂（站）、受纳水体的系统完整性。目前我国大部分城市的市政排水系统的建设和管理，由于受到管理体制和财政事权限制都是碎片化的分割运作，管理机制上缺乏系统概念和建设、运维的系统化。第四要构建完整的治理体系：控源截污、内源治理、生态修复、活水保质、长制久清。需要强调的是"长制久清"而不是"长治久清"，一天到晚地治理，天天扰民、劳民伤财。俗话说"三分建、七分管"，要建立一套科学的、完善的运维管理制度，如管网清疏、河道清淤、水草打理和漂浮垃圾处置、智慧管控等。

水质与水量　有量无质，水不能用；有质无量，水不够用。要统筹考虑量质关系，尤其是丰枯季节变化的量与质，只有量质统一才能支撑可持续的用水需求和水生态环境之间的平衡。

生态与安全　针对大概率小降雨，要从生态的角度考虑留住雨水涵养生态，针对小概率强降雨，应以安全为重，防灾减灾。

分散与集中　传统的建设思路是上游建自来水厂、下游建污水厂，基本上是"个人只扫门前雪，不管他人瓦上霜"，且为了追求规模效益、降低建设单价，污水厂建设规模较大，不利于污水再生利用。目前中国的城市普遍缺乏生态用水，许多北方城市的污水量远大于涵养自然生态所需的基流。因此，再生污水已成为许多城市生态用水的主要来源。要处理好污水处理厂布局与再生利用的技术经济关系。分散与集中需要因地制宜，相互协调衔接。

绿色与灰色　灰绿结合，避免过度工程化带来的对环境生态系统的干扰和破坏，适宜降低灰色设施的建设规模，提高投资效率。"绿色"基础设施注重自然生态系统的利用，实现"自然积存、自然渗透、自然净化"，主要应对大概率中小降雨；"灰色"基础设施依靠工程措施，主要应对小概率强降雨。"绿色"与"灰色"要相互融合、互补，不能顾此失彼。

景观与功能　有景观无功能，"花架子"有功能无景观，"傻把式"。统筹好两者的关系，把景观留给老百姓，将功能留给工程师，将自然生态功能融合到景观中，做到功能和景观兼具。

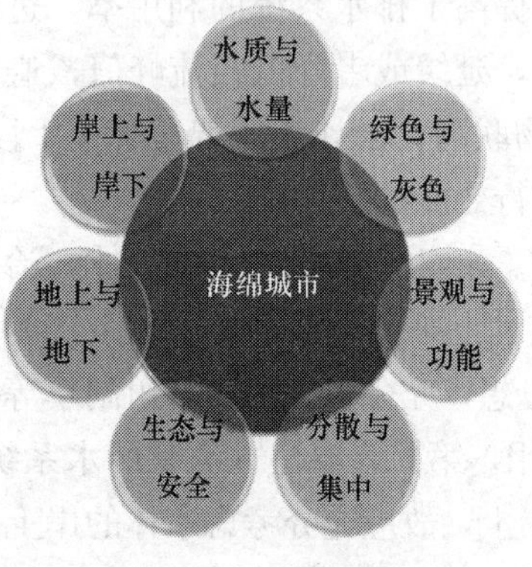

岸上与岸下　现象在水里、根源在岸上。要处理好水体环境容量与岸上污染物处理与排放的控制。

地上与地下　"地上"是城市靓丽风貌，"地下"是城市的良心所在。只有筑牢"里子"，才能撑起"面子"。改变"重地上、轻地下"的现象，统筹地上建设开发与地下配套市政基础设施的同步建设，统筹考虑地表径流与地下水入渗、补给。

各类指标统筹协调，如图 1-10-5 所示。

图 1-10-5　统筹协调各类指标

10.3　试点引领，探索模式、稳步推进

推进海绵城市建设，一方面要加快城市建设理念的转型，使中国未来城镇化走向绿色、低碳、生态、环保的和谐宜居、环境友好、可持续发展的道路；另一方面要加快补齐城市基础设施建设短板，使城市既有"面子"，又有"里子"。

在中央财政大力支持下，根据中国地理气候的特点，针对不同的降雨分布和城市社会经济发展规模，分两批选择了 30 个城市进行试点，由国家财政部、住建部、水利部共同组织和指导，城市人民政府具体负责实施，试点面积不得小于 20km^2，试点期限为期 3 年，试点任务主要是因地制宜地探索适合本地区海绵城市建设的发展模式，形成一套可复制、可推广的做法、经验和政策制度等（表 1-10-1）。

我国海绵城市建设试点分布　　　　　　　　表 1-10-1

分类	分级	试点个数
气候	多雨	2
	湿润	16
	半湿润	12

分类	分级	试点个数
城市规模（人口）	特大城市	3
	超大城市	4
	大城市	7
	中等城市	9
	小城市	7
城市等级	直辖市	4
	副省级市	6
	地级市	16
	国家级新区	2
	县级市	2

以规划为龙头，将理念贯彻到顶层设计中。海绵城市专项规划应以"维系水生态、保护水环境、涵养水资源、保障水安全、复兴水文化"为目标导向；以治涝、治黑，"实现小雨不积水、大雨不内涝、水体不黑臭、热岛有缓解"为问题导向，一是明确山水林田湖草等生态格局，科学划定蓝绿线管控范围、排水分区和竖向控制要求等；二是依照当地自然水文特征、水环境等生态本底条件，根据"生态功能保障基线、环境安全质量底线、自然资源利用上线"的要求，确定城市径流控制、水环境质量、城市排水防涝等规划管控指标；三是在统筹协调水量与水质、生态与安全、分布与集中、绿色与灰色、景观与功能、岸上与岸下、地上与地下等关系的基础上，提出因地制宜、并符合当地技术经济条件的海绵城市建设方案和措施。如图 1-10-6 所示。

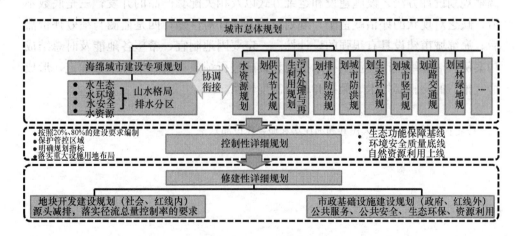

图 1-10-6 控制理念

以标准为抓手，倒逼技术更新。出台《海绵城市建设技术指南》，及时修订城市规划、给排水、园林、建筑、道路等领域的十多项国家标准（表 1-10-2），消除推进海绵城市建设的障碍。推动地方因地制宜编制标准图集、技术导则；制定《海绵城市建设评价标准》，建立刚性约束要求。

相关标准 表 1-10-2

序号	分类	标准名称
1	规划	城市用地竖向规划规范（CJJ 83）
2		城市排水工程规划规范（GB 50318）
3		城市水系规划规范（GB 50513）
4	建筑与小区	城市居住区规划设计规范（GB 50180）
5		建筑与小区雨水利用工程技术规范（GB 50400）
6		建筑给水排水设计规范（GB 50015）
7	道路与广场	城市道路工程设计规范（CJJ 37）
8	园林绿地	公园设计规范（CJJ 48）
9		城市绿地设计规范（GB 50420）
10		绿化种植土壤（CJ/T 340）
11	排水设施	室外排水设计规范（GB 50014）

及时总结推广。各省也在国家试点示范的带动下，开展了本省的试点推广，据不完全统计，目前已有13个省在90个城市开展了地方试点，28个省出台了实施海绵城市建设的要求，全国2/3的城市编制了海绵城市建设专项规划。但目前在推进海绵城市建设过程中，也存在着一些问题。一是对海绵城市的理念理解不透，知其然不知其所以然，建设流于形式；二是没有用海绵城市建设的理念及时调整规划设计方法、设施建设和运维方式以及相关配套产品的开发；三是底数不清，缺乏对现状的评估就蛮干，规划设计方案针对性差；四是监测与绩效评价滞后。海绵城市建设具有很强的设计性。一定要因地制宜，希望各地能及时总结成功案例，对海绵城市建设的技术措施和设施进行绩效评价和设计参数确定，形成适宜推广的一整套技术、经济和政策制度体系。

作者： 章林伟（中华人民共和国住房和城乡建设部）

11　绿色金融支持绿色建筑现状及展望

11　Green finance supports green building status and prospects

党的十九大报告提出，加快生态文明体制改革，推进绿色发展，并构建市场导向的绿色技术创新体系、发展绿色金融。2015 年，中共中央、国务院印发《生态文明体制改革总体方案》，明确提出建立绿色金融体系，包括推广绿色信贷、发展绿色基金、建立绿色保险制度等；2016 年中国人民银行等七部委发布《关于构建绿色金融体系的指导意见》（银发［2016］228 号），《指导意见》明确构建绿色金融体系的重要意义，并提出推动绿色金融发展的具体措施，《指导意见》的发布推动绿色金融在我国的迅速发展。

绿色建筑是国家节能减排以及应对气候变化战略的重要组成部分，对推动国家绿色转型发展具有十分重要的作用。早在 2013 年，原银监会、人民银行发布的绿色信贷、绿色贷款的统计制度已将绿色建筑纳入统计范围。下一步发展改革委即将出台的《绿色产业指导目录》，以及人民银行和发展改革委联合修订的绿色债券指导目录均计划将绿色建筑纳入支持范围。绿色建筑是绿色金融重点支持对象，已在金融领域形成广泛共识。

本文在梳理国内外绿色金融支持绿色建筑现状基础上，识别绿色金融支持绿色建筑存在的问题及障碍，并提出相关政策建议，推动绿色金融支持绿色建筑发展的政策建议。

11.1　国内绿色金融发展及绿色金融支持绿色建筑现状

11.1.1　绿色金融发展沿革

从"十一五"开始，重要的绿色信贷、绿色保险、绿色证券等政策便相继开始出台。"十二五"期间，首次就环境经济政策建设出台专项规划，颁布了《全国环境保护法规和环境经济政策建设规划》，在明确的规划指导下，绿色金融政策在"十二五"期间继续延续并进一步深化，《绿色信贷指引》《能效信贷指引》相继发布。到"十三五"，特别是《指导意见》的出台，绿色金融体系特别是政策体系在中国全面建立并发展。（图 1-11-1）

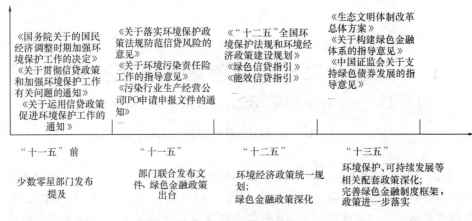

图 1-11-1　中国绿色金融政策演进过程

2015 年 9 月 21 日，中共中央、国务院发布《生态文明体制改革总体方案》，是我国生态文明领域改革的顶层设计和部署，首次明确提出了建立我国绿色金融体系的整体思路，并将绿色信贷、绿色股票指数、绿色债券、绿色信贷资产证券化作为构建绿色金融体系的重要组成部分。2016 年 8 月，中央全面深化改革领导小组第二十七次会议审议通过了《关于构建绿色金融体系的指导意见》，《指导意见》包括构建绿色金融体系的重要意义、大力发展绿色信贷、推动证券市场支持绿色投资、设立绿色发展基金、发展绿色保险等推动绿色金融体系建立的 9 部分共 35 条内容，《指导意见》的出台标志着我国绿色金融体系建设的全面启动。

11.1.2　绿色金融支持绿色建筑现状

在政策层面上，绿色建筑一直是绿色金融支持的重要领域，除绿色信贷、绿色贷款的统计制度纳入绿色建筑外，2015 年，中国人民银行发布的《绿色债券支持项目目录》也绿色建筑包含进去；同年，原银监会发布的《能效信贷指引》将建筑节能纳入绿色信贷重点支持的范围；2016 年 1 月，国家发改委发布的《绿色债券发行指引》更是明确将绿色建筑发展列为重点支持项目，并将建筑工业化、既有建筑节能改造、低碳社区试点、低碳建筑等低碳基础设施建设一并列为重点支持项目。

在绿色金融产品层面，我国已发行绿色建筑项目债券十余只，包括企业债券、资产支持证券产品等。绿色建筑债券的募集资金用途也主要用于经认定的绿色建筑项目建设投资，与绿色建筑周边产业相关的（节能、节地、节水、节材）债券数量还很少。而通过对绿色建筑债券融资项目分析，并比较同期发行、相同评级、同期限的同种债券，可发现绿色建筑债券融资项目票面利率与市场其他同类非绿色建筑项目债券的票面利率基本相同，市场对于绿色建筑债券的认可程度较高。其他绿色金融产品对绿色建筑的支持还相对较小，绿色信贷领域，根据银监会披露的 21 家主要银行绿色信贷情况，2013 年 6 月末至 2017 年 6 月末，21 家银行绿色信贷余额 82956.63 亿元，其中支持建筑节能与绿色建筑为 1347.79，占比仅 1.62%；绿色保险方面，我国保险业对绿色建筑开展研究起步较晚，尚未有支持绿色建筑的特定产品；绿色基金方面，市场上投资绿色建筑的基金案例还比较少，比较具有代表性的是"中美绿色基金"，另外还有专注于绿色建材领域的"绿色建材基金"，亟需建立专门支持绿色建筑发展的绿色建筑产业基金。

在增加绿色建筑需求层面，部分省市也出台了出相应的金融激励措施，增加绿色建筑需求，推动绿色建筑发展。例如，江苏和浙江就分别发布了绿色建筑条例，规定用住房公积金贷款，购买两星级以上贷款额度可以上浮 20%。

11.2　国外绿色金融发展及绿色金融支持绿色建筑现状

11.2.1　国外绿色金融发展现状

绿色金融实践始于 20 世纪 80 年代初美国的"超级金基金法案"，要求企业必须为其引起的环境污染负责，从而使得信贷银行高度关注和防范由于潜在环境污染所造成的信贷风险。1992 年，联合国环境署联合知名银行在纽约共同发布了《银行业关于环境和可持续发展的声明书》，共计 100 多个团体和机构在声明书上签字，声明促进了可持续发展金融理念的推广。2003 年，7 个国家的 10 家主要银行宣布实行"赤道原则"。承诺金融机构在投资项目时要综合评估该项目对环境和社会产生的影响。2016 年，二十国集团（G20）发起了绿色金融研究小组，由中国人民银行和英格兰银行共同主持。经过深入研究，形成了《G20 绿色金融综合报告》，推动绿色金融在国际上的进一步发展。

而在绿色金融实践层面，各国也结合自身实际，推动绿色金融的发展，以美国为例，美国是联邦制国家，美国联邦政府从全国角度对美国绿色金融制度框架进行"顶层设计"，州政府则在联邦政府的制度框架下结合当地实际情况开展促进绿色金融发展的"基层探索"，形成了"自上而下"的顶层设计与"自下而上"的基层探索相结合的推进绿色金融发展新路径。并结合国际、国内社会发展实情，在其环境立法中凸显绿色金融理念，制定出一系列规制金融机构、产业部门、产品市场和公民个人等社会主体进行绿色金融活动的法律条款，采用相关激励政策与措施，推动绿色金融制度的实施。

在绿色金融特别是绿色金融产品的实践过程当中。美国提出了许多切实可行的办法来推动绿色产业的发展。例如在商业绿色建筑的购买中，美国为建筑提供首次抵押贷款，为 LEED 认证的商业建筑提供再次融资。为商业建筑或多单位住宅领域内的绿色领先项目提供1‰的贷款优惠等。另外，美国绿色金融产品与服务范围相当广泛，在零售和批发、贷款和存款等银行基本业务领域都进行了创新，普通银行业务所能涉足的领域，绿色金融业务几乎都会涉足。绿色金融业务逐渐实现全覆盖。在服务对象上，代表性银行也不仅仅局限于向大型企业、大型项目提供绿色金融产品和服务，还积极向小微企业、个人和家庭进行推广。

11.2.2 国外绿色金融支持绿色建筑发展现状

国外绿色金融支持绿色建筑发展的具体措施包括完善促进绿色发展的制度设计，为金融机构开展绿色金融服务创造有效需求，比如制定并完善城市规划和建筑物等方面的地方性绿色环保标准，为金融机构在绿色建筑等领域开展金融创新提供条件；健全绿色领域的财政政策设计，创新政府资本与金融资本、社会资本合作的有效机制；成立地方性绿色银行，扩大绿色金融的有效供给。

在绿色金融支持绿色建筑产品层面，国际上也积极探索。在绿色债券方面，全球各大金融机构积极发行与绿色建筑相关的金融债券。澳大利亚的澳新银行（ANZ Bank）于2015年5月发行的债券是首只获得气候债券低碳建筑标准认证的债券。其他发行绿色建筑金融债券的银行包括荷兰银行（ABN AMRO）、印度的艾克塞斯银行（Axis Bank）、澳大利亚的西太银行（Westpac）及荷兰的Obvion等。除了企业之外，国外的政府机构也通过发行绿色建筑债券支持绿色建筑行业发展。据汇丰银行委托气候倡议组织编写的《债券与气候变化市场分析报告2016》统计，目前全球市场中共计66个发行人发行了绿色债券133只，规模达140亿美元。根据戴德梁行对长期趋势的预测来看，低碳建筑和建筑节能行业的绿色债券规模将占全球绿色债券总体市场规模的40%左右。绿色保险方面，国外主流的支持建筑绿色发展的绿色保险是为绿色建筑提供损失补偿保险，或者为普通建筑物提供绿色升级损失补偿保险，承诺用绿色材料和技术进行重建。主要产品包括针对已认证为绿色建筑的保险产品、不动产财产和个人财产的绿色升级保险产品等。

另外，国外还开发了大量的绿色金融零售产品，旨在从需求侧增加对绿色产品的需求，例如，美国各大银行在绿色金融制度规范下实施绿色经营（表1-11-1）。各银行通过发放贷款、利率调控以及融资等项目，一方面将其绿色金融产品渗透到个人、家庭、中小企业（包括住房抵押、商业建筑、运输贷款和信用卡、存款）等零售产品和服务中。

美国各大银行"绿色"零售产品和服务系列表 表 1-11-1

绿色金融产品	产品方案	银行名称
住房抵押贷款	帮助贷款人购买节能型住房及使用公共交通。产品有多种方案和灵活的条款可供选择	美国房利美银行（花旗集团）

绿色金融产品	产品方案	银行名称
商业建筑贷款	为建筑提供首次抵押贷款，为 LEED 认证的商业建筑提供再次融资。如符合以下要求，开发商不必支付"绿色"商业建筑的初期保险费：较低的运营成本和较高的性能	美国富国银行
	为商业建筑或多单位住宅领域内的绿色领先项目提供1%的贷款优惠	新能源银行
房屋净值贷款	环保房屋净值计划，针对使用的客户，银行将向环保型非政府组织提供捐赠	美洲银行
	银行与 Sharp Electronics Corporation 签署联合营销协议，为客户提供便捷融资方案来购买和安装住房太阳能技术。用户能够获得房屋净值贷款或信用产品，而不是动用存款或获得普通贷款	花旗银行

11.3　问题与展望

　　绿色金融支持绿色建筑仍存在一定的问题及障碍，绿色金融对绿色建筑的支持力度仍然很低。一方面从绿色建筑本身融资来说，绿色建筑项目存在较强外部性，环境效益和社会效益难以内部化，一些开发绿色建筑项目的中小新型绿色企业自身信誉评级中等，融资受限制，促进绿色建筑发展的市场机制不完善，缺乏有效的市场激励、监管及评价体系；另一方面，绿色建筑的"绿色"效果难以保障及认定，具体来说，绿色建筑运营标识项目占比较小，设计阶段的"绿色"难以在运维阶段得到保障，另外绿色建筑评估认证机制不健全，不能为银行提供背书，银行难以识别项目所能实现的"绿色效果"以及企业的绿色信息，存在信息不对称问题；最后，从绿色建筑整个融资的环境来说，绿色建筑缺乏明确的政策支持，目前国家对房地产领域的信贷调控，并没有将一般房地产开发与绿色建筑开发区别开来，使得商业银行支持绿色建筑开发缺乏依据，容易被误解为借机扩大房地产信贷。

　　为此，结合国内外绿色金融支持绿色建筑的相关做法，以及当前绿色金融支持绿色建筑主要融资障碍，下一步可从以下几个方面推动绿色建筑领域绿色金融的发展。

　　(1) 明确绿色金融支持范围。一是要完善标准体系建设，推广及应用新版绿色建筑评价标准，编制绿色企业及项目评价标准、绿色银行及绿色金融专营机构评价标准等，对房地产开发企业、金融机构开展评价；二是通过发布第三方机构管理办法、发布推荐认证机构名单、建立奖罚机制等，建立完善第三方评估机制；三是建立关于绿色建筑融资的信息披露机制，披露绿色建筑绿色性能信息，适时发布绿色建筑名单，并通过构建绿色金融支持项目目录及绿色金融工具目录，明确绿色金融支持的建筑绿色发展项目清单及技术、企业类型，金融产品等。

（2）创新支持绿色建筑的金融产品。创新研发信贷、债券、基金、保险、担保等绿色金融产品，拓宽融资渠道。并针对绿色建筑不同时期，提供多样化的产品与服务，例如绿色建筑开发阶段可为开发商提供低息高抵押率的信贷、绿色融资担保基金、发行绿色债券等。绿色建筑验收阶段配套绿色建筑责任保险，同时利用保险产品对绿色项目进行绿色债券、绿色信贷进行担保，试点推行强制保险的绿色责任保险制度。创新对既有建筑绿色化改造产品，鼓励社会资本设立针对绿色建筑发展的绿色产业基金、绿色担保基金等。

（3）完善支持绿色建筑的配套鼓励政策。各级住房和城乡建设主管部门可联合发展改革委、税收、金融等部门出台相应的鼓励政策，加强金融政策与财政、税收、土地、规划等政策的结合，形成综合政策体系。例如对于新建绿色建筑，可鼓励通过容积率奖励、财政补贴、税收等手段形成倾斜性政策及激励制度，在绿色建筑消费端可采取契税优惠、住房按揭贷款额度上调、适当放开购房限制等措施刺激消费者需求，对于偏公益性改造项目，通过使用者付费、政府付费、财政补贴等方式，提高项目收益率。

作者：殷帅（住房和城乡建设部科技与产业化发展中心）

第二篇 | 科研篇

　　为全面落实《国家中长期科学和技术发展规划纲要（2006—2020年)》的相关任务和《国务院关于深化中央财政科技计划（专项、基金等）管理改革的方案》，科技部会同教育部、工业信息化部、住房城乡建设部、交通运输部、中国科学院等部门，组织专家编制了"绿色建筑及建筑工业化"重点专项实施方案，列为国家重点研发计划首批启动的重点专项之一，中国21世纪议程管理中心为该重点专项的专业管理机构。

　　"绿色建筑及建筑工业化"专项围绕"十三五"期间绿色建筑及建筑工业化领域重大科技需求，聚焦基础数据系统和理论方法、规划设计方法与模式、建筑节能与室内环境保障、绿色建材、绿色高性能生态结构体系、建筑工业化、建筑信息化等7个重点方向，设置了相关重点任务。总体目标为：瞄准我国新型城镇化建设需求，针对我国目前建筑领域全寿命过程的节地、节能、节水、节材和环保的共性关键问题，以提升建筑能效、品质和建设效率，抓住新能源、新材料、信息化科技带来的建筑行业新一轮技术变革机遇，通过基础前沿、共性关键技术、集成示范和产业化全链条设计，加快研发绿色建筑及建筑工业化领域的下一代核心技术和产品，使我国在建筑节能、环境品质提升、工程建设效率和质量安全等关键环节的技术体系和产品装备达到国际先进水平，为我国绿色建筑及建筑工业化实现规模化、高效益和可持续发展提供技术支撑。

本专项执行期为 2016～2020 年，按照分步实施、重点突出原则分年度以项目形式落实重点任务，国拨经费总概算为 13.54 亿元。其中 2016 年共计立项项目 21 项，国拨经费预算总计 5.97 亿元；2017 年共计立项项目 21 项，国拨经费预算总计 4.2 亿元；2018 年共计立项项目 18 项，国拨经费预算总计 3.2 亿元。

本篇分别从 2018 年度立项项目研究背景、研究目标、研究内容、预期效益等方面进行简要介绍，以期读者对项目有一概括性了解。

Part 2 | Scientific Research

In order to fully implement tasks of the National Outline for Medium and Long Term S&T Development (2006—2020) and the State Council's Plan for Deepening the Management Reform of S&T Programs (Special Projects, Funds, etc) funded by the Central Finance, Ministry of Science and Technology, together with Ministry of Education, Ministry of Industry and Information Technology, Ministry of Transport, Chinese Academy of Sciences and so on, organized experts to develop a key special project implementation plan for "green building and building industrialization", which was listed as one of the key special projects of the first national key research and development program. The Administrative Center for China's Agenda 21 is responsible for the management of this key special project.

In accordance to the crucial scientific and technical requirements of green building and building industrialization during the 13th five-year plan period, the special project of "green building and building industrialization" focuses on 7 key aspects including basic data system and theory methodology, planning and design method and mode, building energy efficiency and indoor environment, green building materials, green high-efficiency ecological structure system, building industrialization and building information technology, and puts forward relevant priority tasks. The general goals are: focusing on the demand of China's new urbanization; tackling with common key problems in land-saving, energy-saving, water-saving, material-saving and environment-protection throughout the life-cycle of buildings in China to improve building energy efficiency, quality and construction efficiency; seizing the opportunity of the new technical reform in the building industry brought about by new energy, new materials and information technology to speed up the R & D of core technologies and products of the next generation in green building and building industrialization through basic, leading and common key technologies, integrated demonstration and industrial whole-chain design; making sure China's technical system, products and equipments of building energy efficiency, environment quality promotion, engineering construction efficiency and quality safety to provide technical support for the large-scale, high-efficiency and sustainable development of China's green building and building industrialization.

The implementation period is from 2016 to 2020. Abiding by the principle of step-by-step implementation and emphasis on priorities, the main tasks will be accomplished with a total budget estimation of 1. 354 billion RMB Yuan. In 2016, 21 projects are approved with a total budget of 597 million RMB Yuan. In 2017, 21 projects are approved with a total budget of 420 million RMB Yuan. In 2018, 21 projects are approved with a total budget of 320 million RMB Yuan.

This part introduces these 21 projects of 2018 mainly from such aspects as research background, research goals, research contents and research prospects to give readers a general overview.

1 基础数据系统和理论方法

1 Basic data systems and theoretical approaches

1.1 民用建筑"四节一环保"大数据及数据获取机制构建

项目编号：2018YFC0704300

项目牵头单位：住房和城乡建设部科技与产业化发展中心

项目负责人：刘敬疆

项目起止时间：2018 年 07 月～2021 年 06 月

项目经费：总经费 1766.00 万元，其中专项经费 1466.00 万元

1.1.1 研究背景

民用建筑作为城市的重要载体，在其建造和使用过程中切实做到"四节一环保"（节能、节水、节地、节材、环保），对我国走新型城镇化发展道路以及推动经济社会绿色低碳发展具有深远意义。目前，我国民用建筑"四节一环保"大数据标准体系尚未建立、数据获取机制不健全，制约了我国节能环保的工作推进。本项目将对民用建筑"四节一环保"大数据及数据获取机制进行研究，为提升我国民用建筑节能水平、居住环境品质、大数据分析能力提供有利的支撑。

1.1.2 研究目标

建立民用建筑"四节一环保"数据统计指标体系，形成年度动态采集和数据统计分析标准；建立大规模、多维度、多渠道、多方式的数据协同获取及保障机制，建成可持续稳定接收数据的实际状况数据库、持续采集和统计的"四节一环保"数据平台，实现我国民用建筑"四节一环保"基础数据的持续更新和共享。从而为相关部门掌握民用建筑能源资源消耗总量和进行科学决策提供理论依据与技术支撑。

1.1.3　研究内容

项目关键科学问题为：民用建筑"四节一环保"大数据认知机理与资源治理机制。围绕上述科学问题，项目重点突破以下关键技术："四节一环保"大数据指标体系构建技术，多渠道多领域大数据获取、校验与云数据库构建技术，多源异构数据的动态确认与交叉分析方法，多维信息处理与实时展现技术。

主要内容包括：（1）民用建筑"四节一环保"大数据指标体系构建；（2）大规模数据多渠道获取方法和机制研究；（3）"四节一环保"大数据质量保障技术研究；（4）"四节一环保"大数据集成与实况数据库建设；（5）"四节一环保"大数据分析与确认方法研究；（6）"四节一环保"大数据平台建设与应用。项目技术路线为：从民用建筑"四节一环保"大规模实际采集数据出发，研究民用建筑"四节一环保"数据动态获取、持续更新与共享应用。具体是：研究构建民用建筑"四节一环保"大数据指标体系，依照指标体系进行数据获取及校验，对获取的数据进行集成、建设实况数据库及数据分析，建设大数据平台进行数据管理与应用，最终形成"数据指标体系构建→获取→集成→管理与服务"的完整链条。研究基础和团队：项目由住房和城乡建设部科技发展促进中心牵头，联合国内优势高校、科研院所和企业，组成产、学、研、用全产业链研究团队。依托中央级公共建筑能耗监测平台、民用建筑能耗统计报送系统、大数据分析与应用技术国家工程实验室、全国绿色建筑和绿色建材评价标识管理信息平台、全国能源监测预警与规划管理系统、绿色建材国家重点实验室、全国遥感监测辅助城乡规划督察系统等多个国家级"四节一环保"相关数据服务平台。

1.1.4　预计成果

项目完成并顺利推广，将提升我国民用建筑"四节一环保"大数据获取的规范性及全面性，为大数据的分析与应用奠定坚实基础，并对其他行业的大数据获取具有借鉴意义。项目的实施将满足我国节能减排的技术需求，具有良好的社会和经济效益。完成国家标准/行业标准/团体标准（送审稿）6项；发表论文30篇，完成专著1部，申请专利2项，申请获得软件著作权4项；发布我国民用建筑实际状况年度报告2个；建成基于云端的数据库1个，建成建筑"四节一环保"数据平台1个；培养博士3名、硕士15名。

1.2　研究我国城市建设绿色低碳发展技术路线图

项目编号：2018YFC0704400
项目牵头承担单位：住房和城乡建设部标准定额研究所

项目负责人：林常青

项目起止时间：2018 年 07 月～2020 年 12 月

项目经费：总经费 1483.00 万元，其中专项经费 983.00 万元

1.2.1 研究背景

为落实党中央国务院提出的"绿色低碳经济体系""绿色生态城区""绿色建筑"的发展战略。

1.2.2 研究目标

本项目按照"需求引导—总控要求—定量模型—控制目标—技术路线—案例应用"的递进逻辑，从我国经济文化社会发展目标和各类建筑需求出发，基于我国资源、能源及碳排放总控要求，围绕四个用能分项及公共建筑、城镇住宅、农村住宅三类民用建筑，建立建筑规模、运行用能及碳排放量化模型，确定相应的总体、分类、分区域的控制目标，研究建筑用能强度指标、适宜室内环境营造基本理念及其技术实施路径，建构以政策、标准、技术和工具等为要素的我国城市建设绿色低碳发展技术路线图，并进行案例应用验证。

1.2.3 研究内容

（1）我国各类民用建筑规模总量预测和发展路线。基于我国土地资源及碳排放总量控制要求，解析城市建设过程中各类建筑发展与区域经济、文化、社会和人口的作用机理，提出城镇发展规模预测方法、控制目标和发展路线。

（2）我国建筑碳排放总量模型与控制目标。基于国家节能减排目标及建筑规模和能耗需求预测，遵循公平和效率原则，构建总体、分类、分区域建筑碳排放核算模型及碳减排潜力分析模型，研发建筑碳排放信息化核算平台，提出总体、分类、分区域的建筑碳排放控制目标及减排策略。

（3）我国建筑运行能耗总量定量分析与控制目标。基于我国能耗总量控制目标、建筑规模发展路线和碳排量控制目标，与工业、交通相协调，确定我国建筑运行能耗总量控制目标，定量规划四个用能分项逐年用能总量和强度，开展与美、欧、日、印等的对比研究。

（4）民用建筑用能强度指标及技术实施路径。基于不同气候区、不同类型建筑用能及环境营造需求，开展能耗数据统计和模拟预测研究，分析不同情景的节能措施对建筑能耗总量的影响；从需求侧研究各类建筑用能强度，与能耗总量控制目标进行协调分析，提出分阶段、分类型的建筑能耗强度控制指标及技术实施路径。

（5）民用建筑适宜室内环境营造基本理念及技术路径。基于室内环境需求及

用能强度要求，提出室内环境营造基本理念；围绕室内热湿环境、光环境、空气品质等方面，研究提出适宜室内环境指标；开展不同技术组合路径下的建筑用能强度仿真模拟研究，提出适宜室内环境营造技术路径。

（6）绿色低碳发展技术路线应用及案例分析。基于上述研究成果，提炼构建我国城市建设绿色低碳发展技术路线图，明确发展模式路径、实施方案以及重点任务；甄选不同气候区、不同建筑类型，涵盖四个用能分项分别不少于 10 个典型案例，研究验证民用建筑用能强度指标和技术路径适用性；甄选不少于 20 个不同气候区、不同建筑类型的典型案例，研究验证适宜室内环境营造技术路线的应用效果；选取典型城市及国家级新区开展城市建设绿色低碳发展技术路线案例应用。

1.2.4 预期成果

契合十九大提出的绿色发展理念，是从我国资源、能源、环境约束以及产业地区协调的全局战略高度，为城市建设领域落实绿色低碳发展责任提供理论方法、科学依据和技术路线。项目核心预期成果包括：模型方法 4 项、标准 5 项、政策建议 3 项、工具和平台 4 项、工程案例应用至少 60 项、城市和国家级新区规划应用至少各 1 项。

1.3 建筑节能设计基础参数研究

项目编号：2018YFC0704500
起始时间：2018 年 07 月～2021 年 06 月
项目经费：总经费 993.00 万元，其中专项经费 993.00 万元
项目牵头承担单位：西安建筑科技大学
项目负责人：杨柳

1.3.1 研究背景

近年来，随着能源与环境问题的日益加剧，节能减排已成为我国可持续发展的基本国策之一，而建筑节能是其中的重点关注领域。建筑节能主要是指运用恰当的设计方法和节能技术尽可能节约建筑在运行过程中因采暖空调等需求而消耗的常规能源。为了进行建筑热工、暖通空调设计与能耗模拟及海洋气候条件建筑节能设计，使建筑既能匹配室外气候条件，又能满足室内设计条件，必须提供建筑节能设计基础参数这一重要前提条件。然而，由于我国建筑节能设计基础参数存在"更新不及时""精细化程度不高"和"新需求不能满足"等问题，基础参数研究水平远落后于发达国家。本项目针对建筑节能减排、气候变化应对及海洋

国土安全等国家重大战略的工程建设需求，围绕建筑节能设计室外计算参数城镇覆盖率低、时效性不强及室内设计计算参数与人体热舒适需求契合度低等关键问题，建立支撑我国建筑节能的基础数据体系，提升我国建筑节能行业的整体发展水平。

1.3.2　研究目标

获得多因素交互作用下的人体热反应和热需求规律、室外气象要素的时空分布规律及耦合关联，构建室内热环境数据获取与处理方法，构建地面气象、辐射观测数据质量控制及逐时化方法；建立匹配建筑热工设计目标和方法的计算参数确定方法；建立匹配暖通空调设计需求的设计计算参数生成方法；构建符合我国不同地域气候特征、满足气候变化趋势的建筑能耗模拟气象年；建立适用于海洋气候条件建筑节能设计室内外计算参数；研究建筑节能设计基础参数应用模式与共享平台。通过开展本项目，解决建筑节能领域的数据瓶颈问题，提升建筑节能设计的效率和水平。

1.3.3　研究内容

本项目设置 6 个课题：（1）建筑节能设计室内外数据获取与处理方法；（2）建筑热工设计计算参数；（3）暖通空调设计计算参数；（4）建筑能耗模拟气象年；（5）海洋气候条件建筑节能设计计算参数；（6）建筑节能设计基础参数应用模式与共享平台。其中课题 1 为课题 2～6 提供室内外源数据；课题 2～5 基于课题 1 提供的室内外源数据，获得建筑节能设计基础参数，并为课题 6 提供基础数据；课题 6 基于课题 1～5 研究成果，提供建筑节能设计基础数据共享平台，并为现行标准、设计手册等提供基础参数更新方案。本项目按"基础理论—应用基础—应用与推广"一体化实施，以建立支撑我国建筑节能相关标准建设和工程应用的基础数据体系为总体目标，有机结合数据统计分析、实验研究、现场实测、数值模拟、平台集成等多种技术手段。本项目凝聚了 15 个建筑节能领域优势科研单位，依托西部绿色建筑等 3 个国家重点实验室，生态规划与绿色建筑等 3 个教育部重点实验室。项目承担单位是我国建筑学一级学科首个国家创新研究群体"西部建筑环境与能耗控制理论"所在单位，是我国主要工程建设技术标准的编制与管理单位等，为本项目研究提供了强有力的队伍及平台支持。

1.3.4　预期成果

研究团队长期从事建筑节能领域基础参数研究及应用推广工作，制/修订 20 余项国家/行业标准，为本项目的顺利实施奠定了坚实基础。本项目的研究内容全面覆盖指南研究内容，并全面完成指南考核指标要求，建立支撑我国建筑热工、暖通空调设计与建筑能耗模拟及海洋气候条件建筑节能设计的室内外设计计算参数集及其应用模式与共享平台；室内数据成果覆盖我国5个建筑热工设计分区且不少于20000组标准样本组，室外数据成果覆盖我国1000个以上县级行政单位，并补充海洋气候条件建筑节能设计基础参数。通过本项目研究，为我国建筑节能发展提供基础数据支撑；在有效保障室内热湿环境的前提下，通过充分利用自然能源实现建筑节能减排，具有显著的生态效益；面向海上岛礁开发建设等国家重大战略问题，为海洋军民营造宜居环境，具有重要的战略意义和社会效益。

2 规划设计方法与模式

2 Planning and design methods and modes

2.1 城市新区规划设计优化技术

项目编号：2018YFC0704600

项目牵头承担单位：同济大学

项目负责人：吴志强

执行期限：2018 年 07 月～2021 年 06 月

项目经费：总经费 7010.00 万元，其中专项经费 2010.00 万元

2.1.1 研究背景

城市新区在我国社会经济发展中承担重要历史使命，以规划为引领，推动城市新区绿色发展是我国集约、智能、绿色、低碳新型城镇化的应有之义。以往的规划设计缺乏对绿色发展关键要素的系统整合及全过程的精细化管控，导致新区绿色效能的不足。以绿色发展为导向，建立适合我国国情和不同区域特征的城市新区规划设计理论方法和优化技术体系，对新区健康发展具有重要意义。

2.1.2 研究目标

建立基于中国城市新区绿色发展特点和趋势的规划理论和方法体系；研发能源系统、水环境系统、低碳模式三个绿色发展关键要素与规划设计整合的优化技术；运用大数据和智能化技术建立绿色城市新区规划评价体系和智能规划平台；以国家重点新区等地为示范基地，实现新区绿色规划设计优化技术的集成示范。

2.1.3 研究内容

两个基本规律：揭示世界城市新区发展规律和中国城市新区绿色发展规律，建立新区绿色规划设计理论、方法和优化技术框架。四个关键环节管控：贯穿新区绿色发展目标制定、规划设计、建设实施、运营监测四个关键环节，形成完整的规划管控体系；三系统关键技术整合：围绕能、水、碳三系统绿色发展关键要素的新区适宜性技术遴选及与规划的整合，突破多系统绿色规划设计优化技术；

两个技术实现：研发大数据采集以及智能规划推演技术，建构整合监测、模拟、评价、优化功能的多要素协同技术平台；以国家重点新区为基地，实现绿色规划优化技术的集成示范。

2.1.4 预期成果

拟解决的重大科学问题：（1）揭示城市新区绿色发展规律及其与能、水、碳三个绿色发展关键要素的作用机制；（2）研究在目标制定、规划设计、建设实施和运营监测四个关键环节，对新区绿色发展全过程进行有效调控的规划干预机制；

2.2 基于控碳体系的县域城镇规划技术研究

项目编号：2018YFC0704700

项目牵头承担单位：天津大学

项目负责人：闫凤英

执行期限：2018 年 07 月～2021 年 06 月

项目经费：总经费 3480.00 万元，其中专项经费 1980.00 万元

2.2.1 研究背景

县域低碳发展的潜力巨大、需求迫切，引导县域低碳发展对《巴黎协定》后中国开展全经济尺度的低碳部署具有重要意义。而将以低碳为导向的城镇空间规划作为结构调整式减排的重要途径、合理确定结构性目标，应成为县域减排的重要手段。

2.2.2 研究目标

本项目以中国县域绿色低碳人居治理路径的合理选择需求为出发点。总体目标是：以县域层级的低碳发展为核心理念，以县域人居环境改善为最终目标，探索中国县域碳排放的典型特征，研究针对控碳目标的县域分区与类型划分理论，进而提出不同碳排放典型县域的最优人居治理范式。在"源头治理、总量控制、配置合理、特色保持"的县域低碳发展的控碳体系下，建立从控碳到空间布局规划的尺度转换理论，并由此在生态、空间、设施、风貌等统筹层面，为中国最大面积的生态本底层级和城乡统筹环节——县域城镇探寻减控碳排放的手段与空间保障措施。

2.2.3 研究内容

（1）低碳目标下县域碳排放分区理论和控碳体系的构建；（2）基于碳平衡分区优化的县域城镇空间布局规划研究；（3）县域人口资源环境承载力和人均碳强度控制标准研究；（4）基于全碳效率评价的县域城镇典型设施网络化配置研究；（5）基于地域风貌特色传承的县域城镇低碳规划设计研究；（6）基于县域控碳体系的数据驱动型规划设计技术集成与示范应用。研究基础和团队：项目围绕"县域绿色低碳发展"，汇聚高校、中国科学院和设计单位的优势，形成城乡规划、资源环境学、生态学、交通运输、建筑学等多学科交叉研究团队。

2.2.4 预期成果

建立衡量县域城镇低碳发展战略定位的科学指标、评估方法、规划技术规程；开发县域人口资源环境生态承载力评价指标体系和测算模型，编制相应的计算机软件 2 套；制定以低碳发展为目标的县域城镇基础设施与公共服务设施控碳规划设计技术标准 2 套；编制绿色低碳县域城镇规划设计总体导则和单项导则 4 套；在典型县域开展规划设计工程示范 4 项（包含 1 个国家可持续发展实验区），并使工程示范区碳排放指标达到国际先进水平。

2.3 既有城市住区功能提升与改造技术

项目编号：2018YFC0704800

项目牵头承担单位：中国建筑科学研究院有限公司

项目负责人：王清勤

执行期限：2018 年 07 月～2021 年 06 月

项目经费：总经费 6621.00 万元，其中专项经费 1971.00 万元

2.3.1 研究背景

既有城市住区是人民生产生活的重要载体，随着生活水平和建设标准的提高，既有城市住区存在规划的前瞻性不够、历史建筑保护不足、功能设施不完善、智慧化与健康化水平较低、节约集约程度不高等问题，不能充分满足宜居要求，改造需求迫切。与单一建筑或居住小区的改造相比，既有城市住区改造难度大。亟需开展既有城市住区升级改造技术研究，提升既有城市住区宜居品质。

2.3.2 研究目标

本项目以"美化、传承、绿色、智慧、健康"为改造目标，针对既有城市住

区的规划与美化更新、停车设施与浅层地下空间升级改造、历史建筑修缮保护、能源系统升级改造、管网升级换代、海绵化升级改造、功能设施的智慧化和健康化升级改造等开展研究与示范，预期形成既有城市住区设计方法创新、改造技术突破、标准规范引领、集成推广应用，为既有城市住区功能提升与改造提供科技引领和技术支撑。

2.3.3　研究内容

本项目从"规划引领、关键技术、集成示范"三个层面进行研究，重点提出既有城市住区更新规划与建筑绿色化设计新方法和技术标准体系，研发改造关键技术和产品，开发具有自主知识产权的性能模拟工具，建立智慧与健康平台，开展集成示范。

2.3.4　预期成果

通过项目实施，可有效改善既有城市住区环境品质、完善功能设施、增强智慧化与健康化程度。预期可形成一批适用于既有城市住区宜居改造与功能提升的关键技术、标准、软件、产品、平台等成果。项目成果规模化应用推广后，以节能减排为例，仅按照严寒和寒冷地区既有老旧城市住区 10% 的改造面积保守测算，以建筑能耗比引导值降低 10% 为目标，每年可节约 60 万吨标准煤，减少 CO_2 排放约 150 万吨，减少 SO_2 约 4.5 万吨，减少碳粉尘排放约 40 万吨，经济效益和生态效益显著；同时，显著提升既有城市住区宜居水平，增强文脉传承，增进民生福祉，社会效益显著。

2.4　既有城市工业区功能提升与改造技术

项目编号：2018YFC0704900

项目牵头承担单位：深圳市建筑科学研究院股份有限公司

项目负责人：叶青

执行期限：2018 年 07 月～2021 年 06 月

项目经费：总经费 5949.00 万元，其中专项经费 1949.00 万元

2.4.1　研究背景

目前我国城市工业区有 2 万多个，体量庞大。随着城镇化发展和产业转型，很多工业区逐渐衰落甚至荒废，普遍存在产业与区域价值不匹配、用地不集约、空间功能布局不合理、能源资源消耗强度大、环境差等问题，改造存在"多拆除、少利用"、"重改造、轻运营"、"重功能、轻性能"、理论缺失、同质化和成

效不确定性等问题。

2.4.2 研究目标

突破既有城市工业区功能提升与改造理论方法缺乏、改造模式不清晰、技术体系不完善等技术瓶颈，明晰功能提升和改造诊断评估及策划方法，构建规划设计方法体系，建立适宜高效技术体系，全面支持"绿色建筑及建筑工业化"重点专项指南方向总体目标。

2.4.3 研究内容

建立多维度绿色评价指标体系及评价方法；基于地域气候、生态安全格局、用地布局、产业经济、人文风貌等多情景模拟方法，研究既有工业区产业转型、功能提升与改造模式及政策机制；研究多源数据采集、监测及实时反馈系统，建立功能转型、环境安全、土地价值提升综合诊断评估技术，研究适应不同功能提升和改造模式的策划方法；基于大数据分析，研究涵盖功能、土地集约利用、绿色交通等改造提升规划技术，提出工业遗产体系性保护及环境提升规划技术，研究地下增层、共同管沟、停车设施等浅层地下空间综合开发、升级改造技术及规划设计方法；研究建立土壤、植被、水体等生态修复技术，研究室外物理环境提升及低冲击改造适宜技术，构建智慧海绵控制平台；建立既有工业区区域能源规划、余热利用等区域能源优化配置技术，研究可再生能源在既有工业区建筑中适宜技术；研发利用工业区改造产生的建筑废弃物制作再生建材关键技术；研究灵活空间植入、智能车库等智能建造技术，研究基于高性能材料组合的既有结构加固和性能提升技术；研究工业区改造核心性能实现的绿色运营技术；研究信息升级数据集成及融合技术，建立信息升级管控平台。

2.4.4 预期成果

功能提升与改造指标体系、改造模式、诊断评估方法和工具、规划设计方法、遗产保护技术、能源资源环境改造适宜技术、绿色智能建造及运营技术、示范工程、标准、专利和论文等。成果有望引导实现提高我国既有城市工业区土地利用集约度、改善环境质量、降低能源资源消耗强度、降低 CO_2 排放量和降低运营成本等综合效益。

3 建筑节能与室内环境保障
3 Energy efficiency and indoor environment

3.1 公共交通枢纽建筑节能关键技术与示范

项目编号：2018YFC0705000

项目牵头承担单位：中国建筑西南设计研究院有限公司

项目负责人：戎向阳

执行期限：2018 年 07 月～2021 年 06 月

项目经费：总经费 6190.00 万元，其中专项经费 1990.00 万元

3.1.1 研究背景

公共交通是交通运输的重要组成部分，对我国"一带一路"战略实施、新型城镇化建设等具有重要支撑作用。群众出行满意、行业发展可持续是公共交通发展规划提出的两个重要目标，作为公共交通窗口的机场航站楼、高铁客站、地铁车站、港口客运站、公路客运站等公共交通建筑，由于缺乏适宜技术支撑，目前其室内热环境、光环境标准及环境营造方法基本沿用普通公共建筑的模式，建筑能耗大且室内环境营造效果不佳，明显偏离了规划的发展目标。因此，亟需发展适应公共交通建筑特点的高性能建筑环境营造技术，这既是公共交通发展的迫切需要，也符合当前可持续发展的战略目标。

3.1.2 研究目标

针对公共交通建筑的空间特征、客流规律、室内热源及污染源、空间的气流交互关系等特点，以降低能耗和提升环境为目标，研究舒适、节能的室内热环境营造技术体系，构建其热环境、光环境设计指标体系及建筑能耗评价指标体系，建立能耗统计数据库及综合监管平台，提出基于客流实时监测的运行控制策略并开发相应软件，研发适合不同交通建筑特点的高效节能空调设备及装置，实现关键产品开发与产业化、技术集成与示范推广。

3.1.3　研究内容

项目针对公共交通建筑环境营造中的四个关键科学技术问题："高流动特性下人员对室内环境的客观需求及人员活动规律""公共交通建筑能耗构成特征和影响因素""公共交通建筑复杂空气流动特性、影响因素及应对措施"和"基于空间特征和交通工艺的建筑热环境营造技术体系及调控策略"，围绕指南方向和研究目标进行任务分解，采用"基础问题—关键技术—专用设备与装置—技术集成与示范"相结合的技术路线，研究各类公共交通建筑环境营造的整体解决方案及相应系统。

3.1.4　预期成果

形成包括"室内热环境、光环境营造定量需求、多开口多扰动交通建筑的气流控制方法、建筑形态与围护结构优化策略、适宜的空调末端系统形式、大型集中供能系统的整体优化技术、高大空间采光照明技术"等室内环境营造技术体系，开发高效节能空调设备，制定节能运行控制策略，进行工程示范；建立公共交通建筑能耗监控与评价体系；编制相关标准规范和技术指南。

项目成果通过技术创新、产品升级、标准引领及示范推广，对提升公共交通建筑室内环境、降低运行能耗具有重要支撑作用，并将有力促进交通行业的可持续发展，切实提高相关行业的国际竞争力，助力我国的生态文明建设和绿色发展。

3.2　公共建筑光环境提升关键技术研究及示范

项目编号：2018YFC0705100

项目牵头承担单位：中国建筑科学研究院有限公司

项目负责人：李铁楠

执行期限：2018 年 07 月～2021 年 06 月

项目经费：总经费 3172.00 万元，其中专项经费 972.00 万元

3.2.1　研究背景

面对发光二极管（LED）照明建筑一体化和智能化的新形态、基于非视觉效应的健康照明新内涵、公共建筑照明节能的新要求，针对 LED 高亮度特性带来的视觉舒适度问题、光环境提升设计测评方法和实施技术体系不完善等问题，基于"理论突破—技术创新—产品研发—集成示范—应用推广"的研究理念。

3.2.2 研究目标

大幅提升 LED 照明产品性能及创新应用水平，对我国绿色公共建筑光环境的设计、建造、运行和测评起到强劲的支撑作用。项目实施将有助于提升绿色公共建筑光环境品质，实现显著节能减排，推进健康照明和智能照明技术的进步，引领行业可持续发展，具有极高的社会、经济和生态效益。

3.2.3 研究内容

（1）LED 照明建筑一体化关键技术研究研究 LED 与公共建筑有机结合的室内照明设计新方法及一体化解决方案；研发 LED 照明建筑一体化创新产品与构造技术；研究 LED 照明建筑一体化设计、施工、检测及评价技术体系。

（2）健康照明光环境解决方案关键技术研究研究视觉舒适度与健康光环境评价体系；研究 LED 照明特性对视疲劳的影响；研究光环境非视觉效应机理及评价方法；研究基于非视觉效应的动态光环境设计关键技术；研发高效、舒适、健康的 LED 照明产品。

（3）公共建筑智能照明系统关键技术研究研究基于行为模式与功能需求的智能照明系统设计评价方法；研究基于大数据的智能照明系统控制策略算法；研究智能照明系统安全性设计及可靠性测评关键技术；研究基于云平台的智能照明系统标准化数据接口；研发公共建筑云平台照明网络系统。

（4）公共建筑光环境提升集成示范验证与标准研究在健康、舒适、高效的光环境提升解决方案的基础上，研究公共建筑光环境提升综合测评及标准；通过技术适用性与经济性综合分析，开展绿色公共建筑光环境提升示范实施研究；开展典型绿色公共建筑光环境提升集成示范及测试验证。

（5）绿色公共建筑光环境提升技术体系与应用模式研究基于上述研究成果和实施经验，开展商业、医疗等不同类型的绿色公共建筑光环境提升技术体系研究；分析研究不同类型光环境应用场景及集成应用技术；研究绿色公共建筑光环境提升应用模式。

3.2.4 预期成果

构建 LED 照明建筑一体化的应用技术体系，提出 LED 与建筑有机结合的室内照明设计新方法；建立人基动态光环境应用实施技术体系，提出基于非视觉效应的动态光环境设计评价方法；完成利用大数据云平台的照明应用关键技术，提出照明系统设计评价方法；提出适宜我国绿色公共建筑的光环境提升技术应用模式；制定国家/行业技术标准、产品标准和设计规范送审稿 5 项，团体标准 1 项，申请国际标准 1 项；建造完成绿色公共建筑光环境提升与照明节能技术示范工程

6 项，较现行节能标准实现节能 60％以上；申请/获得专利不少于 15 项（发明专利 10 项）、软件著作权不少于 4 项；完成论文不少于 20 篇（SCI/EI 论文 5 篇）、产品应用技术指南 1 部、专著 2 部、适用范围分析研究报告 3 项；培养研究生不少于 8 名。

3.3　洁净空调厂房的节能设计与关键技术设备研究

项目编号：2018YFC0705200

项目牵头承担单位：清华大学

项目负责人：李先庭

执行期限：2018 年 07 月～2021 年 06 月

项目经费：总经费 6079.00 万元，其中专项经费 1970.00 万元

3.3.1　研究背景

随着我国精密制造和清洁生产需求的快速发展，洁净厂房的数量及规模均快速增加。虽然采用目前洁净室技术及相关设计运行规范能够保证洁净环境的参数要求，但洁净厂房空调系统的单位面积能耗却是常规公共建筑的数倍以上。因此，亟需在洁净厂房的环境营造理论、关键技术以及系统集成等方面开展进一步研究，以实现洁净厂房空调系统能耗的大幅下降。

3.3.2　总体目标

本项目针对我国洁净厂房室内大空间洁净度与温湿度的耦合作用机理不明、相邻洁净房间压差设定值不尽合理且维持困难，以及空气处理与冷热源方案较为传统且能耗高等共性基础科学问题，分别围绕室内环境营造、空气处理与输配、冷热源三个环节开展研究，重点研究洁净厂房室内洁净度与温湿度分布的耦合作用机理、洁净厂房相邻房间合理压差目标和压力动态调控方法、适合洁净厂房需求的高效空气处理方法和冷热源形式三个科学问题，以及适用于洁净厂房的高效、低阻过滤器和适用于洁净厂房洁净度在线监测技术与参数快速调控方法两项关键技术，进而在典型洁净工业厂房空调系统进行集成示范并建立数据监测平台，最终实现能耗水平比同气候区相同等级洁净室能耗降低 30％的目标。围绕上述目标，

3.3.3　研究内容

本项目拟开展的主要研究内容为：1. 开展降低洁净室环境循环风量的关键基础问题研究，最终提出使洁净室全年平均循环风量降低 10％～15％的技术手

段。2. 开展降低洁净空调系统空气处理与输配及冷热源能耗的关键技术研究与设备研发，使相同工况下过滤器阻力降低 30%；使空气热湿处理过程所消耗的折合冷热量相对于传统冷热品位的冷热量降低 25%；使冷热源制取过程所消耗的能量降低 25%。3. 开展电子洁净厂房、制药厂房、医院手术室及实验动物房的节能设计、关键技术研究与工程示范，使洁净厂房年空调能耗水平比同气候区相同等级洁净室降低 30%。4. 开展洁净空调厂房能耗评价体系及性能监测数据平台研究，实现实际洁净厂房室内环境和空调系统的数据监测和评价，为洁净空调厂房节能技术推广提供支撑。

3.3.4 预期成果

建立不同类型洁净空间的环境营造和调控方法；建立洁净厂房室内环境和空调系统能耗的综合评价体系；研制适用于洁净空调厂房的高性能产品与关键技术共 8 项；制定或修订洁净空调厂房行业规范、标准或设计指南/导则 4 部（送审稿/报批稿）；开发洁净空调厂房的数据监测平台 1 项；完成电子洁净厂房、制药厂房以及洁净手术室或实验动物房的示范工程 4 项；申请/获得发明专利 16 项；发表论文 55 篇，其中 SCI 源刊 15 篇。本项目研究成果为洁净空调系统节能提供了科学依据、理论基础和技术手段，不仅将显著推动洁净行业的技术进步，提升相关企业和产品的国际竞争力，同时将产生巨大的经济效益。项目研究成果将有效引导绿色工业建筑等产业发展，大幅降低洁净工业建筑能耗，助力国家节能减排战略实施，具有显著的社会效益和生态效益。

3.4 高污染散发类工业建筑环境保障与节能关键技术研究

项目编号：2018YFC0705300

项目牵头承担单位：中冶建筑研究总院有限公司

项目负责人：王怡

执行期限：2018 年 07 月～2021 年 06 月

项目经费：总经费 6987.00 万元，其中专项经费 1987.00 万元

3.4.1 研究背景

我国产业结构完整、行业种类繁多，高污染散发类工业建筑量大面广，建筑内部生产作业散发的颗粒物、有害气体、高温余热等污染物，导致环境质量低下，工人健康受到严重危害，并引发巨量的环境控制能耗。因此，改善工业建筑环境质量、降低建筑运行能耗，是我国社会经济发展面临的严峻挑战。

3.4.2　总体目标

项目以高污染散发类工业建筑环境控制与节能的基础理论为先导，重点围绕提高环境质量与综合节能技术的核心问题，聚焦代表性行业的典型污染物类型，开展应用基础及关键技术研究。以基础和应用基础的创新成果，促进高效精细化关键技术及装备研发，并用于示范工程的检验，形成覆盖岗位环境、建筑环境和排放环境的高效节能的环境控制技术体系和评价体系，并完善相应的标准规范。

3.4.3　研究内容

（1）高污染散发类工业建筑环境保障与节能技术的基础研究——揭示高梯度非均匀场量分布机理，阐明多场耦合高效气流组织模式；开发快速数值计算方法；探明人体微环境中呼吸暴露的特征与个体防护机制；提出污染物捕集设备性能提升原理与方法；建立高污染散发类工业建筑环境的适宜性评价指标。为环境控制能效水平提升奠定共性基础理论并指明关键技术方向。

（2）典型污染物散发特性及控制关键技术研究——高温烟尘、有害气体、油雾漆雾三类典型污染物的散发特性，阐明复杂热流边界/多散发源条件下污染物多相迁移规律与分布特征；揭示污染物与通风气流组织的协同作用机制；获得污染物稳态、非稳态散发特性条件下的通风设计和运行参数；针对大温差、相变等条件，研发高效低耗的精细化通风关键技术与装备，实现多点位、非连续散发模式下的通风技术创新。为工程设计提供理论依据和技术支撑。

（3）污染物净化除尘关键技术与装备——研究净化除尘设备节能增效方法，基于细微颗粒物多场耦合聚并等应用基础研究，提出高污染浓度下多重原理协同作用机制及优化配置方法，研发污染物净化除尘的关键技术及装备；提出超低排放除尘技术与循环风利用的高效净化技术；建立净化除尘评价方法。满足高污染散发类工业建筑岗位环境和超低排放环境控制需求。

（4）围护结构节能与低品位热能利用技术——揭示工业建筑能耗构成特征，开展不同余热强度及气候区的围护结构保温防热方法的研究，研发可实现降温/除湿/供暖/通风的低品位热能高效利用技术、设备和运行优化方法；探索高效蓄能技术与能量转换系统的集成方法；研究节能关键技术的优化配置。完善工业建筑多因素作用下的综合节能技术体系。

3.4.4　预期成果

完善高污染散发类工业建筑环境与节能的基础理论和设计原理，针对代表性行业污染物，研发高效控制关键技术及装备，阐明设计参数及运行模式，建立围护结构保温防热设计与低品位热能利用的节能方法，建立环境评价、检测体系，形成设计、产品、运行综合技术；制修订国家/行业标准（送审稿）不少于 4 项；完成 5 种以上代表性行业示范工程，在满足现行环境标准前提下，实现环境系统运行能耗降低 20％以上；发表论文 60 篇（SCI/EI 30 篇）；申请/授权发明专利 25 项；研发新技术、新产品 8 项。切实改善高污染散发类工业建筑环境质量、降低建筑能耗，为我国经济可持续发展提供环境保障。

4 绿 色 建 材

4 Green building materials

4.1 水泥基高性能结构材料关键技术研究与应用

项目编号：2018YFC0705400

项目牵头承担单位：江苏苏博特新材料股份有限公司

项目负责人：史才军

执行期限：2018 年 07 月～2021 年 06 月

项目经费：总经费 7079.00 万元，其中专项经费 1479.00 万元

4.1.1 研究背景

超高性能混凝土（UHPC）具有超高强、高韧性和优异耐久性能，能很好满足土木工程结构轻量化、高层化、大跨化和高耐久的需求。然而，UHPC 存在组成设计理论和方法未成体系、微观结构—性能间的关系不明、结构设计理论缺乏的现状，组成设计和性能调控、结构设计的关键技术瓶颈。

4.1.2 项目目标

项目拟解决三个关键科学问题：（1）多尺度下 UHPC 组成设计理论与微结构形成机制；（2）内外力作用下 UHPC 中各相的迁移及功能调控机制；（3）UHPC构件和装配式结构体系失效机理和设计理论。

形成四项关键技术：（1）多尺度下 UHPC 组成与性能调控技术；（2）UH-PC 规模化制备和功能调控技术；（3）UHPC 修复材料延性提升及界面粘结增强技术；（4）UHPC 构件和装配式结构的系统设计方法与高效建造技术。

4.1.3 研究内容

围绕 UHPC 材料—构件—结构—应用全产业链的总体思路，项目拟研究复杂胶凝体系 UHPC 的微结构形成机理，构筑聚合物外加剂和降粘功能材料，设计开发收缩控制材料和多尺度增韧纤维，形成"功能材料构筑—可控制备—产业化"的成套技术，研究 UHPC 规模化制备、工作性评价体系和全过程智控工艺，

121

以及高阻抗、高延性、高抗冲磨特种 UHPC 材料，考察修复相容性并制备自修复、高延性、高抗冲磨特种 UHPC 材料，进一步研究 UHPC 构件的计算与性能评价方法，形成设计理论和方法，评价 UHPC 结构受力性能，研发新型装配式结构体系，并建立设计方法。

4.1.4 预期成果

项目将设计和研发 UHPC 专用外加剂、微纳米降黏功能材料、收缩控制材料等 4 类核心材料制备技术，可降低混凝土黏度≥50%，28d 混凝土收缩率比降低 60%以上，制备的 UHPC 抗压强度＞150MPa，抗折强度＞25MPa。开发高延性、高耐久、高弹模、高粘结、高阻抗 5 大系列特种 UHPC 材料，建成聚合物外加剂、微纳米降黏功能材料、高耐久水泥基修复材料等示范生产线 7 条；在装配式建筑、城市轨道交通、通讯以及市政工程领域实现工程示范不少于 15 项，建立健全的知识产权和标准体系，促进我国混凝土应用技术革新和行业转型升级，显著提升我国混凝土材料科学与技术研究的国际地位，为我国绿色建筑和建筑工业化及可持续发展提供理论依据，为"一带一路""新型城镇化"等国家重大战略提供技术支撑。

4.2 高性能建筑结构钢材应用关键技术与示范

项目编号：2018YFC0705500

项目牵头承担单位：中冶建筑研究总院有限公司

项目负责人：潘鹏

执行期限：2018 年 07 月～2021 年 06 月

项目经费：总经费 5500.00 万元，其中专项经费 1500.00 万元

4.2.1 研究背景

近年来随着我国经济、社会的不断发展和新型城镇化的大规模建设，以钢结构为代表的现代高性能结构体系，正快速成为高层、大跨空间建筑结构工程所采用的主要结构形式之一。我国钢结构行业"十三五"整体发展规划目标明确指出，2020 年全国钢结构用量比 2014 年翻一番，其中建筑钢结构用钢量占全国建筑用钢量的比例从 2014 年的约 10%增至 15%～20%。在钢结构工程建设量迅速增长的同时，各类新型高性能建筑结构钢材相继开发成功，极大地推动了现代钢结构的发展和进步，如高强结构钢、耐火钢、耐候钢、不锈钢、高效截面型钢、纵向变截面钢板、轧制金属复合板、高性能大直径高强耐候索等，但相关工程实践仍然严重滞后。制约其发展的瓶颈主要有三个方面：一是缺乏其相关材料性能

参数和结构设计理论，二是缺乏相应的成套连接材料和技术，三是缺乏可供推广的典型高性能建筑结构钢材的工程示范。

4.2.2 项目目标

为促进高性能建筑结构钢材的工程应用，提升我国钢结构产业优势和加速升级，助力绿色建筑和建筑工业化发展，本项目针对项目指南所涉及的各类新型高性能建筑结构钢材，提出材料、构件、连接节点和结构体系等层面的性能指标和设计理论及方法，提供面向工程应用的全套关键技术解决方案，为我国工程建设的可持续和工业化发展提供重要技术支撑。

4.2.3 研究内容

本项目重点在于研究高性能建筑结构钢材的工程应用设计理论并解决其中的关键工程技术问题，具体包括：（1）高强结构钢设计理论和工程技术与示范；（2）耐火钢、耐候钢、不锈钢设计理论和工程技术与示范；（3）高效截面型钢、纵向变截面钢板、轧制金属复合板材料及结构应用技术与示范；（4）高性能大直径高强耐候索及预应力装配结构应用技术与示范；（5）高性能结构钢配套的连接材料和相应的连接技术。

项目的研究思路主要为以高性能建筑结构钢材为研究对象，以材料生产工艺/力学性能研究、试验研究、理论推导、数值模拟和工程应用/创新体系开发相结合的研究手段，开展材料、构件、连接节点与结构体系四位一体的研究，重点突破高性能建筑结构钢材典型构件的设计方法、连接关键技术及破坏机理，推进高性能建筑结构钢材的工程应用。

4.2.4 预期成果

项目以发展高性能建筑结构钢材工程应用设计理论与方法以及解决关键技术为目标，确定高性能结构钢的相关性能参数和设计指标，开发配套焊接材料和技术，制定构件及螺栓连接设计方法；预期超额完成指南中的要求，包括申请/授权发明专利 14 项，编制相关国家/行业/团体标准规范（送审稿）6 项，建设生产示范线 4 条，建成 6 项示范工程，发表高水平期刊论文 30 篇；开发适用跨度 150～300m 的高性能钢拉索装配钢结构体系和 100m 以上高性能钢拉索装配式高耸结构，用钢量比普通钢结构节约 30％以上。项目研究成果将为高性能建筑结构钢材的工程技术进步和产业应用提供关键支撑，对促进我国绿色建筑及建筑工业化的全面快速发展具有重要意义，同时具有重大的社会和经济效益。

5 绿色高性能生态结构体系

5 Green high-performance eco-structure system

5.1 智能结构体系研究与示范应用

项目编号：2018YFC0705600
项目牵头承担单位：哈尔滨工业大学
项目负责人：李惠
执行期限：2018 年 07 月～2021 年 06 月
项目经费：总经费 1788.00 万元，其中专项经费 1788.00 万元

5.1.1 研究背景

"智能"已成为当代人类科技最显著的标志之一，发达国家为争夺科技制高点纷纷对智能科学与技术进行战略布局。城市是人类赖以生存生产的最主要场所，城市建筑是智能科学与技术研究和发展的重要载体，而智能科学与技术也是实现绿色建筑和建筑工业化的有效技术途径之一，本项目对实施绿色建筑与建筑工业化、智能科学与技术的国家战略需求具有重大而深远的意义。研究自感知、自诊断、可恢复、自修复、自适应等智能结构体系，提高结构的抗灾性能并实现结构灾害的精准管控和灾后的快速恢复/修复，同时智能化结构体系的智能器件和构件往往采用工业化制造，因此智能结构体系是实现绿色建筑和建筑工业化的重要途径。我国拥有世界上数量最多的高层建筑和大跨结构，新建 300m 以上的建筑 70％以上在我国，同时我国又是台风和地震等灾害多发地区。因此，在我国研究智能结构体系，促进建筑工业化和绿色建筑的发展，具有更重要的意义和更迫切的需求。

5.1.2 研究目标

研发自感知与自修复装配式智能结构体系、高效耗能和限度损伤与可恢复功能抗震结构体系、主被动自适应耗能减振抗风抗震结构体系、监测与控制一体化抗风抗震智能结构体系，提出智能结构体系高效减振机理、损伤控制机制和抗灾设计方法，研究基于人工智能的智能结构/群灾害评价方法，发展物理和信息融

合智能多灾害防灾减灾结构系统，实现高抗灾智能结构体系及灾害智能评价和管控，并进行工程示范，从而通过智能技术实现绿色建筑和建筑工业化，推动土木工程智能科学与技术的发展并保持我国在该方向的国际领先地位。

5.1.3 研究内容

项目集中解决三个科学问题：（1）自感知、可恢复、自修复和自适应智能结构体系设计原理；（2）可恢复功能结构和自适应抗风抗震耗能结构的损伤控制机制；（3）大数据蕴含的智能结构灾害特征。突破五项关键技术：（1）自感知与自修复构件设计及装配式智能结构监测评估技术；（2）高耗能、限度损伤与可恢复功能抗震结构体系，主被动自适应抗风抗震耗能减振结构体系；（3）结构抗风抗震监测与控制一体化无线监测、实时识别、分散与气动控制技术；（4）基于群智感知、视频和大数据的智能结构（群）台风和地震破坏评估技术；（5）物理与信息融合的智能防灾减灾结构系统架构，多源信息精准感知、大规模物理系统实时识别和智能控制技术。研究内容完全覆盖指南要求。

5.1.4 预期成果

预期成果将以科学论文、研究报告、技术专利、产品样机、系统、软件、示范工程、标准规范以及人才培养等方式呈现，成果将推动我国基于智能技术的绿色建筑和建筑工业化及相关产业发展，具有重要科学价值和社会经济效益。

5.2 高效节地立式工业建筑结构体系研究与示范应用

项目编号：2018YFC0705700

项目牵头承担单位：清华大学

项目负责人：聂建国

执行期限：2018 年 07 月～2021 年 06 月

项目经费：总经费 5955.00 万元，其中专项经费 1955.00 万元

5.2.1 研究背景

中共中央"十九大"报告提出推动新型工业化、信息化、城镇化、农业现代化同步发展的新理念，满足城镇可持续发展的国家战略需求，发展具有资源节约、安全耐久等特征的立式工业建筑结构新体系是推进绿色建筑和建筑工业化的重要发展方向。

5.2.2 总体目标

以面向示范工程应用为目标，重点研发适应于垂直运输和现代生产物流，具有节约占地、布局灵活、性能优越特征的高性能立式工业建筑新体系，建立相应的设计理论和方法，为我国绿色建筑及建筑工业化的快速发展提供有力技术支撑。

5.2.3 研究内容

本项目结合钢结构、混凝土结构和组合结构等不同结构体系的性能特征和目标需求，提炼了发展高效节地立式工业建筑中的关键科学问题：（1）立式工业建筑的激励特征及不规则结构体系的非线性响应机理；（2）立式工业建筑混凝土结构在环境腐蚀、重载、动载等多因素作用下的动力损伤机理及寿命评估理论；（3）立式工业建筑钢结构在地震、火灾、爆炸等极端荷载作用下的灾变演化规律及灾变控制理论；（4）立式工业建筑组合结构体系的高效组合机制与性能化设计理论。同时明确了研究任务中目标攻克的相应关键技术：（1）立式工业建筑基于可靠度理论的荷载取值理论及复杂受力条件下的体系分析方法；（2）立式工业建筑混凝土结构在典型工业环境下的消能减振与耐久性能提升技术；（3）立式工业建筑钢结构的抗震、抗火、抗爆综合抗灾设计方法及绿色围护结构关键技术；（4）以提升全寿命性能为目标的立式工业建筑高性能组合结构体系研发、配套关键技术及优化设计方法。围绕拟解决的重大科学问题和关键技术，项目将采用技术研发、试验验证、数值仿真、工程示范等手段，从立式工业建筑设计的基础科学问题和共性关键技术入手，全面且深入地研究立式工业建筑结构在材料、界面、构件、节点及结构体系等多个尺寸层次下的力学性能和工作机理，提出可有效提升立式工业建筑建造效率、抗灾能力和经济效益等综合性能的系列关键技术，建立完善的实用化设计理论和优化方法，开展绿色高性能立式工业建筑结构体系的工程应用及示范推广。

5.2.4 预期成果

项目以发展绿色高效立式工业建筑设计理论和方法为目标，预期建立绿色立式工业建筑设计系列技术，开发立式工业建筑节能环保围护结构及产品；提出相应的技术经济量化指标，与传统工业建筑相比土地利用效率提高 30% 以上。编制立式工业建筑相关国家/行业/团体技术标准（送审稿）2 项，申请/获得发明专利 12 项，发表/录用 SCI 论文 10 篇，培养研究生 21 人，完成示范工程 6 项。研究成果将为我国立式工业建筑结构体系的技术进步和全面应用提供强有力的技术支撑，为我国绿色建筑及建筑工业化的快速发展形成强力助推，具有重大的社会和经济意义。

6　建　筑　工　业　化

6　Building industrialization

6.1　建筑工程现场工业化建造集成平台与装备关键技术开发

项目编号：2018YFC0705800

项目牵头承担单位：上海建工集团股份有限公司

项目负责人：朱毅敏

执行期限：2018 年 07 月～2021 年 06 月

项目经费：总经费 6970.00 万元，其中专项经费 1970.00 万元

6.1.1　研究背景

长期以来，我国建筑工程现浇结构工业化建造技术研究滞后，施工现场劳动密集、机械化及自动化程度不高、机械装备协同集成及通用性较差，造成材料浪费及环境污染，难以满足建筑产业现代化的需要，迫切需要研发适应现场工业化生产方式的施工新技术及新装备，切实提高我国绿色建造、工业化建造及智慧建造水平。

6.1.2　研究目标

对建筑工程现场工业化建造集成平台与装备关键技术开展系统攻关，研究设备设施一体化协同集成的工业化建造平台技术、成型钢筋骨架智能化加工与配送技术、与现场施工平台一体化的布料关键技术、机电设备与管线模块化装配施工技术、组装式大型 3D 打印设备及其 3D 打印技术，形成现场工业化建造成套技术体系，切实提高施工现场工业化建造水平。

6.1.3　研究内容

（1）开展超高层建筑爬升式整体钢平台模架与塔机一体的智能化大型集成组装式平台系统研究。重点研究大型集成组装式高承载力整体爬升钢平台模架系统、大型塔机一体化集成技术、复杂工况高适应性施工技术以及远程智能控制技术等。

127

（2）开展超高层建筑落地式钢平台与设备设施一体的智能化大型造楼集成组装式平台系统研究。重点研究落地式高承载力大型集成组装式钢平台系统、设备设施一体化集成技术、构件部品高效安装技术、模板自动化开合技术以及平台系统智能升降技术等。

（3）开展建筑工程成型钢筋智能化加工与配送关键技术及装备研究。重点研究成型钢筋模块标准化设计方法、数字化加工技术及装备、配送技术及工装系统、高效安装技术、智能化信息管理系统等。

（4）开展建筑工程布料机设施与现场施工平台一体化的布料关键技术及装备研究。重点研究与现场施工平台一体化的多轴超长臂架布料工艺及装备、全覆盖多维柔性臂架路径自动识别智能布料技术、泵管和布料机模块化组装及各部件快速连接技术、设备监控管理系统等。

（5）开展设备与管线模块化装配施工关键技术与装备研究。重点研究机电设备与管线模块化设计及施工方法、模块化单元加工技术、模块化单元运输技术及现场高效安装技术。

（6）开展现场组装式大型 3D 打印设备及其 3D 打印技术研究。重点研究现场 3D 打印材料制备和输送、3D 打印装置的数字化智能控制、现场组装式大型 3D 打印设备，探索大型 3D 打印设备与建造平台集成技术。

6.1.4 预期成果

预期建立建筑工程现场工业化建造集成平台与装备关键技术体系。完成超高层建筑智能化大型组装式集成平台系统 2 套，承载能力大于 1000 吨；成型钢筋智能化加工成套装备 2 套；顶升模架一体混凝土布料大型装备 2 套；组装式大型 3D 打印设备 1 项；通用性工装产品 6 项。形成相关产品 4 项；相关标准 3 项；相关工法 5 项。完成现场工业化建筑示范工程 16 项；申请/获得发明专利 24 项；发表论文 32 篇。研究成果将全面提升建筑工程工业化建造水平，推动行业技术进步，经济和社会效益显著。

7 建 筑 信 息 化

7 Building informatization

7.1 基于 BIM 的绿色建筑运营优化关键技术研发

项目编号：2018YFC0705800

项目牵头承担单位：上海市建筑科学研究院

项目负责人：韩继红

执行期限：2018 年 07 月～2021 年 06 月

项目经费：总经费 6766.00 万元，其中专项经费 1866.00 万元

7.1.1 研究背景

住建部《建筑节能与绿色建筑发展"十三五"规划》明确将实施绿色建筑全过程质量提升行动列为主要任务，其中加强运营管理、落实技术措施、保障运营实效，已成为十三五期间我国绿色建筑发展的重中之重。与此同时，将信息化与绿色化深度融合、以 BIM 等信息化工具助力绿色建筑质量提升将成为重要而有效的技术手段。BIM 作为多维模型信息集成技术，可实现建筑设计、建设、使用全过程数据和信息共享，为建筑性能优化和科学管理提供有效工具。住建部《关于推进建筑信息模型应用的指导意见》中提出了改进传统运营维护管理方法，建立基于 BIM 的运营维护管理模式的发展方向。但目前 BIM 应用于运营领域尚在起步探索阶段，存在基础数据缺乏、方法标准缺失、共用平台不足等问题。挖掘BIM 对绿色建筑运营管理的支撑价值，研发急需的核心技术和工具方法，实现运营期多专业协同和精细化管理是提升绿色建筑运行实效的重点突破方向。

7.1.2 研究目标

本项目旨在为绿色建筑运营管理提供基于 BIM 的核心技术和平台工具，通过 BIM 运营模型标准化和模型库提供基础数据源，开发融合主观满意度的前馈式能源环境优化控制成套技术，并建立需求导向的 BIM 综合管控平台以实现基于数据流的运营性能优化及成本精准控制，达到提升绿色建筑运营质量、减少能源资源消耗的目标。

7.1.3 研究内容

项目重点聚焦以下关键科学问题：绿色建筑 BIM 运营模型缺少标准化构建方法和模型数据库，运营调控缺少融合空间和物理属性的应用技术理论，BIM 运营平台缺乏系统化价值评价方法；重点突破以下关键技术：基于运营特征属性的设备设施模型库，参数化及轻量化 BIM 运营模型构建标准，基于人员动态分布的前馈式运营管控技术以及系统集成多源异构数据融合技术。通过建筑与信息领域的多学科交叉融合，以关键问题和需求为导向，重点分解为六个方向开展研究：绿色建筑运营设施设备 BIM 模型库、模型标准及成本控制技术，绿色建筑 BIM 运营模型构建和质量评价技术，目标导向的前馈式绿色建筑运营管控技术，融合人员满意度的绿色建筑环境性能动态调控技术，基于 BIM 的绿色建筑运营管理系统融合技术，需求导向的绿色建筑 BIM 综合运营平台开发及示范。

7.1.4 预期成果

本项目预期成果将全面覆盖指南研究内容和考核指标，通过绿色化和信息化的深度融合提供基于 BIM 的关键方法和应用技术，为传统建筑运营管理模式带来重大变革，对实现我国绿色建筑向质量型发展转变，提高绿色建筑产业竞争力，促进节能减排和生态文明建设将发挥重要作用。

7.2 建筑垃圾精准管控技术与示范

项目编号：2018YFC0706000

项目牵头承担单位：北京交通大学

项目负责人：任福民

执行期限：2018 年 07 月～2021 年 06 月

项目经费：总经费 8424.00 万元，其中专项经费 1924.00 万元

7.2.1 研究背景

随着中国城镇化速度加快，工程新建、改建、拆除产生了大量的建筑垃圾，其年产生量已高达 15 亿吨以上。巨量的建筑垃圾处置是城市管理所面临的一个挑战，因此对建筑垃圾精准管控的研究十分迫切。

7.2.2 研究目标

本项目的研究目标：（1）建立建筑垃圾定量预测模型及精准处置技术体系，完成 5 个典型工程示范；（2）建立建筑垃圾天地一体化快速识别技术体系与监测

系统，识别精度不低于90%；（3）建立建筑垃圾安全风险与环境影响评估及预警技术体系；（4）建立建筑垃圾全过程实时监测与智能管控平台。

7.2.3 研究内容

两个关键科学问题：（1）建筑垃圾的精准管理问题，实现建筑垃圾发生、清运、回收利用、消纳全过程实时监控；（2）建筑垃圾的风险控制问题，实现建筑垃圾环境风险与安全隐患的科学评估与及时预警。四大关键技术问题：（1）基于BIM相关信息的建筑垃圾定量预测与精准处置技术；（2）基于天地一体化监测技术的建筑垃圾类型/体量的快速识别和测算技术；（3）基于物联网技术的建筑垃圾"全链条式"的实时监控技术；（4）基于数字城市管理技术的建筑垃圾安全风险与环境影响评估技术体系及预警技术。

7.2.4 预期成果

以北京市新一轮城市建设和疏解非首都功能工程为切入点，以城市地铁/综合管廊（地下工程）、城市道路改扩建（道路工程）、通州/亦庄新城建设（新建住宅小区）、首都第二机场建设（新建、装修）、城中村/棚户区改造（拆除）为重点，以建筑垃圾全过程实时监测与智能管控需求为导向，突破建筑垃圾产生环节、运输处理环节、资源化利用和再生产品应用环节的实时监测与智能管控技术3项关键技术，研发建筑垃圾全过程实时监测与智能管控信息化平台，研究设计运行模式，开展综合应用示范，完善运行模式、标准规范、关键技术和信息化支撑平台，建立具有普适性的建筑垃圾全过程实时监测与智能管控平台，形成技术规程。

完成2个以上地级市示范，实现区域内建筑垃圾95%以上纳入平台管控。形成专利3项以上、标准（送审稿）5项以上、软件著作权7项以上。创新使用多源信息融合技术和BIM技术对建筑垃圾进行定量预测及制定对应的精准处置技术体系。建立消纳场及周边环境敏感目标监测指标体系和技术方法流程，利用多期的卫星遥感数据，进行建筑垃圾堆放场动态变化监测，为环境风险事先预警提供技术保障。开发集技术、管理于一体的建筑垃圾全过程实时监测与智能管控平台。

第三篇 | 标准篇

党的"十九大"对新时代满足人民美好生活需要、推进绿色发展提出了新要求。响应十九大号召，在新形势下坚持以人民为中心，结合社会主要矛盾变化，探索绿色高质量发展新模式成为必然。《住房城乡建设事业"十三五"规划纲要》明确提出到绿色建筑推广比例目标，并部署了进一步推进绿色建筑发展的重点任务和重大举措。

我国绿色建筑自本世纪初起步，已实现从无到有、从少到多、从个别城市到全国范围，从单体到城区、到城市的规模化发展，绿色建筑标准也在建筑全寿命期的多个维度充实完善，标准体系逐渐形成。本篇主要介绍了2018年绿色建筑领域标准工作的新成果和新动向，包括国家标准、行业标准和团标标准，涉及绿色住区建设、节能计算与运行管理等内容，这些标准拓展了绿色建筑的理念和思路，体现了由"工程建设为主线"逐步向"以人为本、强调性能、提高质量"的绿色建筑发展新模式的转变，是构建新时代绿色建筑供给体系、提升绿色发展质量层次的重要支撑。

Part 3 | Standards

The 19th National Congress of the Communist Party of China has put forward new requirements for meeting the people's needs for a better life and promoting green development in the new era. In response to the call of the Nineteenth National Congress, it is necessary to explore a new model of green and high-quality development by adhering to the people-centered approach and the major social contradictions in the new situation. The 13th Five-Year Plan Outline of Housing and Urban & Rural Construction clearly put forward the target of green building promotion until 2020, and deployed the key tasks and important measures to further promote the development of green building.

Starting from the beginning of this century, green building in China has realized the large-scale development. The green building standards are enriched and improved in many dimensions of the whole life cycle of the building, and the standard system is gradually formed as well. This chapter mainly introduces the new achievements and trends of the standardization work including national standard, industry standard and society standards in the field of green building in 2018, involving green residential construction, energy-saving calculation and operation management. These standards expand the concept and ideas of green building, reflecting the gradual change from "project construction as the main line" to "people-oriented, emphasizing performance and improving quality". These standards are also important support for structuring the supply system of green buildings in the new era and improving the quality level of green development.

1 国家标准《公共机构办公区节能运行管理规范》GB/T 36710—2018

1 National standard of *Management Criterion for Energy-saving Operation of Public Institutions Office District*

GB/T 36710—2018

1.1 编 制 背 景

节约能源资源是我国经济社会发展的重要战略，公共机构节能是全社会节能的重要领域。《"十二五"规划纲要》提出："抑制高耗能产业过快增长，突出抓好工业、建筑、交通、公共机构等领域节能，加强重点用能单位节能管理。"推行公共机构节能，是贯彻落实科学发展观，加快建设资源节约型、环境友好型社会的重要举措，也是公共机构加强自身建设、树立良好社会形象的主要表现。

《国家机关节办公区能运行管理规范》由中国中建设计集团有限公司主编，是国家"十二五"科技支撑计划《公共机构新建建筑绿色建设关键技术研究与示范》（2013BAJ15B05）的重要成果之一。

标准编制的需求

（1）公共机构办公区作为重要的用能单位，存在设备系统运行前调试与交付存在断层、运行管理过程不专业、不系统导致能源浪费、设备维护保养不及时，不重视管理人员与办公人员行为节能等问题，严重制约了公共机构在实际运营过程中的节能效果。

（2）对于机关办公建筑来说，通过系统性地管理，有效控制运行能耗非常重要。公共机构节能管理过程中，对建筑交付过程的运行调适，设备运行的节能参数控制，设备维护以及对围护结构的维护等都会对节约能耗有重要影响。

（3）行为节能和监督对于节能管理工作也至关重要。但目前缺乏针对行为节能的相关规范和标准，使得在公共机构办公建筑的节能管理中很难通过行为节能有效地控制实际运行效果。

针对以上情况，我国亟待编制相关国家标准，优化能源管理系统，提高能源管理水平，实现节能运行管理工作的科学化、规范化、精细化，最大限度地降低能源消耗，提高能源使用效率等方面做出相关规定。

针对于此，编制组对我国相关公共机构办公区能耗情况及运行状况开展了深入的调研，分析了运行过程中的重点耗能项和管理薄弱点，对国家机关办公区建设完成后设备调试与交付、运行管理及维护保养等具体节能措施进行了深入研编工作。

1.2 编 制 工 作

1.2.1 启动阶段

（1）成立标准编制组

2014 年底进行国家标准的申报工作，2015 年 7 月 31 日获批国家标准化管理委员 2015 年第二批国家标准制修订计划（计划编号：20151541－T－469）。2014 年 7 月标准申报后，组建了由中国中建设计集团有限公司、中国标准化研究院、国家机关事务管理局、工业和信息化部、中国建筑科学研究院、清华大学建筑设计研究院有限公司等十余家，来自建设单位、科研院所、政府部门、运营管理单位、高校、产品企业的全行业链国内顶级专家组成的编制组。

2014 年 7 月 29 日召开"国家标准《公共机构办公区节能运行管理规范》编制组成立暨编制组第一次工作会议"，与会专家讨论确定了《管理规范》的编制构架和主要要点，讨论了如何解决便于管理控制和实际操作的标准要点，以及公共机构办公区节能运行管理先进理念的引导。在大量研究及课题示范实践的基础上逐渐梳理出公共机构办公区节能管理的要点。

（2）研编和示范项目数据收集及分析

2014 年 8 月开始，在国管局节能司的组织下，编制组通过交流讨论、现场考察、资料收集等形式分别对美国、欧洲及中国台湾等公共机构建筑相关节能管理措施进行资料收集与整理研究。

对发达国家在节能运行管理调研发现，其节能运行管理方面主要采取以下四个方面的措施：其一，确立了建筑能效性能计算方法，并考虑所有影响能源利用的因素。其二，规定最低的新建建筑和大型既有建筑改造的能源性能要求。其三，建立能效证书机制，在建筑的建设，出售和出租过程中，必须有较易获得的能效认证。其四，对采暖和空调系统定期进行检查，规定定期检查采暖和空调系统的时限、内容和要求。

编制组在进行国内外相关资料调研整理的同时，以工信部办公楼为示范项目，并对其运营数据进行收集分析，主要包括：暖通空调运行能源效率和运行状况测试，室内环境状况测试。通过能耗监测分析可得出制热能耗与制冷能耗占能耗比共 44.8%，见图 3-1-1。该示范项目获得国家绿色运行三星级认证，位于北京市西长安街 13 号，采用"合院式"建筑布局，主要功能包括主办公区、辅助办公区以及会议中心三部分。

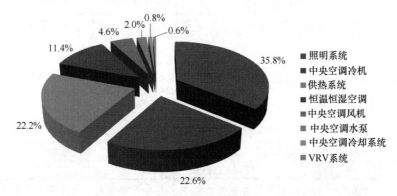

图 3-1-1 建筑能耗饼状图

暖通空调运行能源效率和运行状况测试运营数据分析工作包括：采集包括工信部项目基本信息指标、建筑特有指标、围护结构性能指标、用能系统信息指标、分项能耗监测指标、室内环境指标、运行评价指标在内的环境能源效率数据，形成办公类公共机构环境能源效率特征综合数据库的基本架构示范。经过全年设备运行和监测，发现建筑实际运行工况与设计假设工况不完全符合情况及节能潜力，可通过对围护结构表皮、设备系统等进行调适，使系统运行达到最佳状态，提高建筑的环境能源效率。

室内环境状况测试运营数据分析工作包括：完成了 24 个典型房间的温湿度和采光照明亮度测试仪器的布设。对典型空间的温度、湿度、照度等环境能源效率关键性控制因子进行数据采集和检测，对项目使用者主观感受进行调研，通过环境质量真实表现的数据检测和建筑各项实际能耗的数据分析，对环境能源效率做出评价。

根据图 3-1-2～图 3-1-6 所示运行监测数据，8 月～10 月冷却系统总能耗为 23.3MWh，冷冻水泵总能耗 15.2MWh；8 月～11 月数据中心空调能耗 78.7MWh。

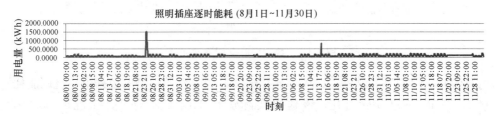

图 3-1-2 照明插座逐时能耗

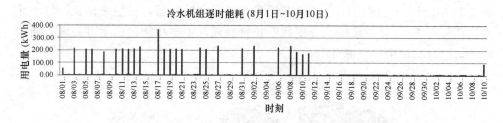

图 3-1-3　冷水机组逐时能耗（8 月～10 月冷水机组能耗为 51.8MWh）

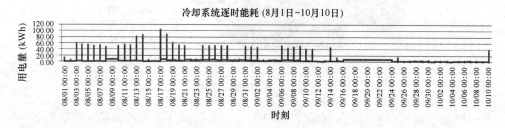

图 3-1-4　冷却系统逐时能耗

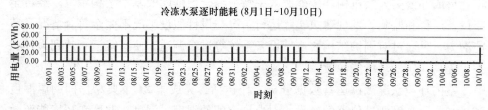

图 3-1-5　冷冻水泵逐时能耗

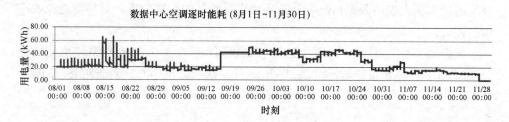

图 3-1-6　数据中心空调逐时能耗

而根据 DeST 模拟的能耗模拟报告，8 月～11 月设计建筑模型的数据中心空调能耗142.5MWh。通过数据对比，该建筑实际运行工况能耗为设计工况的 55.2％（表 3-1-1）。

数据中心空调能耗对比（MWh）   表 3-1-1

实际运行工况	设计工况
78.7	142.5

如图 3-1-7 所示，8 月～10 月供冷能耗为 172.9MWh。根据 DeST 软件模拟得出的能耗模拟报告，8 月～10 月的采暖供冷能耗共 319.1MWh。通过上述运行监测数据与模拟数据的比对，实际运行工况供冷能耗为设计工况的 54.2%。

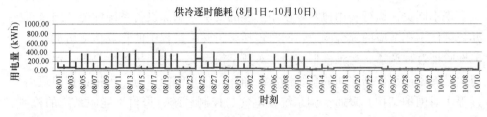

图 3-1-7 供冷逐时能耗

1.2.2 标准编制阶段

2016 年 3 月，依照编制提纲起草了标准草稿。2016 年 3 月～5 月，编制组先后组织多次工作组研讨会，对标准框架和主要内容进行讨论，并修改完善形成征求意见稿。

1.2.3 征求意见阶段

2016 年 6 月～8 月，对标准进行公开意见征求，向有关管理部门、研究机构、高等院校及相关专家发送标准征求意见函，并在公共机构节能网和中国标准化研究院网站上公开征求意见，并组织召开征求意见会，邀请白荣春等六位业内专家对标准内容进行评审，根据意见编制组进行相应的修改完善，形成标准送审稿。

1.2.4 专家审查阶段

2017 年 5 月 10 日召开"《公共机构办公区节能运行管理规范》国家标准审查会"，审查会议由全国能标委秘书长林翎研究员主持，由全国能标委顾问白荣春担任审查组组长，全国能标委、建筑行业等相关单位的代表共 38 人出席了会议。标准编制组就标准制定背景、标准的起草过程、标准主要内容等作了说明。与会代表对该项标准送审稿的各项内容进行了充分、细致的讨论和审查，一致通过了对标准的审查。

审查组专家一致认为：该标准参考国内外公共机构建筑相关节能运行管理经验，结合我国公共机构办公区用能特点制定的，具有较强的可操作性。该标准建立了公共机构办公区节能运行管理的规范，在实现节能运行管理工作的科学化、规范化、精细化方面提供了技术指导。为扩大标准适用范围，将该标准名称修改为《公共机构办公区节能运行管理规范》。

1.3 技 术 内 容

标准主要内容包括：（1）建筑交付，包括：综合效能调适，针对整个设备系统实现不同负荷运行和用户实际使用功能的要求，确保设备系统性能与国家机关办公区使用相适应的综合调适，同时包括交付交工过程中的物业移交培训以及季节性验证过程调适。运维模型交付，对数字模型交付提出规范性要求，保证了创建运维模型模型数据之间的系统性与准确性。（2）节能运行，包括：在建筑运行过程中对围护结构、暖通空调系统、电气与控制系统、可再生能源系统的检测、维护等管理要求。监测与能源管理及过程管理，提出数据中心机房、监控中心、指挥调度中心和食堂等重点用能区域，以及动力设备、暖通空调和灯光照明等重点用能设备的能耗进行监测和量化管理，并对检测数据的统计分析及分析后形成管理措施提出要求。（3）行为节能管理，包括：运行维护、行为约束，对运行管理和维护保养等维护工作进行规范要求，并对建筑使用人员日常行为进行约束和管理。

标准以控制建筑运行能耗值为目标，为国家机关办公区节能运行管理提出具体能耗控制值及运行管理办法，为国家机关管理部门提供科学、合理的办公区节能管理的综合方案，确保国家机关办公区建筑节能的实际效果。其标准编制目录为：前言；1 范围；2 规范性引用文件；3 术语和定义；4 基本规定；5 建筑交付（5.1 一般规定；5.2 设备系统检测；5.3 综合效能调适；5.4 运维模型交付）；6 节能运行（6.1 一般规定；6.2 围护结构；6.3 暖通空调系统；6.4 电气与控制系统；6.5 可再生能源系统；6.6 监测与能源管理；6.7 过程管理）；7 制度约束（7.1 一般规定；7.2 运行维护；7.3 行为约束）；附录 A 综合效能调适流程及技术要求；A.1 一般规定；A.2 综合效能调适技术组织及过程；A.3 综合效能调适技术要求。

该标准不仅仅是针对公共机构办公区建筑建成后的节能运行进行相关规定，而是从建筑的交付开始，就对设备系统检测、综合效能调适和建筑数字等进行节能运行的前序管理。在加强过程监测与设备运行管理的同时，注重运行维护和行为节能约束。更加注重公共机构办公区的建筑能耗约束值的结果性管理。同时，为方便使用，在附录中列出了《综合效能调适流程及技术要求》和相关设备系统检测和调适的工作表格。

1.4　结　束　语

　　《规范》作为一本便于有关部门管理控制和实际操作的针对国家机关办公区节能的管理标准，其实用性、针对性等得到了业内专家的广泛肯定。在保证办公环境品质的同时提升国家机关办公区的综合能效。为推行公共机构节能，促进公共机构节约能源资源十三五规划提供成熟的管理依据。

作者：毛志兵[1]　薛峰[2]　李婷[2]（1. 中国建筑股份有限公司；2. 中国中建设计集团有限公司）

2 行业标准《民用建筑绿色性能计算标准》JGJ/T 449—2018

2 Industrial standard of *Standard for Green Performance Calculation of City Buildings* JGJ/T 449—2018

2.1 编 制 背 景

住房和城乡建设部的《建筑节能与绿色建筑发展"十三五"规划》中提到，2020 年我国城镇新建建筑 50％需要达到绿色建筑要求[1]。随着我国绿色建筑快速推广，其中涉及的节能、采光、通风、声环境等性能指标的计算和评价的标准化和规范化需求越来越强烈，并与国家和地方的财政补贴强度紧密相关，模拟计算的准确性和规范化对于科学客观评价和公平补贴至关重要。

经实际调研，国内现有标准规范远不能满足绿色建筑性能计算方法标准化与规范化的要求。计算的不标准化可能会造成 30％～200％的误差。国外发达国家绿色建筑相关标准或体系同样涉及了大量的建筑绿色性能计算问题，大部分都已标准化，我国标准的相关工作则有待体系化推进，亟需制定标准来规范指导相应的性能计算（表 3-2-1）。

国内外绿色建筑标准涉及的性能计算统计　　　表 3-2-1

分类/计算是否标准化	LEED	DGNB	CASBEE	BREEAM	我国绿标
室外风环境			√/Y		√/N
热岛			√/Y		√/N
自然通风	√/Y	√/N	√/Y	√/Y	√/N
天然采光	√/Y		√/Y		√/N
日照			√/Y		√/Y
热舒适	√/Y		√/Y	√/Y	
能耗	√/Y		√/Y		
噪声		√/N			√/N
碳排放	√/N	√/Y	√/Y	√/Y	
生命周期评价		√/Y	√/Y	√/Y	

因此，根据住房和城乡建设部《关于印发〈2015年工程建设标准规范制订、修订计划〉的通知》（建标［2014］189号）的要求，委托清华大学和多家单位开展《民用建筑绿色性能计算标准》JGJ/T 449—2018的编制工作。《标准》编制工作从2015年启动，历时2年，于2017年10月通过住建部的标准定额司的标准专家审查会，2018年12月1日正式实施。

2.2　研　究　工　作

标准编制重点突出规范化与标准化室外物理环境、建筑节能与碳排放、室内环境质量方面的性能计算，并注重可操作性。主要从三方面开展研究工作，国内外相关标准调研、相关设计单位模拟使用情况和项目的调研、建筑性能专项计算标准研究。

2.2.1　国内外相关标准调研

在建筑能耗方面，美国ASHRAE组织设计了140标准算例来检验模拟软件的计算结果，明确规定了评估建筑热环境模拟的相关软件技术水平的测试流程[2]。在建筑光环境方面，过去20年里有很多利用室内照度实测值的验证研究。特别是RADIANCE光线追踪法[3]已经得到系统的研究[4-6]然而对于天然采光软件却没有形成能耗模拟的一套标准化的测试流程。在建筑风环境模拟方面，日本建筑协会（AIJ）提供了CFD模拟的标准化指导[7]。国内《绿色建筑评价标准》GB 50378中，多个条文也对涉及的性能计算提供了参考，但操作性和规范化均不足。

2.2.2　相关设计单位模拟使用情况和项目的调研

对北京、上海、江苏等地获得绿色建筑评价标识项目的绿色建筑性能计算标准化进行调研，共有130个项目，其中49个住宅建筑案例，81个公共建筑案例。通过调研发现主要存在如下问题：

（1）光环境模拟典型问题：未搭建完整建筑模型；无照度设定；无模型细节无网格及参考平面设定；未明确给出网格划分情况；网格尺寸不符合要求；网格没有完全覆盖整个区域。（表3-2-2）

光环境模拟典型问题统计表			表3-2-2
分项	是	否	无说明
是否建立完整多层建筑	67%	31%	3%
是否建立周围遮挡建筑模型（考虑水平15°夹角内高层建筑）	15%	85%	0%

续表

分项	是	否	无说明
是否搭建地面	4%	96%	0%
是否搭建模型厚度	10%	86%	4%
是否搭建内部房间分隔	89%	8%	4%
是否给出材料具体参数值	57%	43%	0%
是否给出参考平面高度	50%	50%	0%

（2）室外风环境拟典型问题：未给出计算域设定描述；未给出地面条件和梯度风指数；未给出网格设定的描述；未给出风速放大系数的结果；未给出建筑表面风压的结果；未给出局部涡旋和死角的描述。（表 3-2-3）

风环境模拟典型问题统计表表 3-2-3

分项	满足要求项目个数（总 92 个）	满足率
人员活动高度风速	91	99%
人员活动高度风力放大系数	37	40%
人员活动高度风压	60	65%
建筑表面风压	40	43%
局部涡旋和死角	20	22%
夏季典型日日平均热岛强度	1	1%
按照梯度风进行设定	66	86.8%
给出地面条件和梯度风指数	54	71.1%
给出计算域设定的描述	17	22.4%

2.2.3 建筑性能专项计算标准研究

对建筑能耗、自然通风、天然采光、风环境、热岛、噪声等模拟中关键影响因素进行专项研究分析（表 3-2-4），如边界条件的设定、网格的划分、精度的设定、输出参数和结果输出和表达等。

性能计算影响因素重要性分析表 3-2-4

影响因素	室外风环境	热岛	自然通风	能耗	天然采光	噪声
模型建立及简化	★★★	★★	★★★	★★★	★★★	★★
周围建筑	★			★	★	★
计算域	★	★★				★
分析网格	★★★	★★★	★★★		★★	★★
气象数据	★		★	★★		
边界条件	★★	★★★	★★	★	★	★★★

144

续表

影响因素	室外风环境	热岛	自然通风	能耗	天然采光	噪声
材料属性	★	★★			★★	★★
室内参数			★	★★★		
计算模型	★		★		★	
计算精度	★★		★★	★	★★	★★
收敛判断	★★	★★	★★			

（1）建筑能耗专项研究

对国内外多款能耗模拟软件如 FACES（日本）、DeST-C（清华）、Design-Builder（英国）、IES（英国）的内核和外壳进行对比（图 3-2-1）。

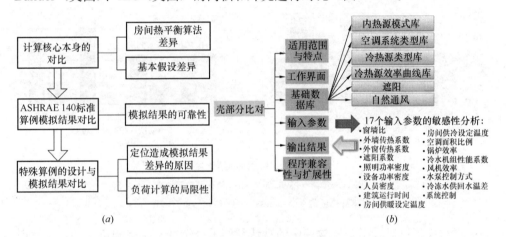

图 3-2-1 能耗软件内核和外壳

(*a*) 内核对比内容；(*b*) 外壳对比内容

例如对各模拟软件的作息模型影响进行分析，以某办公建筑基准模型为例（图 3-2-2），采用控制变量法，严格控制各软件中输入参数的一致性，只允许房间的作息模式设定出现不同，因此共设置两组模拟实验：第一组是在所有软件均

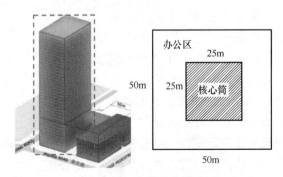

图 3-2-2 办公基准模型

采用各自默认作息模式下进行模拟计算；第二组则是将各个软件中的作息模式用统一的参考模式加以规范，再进行修正模拟计算。

结果如图 3-2-3 所示。

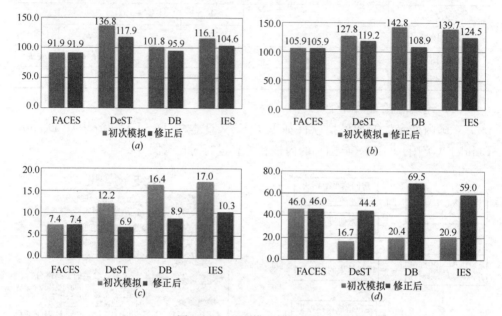

图 3-2-3　基准模型结果统计
（a）累计冷负荷（kWh/m²）；（b）峰值冷负荷（W/m²）；
（c）累计热负荷（kWh/m²）；（d）峰值热负荷（W/m²）

通过模拟可以看出，各软件中的默认空调系统作息会对空调负荷的全年逐时模拟产生巨大影响，相对偏差较大，可达 25％。而将在一致的作息设定下，各软件之间负荷模拟结果的差异明显减小，单位面积冷负荷峰值的相对偏差只有不到 10％，单位面积热负荷峰值的相对偏差控制在 20％ 之内，而对于单位面积全年累计冷负荷，软件之间的结果差异可以缩小在 30％ 范围内，对于单位面积全年累计热负荷，相对差异也可控制在 30％ 左右。

目前各个能耗模拟软件中的默认作息区别较大，且大多不符合实际情况，如果按照软件中的默认作息模式作为输入条件进行模拟，那么最终得到的结果往往难以保证客观性与一致性；而参考作息模式既可以对不同软件的输入进行规范、统一，又可以较好的符合实际运行状况，在参考模式下各个软件的计算偏差都可以控制在 30％ 之内，基本保证了模拟的客观性与一致性。

（2）天然采光及室外风环境专项研究

通过实际案例和问卷调研发现天然采光和室外风环境有几方面共性的影响因素：计算方法的统一，计算模型的建立，分析网格的设定，边界条件的设定，计算精度的控制等。

① 计算方法和理论模型。如对于天然采光计算内核中常用的为光能分析法（图 3-2-4）、光线追踪法（图 3-2-5）。不同的分析内核算法平均 DF% 相差可达 8%；计算模型中建立地面时室内工作平面高度 DA 值提高 6%。

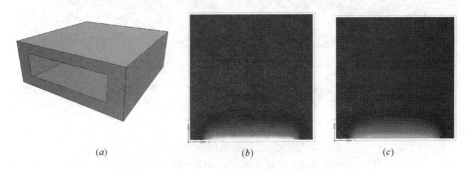

图 3-2-4 光能分析法和光线追踪法对计算结果影响

(a) 采光模型；(b) 光能分析法 DF 分布；(c) 光线追踪法 DF 分布

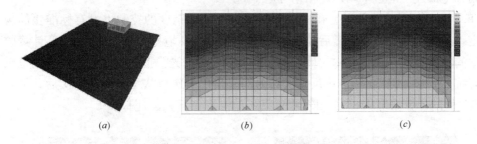

图 3-2-5 采光模型中地面的影响

(a) 采光模型；(b) 光能分析法 DF 分布；(c) 光线追踪法 DF 分布

② 网格设定。网格划分的大小、数量、位置等因素会影响到模拟计算的时间以及精度，对最后的模拟结果影响非常大（图 3-2-6，图 3-2-7）。如当天然采

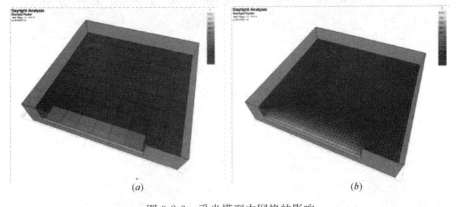

图 3-2-6 采光模型中网格的影响

(a) 网格数量 10×10；(b) 网格数量 50×50

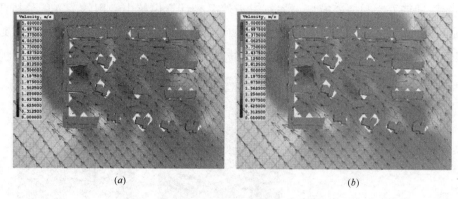

图 3-2-7　室外风环境模型中网格的影响

（a）网格数量 $70\times75\times20$；（b）网格数量 $34\times34\times10$

光的网格不同时，DF 值结果相差可达到 9.4%。在计算室外风环境时，网格的划分造成建筑周边平均风速相差可达 14.8%。

③ 计算精度的控制。在模拟分析中对于计算精度的控制也没有标准化的规定，这个因素也会影响最后计算的结果。比如风环境模拟中，对于 CFD 计算收敛的判断往往是根据技术人员的经验。室内天然采光模拟中计算的精度控制也没有统一要求。以 Daysim 中反射次数为例，当反射次数从 5 次降为 2 次后，平均DA 值的计算结果从 86.1% 降到 66.7%，相差 22.5%。（图 3-2-8）

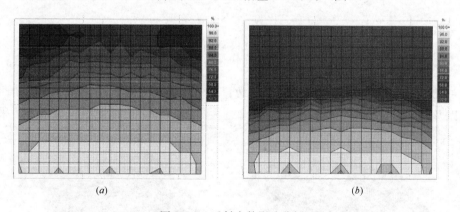

图 3-2-8　反射次数影响分析

（a）反射次数为 5 的 DA 分布；（b）反射次数为 2 的 DA 分布

2.3　标　准　实　施

依托上述研究工作，结合国家现行《绿色建筑评价标准》GB 50378，遵循"科学性、实用性、统一性、规范性"的原则，针对当前绿色建筑中涉及的相关性能计算进行规范化，制定《民用建筑绿色性能计算标准》。

《标准》将性能计算分为室外物理环境、建筑节能与碳排放、室内环境质量三大类，每一类均由多个具体性能计算内容组成。标准的主要内容如表3-2-5所示。本节将对其中重点的性能计算标准进行阐述。

性能标准主要内容框架　　　　　　　　　　表 3-2-5

一级内容	二级内容
室外物理环境	室外风环境
	热岛强度
	环境噪声
建筑节能与碳排放	建筑围护结构
	供暖空调系统、通风系统及照明系统
	可再生能源
	碳排放
室内环境质量	自然通风
	气流组织、热湿环境与空气品质
	室内光环境
	室内声环境

2.3.1 室外物理环境

室外物理环境涉及室外风环境、热岛强度、环境噪声的计算三个方面。如室外风环境模拟，主要规范化了以下内容：

（1）气象参数：给出了全国 230 个城市典型冬、夏季典型风向风速参数。

（2）计算域范围选取：对象建筑（群）顶部至计算域上边界的垂直高度应大于 5H；对象建筑（群）的外缘至水平方向的计算域边界的距离应大于 5H；与主流方向正交的计算断面大小的阻塞率应小于 3%；流入侧边界至对象建筑（群）外缘的水平距离应大于 5H，流出侧边界至对象建筑（群）外缘的水平距离应大于 10H。

（3）物理模型建立原则：对象建筑（群）周边 1H～2H 范围内应按建筑布局和形状准确建模；建模对象应包括主要建、构筑物和既存的连续种植的高度不少于 3m 的乔木（群）；建筑窗户应以关闭状态建模，无窗无门的建筑通道应按实际情况建模。

（4）湍流计算模型选取：采用标准 k-ε 模型或其修正模型。

（5）网格精度要求：面与人行区高度之间的网格不应少于 3 个；对象建筑附近网格尺度应满足最小精度要求，且不应大于相同方向上建筑尺度的 1/10；对形状规则的建筑宜使用结构化网格，且网格过渡比不宜大于 1.3；计算时应进行网格独立性验证。

（6）规定专项报告模板。

2.3.2 建筑节能计算

建筑节能与碳排放涉及建筑围护结构、供暖空调系统、通风系统及照明系统、可再生能源、碳排放四个方面。如供暖空调系统、通风系统及照明系统计算，主要规范化了以下内容：

（1）气象参数：推荐《建筑节能气象参数标准》JGJ/T 346。

（2）计算工具要求：应能计算全年 8760 h 逐时负荷；应能反映建筑外围护结构热稳定性的影响；应能计算不小于 10 个建筑分区；应能分别设置工作日和节假日的室内人员数量、照明功率、设备功率、室内设定温度和新风量、送风温度等参数；且应能设置逐时室内人员在室率、照明开关时间表、电气设备逐时使用率、供暖通风和空调系统运行时间等。应具有冷热源、风机和水泵的设备选型功能；应具有热源、风机和水泵的部分负荷运行效率曲线；应能给出建筑中未满足室温设定要求的时间；应能将建筑全年累计耗冷量和累计耗热量折算为一次能耗量和耗电量。

（3）室内参数及作息：规定了各类功能建筑的空气调节和供暖系统运行时间、房间设定温度、照明功率密度值及开关时间、房间人均占有的使用面积及在室率、人员新风量及新风机组运行时间表、电器设备功率密度及使用率设置。

（4）规定了建筑供暖通风空调参照系统和设计系统的系统形式和参数设置方法。

（5）冷热源、水泵参数设置、风系统设置：针对不同冷源类型规定了能耗计算的方法，特别是直燃机；规定了输配系统的能耗计算方法以及参照系统输配系统的水泵选取原则；针对不同系统的新风取值进行规定；规定了新风或空调系统或风机盘管送风耗功率和空调送风系统的能耗计算方法。

（6）通风系统和照明系统能耗计算方法。

2.3.3 室内环境质量

室内环境质量涉及自然通风、气流组织、热湿环境与空气品质、室内光环境、室内声环境四个方面。如室内天然采光计算，主要规范化了以下内容：

（1）计算方法：采用光线追踪法计算时，光线反射次数不应低于 5 次。

（2）物理模型建立原则：应包括周边建筑物、建筑各个功能房间、建筑门窗（含窗台高）、建筑物各类外挑构件；影响地下采光的主要地上建筑物；包含显著影响采光或遮阳的构件；建筑饰面材料的反射比和建筑门窗的光学性能应按现行国家标准《建筑采光设计标准》GB 50033 的规定选取；特殊采光构件如导光管、百叶窗可简化为窗。

（3）网格划分：应符合现行国家标准《采光测量方法》GB/T 5699 的相关规定。

（4）天空模型：应选择标准全阴天空模型。所在地区的采光系数标准值应乘以该地区的光气候系数。

（5）规定专项报告模板。

2.4　总结与展望

本标准结合我国的地域特点、绿色建筑发展水平，对比国际上民用建筑绿色性能计算和评价的丰富经验，基于大量案例调研、数值实验，归纳提出了适合我国国情的民用建筑绿色性能的计算方法，评价内容和专项报告规定，填补了该领域的空白，很多工作对比国际上也是未见报道的。同时提出了绿色性能模拟系统化要求，构建了建筑及用能系统能耗计算的统一规则和分析方法，涵盖了建筑围护结构、暖通空调系统、照明、可再生能源等的全部节能计算要素和规范化边界条件。

本标准的制定不仅是对现行节能标准设计计算方法的扩展和提高，也为未来民用建筑绿色性能的标准化、系统化奠定了基础。

作者：林波荣　张德银（清华大学建筑学院）

参考文献

［1］住房和城乡建设部．建筑节能与绿色建筑发展"十三五"规划［J］．建筑监督检测与造价，2017（1）：1-9

［2］林波荣．绿色建筑性能模拟优化方法［M］．中国建筑工业出版社，2016

［3］Ward G J，Rubinstein F M，Clear R D．A ray tracing solution for diffuse interreflection［J］．Acm Siggraph Computer Graphics，1988，22（4）：85-92

［4］Mardaljevic J．Validation of lighting simulation program under real sky conditions［J］．Lighting Research & Technology，1995，27（4）：181-188

［5］Reinhart C F，Walkenhorst O．Validation of dynamic RADIANCE-based daylight simulations for a test office with external blinds［J］．Energy & Buildings，2001，33（7）：683-697

［6］Reinhart C F，Andersen M．Development and validation of a Radiance model for a translucentpanel［J］．Energy & Buildings，2006，38（7）：890-904

［7］Tominaga Y，Mochida A，Yoshie R，et al．AIJ guidelines for practical applications of CFD to pedestrian wind environment around buildings［J］．Journal of Wind Engineering & Industrial Aerodynamics，2008，96（10）：1749-1761

3 协会标准《绿色住区标准》
T/CECS 377—2018

3 Association standard of *Sustainable*
Residential Areas T/CECS 377—2018

3.1 编 制 背 景

3.1.1 绿色发展的时代要求

我们正迈向一个伟大的时代。面对长期以来粗放发展带来的环境与品质的困惑，转型升级对于国家、行业都显得比以往任何时期都更加迫切。国家层面，绿色发展和质量提升正在引领着社会经济的深刻变革，十八届五中全会明确提出"创新、协调、绿色、开放、共享"五大发展理念，中央城市工作会议、十九大以及《中共中央国务院关于开展质量提升行动的指导意见》等重要会议和文件进一步强调将绿色生态发展的理念放在突出地位；行业层面，房地产行业进入新的成长周期，越来越多的企业积极探索绿色住区开发和营造模式，同时城市更新和特色小镇等新兴开发领域快速发展亟需标准指导；居民层面，人们对生活品质和健康居住有了更高要求，绿色、健康、生态、和谐成为居住核心需求。

3.1.2 原标准自身完善的要求

《绿色住区标准》CECS 377：2014 是我国绿色住区领域首部行业协会标准2014 年 10 月 1 日，《标准》经中国工程建设标准化协会批准在全国正式施行。经过三年多的应用和实施，标准应用取得了丰硕成果，得到了行业内致力于绿色开发、设计、部品的相关企业和政府部门及研究机构的积极响应，有力地推动了我国城镇和住区的绿色健康发展。同时标准也面临着作为行业推荐性标准应用力度不够、市场关注度不高、产学研一体的绿色住区人才队伍建设亟需加强、行业快速发展对标准条文提出新的要求等问题。

3.1.3 从建筑到区域发展的要求

我国绿色建筑自 21 世纪初起步，经过十余年积极探索和推进，取得了显著成效。2006 年首部《绿色建筑评价标准》GB/T 50378 发布，2014 年修订版发布。绿色建筑标准随着建筑全寿命期，向不同建筑类型、不同地域特点，由单体向区域多个维度充实完善。绿色住区把绿色建筑的理念和思路逐步扩展和延伸到城镇住区领域，以更好地适应我国住宅规模开发的需要，从区域这一更大的范畴里来研究和探讨绿色居住环境的营造，实现节能减排、环境保护、土地利用和营造美好居住生活的目标。

3.2 编 制 工 作

3.2.1 任务来源

根据中国工程建设标准化协会《关于印发〈2017 年第二批工程建设协会标准制订、修订计划的通知〉》（建标协字［2017］031 号）的要求，对现行协会标准《绿色住区标准》进行修订。由中国工程建设标准化协会和中国房地产业协会负责管理，由中国房地产业协会人居环境委员会牵头负责修订。由覆盖住区行业的二十余家高校、设计、研究、施工与运维单位共同参编。

3.2.2 编制原则和修订着眼点

编制原则：（1）理论与实践相结合的原则：深入总结标准实践成果，充分考虑我国新型城镇化发展需求，并同时借鉴国际成功经验；（2）可持续发展的原则：突出绿色发展内涵，注重人的核心需求，强调可持续发展理念在住区建设全过程的应用；（3）创新与发展的原则：立足理念与技术创新，提升生态宜居的住区环境品质，融入绿色社会目标和文化服务内容，引领行业发展转型。

修订着眼点：（1）响应十九大号召，转向高质量发展阶段：注重"绿水青山就是金山银山"的生态理念，让绿色成为发展的底色，为"高质量发展"注入绿色内涵，"坚持人与自然和谐共生"，注重住区与生态环境及周边环境的协调关系，提倡绿色生活方式和绿色交通。（2）适应"老龄化"发展，满足通用化要求："十三五"期间是我国社会"老龄化"向"高龄化"转变时期，满足社会可持续发展，注重无障碍适老人居环境建设。（3）顺应时代发展，注重人文环境建设：以社区建设、居民交往、社区活力与服务等为手段，推进人文环境发展。（4）世界眼光、国际标准、中国特色：国际对标，借鉴国际经验，立足于中国国情。

3.2.3 编制过程主要工作

（1）准备阶段
① 对标准实施三年来的成果及问题进行总结和梳理，并广泛走访北京、苏

州、佛山、辽东湾、西安、武汉等地《标准》实施单位,广泛征求标准修订目标、应用等意见建议,初步确定参编单位,为标准修订做好前期调研。

② 召开编制组成立会,启动修编工作。成立修订工作领导小组,确定修订工作计划及编制大纲。

(2)征求意见阶段

① 开展国际对标及国内区域调研。就英国、加拿大、德国、美国、韩国、新加坡、日本等国际绿色建筑和可持续住区标准展开国际对标研究;同时选取国内代表性区域及优秀的绿色地产企业开展调研并形成实践成果报告。

② 分析并总结调研成果,形成《标准》(征求意见稿)并就标准条文与现行标准与规范条文内容进行衔接,确保条文内容区别于国标底线要求的同时,突出行业标准的引领特色。

(3)送审阶段

① 面向全国公开征求意见,同步编制组向业界权威专家、产业链上下游企业、学术研究机构、高校等相关单位快递或送达《绿色住区标准》(征求意见稿)定向征求意见,尽可能覆盖多区域、多专业、多类型。截至 2018 年 6 月中,编制组共收集到来自行业产业链各类专家学者、科研单位、企业等提出的 206 条意见和建议。编制组集中根据情况分别采取专家咨询、补充调研以及专题会议讨论研究等形式进行处理。在此基础上形成了《标准(送审稿)》。

② 2018 年 6 月 20 日,《绿色住区标准(送审稿)》审查会于在北京举行。会议由中国房地产业协会和中国工程建设标准化协会共同组织。因编制实证研究充分、基础工作扎实有效。《绿色住区标准(送审稿)》顺利通过评审。

3.2.4 国际绿色住究现状及趋势研究

世界多国根据各自的国情和需求编制出台了绿色建筑和绿色住区相关评价标准,形成了各具特色的系统指导理论和评估方法。其中,英国 BREEAM、加拿大 GBTOOL、德国 DGNB、美国 LEED-ND、美国 WELL、新加坡 Green Mark、日本 CASBEE、韩国 G-SEED 等绿色建筑和绿色住区评估体系最具代表性和影响力,从编制单位、实施单位、发布时间、编制框架、条文内容等多方面展开比照研究。专题研究结论:

(1)评价对象日益完善,分类清晰:BREEAM、GBTOOL、LEED 等体系均针对不同适用主体编制了专类评价体系,以使得标准更具有针对性。社区专类的评价体系也成为国际标准评估的一个热点,BREEAM、LEED、DGNB 均推出了以社区为重点评价对象的专类标准。从建筑向住区和城市领域推进是一个重要趋势。

(2)评价内涵日益丰富,以人为本 :总体关注的焦点依然是围绕环境质量、使用者的健康状况和经济社会平衡三个方面。除了空间层面的资源能源利用最大化，减少环境影响外，基本都将建筑和住区在社会文化层面的影响考虑进来，包含了更广泛、更全面的可持续发展及环境因素。注重建立并完善有利于社区可持续发展的"软环境"，重视公众参与机制的建立。

（3）更加重视终端用户的感受和体验：在国际对标的评估标准中，有由政府主导配套相关政策推进的，更多的是由第三方组织市场商业化推广运营，体例设计和指标选择上更多地从使用者的角度考虑，直面实践层面的痛点问题，无论是居民、用户或开发建设企业均可直接获取直接的应用信息。

3.3 技 术 内 容

3.3.1 主要技术内容

《标准》共11章，依次为：1 总则；2 术语、3 基本规定；4 场地与生态质量；5 能效与资源质量；6 城市区域质量；7 绿色交通质量；8 宜居规划质量；9 建筑可持续质量；10 管理与生活质量；11 绿色住区评价。

第1章为总则，由4条条文组成，对《标准》的编制目的适用范围、建设原则等内容进行了规定，在适用范围中指出，本标准适用于城镇新建住区建设和既有住区更新。在进行住区建设时应遵循可持续发展原则和提高质量效益的建设要求，通过场地与生态质量、能源与资源质量、城市区域质量、绿色出行质量、宜居规划质量、建筑可持续质量和管理与生活质量的要求，全面提升住区人居环境品质，引导生产和生活方式的转型升级。

第2章是术语，定义了与绿色住区密切相关的9个术语，具体为：住区、绿色住区、人居环境、住区全寿命期、城市区域、绿色出行、城市街区、社区与邻里、通用设计。

第3章是基本规定，由9条条文组成，分别从场地与生态、能源与资源、城市区域、绿色出行、宜居规划、建筑可持续、管理与生活等方面概述绿色住区应遵循的基本原则。

第4～10章是场地与生态质量、能效与资源质量、城市区域质量、绿色交通质量、宜居规划质量、建筑可持续质量、管理与生活质量。是《标准》的重点内容，每章由一般规定和基础内容两部分组成。一般规定对该章或专业的基础性内容或编写原则进行了规定和说明，保证绿色住区建设的基本性能；根据各章节内容不同，分别设置了2～4个小结，对相应的建设原则和技术进行了归纳。

第11章为绿色住区评价，主要对评价方法与等级进行了规定。分别对场地与生态质量评价指标体系、能效与资源质量指标体系、城市区域质量指标体系、绿色交通质量指标体系、宜居规划质量指标体系、建筑可持续质量指标体系、管理与生活质量指标体系进行相关规定。

3.3.2 修订主要内容

（1）将标准原有章节内容与顺序按照三大效益空间布局，归类整理并做适当调整，强调以人、环境为核心构建住区；同时每一章以质量认定，强调品质提升。

（2）增加绿色住区标准评价，设置控制项、加分项以及三级指标结构和各项分值权重体系，使得体现更加完整性，可操作性进一步加强。

（3）标准每章增加一般规定，提纲挈领；增加了"住区""街区模式""适老化通用设计""共享自行车与机动车"等条文内容，扩展并丰富了绿色住区内涵，并与现代绿色生活方式相适应。

（4）删除、合并了居住区规范或绿色建筑等国标中已有条文内容或表格。

（5）充实并创新的城市区域、宜居规划、街区构建、适老化通用设计、全寿命期设计建造等章节，体现了标准的完整性，也强化了标准的系统集成。

3.3.3 特点及评价

（1）《标准》在编制过程中紧密结合国情，全面对标国际绿色建筑与可持续社区标准，充分汲取了原标准实施过程中的实践经验，《标准》符合工程建设标准编写规定的要求，送审资料齐全，符合我国法规和强制性标准要求。《标准》的实施将对促进我国绿色住区健康发展、推动房地产行业转型升级起到重要作用。

（2）《标准》以高质量绿色发展理念为导向，坚持生态优先、绿色发展、区域协同和创新驱动原则，完善并优化了绿色住区标准框架，对推动新型城镇化建设、满足人民日益增长的美好生活需求具有非常重要的意义。

（3）《标准》修订针对当前我国住区建设主要问题，顺应我国住区主要发展趋势，引入了通用化设计、全寿命期设计建造和绿色生活方式等理念，充实相关内容，丰富了绿色住区内涵，强化了标准的系统集成和可实施性，为绿色住区建设提供有力的技术支撑。

（4）《标准》强调改变以往住区以物质空间为主的划分方式，强调以人和社区生活为核心构建住区，积极倡导有利于提高城市空间活力和城市街区特色的社会多元及功能混合规划设计，将绿色住区从侧重住区物质空间环境质量方面扩展到美好绿色生活方式营造，为我国住区建设注入丰富的社会文化内涵，同时对资源能源利用等提出更高要求。

（5）《标准》根据内容的重要性与建设程序对原有章节内容与顺序做了适当

调整，技术内容科学合理，创新型、可操作性和适用性强，其成果填补了我国绿色住区标准的空白，达到国际先进水平。

3.4 实 施 应 用

2014 版《绿色住区标准》发布实践为新标准的实施和应用奠定了坚实的基础。截至 2018 年 8 月，该标准已经在全国 16 座城市 20 个项目中积极开展了标准宣贯和实证项目应用工作，建筑面积超过 600 万平方米。项目类别既有高档型商住项目、中高档型住宅项目，也有普通保障房项目，具有较为广泛的代表性。

新修订的《绿色住区标准》由中国房地产业协会和中国工程建设标准化协会共同发布并于 2019 年 2 月 1 日起在全国正式实施。这也开创并创新了团体标准的应用发布形式，标准不仅适用于城镇新建居住区、生态城区及产业园区和特色小镇等建设，城镇更新改造项目等也可参照执行。

标准区别于国家标准的普适性和底线要求，着重突出行业标准的引领性特点，更强调对行业及市场的带动和引导。在实施模式上，发挥行业协会优势，进一步加大标准推广力度，选择适宜的城市和项目开展不同类型的绿色住区实践工作，同时加大绿色住区标准及相关产业人才培训，不断完善并丰富绿色住区体系，努力开创人居环境建设新格局。具体实施应用还需加强以下工作：

（1）落实管理机制。开展行业绿色住区项目全过程培育与监督指导，进一步完善绿色住区的规划、建设、运行、监督的体制机制，加强绿色住区后评估机制和体系建设，及时对绿色住区建设情况的年度动态跟踪、指导和监督，并进行评估评价和总结推广。充分发挥公共参与的力量，逐步探索和落实自下而上的绿色住区发展机制。

（2）加强体系协同。进一步推动标准在产业园区、特色小镇、生态城及城市有机更新项目领域的实践与应用。引导绿色住区在规划、建设、管理的各个环节实现发展目标的统一和相关配套措施的协同推进。强调从老旧城区改造、新城区发展、特色小镇等多个层面，多类型的协同推进，注重精细化设计，体现本地化原则。对于中小尺度地区建设规划及建成老社区的生态改造应是当前绿色住区建设的重中之重。

（3）注重人才培养。编制绿色住区开发建设与管理运营教材，开展绿色住区及相关产业建设人才培养与行业培训；引入高质量的第三方认证咨询机构，培养一批深谙绿色发展内涵、领军行业的专家团队。

（4）完善政策配套。结合国家"绿色发展"政策和要求，推动地方政府实施绿色住区规模化发展，并针对绿色住区人文和谐性等难以量化的要求内容进行长期观察，总结所产生的问题和效益，为绿色住区的推广发展和标准制定提供下一阶段的依据及经验。

（5）加大理念宣传。以新型城镇化工作为应用重点，加大绿色住区理念宣传与推广，使更多的政府、企业和用户对绿色住区有较为清晰的认识。逐步将绿色住区理念引导到居民日常的生活方式和人文传统中，树立简约健康的生活观，以此来逐步调整城市的生产结构和消费结构，从根本上改变城市旧有的粗放发展模式。

3.5 结 束 语

从国际对标看，《绿色住区标准》借鉴和接轨国际先进评估标准对绿色住区发展的共识，使绿色住区包含更广泛、更全面的可持续发展及环境因素。从国内实践而言，《绿色住区标准》是填补空白的研究和探索。《绿色住区标准》是我国绿色住区领域首部行业协会标准，标准把绿色建筑的理念和思路逐步扩展和延伸到城镇住区领域，能够更好地创建生态宜居的绿色居住环境，更加容易实现节能减排、环境保护、土地利用和美好居住生活的目标。

标准以人居环境空间层次为基础，构建"七大质量"体系，将通常以物质空间限制为主划分住区转向以人和社区建设为核心构建住区，积极倡导有利于提高城市空间活力和城市街区特色的功能混合规划设计，将绿色住区从侧重住区物质空间环境质量方面扩展到绿色美好生活方式营造，为我国住区建设注入丰富的社会文化内涵。

《标准》首次将"住区""街区模式""适老化通用设计"等概念纳入技术标准，适应"老龄化"发展，满足通用化要求，并明确住区内涵与外延，将为新时代不同类型的绿色住区开发建设指明方向。绿色住区标准将成为产业链升级转型和绿色生态圈跨界融合的促成要素，为居住者营造高质量的美好绿色生活提供重要的技术支撑和指导。

对于这样一部以质量结果为导向的区域层面的团体标准，其最终目标是导向整个居住者的绿色行为方式。因此，条文内容既有对软环境建设的要求，也有对硬件技术的要求。编制工作汇集了行业优秀的产学研力量，无论其研究路径还是实践工程，多年来形成了独有的行业推进人居环境实践的工作模式，即政府指导、行业牵头、企业实施、公众参与的四位一体的人居环境建设。这既是政府机构改革的方向，也是社会力量参与提高供给服务的有效模式。更是有效服务政府、服务企业、服务社会，发挥行业协会力量的创新工程。

作者：朱彩清（中国房地产业协会人居环境委员会秘书长）

第四篇│交流篇

本篇内容是由中国城市科学研究会绿色建筑与节能专业委员会各专业学组共同编制完成，旨在为读者揭示绿色建筑相关技术与发展趋势，推动我国绿色建筑发展。

中国城市科学研究会绿色建筑与节能专业委员会各学组由活跃在绿色建筑科研与项目实践一线的知名专家学者组成。学组成立以来，致力于绿色建筑相关领域的理论研究、实践总结、标准编制和人才培养。本篇针对学组专家学者多年在绿色建筑领域的研究与实践成果，针对绿色建筑发展过程中出现的热点问题、专项技术等，从学组提交的文章报告中分别选取了智慧建筑、绿色建筑运营管理、绿色建筑室内环境、绿色医院、绿色建筑检测技术、绿色工业建筑、近零能耗建筑、绿色机场建筑八篇文章，从发展背景、发展现状、关键技术、存在问题、对策分析、未来展望等方面对上述热点问题进行阐述，为读者提供行业前沿的知识内容。

其中，智慧建筑是绿色建筑在智慧便捷方面的发展和升级，整合了环境资源的可持续发展和信息资源共享理念，为人们提供一个绿色、节能、高效及便利的建筑环境；绿色运营管理决定绿色建筑目标的实现，是推进生态文明建设和城市绿色发展的关键；绿色建筑室内环境研究是全世界都在关注的热点话题，是绿色建筑发展的主要方向之一；创建绿色医院建筑是未来的必然趋势，是国家政策和标准的强制要求，符合国家"民生优先"和"大健康战略"的政策方向，也是顺应社会发展对医疗建筑品质要求不断提高的趋势；绿色建筑检测作为绿色建筑评价工作必不可少的环节，是验证绿色建筑技术实施情况的重要手段。

本篇内容篇幅所限，不能覆盖各个学组的研究成果，还请读者见谅！今后争取能够为读者提供更多更好的文章。

Part 4 | Communication

The content of this paper is jointly compiled by all professional groups of green building and energy conservation professional committee of China urban science research association, aiming to reveal relevant technologies and development trends of green building for readers and promote the development of green building in China.

Each group of the green building and energy conservation committee of the Chinese society for urban science is composed of well-known experts and scholars who are active in the forefront of green building research and project practice. Since its establishment, the group has been dedicated to theoretical research, practice summary, standard compilation and talent cultivation in the field of green building. This for dehaene, experts and scholars for many years research and practice achievements in the field of green building, to the hot issues in the development of green building, special technology, etc. , were selected from committee submitted articles report the operation management, intelligent building, green building green hospital building indoor environment, green, green building detection technology, green industrial building, near zero energy consumption buildings, green airport eight article, from the development background, development present situation, key technology, problems and countermeasures analysis, elaborates the future outlook of the hot issues, for readers with the knowledge of the industry forefront.

Among them, smart building is the development and upgrading of green building in terms of wisdom and convenience. It integrates the concept of sustainable development of environmental resources and information resource sharing, and provides a green, energy-saving, efficient and convenient building environment for people. Green operation management determines the realization of green building goals, which is the key to promote ecological civilization construction and urban green development. The study on the indoor environment of green building is a hot topic all over the world. It is a mandatory requirement of national policies and standards. It conforms to the policy direction of "people's livelihood first" and "great health strategy" of the country. It also complies with the trend of continuous improvement of medical building quality required by social development. Green building detection, as an indispensable part of green building evaluation, is an important means to verify the implementation of green building technology.

This paper is too limited to cover the research results of each group. Please forgive me! In the future, we will strive to provide more and better articles for readers.

1 绿色智慧建筑的发展现状及技术趋势

1 The development status and technology trend of green intelligent building

1.1 智慧城市大背景下的智慧建筑

在中国市场，IBM 公司于 2008 年发表了题为"智慧地球——下一个领导人议程"的演讲，提出了智慧地球的概念，由此智慧城市孕育而生。智慧城市概念从提出至今已有十来年的时间，已经从 PC 时代的智慧城市 1.0 阶段升级到移动互联网时代的智慧城市 2.0 阶段[1]。科技重塑城市未来，城市让生活更美好，智慧城市已经成为数字时代城市发展的目标。现在人类 90%的时间是在室内度过的，在智慧城市建设过程中，对人类生活起到重要影响作用的主要是智能设备设施以及绿色智能建筑。

2014 年 8 月 27 日，国家发展和改革委、工业和信息化部、科学技术部、公安部、财政部、国土资源部、住房和城乡建设部、交通运输部八部委联合发布《关于促进智慧城市健康发展的指导意见》，明确了智慧城市的定义："智慧城市是运用物联网、云计算、大数据、空间地理信息集成等新一代信息技术，促进城市规划、建设、管理和服务智慧化的新理念和新模式。"

智能建筑作为构成智慧城市的有机组合体，大致经历了 5 个阶段的发展[2]：

1980~1985 年，单功能系统阶段。以闭路电视监控、停车场收费、消防监控和空调设备等子系统为代表，此阶段各种自动化控制系统的特点是"各自为政"。

1986~1990 年，多功能系统阶段。出现了综合保安系统、建筑设备自控系统、火灾报警系统和有线通信系统，各种自动化控制系统实现了部分联动。

1990~1995 年，集成系统阶段。主要包括建筑设备综合管理系统、办公自动化系统和通信网络系统，性质类似的系统实现了整合。

1995~2000 年，智能建筑智能管理系统阶段。以计算机网络为核心，实现了系统化、集成化与智能化管理，服务于建筑但性质不同的系统实现了统一管理。

2000 年至今，建筑智慧管理系统集成阶段。将智能化与信息化技术进行结合，以物联网、云计算、大数据、移动互联等现代化信息技术为基础，通过感知化、互联化、智能化、平台化、一体化的手段，建成基础设施高端、管理服务高效、创新环境高质、可持续发展的生态体系，满足用户的使用及管理要求，并使城市生活综合体融入智慧型城市的发展。

1.2 "智慧＋绿色＋健康"引领建筑发展新趋势

绿色智能建筑整合了环境资源的可持续发展和信息资源共享理念，提供一个绿色、节能、高效及便利的建筑环境，实现城市的可持续发展目标。

2016 年，智慧城市升级为以人民为中心的新型智慧城市。4 月 19 日，习近平总书记在全国网信工作会议上首次提出新型智慧城市的概念，提出建设真正"以人民为中心"，实现民生服务便捷、社会治理精准、社会经济绿色、城乡发展一体、网络安全可控的智慧城市。健康建筑概念评价体系于 2017 首次提出，是一部真正"以人为本"的健康建筑评价体系，健康建筑是能够为建筑使用者提供更加健康的环境、设施和服务，促进建筑使用者身心健康、实现健康性能提升的建筑。

2018 年，在第十四届国际绿色建筑与建筑节能大会上中国城市科学研究会理事长仇保兴在讲话中强调"以人为本"是生态城市的灵魂，明确指出绿色建筑和健康建筑是生态城市的细胞，是城市弹性的基础。生态城市的规划和建设，不仅是传统智慧、现代智慧和适宜技术的结合，而且是以人的健康、生活方式和社会文化为前提，坚持人民主体地位的生产生活环境的构建。

绿色建筑、智慧建筑和健康建筑携手并肩[3-7]（图 4-1-1），使得可持续发展、

健康建筑　　智慧城市　　绿色建筑

图 4-1-1　绿色建筑、智慧建筑和健康建筑相互联系

智慧服务与健康福祉相辅相成，相得益彰。智能化设计与绿色建筑、健康建筑评价系统相互作用，为人们创造出一个性能优越的楼宇建筑和健康舒适的智能楼宇环境。

1.3 国外智慧建筑发展现状

美国是世界上第一个出现智能建筑的国家，也是智能建筑发展最迅速的国家。美国政府采取一系列措施，包括：（1）立法先行。奥巴马2009年10月签署总统令，要求联邦政府的所有新办公楼设计从2020年起贯彻2030年实现零能耗建筑的要求。（2）经济激励政策。美国政府投入大量经费补贴智能建筑，取得了非常显著的效果；并且出台政策对于新建节能智能建筑，可以获得税收减免。（3）奖励性的节能标准与标识。美国政府除了推行强制的标准之外，还提倡自愿的节能标识。（4）加强节能技术研究。正在研究开发的21世纪建筑智能技术包括：真空超级隔热围护结构，先进的充气多层窗，低发射率和热反射窗玻璃，耐久反射涂层，先进的蓄热材料，屋顶光伏电池板，热水、采暖、空调热泵系统，先进照明技术，阳光集光和分配系统，燃料电池、微型燃气轮机等分散式发电技术，可按需调节能源、水供应和空调的智能控制系统。在智能建筑领域，美国始终保持技术领先的势头。

随着新一代的物联网、移动互联网、云计算、大数据、人工智能等信息科技迅猛发展，智能建筑发展已扩大到了智慧城市领域，成为当今世界城市发展的新理念和实践方向。近年来，除了美国以外，欧洲、韩国、日本等也纷纷开始建设智慧城市，结合各自国内政策和环境特点，已经建立起属于其自身的绿色智慧城市发展体系（表4-1-1）。

国内外绿色智慧城市的差异化发展[2,8]　　　　　　表 4-1-1

城市	特色	发展重点	发展目标
首尔	"U-Korea"发展战略	以无限传感器为基础	将整个韩国建设为数字化、智能化高度发达的国家
伦敦	智慧伦敦	以市民为核心，数据开放，融合资源，调整基础设施	建设创新生态系统，满足公共交通、医疗及能源供应需求
芝加哥	数据开放门户	25万个路灯改成智慧LED路灯，省电50%～75%	打造智能物联网
哥本哈根	可持续性、增长和提高生活质量	2050年，丹麦能源和交通能源100%来自可再生能源，可再生能源占终端能源总量35%，50%电力消费由风力发电供应。	2025年成为世界第一个实现碳中和的首都，即二氧化碳净排放量为零

城市	特色	发展重点	发展目标
新加坡	国际航运中心，花园城市	信息技术和生态环保"智慧国家 2025 计划"连接、收集和理解	四通八达国际"连城"
狄比克市	宜居城市	公共资源智能化	降低城市能耗和成本
斯德哥尔摩	世界旅游名城，交通不畅	智慧交通	解决交通拥堵
阿姆斯特丹	人多地少，资源紧张	智慧环保	倡导低碳生活
戈尔韦	环境优美，保护手段落后	智慧海湾	开发海湾经济价值
仁川	重要门户，位置优越	远程教育医疗政务、升天环保	打造生态智慧城市
北京	政治文化中心	物联网示范	世界城市、信息枢纽
上海	金融中心	城市光网、无线宽带	创新驱动，转型发展
深圳	新兴、创新城市	智慧产业体系	智慧产业领跑者

1.4 绿色智慧建筑关键技术

1.4.1 绿色智能建筑

（1）建筑智能化服务系统

建筑智能化服务系统是采用互联网思维，引入先进的物联网及移动互联网技术和手段作为整体规划设计和整体打造的全过程的支撑和运营平台。它充分利用采集到的数据，实现智慧安保管理、智慧物业服务、环境智慧控制、智慧商业等，并通过微信、APP 等产品将建筑的服务送达建筑内的人群，引导"智能建筑"向"智慧建筑"的提升。

智能化服务系统（图 4-1-2），主要包括以下服务模块：1）照明系统；2）智慧家居控制系统；3）视频安防监控系统、入侵报警系统；4）出入口控制系统及电子巡查（更）系统；5）停车库管理系统；6）无线对讲系统；7）建筑设备监控系统（BAS），包括暖通空调控制系统；8）电梯集中监控及五方对讲系统；9）背景音乐及紧急广播系统；10）综合布线系统；11）通信接入系统；12）信息网络系统；13）电话交换系统；14）无线通信和移动通信信号覆盖系统；15）卫星通信系统；16）有线电视系统；17）不间断电源（UPS）；18）机房系统（消控中心、安保中心、弱电间等）；19）信息引导及发布系统；20）公共建筑能耗监测系统；21）人流统计系统等。构建高效的建筑设施与日常事务管理系统，实现更加便捷的生活和工作环境，提高用户对绿色智慧建筑的感知度。

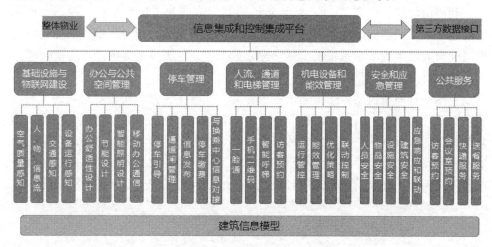

图 4-1-2　建筑智能化服务系统

（2）建筑能源监测管理系统

建筑能源监测管理系统（图 4-1-3），对电、气、热、水的全部建筑的主要用能设施、设备能耗和水耗进行分项计量，实时、准确、详细地掌握每个用能终端的能源消耗数据及运行状态。找出关键耗能点和异常耗能点，生成"能效控制方案"，从而对设备进行远程控制和管理，并不断结合实际采集数据，对"能效控制方案"进行微调，最终确定"最优能效控制方案"，从整体上降低建筑能耗，保证建筑在节能绿色的状态下运行。

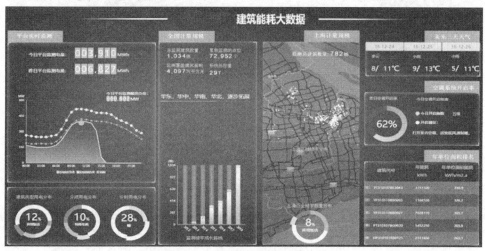

图 4-1-3　建筑能耗大数据监测平台

1.4.2 健康智能建筑

（1）先进的照明控制系统与外遮阳装置联动

利用由可控、可调光 LED 灯和光传感器组成的先进照明系统，根据天然光照度调节人工照明的照度输出，可多级调节照度和色温，同时降低照明能耗。帮助减少对人体生理节奏系统的干扰，提升员工效率，为员工提供适当的视敏度。

（2）室内空气质量监测系统

室内空气质量监测：主要通过室内各类空气监测装置，实现对空气的实时监测，对 $PM_{2.5}$、CO_2、PM_{10}、甲醛等污染气体作出告警，并联动新风、空调、净化等系统工作（图 4-1-4）。监测系统对污染物的读数间隔不长于 10min，同时将监测发布系统与建筑室内空气质量调控设备组成自动控制系统，可实现室内环境的智能化调控，在维持建筑室内环境健康舒适的同时减少不必要的能源消耗。

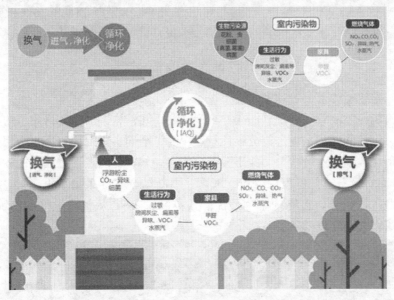

图 4-1-4 室内空气质量监测系统

（3）新风系统与 CO_2 联动系统

近些年大气环境污染加剧，雾霾的频繁肆虐引起社会的广泛关注。与此同时，新风系统具备的除霾、净化、换气能力也逐渐进入到社会的视野范围。全程动态化系统实时监测 $PM_{2.5}$、CO_2 等空气质量指数，发现指数增高即时处理，同时治理的过程中兼顾节能省电降耗。空气质量监测和新风系统通过智能控制器实现联动（图 4-1-5）。当空气质量指数变化时，新风系统根据用户或管理者设置的响应条件，自动启停并对运行状态进行调节。对于监测数据与改善结果进行数据可视化输出。保证后期跟踪和效果评估。

图 4-1-5　新风与 CO_2 联动系统

（4）车库排风与 CO 联动系统

地下车库一氧化碳的产生主要源自于汽车发动机，当发动机怠速运行时，由于汽油燃烧不充分，会产生含有大量 CO 的尾气。地下停车场属于密闭环境，车辆进出比较频繁，所排放的尾气也不易排出，极易积累大量 CO 气体，导致停车场内弥漫着呛鼻的气味，损害人的身体健康。CO 与排风系统进行联动，即定期排风既保证了车库内 CO 浓度低于危害水平，又避免排风频率过高导致的能源浪费。

（5）水质在线监测系统

水质在线监测系统以在线分析仪表为核心，运用自动测量技术、传感技术、计算机技术并配以专业软件，组成一个从取样、预处理、分析到数据处理及存储的完整系统，实现对建筑内各类水质实施在线监测，能够即时掌握水质指标状况，避免水质污染对使用人群健康造成危害。

检测关键性位置和代表性测点的水质指标，如浊度、TDS、pH 值、余氯等，直饮水可不监测浊度、余氯。水质监测的关键性位置和代表性测点包括：水源、水处理设施出水点及最不利用水点。

1.4.3　智慧园区交通

（1）智慧路灯管理系统

智慧路灯通过应用电力线载波通信技术和无线通信技术等，实现对路灯的远程集中控制与管理，智慧路灯通过实时采集照明环境信息，实时反馈人/车流量和事故情况，做到自动调节亮度、远程照明控制，实现"按需照明"，在最大限度节约能源的同时避免光污染。智慧路灯还具有故障主动报警、灯具线缆防盗、远程抄表等功能，提升了公共照明管理水平。智慧路灯与安防系统联动，可以实现对路灯照明范围内行人以及车辆的实时监控，即时发现异常，提高城市或区域的安全系数（图 4-1-6）。

智慧路灯同样可以集成各类传感器实现环境监测功能。如温湿度传感器可以实时掌握城市或区域内的温湿度变化。噪声传感器能有效监测车辆的噪声危害。$PM_{2.5}$ 传感器与控制污染检测器可以有效监测工业污染或汽车尾气带来的环境危害。

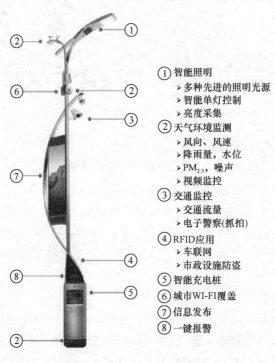

① 智能照明
> 多种先进的照明光源
> 智能单灯控制
> 亮度采集
② 天气环境监测
> 风向、风速
> 降雨量，水位
> $PM_{2.5}$，噪声
> 视频监控
③ 交通监控
> 交通流量
> 电子警察(抓拍)
④ RFID应用
> 车联网
> 市政设施防盗
⑤ 智能充电桩
⑥ 城市WI-FI覆盖
⑦ 信息发布
⑧ 一键报警

图 4-1-6　智慧路灯管理系统

（2）AGV 机器人泊车技术的应用

停车 AGV 系统的主要功能为车辆定位、车辆移动、交换、驻车、取车和支付等，停车 AGV 系统核心点是在计算机管控系统的监控和调度下，AGV 按动态的路径规划和作业要求，精确地行走并停靠到指定地点，完成车辆相关的转移和交换作业功能（图 4-1-7）。

机器人泊车技术的优势在于可节省近 30% 的停车位面积，在有限空间中规划出更多的停车位。

图 4-1-7　AGV 机器人

1.4.4　智慧医疗养老

（1）智慧医院服务系统（医院信息化）

医院信息系统（Hospital Information System，HIS）是医院管理和医疗活动中进行信息管理和联机操作的计算机应用系统，按照学术界公认的 Morrisf Collen 所给的定义，HIS 系统：利用电子计算机和通信设备，为医院所属各部门提供病人诊疗信息和行政管理信息的收集、存储、处理、提取和数据交换的能力并满足授权用户的功能需求的平台，实现数字管理的可视化、医疗信息数字化、医疗流程科学化和服务沟通人性化。

HIS 系统市场运作方式：①大型医院采用项目化方式运作，按需定制；②中小医院采用商品化方式运作、标准化模块推广、零星改动。减少经费的浪费，提高医疗质量，进而能够在一定程度上促进医院的科学发展，提高医院建设的经济效益和社会效益。

（2）居家养老服务平台

通过居家养老服务平台对老人的身体状况进行跟踪监测，并对异常情况即时告警，保证人员的居家安全，全方位定位并监控来访人员等。通过移动终端收集到老人的生理数据，并自动传入云端，进行自动数据分析与处理，再将结果发给主治医生，给出诊断或康复建议。可以每天进行日常的健康监督、运动及饮食指导，特别对于一些高危人群，像高血压、糖尿病患者，可以对此类人群进行全天候的日常管理，并为每个人定制个性化的健康管理流程。此外，重点人物的健康指标跟踪、饮食情况跟踪、医疗信息跟踪、兴趣爱好分析，也可针对重点任务个性化精准推送。

1.4.5　智慧运维管理

建筑设施设备智慧管理平台，是专门为企业与楼宇运营管理人员服务的一套用于设备设施运维阶段的 SaaS 级管理平台，集成了物联网、云计算、大数据等多项信息技术，提供便捷、规范、智能的设备台账与标签管理、运维计划与流程管理、设备运行工况实时监测与预警、设备能效分析与评价及丰富的统计报表服务等实用功能，实际有效地降低运维成本、提供设备能效、延长资产寿命，提升整体运营效率和管理品质（图 4-1-8）。

图 4-1-8　建筑设施设备智慧管理平台

1.4.6　智能建筑创新技术

（1）建筑信息模型（BIM）技术

BIM 技术通过对建筑的数据化、信息化模型整合，在设计、建造、运营等建筑项目全寿命周期内进行共享和传递，为绿色建筑可持续目标的达成提供了整体解决方案。

基于 BIM 技术的管线综合技术可将建筑、结构、机电等专业模型整合，进行碰撞检查，根据碰撞报告结果对机电管线进行调整、避让建筑结构，从而在工程开始施工前发现问题并得以解决。

基于 BIM 设计模型基础上，结合施工工艺及现场管理需求进行深化设计和调整，形成施工 BIM 模型，实现 BIM 模型在设计与施工阶段的无缝衔接。基于施工 BIM 模型，结合施工工序、工艺等要求，进行施工过程的可视化模拟，并对方案进行分析和优化，提高方案审核的准确性，实现施工方案的可视化交底。

（2）智慧工地管理平台

智慧工地是一种崭新的工程现场一体化管理模式，针对目前安全监管和防范手段相对落后，建筑施工企业信息化水平仍较低，信息化尚未深度融入安全生产核心业务的现状，利用信息化手段对建筑施工安全生产进行"智能化"监管。提升政府的监管和服务能力，同时更好地为企业提供服务。

智慧工地管理平台，通过安装在建筑施工作业现场的各类传感装置，构建智能监控和防范体系，能有效弥补传统方法和技术在监管中的缺陷，实现对"人、机、料、法、环"的全方位实时监控，变被动"监督"为主动"监管"；真正体现"安全第一、预防为主、综合治理"的安全生产方针（图 4-1-9）。

图 4-1-9　智慧工地管理系统

（3）智慧无人机航测建筑实景模型

无人机（UAV）是一种先进的无人驾驶自主飞行器。它集航空遥感、数字通信、地理信息、图像处理等系统为一身，涉及飞行控制技术、数据链通信技术、GPS 现代导航技术、机载遥感技术等多个高端技术领域，使得无人机具备远距离、高速度、高度自主作业的能力。对于地面分辨率为 10～15m 的航空影像数据集，一个 Smart3D 引擎端平均一天可处理 4～6km^2 的数据，倾斜目标场景种类包括城市、建筑、乡村、公路、河道、矿山、水库、文物、山地等。

倾斜摄影实景三维模型，空间分辨率为 3.5cm，平面几何精度优于 5cm，高程精度优于 15cm；数字地形模型（DTM），根据三维地标模型提取地形特征点、断裂线，生成 DEM 地形模型，地形中误差不超过 20cm（图 4-1-10）。

（4）人脸识别技术的应用

人脸识别技术是基于人的脸部特征，对输入的人脸图像或者视频流进行辨别，首先判断其是否存在人脸，如果存在人脸，则进一步地给出每个脸的位置、大小和各个主要面部器官的位置信息。并依据这些信息，进一步提取每个人脸中所蕴含的身份特征，并将其与已知的人脸进行对比，从而识别每个人脸的身份（图 4-1-11）。

将人脸识别技术应用于速通门、重要区域门禁、梯控（结合电梯厅层分配系统，可实现 VIP 人员的识别与呼梯一体化，提高 VIP 人员体验）、人车合一识别、外卖及快递人员管理、考勤、小额支付、公共设施租赁等领域，提升用户的

(a)   *(b)*

图 4-1-10　智慧无人机航测技术

（*a*）光环 pro 搭载 5 镜头倾斜相机；（*b*）无人机倾斜摄影

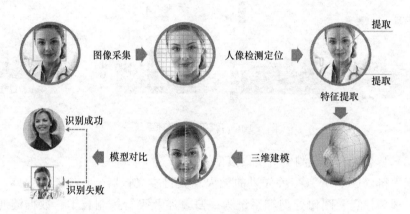

图 4-1-11　人脸识别技术

通行效率及身份认证的可靠性。

　　通过建立单体建筑完整的进出人员人脸库，并通过数据接口方式上传至将来虹桥商办项目的智慧管理中心，实现对所有出入人员的全身份识别、全行程定位，并可联动视频监控系统，快速查找所有与目标对象有关的视频画面，提升整个园区的安防水平。

　　（5）基于 GIS 和物联网的建筑垃圾监管技术[9]

　　基于 GIS 和物联网的建筑垃圾监管技术是指高度集成射频识别（RFID）、车牌识别（VLPR）、卫星定位系统、地理信息系统（GIS）、移动通信等技术，针对施工现场建筑垃圾进行综合监管的信息平台。该平台通过对施工现场建筑垃圾的申报、识别、计量、运输、处置、结算、统计分析等环节的信息化管理，可为过程监管及环保政策研究提供详实的分析数据，有效推动建筑垃圾的规范化、系统化、智能化管理，全方位、多角度提升建筑垃圾管理的水平。

　　（6）基于智能化的装配式建筑产品生产与施工管理信息技术[9]

　　基于智能化的装配式建筑产品生产与施工管理信息技术，是在装配式建筑产品生产和施工过程中，应用 BIM、物联网、云计算、工业互联网、移动互联网等信息化技术，实现装配式建筑的工厂化生产、装配化施工、信息化管理。通过对装配式建筑产品生产过程中的深化设计、材料管理、产品制造环节进行管控，以及对施工过程中的产品进场管理、现场堆场管理、施工预拼装管理环节进行管控，实现生产过程和施工过程的信息共享，确保生产环节的产品质量和施工环节的效率，提高装配式建筑产品生产和施工管理的水平。

1.5　存在的问题

绿色建筑运行阶段的管控缺乏有效抓手。在设计阶段，有比较严格的绿色建筑初步审计审查和施工图审查，能够确保建筑设计满足绿色建筑相关的认证等级目标和要求；在施工阶段和竣工验收阶段，政府监管方面还是按照传统的模式来进行，难以确保绿色建筑专项指标要求切实落地。

智能化设备、系统之间缺乏统一标准，无法实现互联互通，已经成为智慧建筑发展过程中的重要瓶颈。因为相关标准的不完善，造成缺乏统一的引导和规范，各个企业间缺乏交流平台和融合的动力，智能化设备和系统建设各自为战，严重阻碍智慧建筑健康有序发展。

智慧建筑的普及率仍然较低，行业发展尚不充分，用户需求难以得到满足，用户痛点普遍存在等问题。由于智慧建筑各系统间配合复杂、项目低价、厂商经验不足、涉及多方需求等原因导致强弱电设计、水暖设计、机电安装等问题，一旦哪个环节出现问题，就将导致后续的处理相当复杂。

智慧建筑智能化系统调试问题，大楼的投入使用过程中，由于系统跟不上需求的变化，并且部分系统过于专业，对技术要求相对较高，需要专业人士进行调试使用。

建筑信息模型（BIM）技术应用率及集成化程度不高，还不能完全替代传统CAD制图和建筑全过程管理的复杂要求。同时，政府推进BIM技术在监管环节缺乏有效抓手，比如审图环节还是基于常规的二维图纸，建设方在设计和施工阶段深度可深可浅。

1.6　总结与展望

我们对未来的建筑展望是智慧、绿色、健康，绿色反映环境，智慧反映便捷，健康反映以人为本。第一，做好基础的建筑智能化系统工程，广泛采集建筑物及其相关信息，建立数据平台，创造并提升历史数据与实时信息的价值；第二，综合利用数据平台，进行分析、挖掘，构建虚拟管家和虚拟物业运营总监，实现高品质的个性化服务与高效率的管理。

　　科技的迭代直接决定着城市未来，在未来十年，大数据、云计算、人工智能、生物识别等前沿科技将对当下城市发展带来深远变化，包括城市的建筑、景观、规划以及人文经济、社会结构的调整。随着人脸面部识别技术的成熟，将人脸识别的新技术融入安防监控系统设计中，实现准确可靠的识别，并通过数据的共享实现"一脸通"，未来在机场、写字楼、酒店、住宅大范围应用。在建筑内和路灯灯杆安装传感器，进行城市数据挖掘，结合安防摄像头，可帮助司法部门追踪特定人物的活动范围。在未来智慧城市建设中，建筑将安装越来越多的传感器，并与现有系统结合在一起收集各类信息；通过有线或无线网络实现这些数据的通信传递；最后，处理分析这些数据，弄清正在发生的现状，优化操作行为，预测未来可能出现的状况，创建真正绿色健康安全的智慧建筑、智慧城市。

　　作者： 于兵　李志玲　王喜春（中国城市科学研究会绿色建筑与节能专业委员会　绿色智能学组）

参考文献

[1] 司晓，周政华，刘金松，刘琼等. 智慧城市2.0：科技重塑城市未来//腾讯研究院[M]. 北京：电子工业出版社，2018

[2] 张辛，张庆阳. 国外智能建筑探究及案例（上）、（下）[J]. 建筑，2017

[3] International WELL Building Institute (IWBI). WELL Building Standard V2 [S]，2018

[4] 中国建筑学会. 健康建筑评价标准 T/ASC 02-2016 [S]. 北京：中国建筑工业出版社，2017

[5] 中华人民共和国住房和城乡建设部. 绿色建筑评价标准（修订征求意见稿）GB/T 50378 [S]，2018

[6] 中华人民共和国住房和城乡建设部. 绿色生态城区评价标准 GB/T 51255—2017 [7]. 北京：中国建筑工业出版社，2017

[7] 全国信息技术标准化技术委员会. 新型智慧城市评价指标 GB/T 33356—2016 [S]. 北京：中国建筑工业出版社，2016

[8] 乔宏章，付长军."智慧城市"发展现状与思考[J]. 无线电通信技术，2014(06)：1-5

[9] 中华人民共和国住房和城乡建设部. 建筑业10项新技术（2017版）[M]，2017

2 加速推进绿色建筑运营管理发展 的思考与对策

2 Thoughts and countermeasures on accelerating the development of green building operation and management

党的十九大，将生态文明建设和环境保护提升到了前所未有的高度，指出生态文明建设是关乎中华民族永续发展的千年大计。绿色建筑由于具备"绿色""环保""可持续"的特征，大力推进绿色建筑发展是建设领域贯彻落实十九大精神，践行生态文明的关键和重点。自 2008 年以来，我国绿色建筑项目数量和建筑面积逐年提高，截至 2017 年底，全国累计获得绿色建筑评价标识项目近万项，累计绿色建筑面积超过 10 亿 m^2。然而，绿色建筑的兴建并不意味着从根本上解决了人居环境的绿色化需求，真正体现绿色建筑实效的绿色建筑运营标识仅占绿色建筑总标识数的 5% 左右。由于运营管理的滞后，大量绿色建筑在运营过程中未能达到设计目标，造成资源浪费和经济损失，绿色建筑的品质亟待提升。运营阶段是绿色建筑全寿命期的最长阶段，绿色运营管理决定绿色建筑目标的实现，是推进生态文明建设和城市绿色发展的关键。

2.1 绿色建筑运营管理的内涵

2.1.1 绿色建筑运营管理的概念与特征

绿色建筑运营管理是指在保证物业服务质量基本要求的前提下，依据"四节一环保"的理念，在绿色建筑运行阶段，采取先进、适用的管理手段和技术措施，以及正确有效的行为引导措施，最大限度地节约资源和保护环境，确保绿色建筑预期目标实现的各项管理活动的总称。绿色建筑运营管理是在传统建筑物业管理的基础上，为满足业主与社会对建筑业绿色发展的要求而提出的，是传统物业管理的转型升级。

随着绿色建筑的不断发展，传统物业管理已无法满足绿色建筑运营管理的要求，绿色建筑运营管理由此而生。由绿色建筑的特点所决定，其运营管理在满足业主自身利益的同时对社会环境具有较高的正外部性。绿色建筑运营管理的出现标志着传统物业管理由单一服务向多样性服务转变。绿色建筑运营管理应具备以下特征：

（1）以人为本。人作为建筑活动的参与主体既是绿色建筑运营管理的实施者，也是运营管理活动的受益者，绿色建筑从设计、施工到运营管理，其目的主要是满足人的需要，只有以人为本才能体现绿色建筑的价值。

（2）全寿命期。绿色建筑从全寿命期的角度重新定义建筑的设计、建造及运营原则，运营管理的可行性分析应该深入到前期的设计、施工阶段。运营管理阶段持续时间占建筑全寿命期的 90% 以上，其是否顺利实施直接影响到建筑全寿命期的实际运营效果。

（3）动态多样。一是管理方法的多样化，不同的建筑物业类型适用于不同的运营管理模式，且生命期内不同的状态亦要随时调整运营管理的方法；二是管理目标的多样化，绿色建筑"节地、节材、节能、节水、保护环境"等多重要求，决定了运营管理目标的多样化。

（4）整体优化。以确保绿色建筑预期目标实现为目标，综合运用管理与技术双重手段，采用先进适用的技术方法，实现"四节一环保"多目标约束条件下的整体优化。

（5）多目标性。由于绿色建筑的目标涉及节地、节能、节水、节材、保护环境等，决定绿色建筑运营管理具有多目标性，通过绿色运营管理保证绿色建筑多重目标的实现，同时绿色运营管理还需实现传统物业管理的基本目标。

2.1.2 绿色建筑运营管理的内容

由绿色建筑运营管理的特征所决定，绿色建筑运营管理包括基本物业服务以及"四节一环保"等任务：①基本服务，提供日常的物业管理服务，维护建筑结构的完整性与安全性，维护社区安全，保持卫生整洁；②节能，围护结构的保护，能源使用与管理，可再生能源利用，能耗监测与计量，设备系统节能优化，节能行为引导等；③节水，非传统水源利用，节水器具维护，设备与管网的维护与管理，用水计量与监测，绿化及环境维护节水等；④节地，建筑小区内公共空间的管理与维护，临时占地管理等；⑤节材，建筑维护养护过程中节材措施，绿色环保材料的回收再利用，综合利用高强、高性能建筑材料技术等；⑥保护环境，制定环境保护方案，绿化养护，垃圾清运与处理，交通组织与停车场管理，噪声控制，污染排放控制，环境保护宣传等。

为实现绿色建筑的多重目标，完成绿色运营管理的各项任务，绿色建筑运营管理需综合运用管理手段、技术措施、行为引导等多种方法，并针对特定物业和服务对象的特点实施绿色运营管理。

（1）管理手段

管理手段是指运营管理主体为实现绿色运营管理的目标而实施的计划、组织、指挥、协调和控制。通过制定有效的管理计划，并按照管理计划执行，避免在管理活动中造成不必要的重复和浪费；通过组织安排使绿色技术充分发挥作用，通过分析绿色建筑物业类型，制定合理的运营管理组织结构，确定管理范围，追求创新与个性，实现资源优化；通过有效的指挥体系，实现信息的上传下达，及时反映用户需求，并采取科学的方法及时处理；通过协调沟通，化解运营管理主体与用户之间的矛盾，加强与业主委员会等的沟通，形成运营管理的合力；控制主要包括质量目标和经济目标的控制。质量目标主要指绿色建筑质量及绿色建筑运营管理质量，包括对绿色建筑围护结构的质量检查和检测，以及管理过程的管理人员对管理活动的熟悉程度。经济目标主要指控制绿色建筑运营管理成本及绿色建筑运营管理所实现的经济价值的提升。做好仪表设备的记录工作，分析数据，寻找节能、减排办法。对运营管理效果进行评估，制定完善的考核及激励机制，对有创新及贡献的责任人给予应有的奖励，达到"四节一环保"的目的。

（2）技术措施

技术措施是指运营管理主体为实现绿色运营管理的目标，在运营管理过程中采取的节能、节地、节水、节材、保护环境等技术措施，以及关于设备、监控、预警等的技术解决方案。对于绿色建筑设计和建造阶段应用的技术，运营管理人员应积极组织制定相应的技术应用方案，严格执行原有技术要求，保证绿色建筑的各个系统处于最佳的运行状态；对于运营管理阶段需要引进的新技术、新方法，应及时组织实施，通过先进的智能化、信息化管理技术，完善运营管理的实施过程，通过先进技术的应用，避免由于人的重复工作而造成的遗忘、差错等问题，提高服务质量。各个技术节点的应用应严格执行技术应用规范，做好维护记录和应急预案；运营管理主体应加强技术创新，实现技术升级，满足不断发展的新需求。

（3）行为引导

通过宣传、激励等手段，积极引导服务对象参与绿色建筑运营管理，制定灵活的运营管理引导方案，实现全员参与，具体包括培训管理和宣传管理两个方面。对管理人员与技术人员的培训工作，目的是让绿色建筑运营管理参与者能够及时高效地掌握现有的先进管理理念和技术，并将其及时运用在绿色建筑运营管理过程中，对业主的培训则主要介绍建筑特点、设备性能、常用的节能节水常识等；宣传管理主要面对对象是广大业主及服务区域内的其他相关人员，通过定期宣传和服务，为业主解答绿色建筑运营过程中遇到的问题及难点，培育低碳、节能、环保意识，激发业主参与运营管理的积极性，形成良好的社会风气。

2.1.3　绿色建筑运营管理与传统物业管理的区别与联系

（1）绿色建筑运营管理与传统物业管理的区别

我国传统建筑物业管理是一种不考虑环境、资源约束，以建筑物的保值增值为目的，以环卫、绿化、安保等基本服务为主要内容的保障型和劳动密集型的不动产管理形式，而绿色建筑运营管理是伴随着绿色建筑的发展而兴起的，具有全新的理念，其包括传统物业管理的基本服务内容，但从管理目标、管理功能、涉及阶段、组织特征、参与主体等方面来看，与传统物业管理相比具有明显不同（表4-2-1）。

绿色建筑运营管理的特点，可以概括为：管理目标不再是单纯的服务指标，而是以实现绿色建筑预期目标为目标，具有多重性；管理功能不再仅仅是维持物业运行状态、保值增值，真正实现节能环保、创造价值成为其价值追求；涉及阶段从单一的建筑使用期扩展为全寿命期；组织特征从过去劳动密集型为主的组织形式转变为知识密集型、技术密集型；业主参与度也从传统的听从物业管理公司安排的低参与度形式转变为积极参与运营管理决策和实施。

绿色建筑运营管理与传统建筑物业管理的区别　　　　表 4-2-1

比较项目	传统建筑物业管理	绿色建筑运营管理
管理目标	单纯的服务指标	确保绿色建筑预期目标实现
管理功能	维持物业运行状态，保值增值	节能环保，创造价值
涉及阶段	建筑使用期	全寿命期
组织特征	劳动密集型	知识密集型，技术密集型
业主参与	业主参与度低	业主参与度高

（2）绿色建筑运营管理与传统物业管理的联系

绿色建筑运营管理与传统物业管理虽然在很多方面存在差异，但绿色建筑本质上仍然是提供使用空间的建筑物，两者之间仍然存在一定的联系（图4-2-1）。

绿色建筑运营管理是传统物业管理的升级：传统物业管理服务，主要包括房屋维护修缮管理、房屋设备管理、物业安全管理和物业环境管理等内容。绿色建筑运营管理是在传统物业管理基础上的提升，除了包括传统物业管理的一般内容之外，绿色建筑运营管理在其基础上提出了"四节一

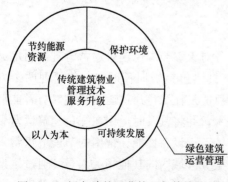

图 4-2-1　绿色建筑运营管理与传统物业管理联系图

环保"的更高要求，以节约能源、环境友好为核心理念。本质而言绿色建筑运营管理是传统物业管理的转型升级，一方面仍需承担传统物业服务的基本功能，另一方面又被赋予节能减排、生态文明建设等更高层次的要求。

（3）绿色建筑运营管理是传统物业管理的未来发展方向

我国经济发展进入新常态，根据市场需求的不断变化进行供给侧结构性改革是各行各业面临的迫切任务。绿色建筑已成为建筑业的未来发展方向，我国多个城市和地方出台了绿色建筑的行动方案和未来规划，要求新建民用建筑百分之百满足《绿色建筑评价标准》的要求，与此同时，国家和地方也在加快既有建筑的节能改造工作的进程。在此情况下，无法满足绿色建筑运营需求的传统物业管理行业必将转型，顺应绿色建筑的发展大潮，传统物业管理将逐步向绿色运营管理发展，绿色建筑运营管理已成为传统物业管理行业进行供给侧结构性改革的必由之路。

2.2　国内绿色建筑运营管理实践

2.2.1　绿色建筑运营管理评价

我国 2006 年颁布的《绿色建筑评价标准》是实施绿色建筑的主要依据，依据《标准》绿色建筑评价分为两阶段，分别设立了"绿色建筑设计评价标识"和"绿色建筑评价标识"。"绿色建筑设计评价标识"是对绿色建筑的设计进行评价，主要是通过对已完成的施工图审查来判断建筑是否达到绿色建筑的设计标准和星级水平；"绿色建筑评价标识"是对绿色建筑的运营评价，对已竣工并投入使用1 年以上的建筑进行运行效果评价，通过实际的运行数据和措施来确定建筑是否发挥了其设计功能和达到的水平。2014 年修订的《绿色建筑评价标准》延续了设计和运营的两阶段评价的体例，并加强了对运营管理的要求。

2.2.2　北京、深圳绿色物业管理导则

2011 年 6 月，深圳市住房和建设局发布了《深圳市绿色物业管理导则（试行）》（以下简称《深圳导则》）。《深圳导则》是我国首部以绿色物业管理为主题的技术规程，《深圳导则》内容包括绿色物业管理的制度要点和管理技术要点，其中，制度要点分为组织、规划、实施、评价及培训宣传管理，主要从制度层面对绿色物业做出要求，技术要点则分为节能、节水、垃圾处理、环境绿化和污染防治，在技术上为绿色物业提供参考，此外，《深圳导则》还对绿色物业管理的应用示范项目和创新发展做出了要求。《深圳导则》在物业管理中全面导入资源节约、环境保护理念，通过科学管理、技术改造和行为引导，推进绿色物业管理

工作。

2012 年 3 月，北京市住房和城乡建设委员会组织编制了《北京市绿色物业管理导则》（以下简称《北京导则》），用于指导物业管理服务企业在物业管理过程中开展能源、资源节约，生态环境保护等工作，将绿色理念深入到物业管理行为中。《北京导则》的体系按照专业进行划分，将内容划分为土建及装饰装修管理专业、电专业、暖通空调专业、给排水专业、秩序维护、环境清洁和绿化管理，各专业下分为管理措施、技术措施和行为引导三部分，全面详细地对绿色物业管理做出了要求。此外，《北京导则》中还设立了客户服务中的行为引导，意在加强与业主之间的交流和联系。

北京市和深圳市的绿色物业管理导则，是实施绿色物业管理的探索和实践，同时也为绿色建筑运营管理的发展奠定了一定的基础。

2.2.3　中新天津生态城绿色建筑运营管理导则

为规范和引导中新天津生态城绿色建筑的运营管理行为，在运营阶段有效降低建筑的运行能耗，最大限度地节约资源保护环境，天津市于 2018 年 4 月 1 日发布《中新天津生态城绿色建筑运营管理导则》（以下简称《导则》），并于当年 7 月 1 日实施。

《导则》借鉴国内外相关标准的编制经验，吸取了新加坡绿色建筑运营管理的理念，结合中新天津生态城的特点和"三和、三能"的建设要求，充分考虑绿色建筑运营的实际及发展需要，对于生态城的绿色建筑运营管理具有较强的指导作用；《导则》采取"管理要求＋技术要求＋行为指导"的架构，与《中新天津生态城绿色建筑评价标准》相对应，从"四节一环保"的角度，对运营管理提出明确要求，具有创新性和可操作性，对生态城实现 100％绿色建筑的目标具有重要的保障和支撑作用。

《导则》是目前全国第一部针对绿色建筑运营管理的地方标准，对全国的绿色建筑运营管理发展具有示范带动作用。

2.3　我国绿色建筑运营管理存在的问题分析

2.3.1　绿色建筑运营管理发展存在的现实问题

（1）绿色建筑运营管理水平低下

绿色建筑运营管理者水平的高低决定了绿色建筑的功能能否得到充分发挥，目前绿色建筑的运营管理方法、技术手段和管理模式落后，远远未能达到保持绿色建筑高效运转的水平。在对绿色建筑运营状况的实际调查中，发现许多由于运营管理水平不够而造成的运营问题，绿色建筑设计目标不能顺利实现，绿色建筑已有的功能无法正常发挥、设备无法正常使用。例如：部分通过设计评价的绿色建筑在运行1年后，约有30％的活动遮阳系统由于操作不当或者维护不到位，已无法正常调节使用；还有一些绿色建筑具备的节能设备或者新能源设备，由于缺乏相应的管理技术或管理不当，甚至出现闲置的状况，造成了极大的浪费，严重影响了绿色建筑功能的发挥。

（2）绿色建筑运营管理发展与建设脱节

我国的绿色建筑评价采用设计与运行分开评价的方式，获得绿色建筑设计标识的项目可以不申请运行评价，这导致我国绿色建筑设计与运营管理之间产生了脱节，一些绿色建筑的设计目标在运营阶段很难实现。由于我国绿色建筑发展时间尚短，目前对绿色建筑的研究和实践大多集中在设计阶段，运营管理的研究和实践少之又少，这更是加剧了绿色建筑设计与运营管理发展之间的差距。此外，大量的绿色建筑在建成后疏于管理，运营管理严重脱节，或是在绿色建筑中采用了先进的技术和设计方法，但在运营管理时却依然采用旧有的管理理念和模式，降低了绿色建筑的品质，严重阻碍了绿色建筑的健康发展。

（3）绿色建筑预期目标无法有效实现

绿色建筑提出"节能、节水、节地、节材和环境保护"的目标要求，这既是绿色建筑的核心理念，同时也是其主要发展目标。目标的实现是从图纸到实践，从设计到运营的过程，而目前绿色建筑运营管理的发展滞后，导致绿色建筑的预期目标无法实现，无法有效发挥绿色建筑的作用，以人为本、节能减排等绿色价值无法体现。

2.3.2　产生问题的原因分析

（1）"绿色"意识淡薄

虽然现阶段人们的节能环保意识逐渐增强，但绿色建筑的核心理念尚未深入人心，许多建筑从业者对于绿色建筑的概念和内涵尚不清楚。人是绿色建筑运营管理的核心，在建筑的运营过程中，建筑使用者和管理者的绿色运营意识对于发挥绿色建筑功能，实现节能环保目标有着重要作用，意识的缺乏，阻碍了绿色建筑运营管理的发展。

（2）绿色建筑运营管理尚处初级阶段

我国绿色建筑虽然发展迅猛，但从第一个绿色建筑诞生至今尚仅十年，绿色建筑运营管理处在建筑全生命期的较后环节，且是绿色建筑全生命期中持续时间最长的阶段，社会的关注仍在绿色建筑的前期研究及设计上，绿色建筑运营管理的发展滞后，而且受国家政策、绿色建筑增量成本及回收期等影响，绿色建筑运营一直未能引起行业的高度关注。

（3）绿色建筑运营管理理论体系尚未形成

目前，国内对绿色建筑的研究和实践多集中在设计、施工阶段，虽然也有部分学者对绿色建筑运营管理进行了相关研究，但尚未形成完善的理论体系，绿色建筑运营管理缺乏相关的理论指导，绿色建筑理论体系的构建也缺失了关键的一环。

（4）绿色建筑运营管理相关标准体系存在缺陷

我国绿色建筑的评价体系已初步形成，于 2006 年颁布、2014 年修编的国家标准《绿色建筑评价标准》是我国绿色建筑标准体系的核心，在绿色建筑的初期发展中起到了重要作用。但我国的绿色建筑标准体系存在缺陷，设计和运营共用同一套标准，且其对运营评价的对象是绿色建筑本身的实际效果，关注的是其设计功能是否得以发挥，而未对绿色建筑运营管理的过程给予足够关注。绿色建筑评价体系的缺陷，导致绿色建筑的运营管理活动无据可依。

（5）绿色建筑运营管理人才短缺

由于绿色建筑的运营过程既包括绿色建筑相关技术的使用，也包括建筑管理的方法内容，因此绿色建筑运营管理需要既具备建筑管理知识又了解绿色建筑技术的"技术＋管理"的复合型人才。而目前我国绿色建筑从业者大多数是偏向技术的结构及设备等的设计者和建造者，传统建筑的运营管理者又普遍存在技术上的短板，短期内无法从根本上提高其技术水平，培养绿色建筑运营管理人才的高等院校及培训机构奇缺，因此，造成了绿色建筑运营人才匮乏的局面。

（6）绿色建筑运营管理激励措施尚不明确

我国目前已有国家和地方两个层次的绿色建筑激励政策，通过对获得绿色建筑评价标识的项目给予资金和政策上的奖励，对促进绿色建筑的发展起到了重要作用。但是，关于绿色建筑运营管理的激励政策尚为空白，由于绿色建筑运营管理所处阶段的原因，其先天存在发展滞后的问题，激励制度的缺失更是加剧了问题的严重性，严重制约了绿色运营管理主体的积极性和绿色建筑运营管理的发展。

2.4 推进绿色建筑运营管理发展的对策建议

2.4.1 加快构建绿色建筑运营管理标准体系

绿色建筑运营管理标准的缺失是制约绿色建筑运营管理发展的重要因素之一。编制完善的绿色建筑运营管理评价标准、技术规范、管理导则等，构建涉及绿色建筑运营管理过程中的建筑围护结构、给排水、暖通空调、电气、可再生能源、环境绿化、垃圾处理、交通安全等诸多方面的运营管理体系，有助于绿色建筑的管理者和使用者高效地开展绿色建筑运营管理活动。

2.4.2 加快物业管理产业的绿色化转型升级

随着绿色、环保、生态的理念逐渐深入人心，供给侧结构性改革提出的新要求，传统物业管理产业必将迎来新一轮的产业升级。一方面，随着绿色建筑的推广，未来将有大量的绿色建筑进入到运营阶段。而绿色建筑较传统建筑中集成了更多先进复杂的新技术、新设备，提出了新的发展目标，传统物业管理的方法模式很难满足需求，倒逼传统物业管理行业转型；另一方面，生态文明建设是事关中华民族永续发展的千年大计，物业管理行业也必须顺应时代的浪潮，紧抓绿色建筑发展的机遇，实现行业由耗能污染向节能环保、由单纯保值增值向创造价值、由劳动密集向知识密集转变，由传统物业管理向绿色建筑运营管理转型升级。

2.4.3 从绿色建筑运营管理到绿色运营管理

在建筑领域，绿色运营管理是一个覆盖面更广的概念，它是绿色建筑运营管理的延伸，不仅包括绿色建筑的运营管理，还包括既有建筑节能改造后的运营管理，以及传统建筑的绿色运营管理。绿色运营管理的内涵是建筑的节能环保和以人为本，从绿色建筑运营管理到绿色运营管理，将绿色建筑运营管理的理念、策略和模式经过调整适应，应用到传统建筑的运营中，达到建筑的节能环保目的。我国既有建筑存量超过 500 亿 m^2，95% 以上为高能耗建筑，既有建筑绿色化改造及推行绿色运营管理的发展空间巨大，前景广阔。

2.4.4 绿色运营管理人才培养

一个行业的发展与这个行业的人才培养是密不可分的，绿色建筑运营管理涉及多个专业，对于人才要求较高，绿色建筑运营管理"技术＋管理"的特征，要求绿色运营管理人员既具备管理知识，又需要有一定的技术水平，随着生态文明建设要求的贯彻落实，绿色建筑及既有建筑绿色化改造步伐的将进一步加快，可以预计绿色运营管理人才需求量巨大，应加速培养。一是高校应抓住顺应市场需求，抓住"新工科"发展的契机，加速绿色建筑、绿色运营管理相关学科专业的发展，培养社会急需人才；二是物业管理企业，应在利用转型升级的机遇，加大引进和培养绿色运营管理人才的力度；三是制定政策，鼓励行业协会等机构设立培训机构，开展相关培训，满足日益增长的绿色运营管理人才的需求。

2.4.5 加强绿色物业与运营学组与其他学组的协同交流

在中国城市科学研究会绿色建筑与建筑节能专业委员会的正确领导下，成立了若干学组，为推进我国绿色建筑的学术研究与实践提供了有力的支撑。2013年绿色物业与运营管理学组成立以来，致力于绿色建筑运营管理的理论研究、实践总结、标准编制和人才培养等工作的开展，取得了一些成绩。结合承担的国家"十二五"科技支撑计划项目"天津生态城绿色建筑运营管理关键技术集成与示范"开展绿色建筑运营管理理论、技术的研究，形成了中国特色的绿色建筑运营管理的理论框架和技术基础，组织召开了多次学术论坛和讨论会；追踪中新天津生态城绿色建筑运营管理实践，总结中国特色的绿色建筑运营管理模式；主持编制完成《绿色建筑运行维护技术规范》JGJ/T 391—2016 和《中新天津生态城绿色建筑运营管理导则》（地方标准），拟申报《绿色建筑运营管理标准》的编制；以天津城建大学为试点，成功开设"绿色建造与运营管理"硕士学位授权学科点，已招生四届，培养研究生 50 余人，深受行业欢迎。但是，学组活动较为单一，主要集中于学组内部，缺乏与其他学组的协同与交流。事实上，除普通的绿色民用建筑外，绿色工业建筑、绿色生态居住区、绿色校园等均需推进绿色运营管理，绿色物业与运营学组将在未来的发展中，加强与其他学组的协同交流，取长补短、相互学习、相互促进，努力为我国绿色建筑的健康发展做出新的贡献。

作者：王建廷　程响（中国城市科学研究会绿色建筑与节能专业委员会　绿色物业与运营学组）

3 绿色建筑室内环境研究与发展综述

3 Review on the research and development of indoor environment of green building

3.1 背　景

随着现代科学化的发展，人们对物质文明和精神文明的需求不断增加，对建筑各方面的要求也越来越高。建筑的意义在于，当自然环境不能让人们的生活或生产环境满意时，创造一个微环境来满足人们健康安全和生产工艺的需求。绿色建筑对现代建筑提出了更高的要求，根据我国《绿色建筑评价标准》GB/T 50378—2014 的定义是"在全寿命期内，最大限度地节约资源（节能、节地、节水、节材）、保护环境、减少污染，为人们提供健康、适用和高效的使用空间，与自然和谐共生的建筑"[1]。中国绿色建筑评价体系的模式是 Q-L 评价体系，Q（Quality）代表建筑环境质量和为使用者提供服务的水平；L（Load）代表能源、资源和环境负荷的付出，绿色建筑就是建筑环境效益（Q/L）较高的建筑[2]。新的建筑理念对现代建筑提出了更高的要求，提高人民的健康水平和生活质量，创造健康、舒适、高效的室内环境是中国建筑可持续发展的重要内涵，现代人平均 $80\%\sim90\%$ 的时间在室内度过，室内环境问题直接影响人们的生活品质和身体健康[3]，因此，采取切实有力的措施控制和改善室内环境就显得尤为重要。

建筑室内环境质量具体包括室内声环境、室内光环境、室内热湿环境和室内空气质量[1]，室内物理环境内的声、光、热等物理因素的适当刺激都有利于增进人们的身心健康、提高人们的工作效率。无论哪种物理因素的刺激，都可以归纳为刺激量与舒适程度的关系，图 4-3-1 反映了刺激量与主观感受的关系[4]。当物理环境条件不处于最佳范围时，此时人体自身的调节机能不能完全应对各种刺激量，此时就需要采取

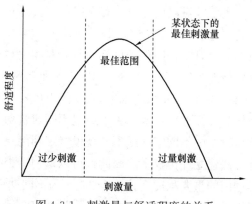

图 4-3-1　刺激量与舒适程度的关系

相应的技术手段来调节室内的物理环境。过去的 30 年许多学者对热环境、声环境、光环境和空气品质对人员的影响进行了大量的研究，发展至今室内环境的研究已经不仅仅局限于对单一因素的影响，而是将室内环境与其他许多热点内容联系起来，找到了许多新的研究方向[3]。

从"建筑病态综合症（Sick building syndrome）"的提出开始，人们引起了对室内空气品质的重视，由此展开的研究逐渐从空气品质扩展到室内环境质量的各个方面，而室内环境质量与人员健康的关系一再被各项研究所证实。室内环境质量对人员健康有显著影响目前已经成为一项共识，在这些研究中指出了室内环境质量与人员健康之间复杂的关系，其影响可以是长期的也可以是短期的[5]。随着人民生活水平的提高，人们越来越重视室内环境的营造和自身的身心健康，最近频发的空气品质问题更是让这一观念深入人心。室内环境的重要性已经不言而喻，但是新的问题又随之产生，由于建筑室内环境在很大程度上是一种人工创造的环境，所以创造环境的过程中必然有资源的消耗。为了保持资源消耗与室内环境营造的最优化，就需要提高资源的利用率，研究更多节能技术，同时需要了解人们对室内环境的需求，不必一味提高室内环境的参数要求，导致资源浪费。

3.2 绿色建筑与室内环境标准体系

3.2.1 绿色建筑标准体系

《绿色建筑评价标准》GB/T 50378—2014（以下简称《标准》）目前使用的是 2014 年的版本，在此版本中评价方法是依据总得分来确定绿色建筑的等级，考虑到"四节一环保"各类指标重要程度的相对差异，计算总得分时引入了权重。随着绿色建筑标准体系的完善，《标准》不能完全满足各种不同功能建筑类型，因此，国家陆续发布了各种类型建筑的绿色建筑评价标准，目前共有 10 余本，主要针对民用建筑，有《绿色办公建筑评价标准》GB/T 50908—2013、《绿色商店建筑评价标准》GB/T 51100—2015、《绿色医院建筑评价标准》GB/T 51153—2015、《绿色饭店建筑评价标准》GB/T 51165—2016 和《绿色博览建筑评价标准》GB/T 51148—2016，工业建筑有：《绿色工业建筑评价标准》GB/T 51141—2015。民用建筑中 2014 年以后发布实施的评价标准，其评价体系和主体框架与《标准》一致，为了适应不同建筑功能和绿色性能的需求，各标准编制时重新对全国不同气候区不同规模特定功能建筑进行了调研，并通过专家权重打分等方法建立评价权重。因此，可以认为 7 类指标的权重变化可以代表在此类建筑类型内的重要程度变化。表 4-3-1 为不同功能类型建筑运行评价时 7 类指标的一级权重，可以发现，室内环境质量在整个评价指标体系中，其权重值仅次于节能与能源利用，这与绿色建筑节约资源，创造舒适人居环境的初衷相符合。

运行评价一级权重　　　　　　　　　表 4-3-1

功能类型	节地与室外环境	节能与能源利用	节水与水资源利用	节材与材料资源利用	室内环境质量	施工管理	运营管理
《标准》公共建筑	0.13	0.23	0.14	0.15	0.15	0.10	0.10
商店建筑	0.12	0.28	0.08	0.12	0.20	0.05	0.15
医院建筑	0.10	0.25	0.15	0.10	0.20	0.00	0.20
饭店建筑	0.13	0.23	0.14	0.13	0.16	0.10	0.11
博览建筑	0.13	0.24	0.14	0.13	0.16	0.08	0.12

　　中国绿色建筑的评价体系已有十几年的基础，从国家到地方、从政府到公众，全社会对绿色建筑的理念、认识和需求逐步提高，绿色建筑评价蓬勃开展。《住房城乡建设事业"十三五"规划纲要》不仅提出到 2020 年城镇新建建筑中绿色建筑推广比例超过 50% 的目标，还部署了进一步推进绿色建筑发展的重点任务和重大举措。近年来，绿色建筑的发展有了许多新的方向，许多科研院所和高校在探索绿色生态示范区建设模式上做了大量研究，提出了政府主导的驱动模式、产业带动的建设模式、自然环境的发展模式等几种适宜建设模式[6]。对于绿色建筑主要的标准体系发展总结如表 4-3-2 所示，这些方向有的已经有了一定的研究基础与成果，而有的还处于起步阶段，每一个方向都在向标准化发展，绿色建筑发展主要有以下内容：

　　（1）2014 年《标准》对评估建筑绿色程度和引导我国绿色建筑健康发展发挥了重要的作用，但近年来绿色建筑产业迅速发展到了前所未有的新高度，出现了许多新的需求，例如装配式建筑、海绵城市、BIM 技术、健康建筑、零能耗建筑等新技术和新理念不断涌出并在实际工程中得到应用。《标准》已不能完全适应新时代绿色建筑实践及评价工作的需要，所以国家重新规划编写了评价体系，新的评价体系整合了以前《标准》的评价内容和新兴理念，仍以"四节一环保"为基本约束，以"以人为本"为核心要求，在安全耐久、服务便捷、健康舒适、环境宜居、资源节约、管理与创新等方面进行综合评价[7]。

　　（2）绿色建筑除了对民用建筑，也在向工业建筑发展，由于工业建筑的特殊工艺需求，许多实际情况可能会发生改变，也会有新的问题，如何处理好工艺需求和环保节能直接的关系非常重要。

　　（3）过去十几年，中国房地产行业蓬勃发展，出现了大量的建筑，然而这些建筑在十年之后已成为"既有建筑"，在许多实际性能方面存在一些问题，需要进行既有建筑改造，通常包括节能改造和环境性能改造，重点考虑既有建筑绿色改造的技术先进性和地域适用性，并且如何准确诊断既有建筑的问题并提出合理

189

的解决方案也是目前绿色化改造的重要研究内容。

（4）目前已实施了 8 个国家级绿色生态城区的建设，区域绿色化的发展，能够带动整个区域的高质量发展，绿色化效率更高，并且在统筹考虑的基础上，更容易让许多新概念和新技术得以实现。

（5）健康建筑成为绿色建筑发展的深层次需求，绿色建筑更加关注人员健康。目前《标准》对室内环境质量的要求仍较为基础，与"人体健康"的关联性较弱，而我国也提出了"2030 健康中国"规划纲要，并且创造健康舒适的室内环境是绿色建筑概念提出的初衷之一。因此，研究健康建筑就显得尤为重要。

（6）建筑节能一直是绿色建筑的核心内容，为了最大限度地降低能源消耗，就需要采取更多的节能技术，国内外已有许多示范工程在向近零能耗，甚至零能耗发展，如何将这些示范工程案例中的节能技术推广应用，形成标准化的做法，还需要更多的研究。

（7）随着计算机行业的迅猛发展，全球已经进入了信息化时代，对建筑行业也形成了巨大的冲击。智能建筑是以建筑物为平台，基于对各类智能化信息的综合应用，集架构、系统、应用、管理及优化组合为一体，具有感知、传输、记忆、推理、判断和决策的综合智慧能力，形成以人、建筑、环境互为协调的整合体，为人们提供安全、高效、便利及可持续发展功能环境的建筑[8]。这在建筑行业是一次挑战也是机遇，只有将这些信息技术与建筑本身融合，才能真正实现智能化，其中的技术难题还需要更多的研究来解决。

绿色建筑相关标准体系发展 表 4-3-2

发展方向	编制标准	标准编号（状态）
新体系构建	绿色建筑评价标准	征求意见稿
工业建筑	绿色工业建筑评价标准	GB/T 50878—2013
既有建筑改造	既有建筑绿色改造评价标准	GB/T 51141—2015
区域绿色化	绿色生态城区评价标准	GB/T 51255—2017
	绿色校园评价标准	已报批
健康建筑	健康建筑评价标准	T/ASC 02—2016
近零能耗建筑	近零能耗建筑技术标准	征求意见稿
	被动式超低能耗绿色建筑技术导则（试行）（居住建筑）	试行
智能建筑	智能建筑设计标准	GB 50314—2015

3.2.2 室内环境评价与要求

在绿色建筑中室内环境是非常重要的一环，随着生活水平的提高，对室内环境的要求也不断在提升，人们认识到需要创造一个健康舒适的室内环境。为了满足人们对室内环境的要求，保证室内环境质量，国家提出了许多标准要求，表 4-3-3 中列出了目前我国现行主要室内环境评价要求在国家标准中的体现，而与此同时，大量的更深入、更具体、更综合的协会、团体标准正在不断地孕育和发展。

现行主要室内环境标准 表 4-3-3

环境分类	标准名称	标准编号
热环境	民用建筑供暖通风与空气调节设计规范	GB 50736—2012
	民用建筑室内热湿环境评价标准	GB/T 50785—2012
	民用建筑热工设计规范	GB 50176—2016
空气品质	室内空气质量标准	GB/T 18883—2002
	民用建筑工程室内环境污染控制规范	GB 50325—2010（2013 年修订版）
声环境	民用建筑隔声设计规范	GB 50118—2010
	建筑隔声评价标准	GB/T 50121—2005
光环境	建筑采光设计标准	GB 50033—2013
	建筑照明设计标准	GB 50034—2013

室内热环境与人们的工作、生活息息相关，对人们的健康、舒适有重要的影响。如何合理设计、营造适宜、健康的室内热湿环境是人类面临的挑战。绿色建筑为人们提供健康、适用和高效的使用空间，从热湿环境的角度归根结底是人体的热舒适。人体在稳态人工热环境中应用最广泛的是 PMV-PPD 评价，而在非人工热环境中，则需要采用以预计适应性平均热感觉指标（APMV）作为评价依据。此外，局部热舒适也是热舒适的重要内容，我国以冷吹风感、垂直温度差和地板表面温度作为评价指标[9,10]。

空气品质与人们的身体健康直接相关，良好的室内空气品质能够使人感到神清气爽、精力充沛、心情愉悦。然而近三十年来，世界上不少国家室内空气品质出现了问题，室内空气品质问题已经引起许多国家的高度重视，多个国家已经制定了相关的标准。目前室内空气品质主要是通过污染物浓度参数限值进行控制，其难点在于如何有效测定空气污染物参数，许多污染物浓度难以准确测定，或是测定方法过于复杂，实际应用中受到很大限制，因此，标准需要解决在保证检测质量的前提下，合理简化室内环境污染物检测，使室内环境污染检测易于进入千家万户的问题[11]。

室内噪声级的要求是房间最终声环境效果的体现。室内噪声级是复合声，对于复合声，目前测量声音响度级使用的仪器为声级计，读数为"声级"，单位是分贝（dB）。在声级计中设有 A、B、C 三个计权网络，通常人耳对不太强的声音的感觉特性与 A 网络等响度曲线很接近，因此在音频范围内进行测量时，多使用 A 网络，记作 dB（A），这是目前全世界使用最广泛的评价方法，它是由声级计上的 A 计权网络直接读出。但建筑内的声级通常并不稳定，是随时间变化起伏的噪声，不能用一个数值来表示，因此，人们提出了等效声级的评价方法，也就是在一段时间内能量平均的方法[4]。我国标准《民用建筑隔声设计规范》GB 50118—2010 就是将等效［连续 A 计权］声级作为评判依据[12]。

从建筑的角度考虑，营造舒适光环境的主要手段是通过天然采光和人工照明两种方式。人工照明质量主要考虑在参考平面上具有适当的照度水平和均匀度，还包括眩光、色温、反射比等照明质量因素[13]，此外还需要考虑心理学影响，在整个建筑空间创造出适宜的光环境气氛。在绿色建筑评价标准中，室内光环境的营造更加鼓励对天然采光的利用，从视野良好、采光系数要求、改善建筑室内天然采光效果三方面评价，由于室外天然光受各种气象条件的影响，并且一天中的变化很大，所以国内外一般使用采光系数作为采光质量的评价指标[1]。

3.3 研 究 热 点

在 Web of Science 中搜索关键词"indoor environment"，对 2005 年以后国际上在室内环境方面发表的研究论文进行检索。从图 4-3-2 中可以看出，室内环境方向的研究论文在 2017 年之前呈逐年递增的趋势，2018 年有小幅度下降，但论文数量仍然非常多，以下将分析室内环境中的研究热点。

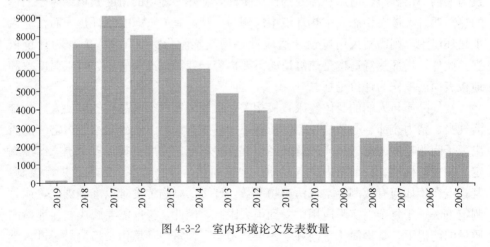

图 4-3-2 室内环境论文发表数量

3.3.1 室内环境与人体舒适

室内环境与人体舒适度的核心可归纳为"人"和"客观的室内物理环境"。两者之间有三个方面的作用：第一，室内环境与人的交互作用，如人与环境的热交换、人感受室内声光环境等；第二，交互作用影响人的生理状态，进而影响人体的生理活动；第三，交互作用以及生理活动产生人的心理活动，形成热感觉、光学舒适、声学舒适等。这三个方面相互作用，最终影响人体的舒适度[9]。室内环境与人体舒适之间关系的研究一直以来都是研究热点，有许多研究致力于探索室内环境参数与人员感知之间的关系，例如热环境中1970年由Fanger教授提出的PMV-PPD评价模型[14]，其理论依据是当人体处于稳态的热环境下，人体的热负荷越大，人体偏离热舒适的状态就越远，该指标综合了空气温度、平均辐射温度、空气流速等多个因素的影响，至今仍在全世界广泛使用[15]。另一个评价模型是1998年Richard de Dear教授提出的"适应性模型（Adaptive Model）"，在以后的研究中越来越受到研究者们的重视。与PMV模型不同的是，它认为人不仅是环境刺激的被动接受者，同时还是积极的适应者，人在环境中具有自我调节能力，从而实现在一定的环境参数范围内实现舒适[16]。重庆大学李百战，姚润明等在此基础上，建立了预计适应性平均热感觉指标（APMV），APMV基于"黑箱"理论，考虑文化、气候、社会、心理和行为等多种影响因素，主要应用于自然环境下人员舒适度的评价，通过"自适应系数"对评价结果进行修正，让评价结果更加符合实际[17]，其成果已编入我国《民用建筑室内热湿环境评价标准》GB/T 50785—2012，同时形成专著《室内热环境与人体热舒适》。声环境、光环境和空气品质虽然没有建立较权威的评价模型，但在各个环境中单项室内参数对人体舒适度的影响研究成果也已经很多。目前世界范围内对室内环境与人体舒适度的研究发展主要有以下方向：

（1）室内环境参数的综合影响

室内环境所包括的四个方面，热环境、光环境、声环境与空气品质，对于人员舒适性的影响程度是不同的[18~20]。我们通常会采用一些客观物理参数例如温度、湿度、照度、噪声级、空气污染物浓度等数据描述室内环境的状态，并通过这些数值的大小来对室内环境的质量进行客观评价。对于建筑的使用者来说，对于室内环境的感受是一种主观印象，通常我们使用一些主观的评价指标例如满意度来对室内环境感受进行刻画，这也是主观调研中最常用的方法[21]。然而值得注意的是过去的一些研究提出了在不同类型的环境之间可能存在一定的相互作用关系[3]。人体作为室内物理环境的综合受体，会对室内物理环境做出综合的反应过程，当我们讨论某一单一环境的满意度时，就不能只考虑该环境所包括的环境参数，而是要将对该环境满意度有影响的其他环境类型纳入一并考虑。现在已有许多学者就这个问题展开了研究，例如噪声会影响人对热环境的感知[22,23]，热环境会影响人对空气品质的感知[24]等。在综合环境影响方面，需要解决的核心问题有两个：①室内声、光、热环境等对人体综合影响的关联机制，并建立评价模型；②室内声、光、热环境等对人体综合作用的权重确定。现在环境参数综合影响模型方面的研究还非常少，需要进行进一步的研究。

（2）局部舒适度

由于人员在室内的活动范围通常是确定的，尤其是在一些学习与工作的房间，所以此时人员更关心人员工作区域的环境参数而非整个房间的平均值。此外，由于人员存在个体差异，所以即使按照许多研究成果或标准要求来营造室内环境，仍不能满足所有人的满意度需求[25]。越来越多的研究人员意识到，合理控制工作区甚至是人员附近的环境参数对人体舒适感的重要性。声环境的局部控制方法较少，主要通过佩戴耳塞等隔音装置来调节，并且声音在房间内随空间变化较小，可以认为房间内噪声级是均匀分布的。光环境局部控制比较直接，通过台灯可以简单有效地改善局部光环境。因此，局部舒适度的研究主要集中于热环境和空气品质的研究：①研究人体局部的热舒适感与整体舒适度之间的关系[26]；②针对局部热环境的个性化控制方法及其效果的研究。有文献证明如果人们能够对环境进行自主控制，室内各方面的满意率都能得到提高[3]；③对室内气流组织的研究，控制人员工作区域的空气龄等评价参数。

（3）非环境因素影响

对非环境因素影响的研究内容非常广泛。世界各地的文化背景差异巨大，在对室内环境舒适度的感受时也存在较大差异，因此在各个地区需要综合考虑当地的经济、社会、教育程度、年龄、性别等非环境因素的影响，然后从宏观角度提出节能的措施或政策，例如，有研究指出长期处于空调环境的人和长期处于自然通风环境中的人对环境的人不同，国外研究成果指出长期处于空调环境中人们对热环境的适应能力会偏低[27]。

人们的心理预期和心理暗示也会对人们的舒适度产生影响，人们会对不同的建筑功能或房间功能产生不同的心理预期，在室内进行的活动也有所不同也有所影响，例如在办公室或教室时，对噪声环境会更加敏感，而在商场建筑中时，对室内空气品质则更加敏感。此外，人们如果对室内环境有一个偏好的心理暗示，那么对环境的评判会更高一些，比如在绿色建筑中即是如此[28]。

另外，还有文献指出环境的舒适感在可能会受到人际关系、教育水平和工作压力的影响，而不会受到光源颜色的影响；空气品质的预测会受到心理因素和工作强度的影响；光学舒适受到年龄和工作类型的影响等[3]。

3.3.2 室内环境与人体健康

20世纪80年代，由于空气品质差导致"建筑病态综合症"，从而引起了人们对室内环境与健康的思考，关于空气品质对人体的各种影响，过去几十年间已经进行了大量的研究（表4-3-4）。根据世界卫生组织2016年的数据，空气污染估计导致全世界420万人过早死亡，而91%的世界人口住在没有达到世卫组织空气质量指南水准的地方[29]。空气污染物会造成肺部炎症、缺血性心脏病、慢性阻塞性肺病、肺癌等疾病[30]。一些研究表明，PM2.5和PM10与癌症有潜在关系[31]，TVOC可能会造成肺功能减退，哮喘，甚至白血病[32,33]。

部分室内空气污染物与关联疾病 　　　　表 4-3-4

污染物	关联疾病
$PM_{2.5}$、PM_{10}	心血管疾病、肺癌、哮喘、过敏
尘螨	过敏
TVOC	心血管疾病、神经性疾病
CO	神经性中毒、神经性疾病
氡	癌症
甲醛	过敏、癌症、哮喘

随着对室内空气品质研究的深入，就想到其他物理环境因素也会对身体健康造成影响。例如，许多研究学者就以人体生理指标为参考，例如皮肤表面温度、脑电波、新陈代谢率、体核温度、心率、肌肉交感神经活性等，研究热环境对人体健康的影响[34]。处于极端环境时，常用的环境评价标准在极端环境中也不再适用，如果长期处于该环境中会对人体造成直接损伤，因此，处于极端环境中的人员生理健康研究就处于首要地位。一项研究结果也表明，光污染会对人眼的角膜和虹膜造成伤害，并且证明与一些疾病有所关联，但内在机理并未完全了解[35]。在适宜的光环境中学习，不仅视物清晰，而且会感到轻松舒适，不易疲劳。噪声对睡眠的影响是显而易见的，即使人们处于睡眠状态中，低分贝的噪声就足够让人体产生反应例如心跳加速，肢体移动，唤醒。噪声的影响除了与噪声的特性有关外，还与人员的状态例如噪声敏感性有关。老人，儿童，按班轮换的工人，存在睡眠问题的人群更容易受到噪声的干扰，造成入睡延迟，深度睡眠减少等症状。短期的噪声干扰会造成不良情绪，日间嗜睡，降低认知能力。还有研究表明，夜间的噪声对心血管疾病的影响要比日间显著。此外，特定人群的健康问题（如：儿童健康）[36]与室内环境的关系一直是热点研究内容，此时每一种特定的人群都有不同的特点，同一问题可能从研究方法到研究结论都会有较大差异。目前，室内空气品质与热环境对人体健康的影响已有较多的研究成果，而室内声环境和光环境对人员生理影响的成果还比较少，因此，在这两方面还有许多研究工作需要进行。

3.3.3 室内环境与建筑能耗

近年来，对能源消耗和环境影响的关注不断增加，建筑用能是能源消耗的重要部分，而建筑的作用又是为室内人员创造一个舒适高效的室内环境。图 4-3-3反映了我国 2001~2016 年各用能分类的能耗总量逐年变化，可以看出所有建筑类型的能源消耗都是逐年增加的，主要来自于人们对室内环境需求的提高和用能设备的丰富，因此如何协调统一二者的联系与矛盾，就成了现代建筑的研究重点。

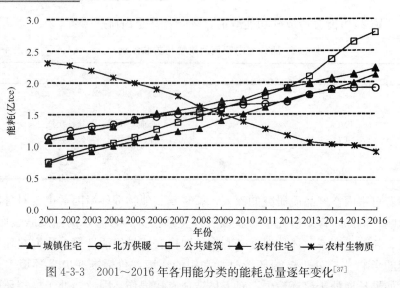

图 4-3-3 2001～2016 年各用能分类的能耗总量逐年变化[37]

要实现室内环境与建筑能耗的平衡，需要从两个方向进行研究：一是确定人体舒适所需要室内环境的环境参数，最理想的状态是通过各种设备的能耗恰好实现人体的舒适，而不是一味地提高环境要求；二是通过一系列主动或被动技术来提高系统能效，实现建筑节能。人体舒适度的研究除了可以提高室内环境的质量，还可以指导建筑节能，例如，如果能确定 25℃ 是某地区人员夏季最满意的温度，那么空调设计温度就可以只设定到 25℃，而不需要降低到 22℃。文献[28] 对有关供冷建筑中环境与节能性研究做了综述。可以发现，其他条件不变的情况下，仅仅改变空调设定温度，就可以实现有效的建筑节能，而设定温度的调整值都是通过室内环境舒适性研究确定。除了热环境，声光环境和空气品质的舒适度研究和综合影响研究也是类似的原理，即适当调整要求，既不影响舒适度，还能实现建筑节能（表 4-3-5）。但目前的研究更多是通过改变设定参数研究能耗变化，没有建立起可靠的关系模型，未来还需要在其深层次联系方面做更多的研究工作。

供冷建筑中的环境与节能性研究　　　　　　　　　　　表 4-3-5

城市	气候区	建筑类型	室内环境变化	节能性
香港	温带季风气候	办公	SST 从 21.5℃ 提升至 25.5℃	制冷能耗降低 29%
Montreal	温带大陆性气候	办公	SST 从 24.6℃ 提升至 25.2℃（9：00～15：00），再提升至 27℃（15：00～18：00）	制冷水能耗减少 34%～40%；空调系统能耗减少 11%
Singapore	亚热带季风气候	办公	SST 从 23℃ 提升至 26℃	制冷能耗降低 13%
Islamabad, Karachi	温带大陆性气候	办公	将 SST 从 26℃ 改为动态室内温度（$T_c = 17 + 0.38 T_o$）	节能潜力 20～25℃

城市	气候区	建筑类型	室内环境变化	节能性
香港	温带季风气候	办公	将 SST 从 24℃改为适应性舒适温度 $(T_c = 18.303 + 0.158T_o)$	制冷盘管能耗降低 7%
Riyadh	热带沙漠气候	办公	由全年固定温度设定（21～24.1℃）改为每月固定温度设定（20.1～26.2℃）	能源费用降低 26.8%～33.6%
Melbourne, Sydney, Brisbane	温带海洋性气候/亚热带季风和亚热带湿润气候	无特定类型	静态（SST 提升 1℃）和动态（由室外环境温度直接响应变化）	暖通空调系统电耗降低 6%（静态）和 6.3%（动态）
Las Vegas	温带沙漠气候	住宅	SST 从 23.9℃提升至 26.1℃（16：00～19：00）	峰值能耗需求降低 69%

注：表中 SST 为设定温度，T_c 为舒适温度，T_o 为室外月平均温度。

另一方面，由于全球气候变暖的影响，未来的建筑能耗方面可能发生巨大变化，首先是夏季温度升高，对于不同地区会产生不同的影响，比如现在夏季需要供冷的地区会造成供冷时间和能耗的增加；而像温和地区甚至是严寒地区，今后也可能会考虑夏季供冷。在既有建筑当中，夏季出现过热的可能性也会增加。而冬季的供暖能耗可能下降，现在国内以燃油燃气供暖为主，其能源供应需求量就会减少，从全年来看会进一步的增大电能供应的需求。因此，冷热电三联供系统就显现出其重要性，为了适应气候变化，系统的运行策略需要与区域的能源规划或能源结构进行综合考虑，由此来满足不同地区的供冷、供热需求[28]。

3.4 技 术 应 用

室内环境的技术应用包括非常广泛，相关的研究成果和工程应用也较多，常见的室内环境技术应用及研究见表 4-3-6，表中列出了各个环境目前比较热门的技术应用研究。但技术研究与应用通常需要因地制宜，因此，技术应用效果及地区适应性同样需要进行研究，例如热环境的各项技术在中国五大气候区的应用方式都有所差异，光环境的天然采光也需要根据光气候分区确定技术应用效果。此外，很多技术与建筑节能密切相关，因此还需要考虑各个技术的节能效益。任何新技术处于研究阶段时，通常成本较高，那么在实际工程应用中，就需要对技术的经济性进行分析，如果有节能效益的技术，还可以从全生命期经济成本进行分析。

常见室内环境技术

表 4-3-6

环境分类	技术名称	文献	研究思路
热环境	围护结构热工性能	[38~41]	提高围护结构的隔热性能，主要为墙体和外窗，从材料本身和新型构造两方面进行利用相变材料实现被动热环境控制屋顶绿化形式和冷屋顶反射材料
	局部热环境	[26，42]	局部热环境的影响因素及相应的改善方法个性化调控技术或设备的研发
	室内气流组织	[43]	结合多种研究方法优化室内气流组织与通风性能，目前应用最广泛的方法是 CFD 模拟，在室内热环境和空气品质两方面都有重要的研究意义
空气品质	自然通风	[44，45]	优化自然通风的建筑设计，研究新的自然通风形式，如太阳能拔风道，呼吸式幕墙等新的自然通风应用，如夜间通风，地道风等
	空气净化	[46]	源头控制：研究有机挥发物含量更少的室内建筑装修装饰材料针对各类污染物，研发新的净化技术与设备
声环境	建筑材料声学性能	[47]	提高外围护结构空气声隔声性能，楼板撞击声隔声性能分析围护结构综合性能，包括隔声隔热等室内吸声材料
光环境	人工照明	[48]	提升照明质量，考虑控制方式、光源布置、减少眩光等营造适宜的室内环境照明
	天然采光	[49]	综合考虑采光与遮阳，包括外窗采光与遮阳构件，优化分析对室内热环境和光环境的影响研发新的采光技术与设备

　　除了常见的室内环境技术的研究，随着计算机与互联网行业的蓬勃发展，现代建筑也进入了信息化和智能化的时代，很多计算机行业的技术可以与室内环境的控制结合起来，如 BIM 技术，大数据，物联网的概念也是进入了建筑行业。最初建筑内的控制系统是为各自的末端服务，例如楼宇自动化系统、消防及报警系统、办公自动化系统等，在智能化建筑中则希望将所有的控制系统整合于一体。从室内环境控制的角度，智能建筑环境控制关键技术如图 4-3-4 所示。智能化控制算法方面，已经有建筑将神经网络技术与模糊逻辑和深度学习算法相结合，称之为所谓的"计算智能"（Computational Intelligence），为了克服 PMV 计算的非线性特征，系统控制的时间延迟和系统的不确定性，一些先进的算法已经包含了模糊适应控制，舒适优化控制和最低能耗舒适控制[50]。

　　此外，一些新型科学技术也可以应用于室内环境与人员舒适度的研究。有学者将虚拟现实技术（Virtual Reality）应用收集居住者的信息，将收集到的信息反馈于建筑设计同时指导人员行为[51]。对室内环境的研究而言，能将该项技术的辅助实验，对室内光环境的研究可以实现巨大的飞跃，在实验室中就可以完成

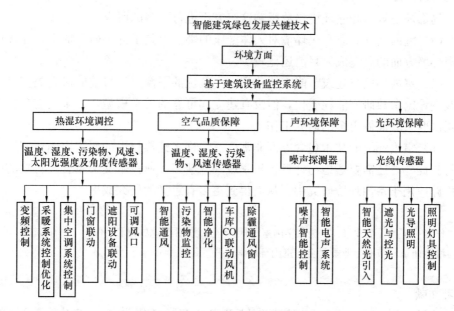

图 4-3-4　绿色智能建筑环境方面关键技术

任意工况的变化；对其他环境，也可以将任意场景下人员对室内环境的判断进行模拟，排出许多心理方面干扰因素。一些现场调研也可以在实验室中完成，例如分析建筑类型对人员满意度判别的影响，在实验室中模拟出办公环境、商店环境、娱乐环境等不同场景，就能够获取实验数据。

3.5　结　　论

建筑可持续发展与室内环境是全世界都非常关注的热门话题，本文将目前绿色建筑与室内环境的研究热点做了一个较为广泛的综述，主要涵盖绿色建筑评价体系的发展，室内环境方向包括了主要的四个方面：热环境，空气品质，声环境和光环境。本文的主要结论如下：

（1）绿色建筑产业迅速发展到了前所未有的新高度，主要发展方向有：新体系构建、工业建筑、既有建筑改造、区域绿色化、健康建筑、近零能耗建筑和智能建筑。

（2）室内热环境评价建立了较为成熟的评价体系，以人体热舒适为评价基础；室内空气品质还需在参数检测准确性和简便性上做更多研究；室内声环境和室内光环境以环境参数作为评价基础，还需与人员舒适性结合建立起更完整的评价体系。

（3）室内环境与人体舒适方面已经进行了大量研究，但还需在多因素综合影响，局部环境舒适和非环境参数影响这三方面进行更多的研究。

（4）室内空气品质和热环境对人体健康的影响得到了许多研究成果，光环境和声环境方面的研究成果目前还比较少。

（5）室内环境与建筑节能需要找到一个最优的平衡点，目前的研究更多是通过改变设定参数研究能耗变化，但没有建立起可靠的关系模型，未来还需要在其深层次联系方面做更多的研究工作。

（6）室内环境的技术包含方面非常广泛，许多经典技术的研究应用还需继续进行。此外，还需要考虑与计算机科学或一些新兴产业技术交叉结合，将新的研究思路应用于室内环境研究中，从而得到更多有意义的研究成果。

作者：丁勇 范凌枭（重庆大学国家级低碳绿色建筑国际联合研究中心，中国城市科学研究会绿色建筑与节能专业委员会 室内环境学组）

参考文献

[1] 中国建筑科学研究院，上海市建筑科学研究院（集团）有限公司. 绿色建筑评价标准：GB/T 50378—2014[S]. 北京：中华人民共和国住房和城乡建设部，2014

[2] 秦佑国，林波荣，朱颖心. 中国绿色建筑评估体系研究[J]. 建筑学报，2007（03）：68-71

[3] Frontczak，M.，Wargocki，P.，2011. Literature survey on how different factors influence human comfort in indoor environments. Build. Environ. 46，922-937

[4] 柳孝图. 建筑物理（第三版）[M]. 北京：中国建筑工业出版社，2010

[5] J. Sundell；H. Levin；W. W. Nazaroff；W. S. Cain；W. J. Fisk；D. T.，2009. Ventilation rates and health multidisciplinary review of the scientific literature. Indoor Air 39，171-187

[6] 王清勤. 我国绿色建筑发展和绿色建筑标准回顾与展望[J]. 建筑技术，2018，49（04）：340-345.

[7] 中国建筑科学研究院，上海市建筑科学研究院（集团）有限公司. 绿色建筑评价标准（征求意见稿）[S]. 北京：中华人民共和国住房和城乡建设部，2018

[8] 上海现代建筑设计（集团）有限公司. 智能建筑设计标准：GB 50314—2015 [S]. 北京：中华人民共和国住房和城乡建设部，2015

[9] 李百战，郑洁，姚润明，景胜兰. 室内热环境与人体热舒适[M]. 重庆：重庆大学出版社，2012

[10] 重庆大学，中国建筑科学研究院. 民用建筑室内热湿环境评价标准：GB/T 50785—2012[S]. 北京：中华人民共和国住房和城乡建设部，2012

[11] 河南省住房和城乡建设厅. 民用建筑工程室内环境污染控制规范：GB 50325—2010（2013 年修订版）[S]. 北京：中华人民共和国住房和城乡建设部，2013

[12] 中国建筑科学研究院. 民用建筑隔声设计规范：GB 50118—2010[S]. 北京：中华人民共和国住房和城乡建设部，2010

[13]　中华人民共和国住房和城乡建设部. GB 50034—2013，建筑照明设计标准 [S]. 2013

[14]　Fanger PO. Thermal comfort：analysis and applications in environmental engineering. Copenhagen：Danish Technical Press；1970

[15]　朱颖心. 建筑环境学(第三版)[M] 中国建筑工业出版社，2010

[16]　De Dear RJ，Brager GS. Developing an adaptive model of thermal comfort and preference. ASHRAE Trans 1998；104：145-67

[17]　Yao，R.，Li，B.，Liu，J.，2009. A theoretical adaptive model of thermal comfort-Adaptive Predicted Mean Vote (aPMV). Build. Environ. 44，2089-2096

[18]　Yousef A H，Mohammed A，Amit K. Occupant productivity and office indoor environment quality A review of the literature [J]. Building and Environment. 2016；105：369-389.

[19]　Li H，Yingxin Z，Qin O. A study on the effects of thermal，luminous，and acoustic environments on indoor environmental comfort in offices [J]. Building and Environment. 2012；49：304-309

[20]　Kang J. Urban sound environment. London：Taylor and Francis Press；2004. p. 73-6

[21]　Li，P.，Froese，T. M.，Brager，G.，2018. Post-occupancy evaluation：State-of-the-art analysis and state-of-the-practice review. Build. Environ. 133，187-202

[22]　Alm O，Witterseh T，Clausen G，Toftum J，Fanger PO. The impact of human perception of simultaneous exposure to thermal load，low-frequency venti-lation noise and indoor air pollution. Proceedings of the 8th International Conference on Indoor Air Quality and Climate，Edinburgh，Scotland 1999；5：270-5

[23]　Astolfi A，Pellerey F. Subjective and objective assessment of acoustical and overall environmental quality in secondary school classrooms. J Acoust Soc Am 2008；123（1）：163-73

[24]　Clausen G，Carrick L，Fanger PO，Kim SW，Poulsen T，Rindel JH. A comparative study of discomfort caused by indoor air pollution，thermal load and noise. Indoor Air 1993；3（4）：255-62

[25]　Wang，Z.，de Dear，R.，Luo，M.，Lin，B.，He，Y.，Ghahramani，A.，Zhu，Y.，2018. Individual difference in thermal comfort：A literature review. Build. Environ. 138，181-193

[26]　Fang，Z.，Liu，H.，Li，B.，Tan，M.，Olaide，O. M.，2018. Experimental investigation on thermal comfort model between local thermal sensation and overall thermal sensation. Energy Build. 158，1286-1295

[27]　Mishra AK，Ramgopal M. Field studies on human thermal comfort-an overview. Build Environ 2013；64：94-106

[28]　Yang，L.，Yan，H.，Lam，J. C.，2014. Thermal comfort and building energy consumption implications-A review. Appl. Energy 115，164-173

[29]　World Health Organization. 2018. https：//www. who. int/zh/news-room/fact-sheets/

detail/ambient-(outdoor)-air-quality-and-health

[30] World Health Organization. 2018. https：//www. who. int/zh/news-room/fact-sheets/ detail/household-air-pollution-and-health.

[31] Yury, B., Zhang, Z., Ding, Y., Zheng, Z., Wu, B., Gao, P., Jia, J., Lin, N., Feng, Y., 2018. Distribution, inhalation and health risk of PM2. 5related PAHs in indoor environments. Ecotoxicol. Environ. Saf. 164, 409-415

[32] Cakmak, S., Dales, R. E., Liu, L., Kauri, L. M., Lemieux, C. L., Hebbern, C., Zhu, J., 2014. Residential exposure to volatile organic compounds and lung function：Results from a population-based cross-sectional survey. Environ. Pollut. 194, 145-151

[33] Dai, H., Jing, S., Wang, H., Ma, Y., Li, L., Song, W., Kan, H., 2017. VOC characteristics and inhalation health risks in newly renovated residences in Shanghai, China. Sci. Total Environ. 577, 73-83

[34] Du, C., Li, B., Cheng, Y., Li, C., Liu, H., Yao, R., 2018. Influence of human thermal adaptation and its development on human thermal responses to warm environments. Build. Environ. 139, 134-145

[35] Ngarambe, J., Lim, H. S., Kim, G., 2018. Light pollution：Is there an Environmental Kuznets Curve？Sustain. Cities Soc. 42, 337-343

[36] 王晗. 住宅室内环境对儿童哮喘的健康风险评估[D]. 重庆大学，2016

[37] 清华大学建筑节能研究中心. 中国建筑节能年度发展研究报告 2018[M]. 北京：中国建筑工业出版社，2018

[38] Aslani, A., Bakhtiar, A., Akbarzadeh, M. H., 2019. Energy-efficiency technologies in the building envelope：Life cycle and adaptation assessment. J. Build. Eng. 21, 55-63

[39] Konuklu, Y., Ostry, M., Paksoy, H. O., Charvat, P., 2015. Review on using microencapsulated phase change materials (PCM) in building applications. Energy Build. 106, 134-155

[40] Kenisarin, M., Mahkamov, K., 2016. Passive thermal control in residential buildings using phase change materials. Renew. Sustain. Energy Rev. 55, 371-398

[41] Zinzi, M., Agnoli, S., 2012. Cool and green roofs. An energy and comfort comparison between passive cooling and mitigation urban heat island techniques for residential buildings in the Mediterranean region. Energy Build. 55, 66-76

[42] Udayraj, Li, Z., Ke, Y., Wang, F., Yang, B., 2018. A study of thermal comfort enhancement using three energy-efficient personalized heating strategies at two low indoor temperatures. Build. Environ. 143, 1-14

[43] Chen, Q., 2009. Ventilation performance prediction for buildings：A method overview and recent applications. Build. Environ. 44, 848-858

[44] Nomura, M., Hiyama, K., 2017. A review：Natural ventilation performance of office buildings in Japan. Renew. Sustain. Energy Rev. 74, 746-754

[45] Kenisarin, M., Mahkamov, K., 2016. Passive thermal control in residential buildings u-

sing phase change materials. Renew. Sustain. Energy Rev. 55，371-398

[46] 李睦，卜钟鸣，莫金汉，张寅平. 我国空气净化器标准存在的问题及相关思考[J]. 暖通空调，2013，43(12)：59－63＋140

[47] Garg，N.，Kumar，A.，Maji，S.，2013. Significance and implications of airborne sound insulation criteria in building elements for traffic noise abatement. Appl. Acoust. 74，1429-1435

[48] Chew，I.，Karunatilaka，D.，Tan，C.P.，Kalavally，V.，2017. Smart lighting：The way forward? Reviewing the past to shape the future. Energy Build. 149，180-191.

[49] Matteo Iommi.，2019 Daylighting performances and visual comfort in Le Corbusier's architecture. The daylighting analysis of seven unrealized residential buildings. Energy Build. 184，242-263.

[50] Dounis，A.I.，Caraiscos，C.，2009. Advanced control systems engineering for energy and comfort management in a building environment-A review. Renew. Sustain. Energy Rev. 13，1246-1261

[51] S. Niu，W. Pan，Y. Zhao，A virtual reality integrated design approach to improving occupancy information integrity for closing the building energy performance gap, Sustain. Cities Soc. 27 (2016) 275-286

4 绿色医院建筑发展情况与未来展望

4 Professional academic group of green hospital building

我国自 2006 年颁布《绿色建筑评价标准》GB/T 50378—2006 起，于 2008 年开始进行标识评价工作，2008～2016 年间所有医院建筑均按《绿色建筑评价标准》进行评价，2016 年《绿色医院建筑评价标准》GB/T 51153—2015 正式执行后，多数省份执行该标准对医院建筑进行标识评价工作。

4.1 绿色医院建筑标识项目总体情况

4.1.1 设计标识多运行标识少

截至 2019 年 1 月，全国已评出 167 项绿色医院建筑标识项目，其中设计标识 160 项，运行标识 7 项。160 项绿色医院建筑设计标识项目中一星级总计 44 项，二星级总计 100 项，三星级总计 16 项。而 7 项绿色医院建筑运行标识中 7 项皆为二星级。如图 4-4-1 所示。

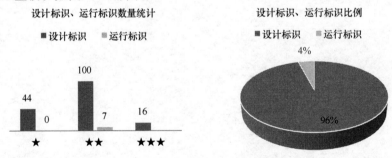

图 4-4-1　我国绿色医院项目数量统计

从全国已取得绿色医院建筑星级标识的项目统计来看，目前绝大部分项目仅取得绿色星级设计标识，取得星级运行标识的项目占比偏低，从中反映出目前医院的部分管理者对设计阶段比较重视，忽视了后期运营效果，而运行阶段才是绿色医院建筑的核心体现，让医患人员能体验到良好的室内环境、便捷的医疗流程、智能化、节能效果和室外环境等诸多优点，如果绿色医院建筑仅停留在图纸上，缺乏医患人员的良好体验和感知，将不能形成对绿色医院建筑的"好口碑"，使绿色医院建筑创建变成了一种"空中楼阁"，看得到摸不着，从行业发展来看，将对绿色医院建筑的后续发展产生不利影响。

医院在运行环节主要依靠后勤管理团队，不同的医院后勤管理技术力量参差不齐，普遍现象是各专业工程师配备不齐，还是传统运营思维，不能把绿色医院建筑运行管理思路形成系统化的管理制度，以及后勤管理人员能够落地的各项管理操作规程，使各项系统有效运行起来，导致前期建设投入了很多成本使用的各项先进节能技术和系统不能达到设计效果预期，很多"亮点"形成了"摆设"，不能让医患人员体会到绿色医院建筑带来的良好体验。

4.1.2　地区分布不均与咨询机构缺乏

167项绿色医院建筑标识项目分布在安徽、北京、福建、甘肃、广东、广西、贵州、海南、河北、河南、湖北、湖南、吉林、江苏、江西、青海、山东、山西、陕西、上海、天津、云南、浙江、重庆24个省、直辖市、自治区内，由于经济发展水平、气候条件等因素，江苏、广东、山东等省市绿色医院建筑标识项目数量和项目面积较多（图4-4-2）。

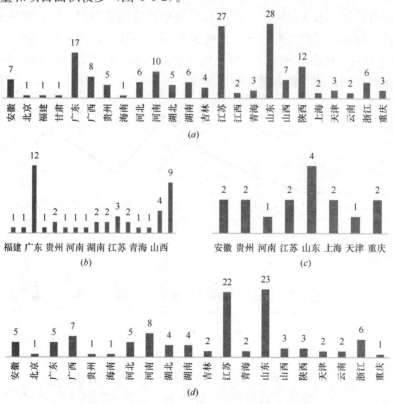

图 4-4-2　各省不同星级绿色医院建筑项目统计
（a）各省绿色医院数量统计；（b）各省★绿色医院数量统计；（c）各省★★★绿色医院数量统计；（d）各省★★绿色医院数量统计

由于绿色医院建筑的创建是近几年才发展起来，目前很多咨询机构都是绿色建筑咨询机构兼做绿色医院建筑咨询，因对医院建筑功能特点不专业，与设计单位的配合脱节，只能提供"对标"服务，主要做资料的编制与申报工作，对项目的设计、成本、施工与运行管理指导无实质帮助，导致院方仅仅获得一个不能落地的星级标识。

而专业绿色医院建筑咨询机构因对医院建筑功能特点的研究和经验积累，各专业咨询工程师能对设计、施工和运行全过程提供"控标"服务，依据绿色医院建筑评价标准对项目设计指导与投资分析、施工指导与运行管理指导，使院方获得一个真正能运行效果良好的绿色医院建筑。

目前市场上专业绿色医院建筑咨询机构不多，很多咨询机构鱼龙混杂，而院方的管理者在创建星级医院建筑的过程中，因对这个领域的不了解，很难选到帮院方实现项目绿色星级创建目标的专业绿色医院咨询机构，这也是制约行业发展的因素之一。

4.1.3 标准变更带来项目数量波动

从项目数量上来看，2010～2015 年，绿色医院建筑标识项目数量快速增长，由于新医院标准《绿色医院建筑评价标准》GB/T 51153—2015 于 2016 年执行，2016 年作为新旧标准过渡时期，绿色医院数量出现下降。2016～2018 项目数量基本上呈线性增长的态势（图 4-4-3）。

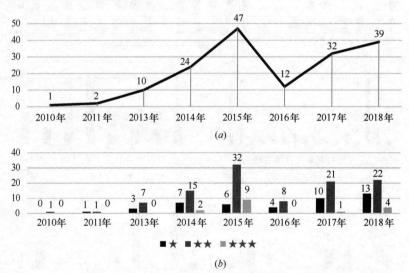

图 4-4-3 2010～2018 年绿色医院项目逐年统计

(a) 2010～2018 年绿色医院逐年数量统计；(b) 2010～2018 年绿色医院各星级逐年数量统计

原有绿色医院建筑的评价是依据《绿色建筑评价标准》GB/T 50378—2014，

但由于医院建筑的特殊性：如安全性能要求高，能耗种类多，能耗明显高于一般公共建筑，医疗流程复杂及运行管理复杂等特点，为了更适合绿色医院建筑的评价，国家出台了《绿色医院建筑评价标准》GB/T 51153—2015，该标准遵循我国绿色建筑评价体系，重点突出医院建筑的特色性，体现过程控制，同时将系统性和可操作性相结合。该标准的出台有利于绿色医院建筑的专业化蓬勃发展。

4.1.4 三星级绿色医院数量过低

由于全国多地区从 2014 年起公共建筑强制执行一星级绿色建筑标准，多地区不再进行申报，所以一星级绿色医院建筑标识数量较少。而 167 项绿色医院建筑标识中，仅 16 个三星级绿色医院建筑标识，只占目前全国所有绿色医院建筑标识的 9.6%，且集中在安徽、贵州、河南、江苏、山东、上海、天津、重庆 8 个省市（表 4-4-1）。

2010～2018 年三星级绿色医院建筑标识统计　　表 4-4-1

序号	年份	批次	项目名称	申报单位	面积（万 m²）	地区
1	2014 年	第 04 批	贵州省贵阳市息烽县人民医院综合住院大楼	息烽县人民医院、贵阳建筑勘察设计有限公司、重庆海润节能研究院	2.36	贵州
2	2014 年	第 14 批	第二军医大学第三附属医院上海安亭院区一期工程	中国人民解放军第二军医大学东方肝胆外科医院、上海建筑设计研究院有限公司、上海东方延华节能技术服务股份有限公司	19.17	上海
3	2015 年	第 06 批	安徽省马鞍山市秀山新区医院工程（一期）	马鞍山市重点工程建设管理局、中国中元国际工程有限公司、重庆海润节能研究院	9.41	安徽
4	2015 年	第 09 批	安徽医科大学第一附属医院高新分院医疗综合楼	安徽医科大学第一附属医院，深圳市建筑设计研究总院有限公司、安徽省安泰科技股份有限公司、中国建筑科学研究院建筑设计院	30.70	安徽
5	2015 年	第 06 批	河南省安阳市人民医院整体搬迁一期	安阳市人民医院、重庆海润节能研究院、华东建筑设计研究院有限公司	27.96	河南
6	2015 年	第 07 批	溧阳市人民医院规划及建筑设计工程项目	溧阳市人民医院、华东建筑设计研究院有限公司	18.67	江苏
7	2015 年	第 10 批	南京河西地区综合性医院（河西儿童医院）	南京市河西新城区国有资产经营控股（集团）有限责任公司、南京河西新城区开发建设指挥部、南京市建筑设计研究院有限责任公司、江苏省绿色建筑工程技术研究中心有限公司	20.85	江苏

续表

序号	年份	批次	项目名称	申报单位	面积 （万 m²）	地区
8	2015 年	第 11 批	上海交通大学医学院附属瑞金医院肿瘤（质子）中心	上海交通大学医学院附属瑞金医院、华东建筑设计研究院有限公司技术中心、上海现代华盖建筑设计研究院有限公司	2.67	上海
9	2015 年	第 07 批	中新天津生态城天津医科大学生态城代谢病医院	中新天津生态城房地产登记发证交易中心、天津生态城绿色建筑研究院有限公司、中国中元国际工程公司	6.90	天津
10	2015 年	第 10 批	重庆市渝北区人民医院三级甲等医院建设项目门诊医技楼、住院综合楼 A、住院综合楼 B	重庆市渝北区人民医院、悉地国际设计顾问（深圳）有限公司、重庆海润节能研究院	15.46	重庆
11	2015 年	第 10 批	重庆市巫山县中医院江东新区分院建设一期	巫山县中医院、重庆海润节能研究院、重庆大学建筑设计研究院	2.86	重庆
12	2017 年	山东省 第 11 批	滨州市博兴县人民医院新址迁建工程门诊医技病房综合楼	博兴县人民医院、山东同圆设计集团有限公司、重庆海润节能研究院	9.13	山东
13	2018 年	贵州省 第 05 批	黔南州中医医院新院区建设项目 2 号～6 号楼	贵州省黔南布依族苗族自治州中医医院、重庆海润节能研究院、华晨博远工程技术集团有限公司	28.86	贵州
14	2018 年	山东省 第 02 批	聊城中澳国际合作医院	聊城东华实业有限公司、重庆海润节能研究院、山东华科规划建筑设计有限公司	26.66	山东
15	2018 年	山东省 第 03 批	滨州市博兴县中医院门诊医技病房综合楼	博兴县中医院、山东省建筑设计研究院、重庆海润节能研究院	6.25	山东
16	2018 年	山东省 第 07 批	淄博市妇幼保健院（淄博市第三人民医院）新院区门诊医技病房综合体	淄博市妇幼保健院、淄博市建筑设计研究院	13.00	山东

4.2　绿色医院建设发展前景分析

4.2.1　绿色医院是我国长远目标

（1）政策方针指导

在 2015 年第 21 届联合国气候变化大会上，习总书记庄严地向全世界宣告，中国将以绿色建筑、绿色交通来应对气候问题。

十九大上，我国正式确定将绿色发展作为长远目标，坚持习总书记所提出的"加强生态文明体制改革，建设美丽中国"思想，走可持续发展道路。而其中的重头戏就是建立绿色的生产和生活方式，绿色的生产及生活离不开建筑，而绿色建筑正是有力支撑。

2017年，在国家经济工作会上，习总书记明确宣布我们要打好三场硬仗，其中一场就是关于环保的蓝天白云保卫战。习总书记在工作会上强调，打好环保战的根本问题就是如何解决新能源城市的建设问题。使用可再生能源的绿色医院建筑在这场对蓝天白云的保卫战中，必定将发挥决定性作用。

医院建筑作为与人民生活息息相关的公共建筑，绿色医院是必然趋势。只有建设绿色医院、使用绿色医院，才能在医院能源节约和污染的控制占据主动。对于绿色医院建筑行业而言，这将是一个大机遇。

（2）"十三五"规划明确

2016年，《国民经济和社会发展第十三个五年规划纲要》获表决通过并正式发布，明确要求"实施建筑能效提升和绿色建筑全产业链发展计划"。为进一步落实规划纲要要求，住房和城乡建设部随后印发《住房城乡建设事业"十三五"规划纲要》。"绿色低碳、智能高效"是该文件提出的六大原则之一，要求走绿色优先、集约节约、高效便捷、特色彰显的城镇化发展之路，要求建设绿色城市，发展绿色建筑、绿色建材，大力强化建筑节能。在"十二五"期间《绿色建筑行动方案》到2015年末20％的城镇新建建筑达到绿色建筑标准要求的基础之上，纲要为"十三五"时期设定了到2020年城镇新建建筑中绿色建筑推广比例超过50％的主要目标。纲要提出"全面推进绿色建筑发展"，以下几点涉及医院建设。

① 实施绿色建筑推广目标考核管理机制，建立绿色建筑进展定期报告及考核制度。

② 加大绿色建筑强制推广力度，逐步实现东部地区省市全面执行绿色建筑标准，中部地区省会城市及重点城市、西部地区重点城市强制执行绿色建筑标准。

③ 强化绿色建筑质量管理，鼓励各地采用绿色建筑标准开展施工图审查、施工、竣工验收，逐步将执行绿色建筑标准纳入工程管理程序。

④ 完善绿色建筑评价体系，加大评价标识推进力度，强化对绿色建筑运行标识的引导，加强对标识项目建设情况的跟踪管理。

⑤ 推进绿色建筑全产业链发展，以绿色建筑设计标准为抓手，推广应用绿色建筑新技术、新产品。

⑥ 在建造环节，加大绿色施工技术和绿色建材推广应用力度，在建筑运行环节推广绿色运营模式，发展绿色物业。

4.2.2 以医院使用者视角创建新标准体系

（1）以使用者为核心

根据住房和城乡建设部工作要求，中国建筑科学研究院等单位于 2018 年 2 月启动了《绿色建筑评价标准》GB/T 50378 修订工作。《绿色医院建筑评价标准》GB 51153 是以《绿色建筑评价标准》GB/T 50378 作为母标准，后续也将会同步升级及提升。

新标准的修订思路主要贯彻以人为核心，从使用者视角设计新的评价指标体系，更加凸显医院建筑的安全、耐久、便捷、健康、宜居、节约等内容。

从全生命期角度，标准在现存主要阶段的基础上再细分深入，为设计阶段的施工图审查、施工阶段的竣工验收、运行阶段的检测、调试等重点环节和工作提供支持。从性能要求角度，在现有规定基础上进一步提高指标和发展延伸，由节能提高到被动式超低能耗，由室内外环境提高到人员身心健康，使建筑绿色性能更加提升和丰富。

（2）内涵及品质双提升

新标准的修订要求，绿色医院建筑的评价将放到建筑工程竣工验收后进行，将促使我国绿色医院建设不仅仅停留在设计阶段，将实际的绿色医院技术落实到实际项目中。标准在促进绿色技术措施落地的前提下，还将提高绿色建筑的运行实效，促使医院建筑在建设、运行过程中都充分汲取建筑科技发展过程中产生的新技术、新理念。

标准目前的技术内容主要针对建筑设计、施工、运行等主要阶段，对于建筑全生命期内的建材产品生产、室内装饰装修、建筑改扩建、拆除回收等也有所体现并将加强。对于标准所涉及的多个环节、多方面技术也可进一步有机集成，形成产业新的增长点，如兼具节材、节地、绿色施工等效果的装配式建筑。更进一步，标准所涉及技术还可带动和融入相关行业产业创新，如多项技术所需开展的模拟均可借助 BIM 及其平台和工具实现，实现信息产业与建筑业的深度融合；又如标准提出的质量、环境、职业健康安全、能源管理体系等要求。

4.2.3 绿色意识普及推广

未来中国绿色医院建筑的发展，必然是按"浅绿→深绿→泛绿"的轨迹发展。浅绿阶段关注的是技术的堆砌，对技术的效果和经济性关注不够。深绿阶段则在技术应用上开始认真研究适用性问题，设计单位开始注重对技术的掌握和了解，整个建筑系统的绿色和节能逐渐真正地显现出来。在泛绿阶段，绿色理念将融入规划、设计、施工、运营、管理、个人行为和政策等各个方面。

绿色医院的建设绝不是某一人或单方面行为，而是一个多方集成合作的成果；也不是绿色医院一旦建成就结束，需要全生命周期的绿色，才能称作一个绿色医院建筑项目。在医院全生命周期内涉及人，已经逐步具有绿色意识，这是一个绿色医院建设非常关键而有效的因素。

（1）绿色医院建设者

医院的建设者通常包括：建设方、代建方、监理方和施工方。其中，建设方是主体，在项目建设过程中，始终是决策者和总协调人。医院的建设者在医院项目立项、定位、实施上起到至关重要的作用。绿色医院建设者负责统筹管理，调动参建人员绿色建设与管理的积极性。

规划设计阶段的决策者要拥有绿色意识、绿色责任和绿色决心，设计方案的完善阶段，是对建设方决策层绿色意志的检验。建设方多数时候也是医院的未来使用方，可以站在临床、全院、医院未来发展的角度思考问题，站在绿色发展的社会大背景来思考问题。

落实到图纸中的绿色技术，在实施过程中就需要建设方、监理方、施工方，各占一方，各尽责守，相互监督，同心协力，确保优质的建筑质量，确保全生命周期的绿色。

（2）绿色医院设计者

医院设计师区别于其他民用建筑设计师，设计方案从建筑美观、医疗流程、医疗布局、人流、物流和交通流的布局等要素都要按照医院特殊要求来进行。医院设计师更需要有绿色医院建筑设计的意识。是否真正为绿色建筑，远不是以上要素所能涵盖的。

合格的绿色医院建筑设计师通常从医护人员和病人要有良好的体验感受出发；启用运行管理过程中要节能、环保、低碳；整体环境要美观、和谐；整个建筑用材和设备要安全、耐用、便于维护；建筑智能化满足医院发展要求。

中国的医院建设正经历前所未有的高速发展，部分医院领导者与建设管理者在不具备绿色意识的情况下，设计师应如何超前引导，也至关重要。

（3）绿色医院运维者

高品质的绿色医院建筑启用后，如何才能在运行过程中始终保持着绿色本质，医院运维人员是关键。多数医院项目到了运行阶段，绿色建筑部分功能不能正常发挥，甚至基本功能丧失殆尽，最后导致绿色建筑而不"绿"。所以，应该让懂"绿色"的人来维护绿色建筑，绿色医院运行维护应从点滴做起，才能让它始终保持绿色的性能，发现问题及时解决，确保所有设备能正常运行。

（4）绿色医院使用者

绿色医院的使用者，除医院领导者、管理者外，还有医护工作者及病患、家属。如今，全国大力倡导绿色建筑的今天，多数医护工作者获得了学习绿色医院知识的机会，医院内也常年开展部门能耗核算等评比工作，促使医护工作者拥有绿色意识，从点滴生活小事做起，保持行为绿色；甚至多数人还充当绿色宣传员，向病患及病患家属宣传绿色建筑的使用及优势。

4.3 绿色医院发展未来趋势

由于绿色医院涵盖内容范围太广，所以目前国内外尚无统一定义，但对绿色医院比较普遍的提法是包括四个方面：绿色医院建筑、绿色医疗、患者安全、医患和谐。本文仅针对"绿色医院建筑"的发展趋势展开探讨。

4.3.1 绿色医院创建向更务实方向发展

绿色医院在前期发展中，存在比较普遍的问题是：为了达到绿色标准的要求去"凑分数"，简单地将各种节能技术进行堆砌，导致前期投资高，后期出现部分节能技术措施不适用、运行效果不理想或能耗偏高等问题。目前在绿色医院创建中，医院的业主单位在专业咨询机构的帮助下，会更理性地依据项目功能需求、当地气候特点、运营效果和投资预算来确定目标星级，对各种节能技术进行建筑全寿命可行性分析，使各种节能技术围绕绿色医院的最终运营效果来有机结合，推动绿色医院向更务实的方向发展。

4.3.2 施工及运维验证医院是否绿色

前期的绿色医院建设，大部分项目重视设计阶段的绿色达标，还是传统的施工及运行管理，各环节产生的漏斗效应最终导致了绿色医院的各种优点和效果体现不充分，被称为"浅绿"。现在绿色医院的建设趋势是在前期设计阶段绿色达标的基础上，强化绿色施工、绿色运维，真正形成绿色医院建筑创建的全寿命周期覆盖与管控。

（1）绿色设计与绿色施工

绿色设计阶段不是简单的"对标"，不是让图纸通过专家评审就达到目的了，而是需要专业的绿色医院建筑咨询机构和医疗工艺流程咨询机构的参与，使设计图纸在建筑本身层面和医疗工艺流程需求上达到绿色医院建筑标准的要求，为绿色医院建筑的创建奠定坚实基础。

在前期绿色设计的基础上，要狠抓绿色施工。首先严格按图施工，对涉及绿色医院建筑标准要求的变更，在专业绿色医院建筑咨询机构的帮助下充分论证，再做决策，防止在设计图纸这个源头上偏移。其次，对采购的各项材料和设备严格审核，不满足绿色医院建筑标准参数要求的设备材料坚决杜绝。最后，施工过程本身要满足绿色施工的要求，施工现场的"四节一环保"要落实到日常施工过程中。施工过程的规范是绿色施工能落地的保障。

（2）专业医院运行维护模式

我国医院后勤服务工作虽起步较晚，发展却十分迅速。1992年开始出现内部承包制，即医院内部自行成立后勤服务系统，并依照企业的管理模式进行管理，管理能力及服务水平有明显提升。在1995年，社会化企业开始进入医院后勤服务领域，医院将部分工作，如医院锅炉房、被服清洗、卫生清洁、维修、警卫等交由社会上具有资质的企业负责，这一改革极大促进了医院后勤服务能力及后勤服务质量的整体提升。

绿色医院的运行维护就是对建筑实施管理的阶段，管理则是实现建筑运行节能的关键因素。管理既包括对设备、系统的管理，还包括对室内人员的管理。所制定的管理制度也需兼顾控制策略与室内人员需要，在确定以何种方式实现节能的同时，不以牺牲人们的健康、安全、舒适为代价。

后期运营管理，积极推动社会化外包，依靠各专业分包对医院各系统进行运营管理，外部专业机构去建立各子系统的运行管理制度和操作手册，达到系统使用效果参数要求，院方的管理团队只需要做好监督和考核管理，确保绿色医院建筑的运营管理达到标准要求。

（3）智慧运维

随着信息化与工业化、城镇化、传统产业快速融合发展，绿色建筑的"智能化"正在到来，要在建筑实际运行一两年后，实际考察其耗电量、居住舒适度等指标，最终根据使用效果产生一个清晰的评估，用这种方法指导医院运行维护就会变得简单得多，也会使建筑更加节能和绿色。

《绿色医院建筑评价标准》中的运行管理章节、创新加分项，有条文提出了智能管理的要求，如表4-4-2所示。

《绿色医院建筑评价标准》GB 51153—2016中对智能运行的要求　　表4-4-2

条文编号	条文内容
9.2.6	根据功能需要制定科学、合理的设施、设备运行计划，并贯彻实施
9.2.7	建筑是能和系统定位合理，网络功能完善，除满足医疗服务的需求之外，还能对设施、设备的运行情况进行监控
10.2.3	应用建筑信息模型（BIM）技术，进行设计、施工、运行管理

之前受制于技术发展水平，数据获取困难，建筑节能管理定量化很难实现。随着技术的发展，借助大数据技术实现建筑的数字化，然后在数字化的平台上可做好一些定量的、深入的分析管理工作，使得语言的运行维护变得更高效。

互联网、大数据与医院管理融合，将产生建筑节能、绿色运行的创新模式。医院建筑运行管理如果通过数据公开与共享，融合成互联网大数据，让信息数据在市场中流动起来，也将会产生爆点。

4.3.3　个性化、地域性的绿色医院建设

国家在颁布《绿色建筑评价标准》GB 50378—2014 同时，提倡各个地区依据实际情况出台适宜的地方绿色建筑标准，有条件的区域出台对应的绿色医院建筑评价标准。

（1）个性化、地域性绿色医院的定义

个性化，顾名思义，就是非一般大众化的东西。在大众化的基础上增加独特、另类、拥有自己特质的需要，独具一格，别开生面。当今的医院建筑需求，不再是一成不变的，按部就班的建筑需求，医院的类型从综合医院、专科医院到康复医院，每种类型的医院的需求千差万别。就算同是综合医院，也有二级、三级，甲等乙等之分。医院对的建筑布局、能耗、医疗流程、用水、材料、建筑结构的需求都需要根据每个医院的实际情况及未来发展，个性化、定制化策划设计。

地域性，则是指在设计中运用地方形式和地方材料创造与当地的人文历史、自然环境、技术经济条件等相适应。地域建筑的设计注重文化、风土人情、地域自然气候。在我国，湘西的吊脚楼、广州的骑楼、客家的围屋、游牧民族的蒙古包、徽派建筑、江南民居，无不反映了我国建筑文明的地域性。这些不同地域的建筑适应当地的气候条件，渗透当地独特的历史文化，符合人居习性和行为模式，创造出宜人的宜居环境和强烈地域特征的建筑形态[1]。医院更应该建造符合当地地域性特色的绿色医院建筑。

（2）个性化、地域性绿色医院的关键因素

在和重庆、甘肃、江西等地方《绿色医院建筑评价标准》的主编单位交流过程中了解到，标准的编制既参考国标，又考虑地方特色。如，重庆市不适宜自行车骑行，则标准编制过程中取消自行车停车措施条款。甘肃省常年降雨量过低，雨水收集利用系统几乎起不到作用，于是在节水章节，取消了雨水收集等部分的要求。江西省属于不缺水地区，则对于节水章节的权重，相应降低。地域特点的重要差异来自于地形、气候、资源因素的差异。

重庆市绿色建筑评价分为设计、竣工、运行三个评价阶段，在编制绿色医院标准过程中，还与重庆市绿色建筑评价标准相统一，增加施工管理章节。在贵州遵义红色文化区域建设的医院，建筑外形也应该与周边相统一。地域的差距也体现在地域文化的差距，医院的建设应符合当地文化特殊性。

未来的绿色医院不应该是固定死板的医院，而应该是可持续的个性化地域性绿色医院建筑。

4.4　小　　　结

创建绿色医院建筑是未来的必然趋势，是国家政策和标准的强制要求，符合

国家"民生优先"和"大健康战略"的政策方向,也是顺应社会发展对医疗建筑品质要求不断提高的趋势,为院方节约后期能耗和运营维护成本,提高医院的盈利能力,还能获得国家和地方补贴资金,减少增量投资。为医患人员创造一流的医疗环境,影响就医人群的选择,提升医院品牌的竞争力和影响力。

作者: 童学江[1,2]　许蜀榕[2]　丁艳蕊[2](1. 中国绿建委绿色医院建筑专业学术小组;2. 重庆海润节能研究院)

参考文献

[1]　周晓艳、刘敏,地域性绿色建筑:建筑与当地自然环境和谐共生[J],生态经济,2010(8):188-192

5 国内外绿色建筑检测技术发展现状及展望

5 The development status and prospect of green building inspection technology at home and abroad

在 1992 年召开的联合国环境与发展大会上，"绿色建筑"一词被明确提出。自此以来，西方发达国家开始着手建立起绿色建筑评价体系。目前全球绿色建筑评价体系主要包括《绿色建筑评价标准》GB 50378—2014、美国绿色建筑评估体系（LEED）、英国绿色建筑评估体系（BREE-AM）、日本建筑物综合环境性能评价体系（CASBEE）、法国绿色建筑评估体系（HQE）。此外，还有德国可持续建筑认证体系 DGNB、澳大利亚的建筑环境评价体 NABERS、加拿大 GB Tools 评估体系以及新加坡绿色建筑标识认证计划 GREEN MARK 等。

绿色建筑评价体系促进了绿色建筑技术的实施与推广，我国也从"十五"开始组织实施"绿色建筑关键技术研究""城镇人居环境改善与保障关键技术研究"等国家科技支撑计划项目，在节能、节水、节地、节材和建筑环境改善等方面取得了一大批研究成果。检测作为绿色建筑评价工作必不可少的环节，是验证绿色建筑技术实施情况的重要手段。绿色建筑检测技术的发展对于推动及促进绿色建筑的健康发展至关重要。

5.1 国内绿色建筑检测技术现状

5.1.1 绿色建筑检测标准

截至 2018 年，我国绿色建筑相关的国家标准共计 21 部，其中检测标准仅有 1 部中国城市科学研究会标准《绿色建筑检测技术标准》CSUS/GBC 05—2014。编制绿色建筑检测地方标准的也仅有上海市、重庆市、吉林省、江苏省以及广西壮族自治区等 5 省市。

与绿色建筑检测技术相关的其他现行标准规范，如《民用建筑工程室内环境污染控制规范》GB 50325—2010、《声环境质量标准》GB 3096—2008、《居住建筑节能检测标准》JGJ/T 132—2009、《公共建筑节能检测标准》JGJ/T 177、《照明测量方法》GB/T 5700 等，在部分参数的检测方法上缺乏对于绿色建筑的针对性以及适用性，需要经过改进后才能用于绿色建筑检测。

《住房城乡建设部建筑节能与科技司 2018 年工作要点》明确要推动新时代高质量绿色建筑发展。引导有条件地区和城市新建建筑全面执行绿色建筑标准，扩大绿色建筑强制推广范围，力争到今年底，城镇绿色建筑占新建建筑比例达到40%。进一步完善绿色建筑评价标识管理，建立第三方评价机构诚信管理制度，加强对绿色建筑特别是三星级绿色建筑项目的建设及运行质量评估。《绿色建筑评价标准》修订工作已基本完成，形成了征求意见稿，新标准紧扣社会主要矛盾变化，更新绿色建筑评价体系。与新时代人民美好生活需要相统一，体现"以人民为中心"的基本理念，创新地提出了以"安全耐久、服务便捷、舒适健康、环境宜居、资源节约"为基础的绿色建筑评价新体系。

在这样的背景下需要编制新的国家或行业标准以及地方标准指导绿色建筑检测工作。

5.1.2 绿色建筑检测技术

绿色建筑的检测涉及多个学科及领域，检测项目包含室外环境检测（物理、化学）、室内环境检测（物理、化学）、围护结构热工性能检测、暖通空调系统检测、给排水系统检测、供配电与照明系统检测、可再生能源系统检测、监测与控制系统性能测试、建筑年采暖空调能耗和总能耗监测九大项，各项参数的测试均可按照现行的相关标准方法进行，从技术角度可以满足绿色建筑评价工作的需求。

5.1.3 绿色建筑检测设备

目前的绿色建筑检测工作，主要是针对各项参数通过采用不同类型的检测仪器仪表分别测试，如声级计、$PM_{2.5}$测试仪、太阳能测试仪等。相应检测仪器的功能单一，通常一种仪器仅能检测一个参数，因此现场检测工作就需要检测人员携带大量的专用检测设备，分别操作众多的检测仪器，人员投入大，检测效率低。

有相关机构针对检测参数众多的情况，进行了集成设备的研发，通过分布式通用型检测模块对多参数进行检测并的进行数据上传集中处理，在一定程度上提高了检测效率。但是多种检测模块的集成可能会带来不同传感器的干扰。而有些设备采用较少的参数集成，或是解决了某些传感器的干扰，特别是物理参数的测试会有较高的精确度，可以满足检测工作的需求。而对于化学参数，由于受到检测方法以及电化学法仪器精度的限制，目前实现兼顾便携性和精度还很有挑战性。

5.1.4　绿色建筑检测研究工作取得的进展

针对目前国内绿色建筑检测标准相对滞后的情况，中国工程建设标准化协会标准《绿色建筑检测技术规程》已启动编制工作，目前已完成征求意见稿。新标准与新修订的《绿色建筑评价标准》相适应，建立起更加系统全面的绿色建筑检测技术体系，更科学合理的支撑绿色建筑评价工作。同时标准中也兼顾了其他类型的绿色建筑（绿色工业建筑、绿色办公建筑、绿色医院建筑等）、既有绿色建筑改造中相关项目的检测。

（1）标准特点

① 明确了检测项目的抽样数量

目前，在绿色建筑检测工作过程中碰到抽样数量不明确的问题，给从事绿色建筑检测的人员带来了一定的困惑。一些项目如果按照现有的标准进行抽样就会导致检测数量过多，不仅检测周期会延长，检测成本也会随之增加，这对于推动我国绿色建筑的发展是不利的，与我国发展绿色建筑的理念也是相违背的。

在《标准》中，针对绿色建筑的特点，从经济性、科学性以及可操作性方面综合评估绿色建筑的检测抽样数量问题，并且对各种检测项目参数明确合理的抽样数量和降低抽样数量的方法原则，使绿色建筑检测有据可依，同时又不至于增量成本太高。

② 明确了检测项目的具体检测指标

检测指标是评价检测参数的重要组成部分，选择的检测指标太多容易造成检测费用过高，指标太少无法正确评价检测对象，因此要根据绿色建筑的特点，明确相关检测参数的检测指标。

在现有绿色建筑检测活动中，碰到的最大问题就是室外空气质量指标，污水排放指标以及中水水质指标等均不明确。因为现有的规范并没有说明针对绿色建筑需要进行以上项目所包含的哪些指标的检测。在《标准》的编制过程中，着重考察绿色建筑中污染源排放特点以及水质处理工艺和使用要求，明确绿色建筑中应该检测的指标内容，以达到降低检测成本并且合理评价绿色建筑的目的。

③ 明确了检测项目的检测工况

检测工况是评判检测结果的基础，选择合适的检测工况，对于检测参数的评价具有重要意义。目前现有检测标准中所规定的检测工况对于绿色建筑存在着不适应性。在《标准》中依据绿色建筑实际运营特点，明确各种参数的检测工况要求，使检测结果具有评价的依据。

④ 增加了绿色建筑新产品和新技术的检测方法

绿色建筑的理念为"四节一环保"，在绿色建筑推进过程中，涌现了大量的节能环保产品和绿色生态技术，并且其中的大部分在绿色建筑中应用甚广。这些节能产品和技术使用效果如何，必须要做进一步的检测和验证，但目前绿色建筑中的很多产品和技术并无相关检测方法，如热岛强度等。在《标准》编制过程中，通过现有的技术研究基础，提出了利用无人机测试热岛强度的方法，并且在实际项目进行实践，以达到检测和验收的目的。

（2）标准的技术水平、作用和效益

① 标准的技术水平

本《标准》编制组结合绿色建筑评价所需的各项指标及目前我国绿色建筑检测发展的实际情况，全面总结了我国近年绿色建筑评价过程中所存在的问题和经验，借鉴了国外先进技术与相应规范，并在编制过程中开展了相关专题研究，取得了相应的研究成果并应用于规范条文编写，更加全面系统的提出和规范了绿色建筑运营评价检测所涉及的检测方法。《标准》主要技术指标设置合理，能满足绿色建筑评价工作的需要，操作适用性强，对中国城市科学研究会标准《绿色建筑检测技术标准》CSUS/GBC 05—2014 进行了补充，进一步填补了绿色建筑检测工作的空白领域，为科学、客观和公正地评价绿色建筑的实际运营状态提供了依据。

② 标准的作用和效益

本标准的实施，将直接应用于今后的绿色建筑检测工作中，通过规范检测的项目及方法，以实际检测的数据对绿色建筑实际运营的效果进行评价，以判断其是否满足当初的设计要求。同时，通过对建筑中各种相关指标的检测，能够及时发现建筑建设初期以及后期运行过程中所存在的问题，对于提高建筑的舒适性及降低能耗具有重要意义。

对于绿色建筑评价所涉及的指标进行检测，能够使绿色建筑的评价工作更加规范化和客观化，将建筑的各项性能指标以具体的数值形式进行展现，通过对指标量化的方式，减少了评价工作中的主观判断，从而使得评价工作能够更加科学、客观、公正，对于推动我国绿色建筑事业的发展意义重大。

5.2 国外绿色建筑检测技术现状

5.2.1 国外绿色建筑评价体系

国外的绿色建筑评价体系主要有：美国绿色建筑评估体系 LEED、英国绿色建筑评估体系 BREE－AM、日本建筑物综合环境性能评价体系 CASBEE、法国绿色建筑评估体系 HQE。此外，还有德国可持续建筑认证体系 DGNB、澳大利亚的建筑环境评价体 NABERS、加拿大 GB Tools 评估体系以及新加坡绿色建筑标识认证计划 GREEN MARK 等。

LEED 评价内容主要包括：可持续场地的设计、有效利用水资源、能源与大气、原材料和资源、室内环境质量、创新和设计 6 大项评估指标。REEAM 评价内容包括：核心表观因素、设计和实施、管理和运作等 3 个方面。CASBEE 评价内容包括："Q 即建筑的环境品质和性能""L 即建筑的外部环境负荷"两大类。DGNB 评价内容包括：生态质量、经济质量、社会文化及功能质量、技术质量、程序质量、场址选择。NABERS 评价内容包括：温室气体排放、水资源、环境、使用者反馈。GB Tools 绿色建筑评价内容分为 7 个部分：选址、项目规划和开发；能源和资源消耗；环境荷载；室内环境质量；建筑系统的功能性和可控性；社会和经济方面长期性能。

5.2.2 国外绿色建筑检测技术及标准

以美国绿色建筑评估体系 LEED 为例对国外绿色建筑检测技术及标准进行介绍：

美国绿色建筑评估体系 LEED 在认证过程中涉及的现场检测项目主要是室内空气质量测试（甲醛、TVOC、一氧化碳）、室外照明测试、新风量测试、室内照明测试、室内自然采光测试以及气密性测试等，见表 4-5-1。评估体系中对检测项目和限值、检测数量和方法做出了规定。其中方法标准主要是 ISO 或 ASTM 标准。

评估过程中检测数量有据可依，检测方法也比较成熟。

LEED 认证项目检测参数　　　　　　　　　　表 4-5-1

编号	检测项目	测试要求
1	室内空气质量检测 TVOC 和 CO_2	（1）数据单位：TVOC（$\mu g/m^3$）和 CO_2（ppm, parts per million） （2）测试参照标准，以下任选其一：EPA TO-1，EPA TO-15，EPA TO-17，EPA Compendium Method IP-1，ISO 16000-6
2	室外照明	（1）数据单位：fc （2）测试结果要求合格判定方法：灯打开时测量所得的照明水平不得超过灯关闭时测量的照明水平的 20%。
3	新风机组风量检测	（1）测试要求 （a）在最不利条件下进行新风测试 （b）新风管的空调箱，使用皮托管或其他测试工具直接测试新风管风量 （c）无新风管的空调箱，测试新风温度、回风温度、混合后温度 （2）测试范围 （a）测试所有申报区域的新风系统 （b）相似系统可抽检，但不小于 3 个或 10% 的大值
4	室内照明	（1）测试参数：表面反射率和表面照度（fc） （2）测试参考标准：IES Lighting Handbook, Section 9.12.2 Measuring Reflectance and Transmittance

编号	检测项目	测试要求
5	室内自然采光	测试参考标准：IESNA Reference Guide，10th edition，Section 9.7，for more information on light meters
6	气密性检测	测试参考标准：ASTM E779 standard test method for determining air leakage rate by fan pressurization

5.2.3 国外绿色建筑检测设备

国外的检测设备集成化程度相比国内较高，也有一系列成熟的产品，如格雷沃夫环境测试系统、德图多功能环境测试系统、Retrotec 气密性测试系统等。与国内类似的是集成化检测系统仅对于物理性的参数的测试精度较高，而无法满足化学参数的检测要求。

5.3 问题与展望

将来绿色建筑检测技术的协会标准以及相关地方标准的相继出台，将会顺应当前绿色建筑发展的迫切需求，今后用于绿色建筑运营阶段的各类检测，将为绿色建筑检测提供重要参考依据，规范整个绿色建筑行业的检测活动，为绿色建筑朝着健康有序的方向发展保驾护航，确保我国整个建筑行业节能减排工作的顺利落实。但是随着绿色建筑事业的不断发展，一些新的节能环保技术将会大量涌现并且广泛应用到建筑中，针对这些新技术，就需要研究新的检测方法并将其规范化，从而能够更好地适应新技术的发展需求，推动我国的绿色建筑事业的进一步发展。

未来进一步研发集成化的检测设备，提高检测精度，使其能够满足化学参数的检测要求，对于提高检测效率，降低检测成本，及时监督绿色建筑技术的实施情况以及推动绿色建筑的健康发展至关重要。

作者：王霓　赵盟盟　袁扬（中国建筑科学研究院有限公司）

6 绿色工业建筑发展现状及未来发展趋势

6 Present situation and future development trend of green industrial buildings

6.1 工业绿色发展面临的形势

6.1.1 绿色发展的背景

当今中国，经过多年来经济高速增长铸就了世界第二大经济体的"中国奇迹"，但同时也积累了一系列深层次矛盾和问题。其中一个突出矛盾和问题是：资源环境承载力接近极限，高投入、高消耗、高污染的传统发展方式已不可持续。因此，积极推进绿色发展、建设美丽中国的战略部署就具有极为重要的现实意义和深远意义。推进绿色发展，就是要促进发展方式从低成本要素投入、高生态环境代价的粗放方式向创新发展和绿色发展双轮驱动方式转变，能源资源利用从低效率、高排放向高效、绿色、安全转型，节能环保产业实现快速发展，循环经济进一步推进，产业集群绿色升级进程进一步加快，绿色智慧技术加速扩散和应用，从而推动绿色制造产业和绿色服务业兴起，实现"既要金山银山，又要绿水青山"。

综合来看，绿色发展已成为我国走新型工业化道路、调整优化经济结构、转变经济发展方式的重要驱动力，成为推动中国由制造大国走向制造强国的重要支撑。

6.1.2 工业是绿色发展的重要载体

工业是现代化的基础，也是一个国家综合国力的核心体现。工业兴则民富，工业强则国强。联合国工业发展组织（UNIDO）曾指出，工业是经济增长的发动机，是技术创新的承担者，是现代服务业发展的动力源，是企业现代化的催化剂，是经济国际化的带动者。所有发达国家无一不是靠工业起家，逐步构建起发达的现代服务业和现代农业。但是，工业化进程是一个通过对自然资源大规模开发利用以促进经济社会发展的过程，纵观世界工业化发展进程，传统粗放发展方式带来了资源能源、环境污染、全球气候变化及生态危机等多种问题。要克服这些问题，就必须研究总结工业化进程中资源能源需求变化规律，加快推动工业绿色转型发展。

绿色工业建筑作为工业绿色发展的最基本的单元载体，是推动工业绿色发展的重要举措，因此切实推进绿色工业建筑建设就具有十分重要的现实意义。

6.2 绿色工业建筑发展现状

为贯彻国家绿色发展和建设资源节约型、环境友好型社会的方针政策，执行国家关于工业建设的产业政策、装备政策、清洁生产、环境保护、节约资源、循环经济和安全健康等法律法规，推进工业建筑的可持续发展，规范绿色工业建筑评价工作，2010 年 8 月，住房和城乡建设部发布《绿色工业建筑评价导则》（图4-6-1），作为尽快开展绿色工业建筑评价，指导我国绿色工业建筑的规划设计、施工验收和运行管理的依据。2013 年 8 月，住房和城乡建设部又发布了《绿色工业建筑评价标准》GB/T 50878—2013（图 4-6-2），标志着绿色工业建筑的发展从探索和起步阶段发展到全面发展阶段。

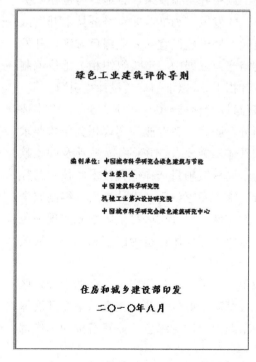

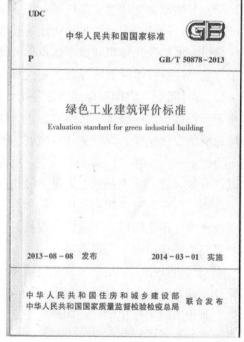

图 4-6-1　绿色工业建筑评价导则　　　　图 4-6-2　绿色工业建筑评价标准

自 2012 年 8 月绿色工业建筑开始评价以来，截至 2018 年底，由中国城市科学研究会绿色建筑研究中心、住房和城乡建设部科技与产业化发展中心、江苏、上海、天津、重庆等机构共评审项目74个项目，其中62个设计标识项目，12个运行标识项目，面积超过1000万 m²（图4-6-3）。

图 4-6-3　首批绿色工业建筑评价会议

6.3　国内绿色工业建筑发展动向

自国家标准《绿色工业建筑评价标准》颁布并实施以来，各地政府也在积极行动，开始发力支持切实推进绿色工业建筑的发展。为推动北京经济技术开发区（以下简称"开发区"）绿色工业建筑规模化发展，建设宜居宜业绿色城区，开发区建设发展局委托住房和城乡建设部科技与产业发展中心牵头组织相关单位编制了《北京经济技术开发区绿色工业建筑设计指引》（以下简称"设计指引"）。

《设计指引》将国家标准《绿色工业建筑评价标准》GB/T 50878—2013中适用于开发区情况的条款，按照专业进行划分，明确了各专业为实现相关条款要求应完成的设计文件、设计文件深度要求和具体实施要点，并将各专业涉及的条款分为"基本项"和"提高项"两类，可为不同星级项目选择适宜技术和技术路径提供有效参考，便于各专业人员参照执行。审查专家认为《设计指引》编制属全国首创，且具有较强的指导性、科学性和操作性，对开发区在全国率先实现绿色工业建筑规模化推广，形成特色发展具有重要支撑作用，也为国家和北京市后续开展相关工作提供了有益参考。

该《设计指引》是全国工业建筑领域第一部绿色设计指引，将有助于开发区充分发挥自身工业建筑项目集中、绿色发展基础较好的优势，在全国率先开展绿色工业建筑的规模化推广，同时对于北京市乃至全国的绿色工业建筑推动工作都有重要的支撑作用。

2018年12月11日下午，在北京市住房和城乡建设委员会、北京市规划和自然资源委员会和开发区管理委员会联合举办的"2018年北京市绿色建筑发展交流会暨北京经济技术开发区绿色建筑推进会"上（图4-6-4），开发区建设发展局正式发布了"北京经济技术开发区绿色建筑发展规划"的研究成果，其中《设计指引》作为重要成果发布，并邀请专家对《设计指引》进行解读。

图 4-6-4　北京经济技术开发区绿色建筑推进会

昆山经济经济技术开发区结合区域特点，以发展绿色工业建筑为契机，积极推进绿色建筑，于 2017 年 8 月 30 日发布了《昆山开发区建筑节能专项引导资金管理办法补充意见》，率先明确将工业建筑纳入激励范围：对新建、改建、扩建建筑面积 50000 平方米（含）以上工业建筑项目，且获得部、省授牌的一至三星级绿色建筑进行奖励。绿色工业建筑示范类项目：一星级绿色建筑运行项目按照 10 元/m² 进行奖励，每个项目最高不超过 30 万元；二星级绿色建筑设计标识项目按照 10 元/m² 进行奖励，每个项目最高不超过 30 万元，获得运行标识在此基础上增加 10 元/m²，每个项目最高不超过 80 万元；三星级绿色建筑设计标识项目按照 20 元/m² 进行奖励，每个项目不超过 80 万元，获得运行标识在此基础上增加 10 元/m²，每个项目最高不超过 100 万元。目前以友达光电等大型既有工业项目为绿色工业建筑创建试点，已有 80 万平方米建筑获得绿色工业建筑证书，成功开启产业绿色转型发展。

深圳市早在 2015 年为指导深圳市工业建筑"绿色化"规划设计，委托深圳市建筑科学研究院股份有限公司等单位编制《深圳市绿色工业建筑设计标准（电子信息类)》，用于指导该类型工业建筑的规划设计。

针对上海市物流建筑的规模日益增大、通用厂房也具有相当规模的现实特点，为大力推进通用厂房（库）的绿色发展，由上海市建筑科学研究院（集团）有限公司和建学建筑与工程设计所有限公司作为主编单位，会同上海市绿色建筑协会等参编单位共同组织编写了《上海市绿色通用厂房（库）评价技术细则》，目前该细则已完成报批稿工作，即将实施发布。

6.4 绿色工业建筑发展存在的问题

目前国内在绿色工业建筑关键技术研究方面已经比较深入，无论是工业节能集成技术还是节水、环保集成技术都相对成熟。国家早在"十二五"时期，就组织编制了装备制造、汽车、纺织等十多个行业的节能减排先进适用技术应用案例，发改委也不定期发布低碳、节水等目录，用于指导行业可持续发展，但是自2012年首个绿色工业建筑诞生以来，大约7年的时间内也仅有70余个项目，与民用绿建近10000个项目相比，差距巨大。工业与信息化部2017年才开始开展的绿色工厂评价，在两年的时间内已经公示了805个绿色工厂示范项目，每年都有近1000家企业申报绿色工厂示范项目，尽管通过率不足50%，但是仍有较多的企业积极申报。对比分析，绿色工业建筑发展主要有以下几个方面的问题。

（1）行政激励引导不强烈。目前无论是住建部还是各地住建主管部门，主要精力均在民用建筑领域，对工业建筑领域的关注和支持力度不够，缺少有效的政策激励，目前国家正式文件中，也仅有2013年国务院办公厅1号文《国务院办公厅转发关于发展改革委、住房城乡建设部绿色建筑行动方案的通知》中提到了要求"切实推进绿色工业建筑建设"，其他鲜有绿色工业建筑的官方相关文件。

（2）产业界响应不积极。绿色工业建筑是一个研发、设计、施工、设备商、金融等和企业融合的完整产业链的利益共同体，但是目前国内缺乏一些具有广泛影响力的联盟、组织或者平台，无法将各方融合到一起，形不成合力，导致不同产业各自为战，无法给企业带来切实效益，不能促使企业产生推动力。

（3）企业行为不主动。目前企业主对工业绿色发展给企业带来的经济效益、环境效益和社会效益判定不足，对绿色工业建筑的第一反应就是投钱、无明确回收期。所以在面对绿色工业建筑等政策时无动于衷，很多企业特别重心还是在节约成本上，对企业可持续发展认识不足。

（4）评价流程相对复杂。《绿色工业建筑评价标准》体系完善、要求具体，对企业创建绿色工业建筑有良好的指导作用，但从另一方面来说，也导致标识评价工作较为复杂，从一定程度上抑制了企业申报的积极性。

6.5 关于绿色工业建筑发展的建议

《中国制造2025》绿色制造工程中提到，组织实施传统制造业能效提升、清洁生产、节水治污、循环利用等专项技术改造。开展重大节能环保、资源综合利用、再制造、低碳技术产业化示范。到2020年，建成千家绿色工厂和百家绿色园区，部分重化工行业能源资源消耗出现拐点，重点行业主要污染物排放强度下降 20%。到 2025 年，制造业绿色发展和主要产品单耗达到世界先进水平，绿色制造体系基本建立。面对绿色发展大趋势，我们必须进一步增强做好各项工作的责任感、使命感，要切实推进绿色工业建筑建设，需把握好以下几点：

（1）组织实施好绿色工业建筑推进工程。充分发挥政府在推进绿色工业建筑工程中的引导作用，充分调动产业界的积极性和企业的主观能动性。建立健全绿色工业建筑标准、制度、技术体系。各地方建设主管部门也要结合本地区实际和产业特点，研究制定落实绿色工业建筑推进工程的具体方案，逐项推动实施。

（2）坚持重点突破和全面协调推进。着力解决重点区域、重点行业和重点企业发展中的工业节能和绿色发展问题，开展试点示范建设。通过示范项目建设，在各行业、大中小企业全面推行绿色工业建筑，加快构建绿色工业建筑体系。

（3）强化企业主体和践行社会责任。绿色工业建筑的创建是企业提质增效的重要途径，更是企业应当承担的社会责任。进一步突出企业的主体作用，强化绿色发展理念，落实节能环保社会责任，加大绿色改造，大力推动绿色技术创新，不断提高管理水平，实现经济、环境和社会效益共赢。

（4）加大政策支持创新管理方式。充分发挥政府在推进绿色工业建筑中的引导作用，进一步转变发展理念，加大绿色工业建筑政策支持力度；切实转变政府职能，适当优化绿色工业建筑评价流程，积极培育绿色工业建筑第三方服务机构，切实降低企业负担，全面推进绿色工业建筑发展。

6.6　未来发展趋势

面对国家"十三五"时期加快建设制造强国、深入推进工业节能减排、积极谋划工业绿色发展的新形势和新要求。未来很长一段时期内，积极发展绿色工业建筑将是政府所求、人民所愿的一项民心工程。

（1）资源与环境问题是人类面临的共同挑战，绿色发展的理念是经济社会发展到一定阶段的必然选择。我国作为制造大国，工业总体上处于产业链中低端，尚未摆脱高投入、高消耗、高排放的发展方式，能效、水效与发达国家仍有较大差距，因此加快工业绿色转型发展，全面推进绿色工业建筑发展刻不容缓。

（2）目前绿色工业建筑的发展是以单个企业为主体，随着绿色发展新形势要求和政府的环保压力，必将以园区的形式规模化推进，伴随政策的支持，项目数量和面积将会飞跃式突破。

（3）随着国家环保政策越来越严，碳交易、节能量交易、排污权、绿色金融等政策的推进，粗放式发展的企业将会越来越难以生存，未来绿色工业建筑的趋势将会是"要我做"变成"我要做"。

6.7 总 结

绿色工业建筑的发展，是新时代的生态文明建设的必然需求，是利国利民利己的好事。建议各级政府主管部门加强顶层设计和政策支持，积极引导和调动各方积极性和主动性，切实推进绿色工业建筑的发展。

作者：许远超（绿色工业建筑专业学术小组）

7 中国近零能耗建筑发展
关键问题及解决路径
7 Key problems and solutions for the development of near zero energy buildings in China

为促进"十三五"时期建筑业持续健康发展，住建部以及部分省市地区政府都对近零能耗建筑发展提出明确目标要求[1]，近零能耗建筑具有巨大市场需求和广阔发展前景。但是，我国近零能耗建筑仍处在起步阶段，面临未来 5～20 年发展需求，近零能耗建筑仍存在诸多技术瓶颈。本文首先对我国近零能耗建筑的发展现状进行分析，其次对近零能耗建筑发展存在的问题进行深入探讨，最后提出适宜的解决路径。

7.1 发 展 现 状

我国正处在城镇化快速发展时期，经济社会快速发展和人民生活水平不断提高，导致能源和环境矛盾日益突出，建筑能耗总量和能耗强度上行压力不断加大。实施能源资源消费革命发展战略，推进城乡发展从粗放型向绿色低碳型转变，对实现新型城镇化，建设生态文明具有重要意义。自 1980 年以来，在住房和城乡建设部的领导及各级政府和科研机构的共同努力下，以建筑节能标准为先导，我国建筑节能工作取得了举世瞩目的成果，尤其在降低严寒和寒冷地区居住建筑供暖能耗、公共建筑能耗和提高可再生能源建筑应用比例等领域取得了显著的成效。我国的建筑节能工作经历了 30 年的发展，现阶段建筑节能 65% 的设计标准已经基本普及，建筑节能工作减缓了我国建筑能耗随城镇建设发展而持续高速增长的趋势，并提高了人们居住、工作和生活环境的质量[2]，但是建筑节能工作的下一步发展路线和目标尚不清晰（图 4-7-1）。

从世界范围看，为了应对气候变化，实现可持续发展战略，近零能耗建筑、零能耗建筑的概念得到了广泛关注，欧美等发达国家先后制定了一系列中长期发展目标和政策，以不断提高建筑的能效水平。欧盟 2010 年修订的《建筑能效指令》（Energy Performance of Building Directive，EPBD）要求欧盟国家在 2020 年底前所有新建建筑都必须达到近零能耗水平[3,4]。美国能源部建筑技术项目设立目标，到 2020 年零能耗住宅市场化，2050 年实现商业零能耗建筑在低增量成本运营[5]。

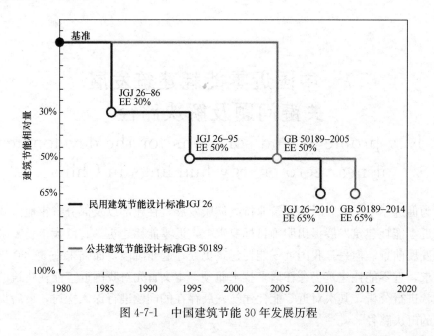

图 4-7-1　中国建筑节能 30 年发展历程

　　2002 年开始的中瑞超低能耗建筑合作，2010 年上海世博会的英国零碳馆和德国汉堡之家是我国建筑迈向更低能耗的初步探索[6]。2011 年起，在中国住房和城乡建设部与德国联邦交通、建设及城市发展部的支持下，住房城乡建设部科技发展促进中心与德国能源署引进德国建筑节能技术，建设了河北秦皇岛在水一方、黑龙江哈尔滨溪树庭院、河北省建筑科技研发中心科研办公楼等建筑节能示范工程[7,8]。2013 年起，中美清洁能源联合研究中心建筑节能工作组开展了近零能耗建筑、零能耗建筑节能技术领域的研究与合作，建造完成中国建筑科学研究院近零能耗建筑[9]、珠海兴业近零能耗示范建筑等示范工程，取得了非常好的节能效果和广泛的社会影响。

　　2016 年发布的《中国超低/近零能耗建筑最佳实践案例集》[10]，对我国开展超低/近零能耗建筑工程项目的技术方案、施工工法以及运行效果加以总结、梳理和提炼。示范工程涵盖严寒、寒冷、夏热冬暖、和夏热冬冷四个气候区，包括居住建筑、办公建筑、商业建筑、学校、展览馆、体育馆、交通枢纽中心等不同建筑类型。超低/近零能耗建筑已从试点成功向示范过渡，未来具有广阔的发展前景。

　　为了建立符合中国国情的超低能耗建筑技术及标准体系，并与我国绿色建筑发展战略相结合，更好地指导超低能耗建筑和绿色建筑的推广，受住房和城乡建设部委托，中国建筑科学研究院在充分借鉴国外被动式超低能耗建筑建设经验并结合我国工程实践的基础上，编制了《被动式超低能耗绿色建筑技术导则（试行）》[11]，并于 2015 年 11 月发布。导则颁布实施后，一批示范工程参照本导则进行建设。此外，北京市、河北省、山东省等地也相继编制和出台了适用于本地的被动式超低能耗建筑技术导则或设计标准。在导则实施的过程中，也发现了一些问题。例如，导则虽对被动式超低能耗绿色建筑进行定义，但对于目前较为流行的近零能耗建筑、零能耗建筑等名词的定义与其之间的差别尚不清楚。此外，导则仅针对居住建筑提出技术要求，而缺少对被动式超低能耗公共建筑的技术指导。与国外发达国家相比，我国在气候特征、建筑室内环境、居民生活习惯等方面都有独特之处，发达国家技术体系无法完全复制，需要针对我国具体情况开展基础理论研究，建立技术及指标体系，开发设计及评价工具，相关科研工作也在陆续开展。2017 年 9 月，由中国建筑科学研究院牵头、共 29 家单位参与的"十三五"国家重点研发计划项目"近零能耗建筑技术体系及关键技术开发"启动。该项目旨在以基础理论研究和指标体系建立为先导，以主被动技术和关键产品研发为支撑，以设计方法、施工工艺和检测评估协同优化为主线，建立我国近零能耗建筑技术体系并集成示范。

7.2 发展存在的问题

7.2.1 我国发展近零能耗建筑的特殊性

中国作为一个历史悠久、国土广袤的多民族发展中大国，不同地区的文化和气候差异很大，我国研究近零能耗建筑的特殊国情主要体现在以下三个方面：

（1）不同于发达国家的高舒适度和高保证率下的高能耗，我国建筑能耗特点为低舒适度和低保证率下的低能耗。研究表明，无论是人均建筑能耗还是单位面积建筑能耗，我国目前都远低于发达国家，这主要是由于我国的建筑形式和能源使用方式决定的[12,13]。在我国长江流域及以南地区，由于采用"部分时间、部分空间"的采暖方式，采暖能耗远远低于同样气候状况的欧洲国家[12]。在室内温度方面，我国夏季室内温度高于欧美，冬季室内温度普遍偏低[14]。并且，我国开窗是居住建筑获得新风的普遍形式[15]，而在欧美发达国家通常使用机械通风保证新风量的供应。如果我国近零能耗建筑追求欧美的全空间全时间的高舒适度，势必导致建筑能耗的快速上升。就现阶段而言，使用国际相关指标体系中的一次能源消耗量要求对于我国是不适用的。

（2）我国地域广阔，气候差异大。国家标准《建筑气候区划标准》GB 50178—93 将我国划分为五个气候区，不同气候区的气候差异巨大。从采暖/供冷度日数的概念来看，深圳、武汉和北京地区的平均年供冷度日数分别为 2107、1189 以及 840[16]，差异巨大。因此，我国无法实施统一的近零能耗建筑能耗指标，各气候区需要建立自己的指标体系。

（3）多层、高层居住建筑是我国住宅建筑的主要形式，且住宅空置率高。我国建筑密度大，容积率高，对于零能耗建筑的实现难度较大[17]，近零能耗建筑更适合我国国情。有研究表明，2013 年我国城镇地区整体空置率在 22.4%[18]，空置率过高导致的户间传热损失大和集中设备负荷率低对建筑能耗产生重要的影响。因此我国的近零能耗建筑技术体系应考虑我国独特的建筑特征的影响。

7.2.2 目标与技术路线不清晰

科学界定我国近零能耗建筑的定义及不同气候区能耗指标是发展近零能耗建筑的基础。目前尚存在近零能耗建筑定义、能耗指标以及技术指标体系缺失的问题。

近零能耗建筑的技术特征是根据气候特征和场地条件，通过被动式设计降低建筑用能需求，提升主动式能源系统和设备的能效，进一步降低建筑能源消耗，再利用可再生能源对建筑能源消耗进行平衡和替代（图 4-7-2）。通过对国际上相关定义的比对[19,20]可以看出，各国政府及机构对于近零能耗、零能耗建筑的物理边界、能耗计算平衡边界、衡量指标、转换系数、平衡周期等问题都不尽相同。不同的定义对近零能耗建筑的计算的结果影响很大。因此，应以我国建筑特点、能源结构以及经济生活水平特点为基础，对我国近零能耗建筑进行定义。

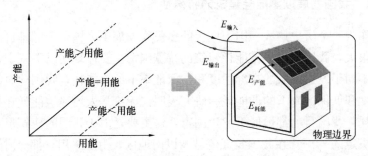

图 4-7-2 零能耗建筑能耗平衡及计算边界示意图

近零能耗建筑能耗指标的确定应通过对建筑全生命周期内的经济和环境效益分析得到。德国被动房的性能，即累计热负荷小于 $15\mathrm{kW \cdot h/(m^2 \cdot a)}$，就是考虑该能耗水平能使欧洲近零能耗建筑在经济性上达到相对较优的水平，接近经济最优点[21]。最优方案的确定，需要利用到快速自动优化能耗模拟计算工具。目前，我国尚缺少多参数多目标优化算法和工具，用以寻找不同气候区、不同类型近零能耗建筑的经济和环境效益最优方案，从而建立适宜的能耗指标体系。

要建立适合我国特点的近零能耗建筑技术体系。不同气候区技术路线应有所差异。以建筑高保温围护结构为例，极低的传热系数是以供暖需求为主地区实现近零能耗建筑的关键[22]。有研究显示，对于以供冷需求为主的地区，围护结构热工性能的提高，反而导致建筑能耗的增加[23]。这也许是由于内热及辐射得热不易散失导致的，即使增加通风量，对于保温较好的建筑冷负荷仍会有增长。因此，建立适应我国建筑特征、气象条件、居民习惯、能源结构、产业基础、法规及标准体系的近零能耗建筑能耗技术体系尤为重要。

7.2.3 基础性理论研究缺乏

近零能耗建筑是指适应气候特征和自然条件，通过被动式技术手段，最大幅度降低建筑供暖供冷需求，最大幅度提高能源设备与系统效率，利用可再生能源，优化能源系统运行，以最少的能源消耗提供舒适室内环境，且室内环境参数和能耗指标满足标准要求的建筑物，已有的基础性理论研究不适宜应用于近零能耗建筑。现阶段，我国尚缺少对近零能耗建筑高气密性、超低负荷等特性下，有关空间形态特征、热湿传递、气密性、空气品质、热舒适、新风系统能源系统等各参数间的耦合关系规律等基础理论的研究。

以气密性研究为例，首先，由于近零能耗建筑的高气密性，尽管理论上室内污染源特征与普通建筑并无差别，但是由于高气密性等新材料的使用，以及使用后形成的高气密性室内环境，使得室内污染物在散发种类与速率、气相中的传播途径等方面产生差异，最终影响室内污染物的分布。其次，由于我国由装修和家具引起的室内污染较为严重，近零能耗建筑的新风全部依赖于机械通风，而非开窗通风，因此如何科学界定我国近零能耗建筑的基准新风量以及分时分季的修正方法以满足室内空气品质要求，需要进一步研究和确定。但是，新风量的增加势必导致能耗的上升。有研究表明[24]，由于使用初期，内装修刚完成不久，残留异味较大，需要不定时开窗通风，因此系统供冷初期试运行阶段能耗较高。再次，对于可以开窗的普通建筑以及全部依赖机械通风的近零能耗建筑而言，科学评价热舒适所应采用的方法和标准也应有不同[25]。

7.2.4 主被动技术性能及集成度低

近零能耗建筑主被动技术性能及集成度低问题主要体现在：①缺少高性能墙体、外门窗、遮阳关键技术与产品；②缺少集成式高效新风热回收设备；③不同气候区低冷热负荷建筑供暖供冷系统方式不明确；④可再生能源和蓄能技术耦合集成应用不高。

（1）被动式技术

2016 年发布的《中国超低/近零能耗建筑最佳实践案例集》[10]对我国既有超低/近零能耗建筑进行调研，本研究选取 14 栋有完整以及合理数据的建筑进行分析。通过比较可以发现（表 4-7-1），用于超低/近零能耗建筑的部品性能要远远高于现行节能标准。平均而言，超低/近零能耗建筑屋面、外墙和外窗的传热系数比普通建筑分别低 68%、70% 和 62%。因此，需要开发高性能产品与技术以推动近零能耗建筑的发展。

超低/近零能耗建筑部品的传热系数与现行国家建筑技能设计标准之间的比较

表 4-7-1

建筑编号	屋面			外墙			外窗		
	NZEB W/m²K	标准 W/m²K	性能提升	NZEB W/m²K	标准 W/m²K	性能提升	NZEB W/m²K	标准 W/m²K	性能提升
C-1	0.14	0.45	69%	0.20	0.50	60%	1.1	2.4	54%
C-2	0.12	0.45	73%	0.17	0.50	66%	0.8	2.4	67%
C-3	0.14	0.45	69%	0.14	0.70	80%	1.0	2.5	60%
C-4	0.14	0.45	69%	0.13	0.50	74%	0.8	2.4	67%
C-5	0.11	0.45	77%	0.13	0.70	82%	1.0	2.5	60%
C-6	0.14	0.45	69%	0.13	0.50	74%	1.0	2.4	58%
C-7	0.11	0.35	69%	0.14	0.45	69%	0.8	2.0	60%
C-8	0.12	0.35	66%	0.14	0.45	69%	0.8	2.0	60%
C-9	0.11	0.45	76%	0.12	0.45	76%	0.9	2.4	63%
C-10	0.13	0.45	71%	0.13	0.50	74%	0.8	2.4	67%
SC-1	0.11	0.35	69%	0.15	0.43	65%	0.8	2.3	65%
SC-2	0.11	0.35	69%	0.12	0.43	72%	0.9	2.3	61%
SC-3	0.10	0.25	60%	0.10	0.50	80%	0.8	2.0	60%
HSCW-1	0.2	0.4	50%	0.27	0.6	55%	1.0	2.6	62%
平均	0.13	0.40	68%	0.15	0.52	70%	0.84	2.33	62%

注：C、SC、HSCW 分别代表寒冷地区、严寒地区、夏热冬冷地区。

（2）主动式技术

由住房城乡建设部 2015 年颁布的《被动式超低能耗绿色建筑技术导则》[11] 中明确规定，新风热回收系统的显热回收装置温度交换效率不应低于 75%，全热回收装置的焓交换效率不应低于 70%。而目前我国新风机组热回收效率水平参差不齐，调查表明在实际工况中，我国建筑中使用的新风热回收装置效率分布在 40%～65%，远低于设计效率以及《被动式超低能耗绿色建筑技术导则》中要求[26]。并且，新风热回收系统的抗寒冷水平不同，在严寒地区应用时有结冰现象。目前尚缺少集成式高效新风热回收设备。

近零能耗建筑由于应用了高保温隔热性能和高气密性的外围护结构，以及合理的采光、太阳辐射设计，使其具有低冷热负荷的特点。因此，由于输入能量的减少，近零能耗建筑需要配备更加灵活的能源系统。传统建筑的能源系统往往过大，过于复杂，灵活性不足，无法满足近零能耗建筑的需求[27]。目前对于近零能耗建筑中供热、通风和空调系统中能量的转移、传输、利用规律尚不清晰，严寒、寒冷、夏热冬冷（暖）地区近零能耗建筑能源系统中冷热源、微管网、末端方式、运行模式等共性关键技术上不明确，需要构建不同气候区超低冷热负荷情境下的建筑供暖供冷系统方式。

（3）可再生能源技术及集成

近零能耗建筑的特点之一就是可再生能源的高效利用。由于可再生能源的间歇性及多样性，为了保证系统的稳定运行，蓄能技术是近零能耗建筑不可缺少的环节[28]。因此，基于用户需求、可实现精准控制、与可再生能源和蓄能技术（例如：墙体蓄热、相变材料蓄热、土壤蓄热）相结合的主动式能源系统（例如：热泵、除湿机、新风系统）是近零能耗建筑高效低耗运行的关键[29]。目前，相关技术仍有待研究。

7.2.5 设计施工测评方法缺失

近零能耗建筑的性能化优化设计是一项复杂且费时的工作，它在考虑和满足热舒适、经济最优等一系列参数的同时，需达到既定的能耗目标。虽然过去十年，人们越来越关注基于能耗模拟的建筑性能化优化设计方法的研究，但相关应用仍处于初步发展阶段[30]。目前尚缺少适用于近零能耗建筑，以能耗控制为目标的可独立运行并快速分析的方法和工具。

（1）设计计算方法

近零能耗建筑合规评价工具是评价近零能耗建筑设计的重要手段。依照国际标准 ISO 52016 1：2017 提出的准稳态计算理论和方法得到了广泛的应用。其简单、快速、透明、可重复以及足够准确的特点，使该方法适用于建筑能耗的合规检查[31]。目前，中国建筑科学研究院有限公司基于此方法，并结合我国国情、用户习惯和建筑标准体系，开发了一款近零能耗建筑设计与评价软件爱必宜（IBE）[32]。该软件通过住房和城乡建设部组织的专家评定，并经过两年多的使用，获得行业专家和用户高度好评。

通过对我国既有超低/近零能耗建筑的调研[10]，被动式技术的应用，如围护结构的无热桥设计和施工，是近零能耗建筑增量成本的重要组成部分（表 4-7-2）。有研究表明，由于热桥而产生的能耗损失占到整个供暖能耗的 11%～29%[33]，而这一比例在高性能建筑中还将更高[34]。由于建筑热桥的产生是多维传热问题，因此其详细的计算是非常复杂及费时的。基于建筑热桥构造图集的简化设计方法，是很多欧洲国家解决该问题的方法和手段[35]。目前，尚缺少适应于我国近零能耗建筑特点的热桥构造图集以指导无热桥的设计。

（2）施工工艺

近零能耗建筑由于具有高气密性以及高保温无热桥的特性，其在施工工艺上与传统建筑有很大不同。通过对我国既有超低/近零能耗建筑的调研分析发现[10]，部分项目的能耗设计值与实际运行监测值之间有一定差距。其原因之一便是由于施工过程中质量控制不到位造成的。目前我国近零能耗建筑的施工过程存在如下问题：①缺少合格的施工人员；②质量控制不到位；③无热桥、高气密性、保温隔热施工工艺不成熟。此外，为了节省资源、解决产能过剩的问题，国务院办公厅已发布关于大力发展装配式建筑的指导意见。近零能耗建筑无热桥、高气密性以及装配式建筑的施工工艺仍未成熟和大面积普及，特别是对于以装配式方式建造的近零能耗建筑，其施工工艺仅在少数示范工程项目中进行了应用。

超低/近零能耗建筑不同技术的增量成本占比 表 4-7-2

建筑标号	被动式技术	主动式技术	可再生能源应用	控制
C-1	55%	8%	32%	5%
C-2	80%	0%	5%	15%
C-3	79%	3%	18%	0%
C-4	50%	10%	10%	30%
C-5	70%	25%	2%	3%
C-6	79%	21%	0%	0%
C-7	92%	8%	0%	0%
C-8	35%	10%	43%	12%
C-9	30%	60%	10%	0%
SC-1	76%	10%	5%	9%
SC-2	35%	25%	30%	10%
平均	62%	16%	14%	8%

注：C、SC、HSCW 分别代表寒冷地区、严寒地区、夏热冬冷地区。

（3）检测方法

近零能耗建筑中被动式、主动式关键部品的性能及高效利用，直接影响近零能耗建筑能耗指标的实现。目前我国缺少近零能耗建筑主被动关键部品以及建筑整体能耗性能的检测与评价方法及工具。以适用于近零能耗建筑的门窗保温性能检测技术为例。国家标准《建筑外门窗保温性能分级及检测方法》GB/T 8484—2008 中提出的热箱法被用于建筑门窗保温性能的检测，这一方法也在全球其他相关标准中广泛应用[36]。但是，热箱法的精度仅为 ± 0.1 W/（$m^2 \cdot$ K）。通过表 4-7-1 可以看出，目前近零能耗建筑所使用的高性能外窗的传热系数的数量级为 10^{-1}，如果继续沿用此方法，则会导致较大误差。

鼓风门法普遍用于建筑的气密性检测。利用风扇或鼓风机在建筑内外产生 10~75Pa 的压差，尽可能地减少天气因素对压力差的影响，并通过维持压力差所需的气流速率计算建筑物气密性。国际上，相关标准 ASTM E779、EN ISO 13829 都对鼓风门法进行了详细的介绍[37]。然而在我国，有关建筑气密性的研究和实际测试都比较缺乏，也缺少针对建筑气密性检测的相关标准[38]。

7.2.6 试点与示范工程数据完整性、系统性不够

为促进"十三五"时期建筑业持续健康发展，国家层面出台了一系列指导意见，北京市、江苏省、河北省、山东省等地方层面也制定了一系列鼓励政策，推动被动式超低能耗绿色建筑的发展。然而，我国仍存在近零能耗建筑的试点与示范数量不足的问题。通过对我国严寒、寒冷、夏热冬冷和夏热冬暖四个气候区

50 栋近零能耗建筑进行收集和整理可以看出[10]，我国超低/近零能耗建筑已从试点成功向示范过渡，但目前仍处于起步阶段，对照住建部科技司提出的"十三五"期间发展 1000 万 m² 的目标有一定距离，试点与示范尚未总结和凝练适合我国气候区和建筑类型的技术体系。

我国尚缺少示范工程在线案例库及实时数据检测平台。目前，仅有部分示范工程建成并运行满一年以上。实际运行监测结果表明，示范项目的实际能耗均可达到能耗控制的设计目标。但是，由于缺少对示范工程的能耗、室内温湿度等关键指标进行长期监测的实时数据监测平台以及用以集中展示的在线案例库，因此不能对示范工程进行长期跟踪并对近零能耗建筑技术进行有效验证，也不足以建立不同气候区基准建筑和近零能耗建筑之间的控制指标关系。

我国尚缺少系统化近零能耗建筑示范工程实施效果评价研究。近零能耗建筑尚处在起步阶段，其示范工程性能指标能否满足、能源消耗是否合理、室内环境以及使用者是否满意等，都是值得深入探讨和分析的问题。这就需要以主客观评价为基础，对示范工程进行系统的、全过程的跟踪和评价，从而总结出近零能耗建筑技术路线的适用性综合评价，并对新技术和新方法的可行性加以验证(图 4-7-3)。

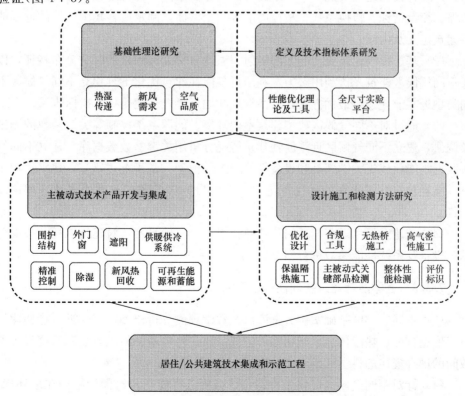

图 4-7-3　我国近零能耗建筑发展问题的解决思路

7.3　问题的解决路径

根据前文可以看出，我国近零能耗建筑尚存在理论基础缺乏、目标和技术路线不清晰、主被动技术性能偏低/集成度差、设计施工测评方法缺失、缺乏实际数据有效验证等主要问题。针对这些问题，我国近零能耗建筑在发展中应以基础理论与指标体系建立为先导，主被动技术和关键产品研发为支撑，设计方法、施工工艺和检测评估协同优化为主线，建立近零能耗建筑技术体系并集成示范。

7.3.1　确定适应国情的定义及技术指标体系

解决近零能耗建筑技术方案的多参数多目标优化算法和工具缺失的现状，针对近零能耗建筑技术指标体系缺失、评估方法不健全的问题，确定我国近零能耗建筑的定义，建立适应我国建筑特征、气象条件、居民习惯、能源结构、产业基础、法规及标准体系的近零能耗建筑能耗技术体系。

（1）基于国际发达国家提出的近零能耗建筑及类似定义开展技术研究和比对，并结合我国建筑节能水平不断提升的实际需求，从物理边界、能耗计算平衡边界、衡量指标、转换系数、平衡周期等几个方面，制定适合我国国情的近零能耗建筑定义及内涵。

（2）基于影响建筑负荷的太阳辐射、温度、湿度等因素的时空分布特征，以及不同气候区建筑光伏利用潜力，利用近零能耗建筑优化工具建立不同气候区不同类型近零能耗建筑最优方案，最终形成我国近零能耗建筑技术指标体系。

（3）通过对不同气候区典型建筑室内环境、能源系统控制等关键参数的测试及调研，建立不同气候区近零能耗建筑能耗分析用关键参数数据库。建立不同气候区近零能耗建筑关键部品和设备性能与经济模型。基于上述研究，建立适用于近零能耗建筑性能研究的优化理论，开发多目标多参数非线性优化计算理论及工具。

（4）搭建全尺寸近零能耗居住建筑技术综合实验平台，对建筑能耗及关键部品、设备及系统性能参数进行实测验证。

7.3.2　近零能耗建筑基础性理论研究

通过不同气候区基础案例数据库以及数学预测分析模型，研究近零能耗建筑空间形态特征、热湿传递、气密性、空气品质、热舒适、新风与能源系统等各参数间的耦合规律的科学问题。

（1）针对不同气候区气候条件特点，分析近零能耗建筑围护结构在多外扰、双向热流作用下的热湿迁移机理，构建典型近零能耗建筑保温围护结构模型，提出基于热湿传递的室内环境及建筑节能调控方法及保温系统耐久性控制策略。

（2）基于我国主要建筑类型室内污染源强度、污染物浓度水平的基础数据，研究高气密条件下近零能耗建筑新风需求基础理论问题，建立适用于我国近零能耗建筑的新风量需求分级控制设计框架以及间歇式、分季节控制方法。

（3）提出近零能耗建筑室内空气品质评价方法，以及适用于高气密性建筑的空气渗透耗能量简化计算模型，提出适宜典型气候区的近零能耗建筑整体气密性能与室内空气品质及建筑能耗的最佳平衡点。

7.3.3　主被动技术产品开发与集成

针对我国主被动技术和关键产品缺失的问题，开发适用于我国不同气候区近零能耗建筑的关键产品与技术集成，为近零能耗建筑示范和推广提供产业化基础。

（1）开展高性能保温材料及构件的研究，研发适用于近零能耗建筑的高性能保温装饰结构一体化建筑墙体结构。研发高性能门窗产品与相应安装技术（包括高层建筑用特殊产品），开发相关设计软件，针对居住与办公建筑研发门窗遮阳光热耦合智能控制技术，提高门窗综合性能。

（2）针对近零能耗建筑低负荷、微能源和环境质量控制要求高等特点，研究严寒、寒冷、夏热冬冷（暖）地区低冷热负荷建筑供暖供冷系统的运行规律、研发弹性主动式能源系统和相关设备、湿热地区除湿技术与产品、高效新风热回收技术及产品，实现基于用户需求的主动式能源系统的精准控制和调试，达到近零能耗建筑深度节能与提升室内热环境的目标。

（3）研究可再生能源和蓄能技术在近零能耗建筑中耦合应用的关键技术，包括低负荷情境下太阳能蓄能、热泵与蓄能、多能源与蓄能储能耦合功能系统关键技术研究，并开发相关产品。

7.3.4　设计施工检测方法研究

研究近零能耗建筑多性能参数优化能耗预测模型及设计流程，建立近零能耗建筑性能优化设计方法。研究建筑能耗简化计算理论与方法，建立包括气象参数、房间使用模式及产品性能参数等数据库，开发快速准确能耗计算工具及合规工具。以上两种方法将为近零能耗建筑设计和评价提供方法和手段。

围绕无热桥、高气密性、保温隔热系统和装配式施工等关键技术环节，借鉴国际经验，建立关键施工技术体系；研究低成本、高效率、耐久性的新技术措施，形成针对近零能耗建筑的标准化施工工艺；提出施工质量控制要点和控制措施，形成全过程质量管控方法。

建立包括施工用气密性材料性能指标、围护结构热桥现场检测、新风热回收装置、地源热泵系统等近零能耗建筑主被动式关键部品以及建筑整体性能检测评价方法；建立近零能耗建筑评价标识技术体系。

7.4 总 结 与 展 望

建筑节能和绿色建筑是推进新型城镇化、建设生态文明、全面建成小康社会的重要举措。从世界范围看，欧美发达国家都制定了相关政策目标，以推动近零能耗建筑的发展。我国在过去几年中，也积极开展国际合作，参照国外指标及技术体系建造了一批超低能耗、近零能耗建筑示范工程，示范效果显著。在《被动式超低能耗绿色建筑技术导则》的支撑下，围绕我国在气候特征、室内环境、居民生活习惯等方面的特点，相关科研课题陆续开展。"十三五"期间，国务院、住建部、部分地方政府对近零能耗建筑发展提出明确要求，近零能耗建筑有巨大市场需求和广阔发展前景。

作者：徐伟 杨芯岩 张时聪 （中国建筑科学研究院有限公司）

参考文献

[1] 中华人民共和国国务院．"十三五"节能减排综合工作方案［M］．2016

[2] 中国建筑科学研究院．中国建筑节能标准回顾与展望［M］．北京：中国建筑工业出版社，2017

[3] D'AGOSTINO D. Assessment of the progress towards the establishment of definitions of Nearly Zero Energy Buildings（nZEBs）in European Member States［J］. Journal of Building Engineering，2015，1：20-32

[4] ECOFYS，Overview of Member States information on NZEBs - Working version of the progress report - final report［R］，2014

[5] TORCELLINI P A, PLESS S, DERU M, et al. Zero Energy Buildings：A Critical Look at the Definition［M］. ACEEE Summer Study. Pacific Grove, California. 2006

[6] CENTER U I S E, RES J M L-C T. Application and Analysis of Low-Carbon Technologies in Expo 2010 Shanghai［M］. Berlin, Heidelberg：Springer，2014

[7] 张时聪．超低能耗建筑节能潜力及技术路径研究［D］．哈尔滨：哈尔滨工业大学，2016

[8] 潘支明．中德合作"被动式低能耗建筑"示范项目——秦皇岛"在水一方"被动房检测实践［J］．建设科技，2013，9：23-5

[9] XU W, LI H, YU Z, et al. Technology and Performance of China Academy of Building Research Nearly Zero Energy Building［J］. Zero Carbon Building Jouranl，2017，5：29-40

[10] 中国被动式超跌能耗建筑联盟，中国超低/近零能耗建筑最佳实践案例集［R］．北京，2017

[11] 中华人民共和国住房和城乡建设部．被动式超低能耗绿色建筑技术导则（试行）（居住建

筑）［M］. 2015：43

［12］ 江亿. 我国建筑节能战略研究［J］. 中国工程科学，2011，13(6)：30-8

［13］ 杨秀. 基于能耗数据的中国建筑节能问题研究［D］；清华大学，2009

［14］ 胡珊. 中国城镇住宅建筑能耗及与发达国家的对比研究［D］；清华大学，2013

［15］ 郭偲悦，燕达，崔莹，et al. 长江中下游地区住宅冬季供暖典型案例及关键问题［J］. 暖通空调，2014，44(6)：25-32

［16］ SIVAK M. Potential energy demand for cooling in the 50 largest metropolitan areas of the world：Implications for developing countries［J］. Energy Policy，2009，37(4)：1382-4

［17］ TORCELLINI P A，CRAWLEY D B. Understanding Zero-energy Buildings［J］. ASHRAE Journal，2006，48(9)：62-9

［18］ 中国家庭金融调查与研究中心，城镇住房空置率及住房市场发展趋势 2014［R］，2014

［19］ 张时聪，徐伟，姜益强，et al. "零能耗建筑"定义发展历程及内涵研究［J］. 建筑科学，2013，29(10)：114-20

［20］ UNION E，Synthesis Report on the National Plans for Nearly Zero Energy Buildings (NZEBs) - Progress of Member States towards NZEBs［R］，2016

［21］ 孙德宇，徐伟，余镇雨. 全寿命周期寒冷地区近零能耗居住建筑能效指标研究［J］. 建筑科学，2017，33(6)：90-107

［22］ FEIST W，SCHNIEDERS J，DORER V，et al. Re-inventing air heating：Convenient and comfortable within the frame of the Passive House concept［J］. Energy and Buildings，2005，37(11)：1186-203

［23］ WANG J，YAN D，LIN L. The Applicability of High Performance Envelope Building in China［J］. Heating Ventilating & Air Conditioning，2014，44(1)：302-7

［24］ 李怀，徐伟，吴剑林，et al. 基于实测数据的地源热泵系统在某近零能耗建筑中运行效果分析［J］. 建筑科学，2015，31(6)：124-30

［25］ PARKINSON T，DEAR R D. Thermal pleasure in built environments：physiology of alliesthesia［J］. Building Research & Information，2015，43(3)：288-301

［26］ 清华大学建筑节能研究中心. 中国建筑节能年度发展研究报告［M］. 北京：中国建筑工业出版社，2014

［27］ 杨灵艳，徐伟，张时聪，et al. 寒冷地区被动式建筑能源系统形式分析［J］. 建筑节能，2016，44(7)：29-32

［28］ DOE，The Role of Energy Storage in Commercial Building - A Preliminary Report［R］，2010

［29］ LI H，XU W，YU Z，et al. Discussion of a combined solar thermal and ground source heat pumpsystem operation strategy for office heating［J］. Energy and Buildings，2018，162：42-53

［30］ NGUYEN A-T，REITER S，RIGO P. A review on simulation-based optimization methods applied to building performance analysis［J］. Applied Energy，2014，113：1043-58

［31］ VAN DIJK H，SPIEKMAN M，DE WILDE P. A monthly method for calculating energy performance in the context of european buildings regulations [M]. Ninth International IB-PSA Conference. Montreal，Canada. 2005：255-62

[32] 余镇雨，徐伟，邹瑜，et al. 准稳态建筑负荷计算软件 IBE 与动态模拟软件 TRNSYS 在寒冷地区应用的对比研究 [J]. 暖通空调，2018，48(8)：107-13

[33] EVOLA G，MARGANI G，MARLETTA L. Energy and cost evaluation of thermal bridge correction in Mediterranean climate [J]. Energy and Buildings，2011，43(9)：2385-93

[34] ZHU Y，LIN B. Sustainable housing and urban construction in China [J]. Energy and Buildings，2004，36(12)：1287-97

[35] ROELS S，DEURINCK M，DELGHUST M，et al. A pragmatic approach to incorporate the effect of thermal bridging within the EPBD regulation [M]. 9th Nordic Symposium on Building Physics. Tampere，Finland. 2011：1009-16

[36] ASDRUBALI F，BALDINELLI G，BIANCHI F. A quantitative methodology to evaluate thermal bridges in buildings [J]. Applied Energy，2012，97：365-73

[37] SADINENI S B，MADALA S，BOEHM R F. Passive building energy savings：A review of building envelope components [J]. Renewable and Sustainable Energy Reviews，2011，15：3617-31

[38] CHEN S，LEVINE M D，LI H，et al. Measured air tightness performance of residential buildings in North China and its influence on district space heating energy use [J]. Energy and Buildings，2012，51：157-64

8 机场建筑绿色设计探索与发展
8 Exploration and development
of green airport design

8.1 机场建筑绿色设计现状

随着我国经济的不断发展，航空运输持续快速增长，各地机场争相发展，新建、改扩建等机场项目建设如火如荼。截至 2017 年底全国共有颁证运输机场 229 个，全年完成旅客吞吐量 11.48 亿人次[1]。根据全国民用运输机场布局规划，到 2025 年，运输机场将超过 370 个，旅客吞吐量将达 22 亿人次[2]。未来机场建设需求仍在增长。

另一方面，机场建筑规模庞大，且越来越向综合化、枢纽化发展，能源与资源消耗强度高，且社会影响突出。随着资源环境的约束日益明显，机场建设在满足提供安全、优质服务需要的同时，更有效率地利用资源、更低限度地影响环境，建设合理环境负荷下安全、健康、高效、舒适的绿色机场，是目前机场建设的急迫需求，也是未来机场建设的必然方向。因此机场建筑绿色设计方兴未艾，从政策标准、科学研究到项目实践都已全面展开。

8.1.1 政策标准层面

早在 2016 年，《民航节能减排"十三五"规划》中就竖立了绿色发展理念，制定了"到 2020 年，民航运输绿色化、低碳化水平显著提升，建成绿色民航标准体系，资源节约、环境保护和应对气候变化取得明显成效"的绿色目标。2018 年全国民航工作会议明确提出要建立绿色机场标杆体系，根据我国《绿色机场发展规划图》，从目前至 2020 年，我国将研究并完善绿色机场建设标准，逐步建立绿色机场标准体系；2030 年前，将全面实现机场绿色可持续发展。2018 年 11 月，民航局出台《关于深入推进民航绿色发展的实施意见》，提出要坚决破除束缚民航绿色发展的各种障碍，不断提升民航绿色发展水平，努力实现中国民航走在世界民航和我国各行业绿色发展前列的宏伟目标。

目前机场建筑绿色设计所依据的标准，一方面是绿色领域通用的绿色建筑评价标准，包括《绿色建筑评价标准》GB/T 50378—2014 以及各地方推出的相关绿色建筑设计标准等。因为目前许多地方强制推行绿色，因此新建的机场类建筑也必须按这些绿色标准进行设计建造。对机场建筑进行绿色标识认证所依据的也仍然是《绿色建筑评价标准》。另外，民航领域专门针对机场的用能消耗与资源消耗特点，展开的绿色民航标准体系制定。2017年民航局相继发布了《绿色航站楼标准》和《民用机场绿色施工指南》，完善绿色机场建设相关标准体系。这些标准在《绿色建筑评价标准》GB/T 50378—2014的基础上，根据机场类建筑特点进行了增减，使其与机场业态更加相符。2018年颁布《绿色机场规划导则》，规定机场新建建筑应达到现行国家和地方绿色建筑标准，至少达到二星级，大型建筑宜达到三星级标准，三星级绿色建筑面积比例宜不低于30%。（表4-8-1）

绿色机场相关的规范标准 表 4-8-1

序号	标准名称	发布时间
1	《绿色建筑评价标准》GB/T 50378—2014	2014
2	《绿色航站楼标准》MH/T 5033—2017	2017
3	《民用机场绿色施工指南》	2017
4	《绿色机场规划导则》	2018

8.1.2 科学研究层面

自"十二五"以来，国家对机场建筑绿色节能相关的科研支持的力度在不断加大，已立项多个国家科技研发项目（表4-8-2）。"十二五"期间设立的国家科技支撑计划项目《绿色机场规划设计、建造及评价关键技术研究》，在绿色机场评价、运行能效指导等方面形成一系列成果；"十三五"国家重点研发计划项目《既有公共建筑综合性能提升与改造关键技术》下设课题四《降低既有大型公共交通场站运行能耗关键技术研究与示范》，于2016年启动，课题聚焦于不同地域和规模的机场航站楼、铁路客运站、地铁站等大型公共交通场站建筑能耗指标及评价准则、节能运行策略及调控技术、相关关键技术与配套设备[3]。2018年"十三五"国家重点研发计划项目《公共交通枢纽建筑节能关键技术与示范》获得立项，该项目将通过技术创新、产品升级、标准引领及示范推广，对提升公共交通建筑室内环境、降低运行能耗形成重要支撑作用。

"十二五"以来的绿色机场相关国家科技研发项目 表 4-8-2

序号	科研项目名称	项目类型	立项时间
1	绿色机场规划设计、建造及评价关键技术研究	"十二五"国家科技支撑计划项目	2014
2	降低既有大型公共交通场站运行能耗关键技术研究与示范	"十三五"国家重点研发计划课题	2016
3	公共交通枢纽建筑节能关键技术与示范	"十三五"国家重点研发计划项目	2018

8.1.3 项目实践层面

机场建筑作为大型公共建筑类型之一，按照当前的绿色建筑强制政策，以绿色建筑的要求开展机场绿色设计已得到普及，其区别在于机场建筑绿色设计目标和质量。如果以获得中国绿色建筑三星级认证标识作为评判基准，全国范围内共有5个机场的航站楼获得过绿色建筑三星级标识（表4-8-3）。与全国现有229个的机场数量（2017年）相比，拥有绿色三星级航站楼的机场占比仅为2.1%，高星级的绿色机场航站楼仍较稀缺，与民航分布的《绿色机场规划导则》目标还有一定差距，可见未来绿色机场设计实践仍还有很大提升空间。

获得绿色建筑三星级标识的机场项目　　　　　　　　表 4-8-3

序号	项目名称	标识类型	设计单位
1	昆明长水国际机场航站楼	绿色建筑三星设计＋运营	北京市建筑设计研究院有限公司
2	南京禄口国际机场二期建设工程（图4-8-1）	绿色建筑三星设计＋运营	华东建筑设计研究院有限公司
3	广州白云国际机场扩建工程二号航站楼及配套设施	绿色建筑三星设计	广东省建筑设计研究院
4	北京新机场旅客航站楼	绿色建筑三星设计	北京市建筑设计研究院有限公司
5	杭州萧山国际机场新建航站楼（图4-8-2）	绿色建筑三星设计	华东建筑设计研究院有限公司

图 4-8-1　南京禄口国际机场二期建设工程

245

图 4-8-2　杭州萧山国际机场新建航站楼

8.2　机场建筑特征分析及其对绿色设计的影响

机场建筑作为空港运输的主要建筑载体，受其功能需求限制，从建筑设计到运行管理都有自身强烈的特征，根据建筑特征选择适宜的绿色设计策略，才能事半功倍地取得良好设计效果，因此深入了解机场建筑是做好绿色设计的首要工作。

8.2.1　建筑设计特征

机场建筑的主要功能空间包括办票、安检、候机、行李提取、迎客等区域，通常按照安全检查和隔离管制为界限，划分为陆侧和空侧。由于功能需求和人员聚散特征，机场建筑设计有其自身的特点，并对绿色设计策略形成影响。

（1）高大空间

机场建筑一般都设有多个高大空间，以容纳众多的功能、人流，并有利于打造地标效果，缓解乘客的压抑感。高大空间的存在对室内环境产生多方面的影响：一方面有利于形成温度梯度良好的气流组织、有利于设置分层空调以保障室内环境参数和空调节能，同时也对自然通风设计增加了一定难度，如何进行流向设计以保证下部人员活动区域的风速需要仔细探究。

（2）大进深

机场建筑由于要布局多种功能空间，内区空间面积较大。大进深空间首先带来的是采光设计的挑战。为解决大进深空间的采光而引入的天窗同时也带来了太阳辐射以及热环境的变化，进而产生遮阳的需求。因此，大进深造成的内区采光兼顾遮阳与热环境设计是机场项目绿色设计的难点。

（3）大面积玻璃幕墙

现代机场建筑为满足视野和景观要求，一般会设置大面积的玻璃幕墙，尤其是空侧的候机区域，采用大面积玻璃幕墙设计几乎是国内外机场的通行做法。这种大面积玻璃幕墙虽然在采光和视野上有利，但带来较为严峻的节能问题。玻璃的热工性能与实体墙相比差距较大，更重要的是在夏季引入了大量的太阳辐射，无论是对热舒适还是空调能耗均产生不利影响。在进行机场的绿色设计时，合理控制窗墙比以及设置遮阳措施，是应对大面积玻璃幕墙的重要设计内容。

8.2.2 建筑用能特征

（1）能耗强度高

与其他类型的公共建筑相比，机场建筑的能耗强度较高。根据中国民航局2017年发布的《民用机场航站楼绿色性能调研测试报告》，在调研统计的机场样本中，不同气候区的航站楼单位建筑面积年总电耗如图 4-8-3 所示[4]。以夏热冬冷地区为例，航站楼单位建筑面积年电耗均值为 175kWh/（m²·a），约是《民用建筑能耗标准》GB/T 51161—2016 中 B 类商业办公建筑约束值 110kWh/（m²·a）的 1.6 倍。对能耗水平的关注与控制是机场建筑绿色设计的重要内容。

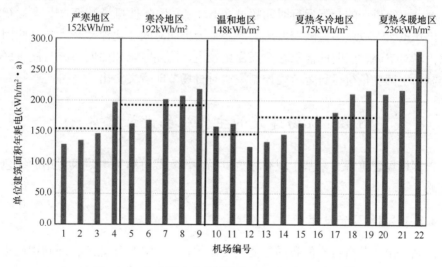

图 4-8-3 调研样本航站楼单位建筑面积年总电耗[4]

（2）集中供能设置

机场由于规模和体量大，建筑单体众多，从能源供应角度设置集中能源站对各区域供冷供热是机场区别于常规公共建筑的另外一个特征。根据中国民航局2017年发布的《民用机场航站楼绿色性能调研测试报告》，能源站电耗在航站楼电耗中的比重达到 28%[4]。针对集中供能系统特点，如何降低能源站侧能耗，实现运营成本的降低，也是机场节能设计中的重点。

8.2.3　建筑使用特征

（1）渗透风影响

机场航站楼作为交通建筑存在大量旅客的出入，出入口开合频次高；同时为营造开敞舒适的环境，航站楼一般营造开放性大空间，而围护结构上也趋于轻巧。多开口性、频繁使用性及大空间加剧热压通风的特性加剧了航站楼本身的渗透风量。近年来的相关实测研究表明，机场航站楼的渗透风量相当大，远超传统供暖空调设计对渗透风的认识和估算量。尤其是在冬季，对具体机场案例的冬季空调系统供热量与热负荷实际测试的拆分结果表明，渗透风导致的热量散失几乎与空调系统供热量相当，在实际航站楼冬季几乎未利用机械方式引入新风的实际状况下，冬季渗透风负荷对空调系统的实际运行具有重要影响[5]。在规划设计中充分重视渗透风问题，通过合理的建筑与空调设计降低其对室内环境的影响，是绿色机场设计应该予以关注的问题。

（2）长时运行与旅客流量变化

与普通公共建筑相比，机场航站楼的运行使用时间更长，基本上是全年运行，部分枢纽机场的全天运行时间超过 20h，一些国际性机场甚至 24h 有运行需求。机场虽然人流众多但随着航班起降在全天不同时间变化浮动较大，这些因素导致机场对空调、照明的需求在全天变化较大，因此空调和照明系统与航班联动的控制、空调变负荷运行等节能控制策略对机场节能意义突出。

8.3　机场建筑的主要绿色设计策略

根据机场建筑特点，基于现有绿色机场设计实践总结机场建筑适用的绿色设计策略。

8.3.1　自然采光设计

航站楼由于其自身空间布局和使用功能的特点，其自然光的合理利用应重点关注其内部及大进深区域的自然光引入及侧面采光区域采光质量的改善。

（1）大进深空间的侧面采光改善

对于机场航站楼而言，候机厅、出发厅以及到达大厅属于进出航站楼的衔接功能空间，一般均具备侧面采光的条件。需要结合遮阳、视野、围护结构节能等因素，优化侧窗玻璃大小以改善采光效果，同时可结合航站楼独特的造型与层高较高的特点，综合考虑设置反光板、结合造型增加顶棚光反射性能等来改善室内的自然采光效果（图 4-8-4）。

（2）内部空间的天窗采光改善

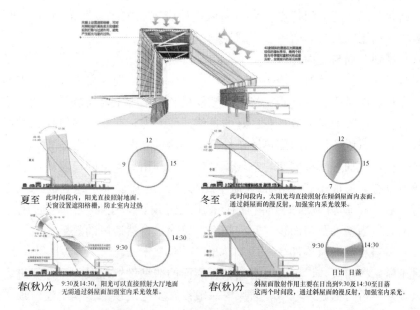

图 4-8-4　结合造型改善自然采光分析

对于处于建筑中部、不可利用侧窗采光的大空间，例如联检大厅、连接通道和商业区域等，尤其对于连接通道等对照度波动不敏感的区域，白昼的大部分时间段照明均可由自然光来替代。故在条件允许的情况下，内部空间应探讨通过增设顶部天窗等方式改善自然采光的可能性（图 4-8-5）。

(a)　　　　　　　　　　　　　　　(b)

图 4-8-5　机场航站楼天窗采光设计实例

（a）连接通道天窗采光；（b）联检大厅天窗采光

8.3.2　自然通风设计

机场航站楼开展自然通风设计，对降低过渡季空调通风能耗有着极为明显的效益。结合航站楼的空间特点，自然通风设计应重点关注规划布局与立面开口、通风构件的利用以及自然通风装置的控制。

（1）规划布局与立面开口

在机场规划设计及航站楼构型阶段，应充分考虑当地在夏季和过渡季的主导风向，注意表面风压影响，避免将航站楼候机、办票等主要功能空间置于主导风向的风影区，保障上述区域具有良好的自然通风潜力。在立面通风口的细部设计中，依靠表面风压条件、内部热压条件分析，通过立面门窗设置位置、面积和开启方式优化，增加航站楼内部的空气流动效果。利用高大空间设置低位开窗及高侧窗通风可有效形成下进上出的气流组织形式，是航站楼较适宜的通风方式之一。另外航站楼玻璃幕墙的开窗往往采用下悬窗，为正常平开窗通风能力的30％，需要适当增大开窗面积、开窗频率，以确保自然通风的效果。

（2）适当利用通风构件

对于航站楼内区，设置通风塔或结合屋面的造型设置通风天窗是促进室内自然通风效果的可行措施之一[6]。通风塔一般设置于建筑顶部，利用建筑顶部的凸起形成高处气流引导。通风塔适合航站楼进深较大处无法设置外窗时进行通风，也可设置于航站楼内相对密闭、正负风压差较小、需要加强室内热压通风的区域。通风天窗则需要根据造型进行设计，如某机场航站楼主楼和横向指廊通过连续舒缓的曲线逐渐收缩，通过在层叠式屋面中设置采光通风窗，既可改善自然通风效果，又可利用挑檐和侧窗，消除了屋面漏水的隐患（图4-8-6）。

(a) (b)

图 4-8-6 利用竖向通风构件进行航站楼通风
(a) 伸出屋面的通风塔；(b) 结合屋面造型的通风天窗

（3）自然通风装置的控制设计

机场航站楼由于空间高大，其自然通风装置如开启扇或开启天窗等，主要采用电动控制方式，其开启运行需要由机场管理单位统一管理，这与常规的公共建筑自然通风装置有所不同。而涉及自然通风装置的运行控制策略，包括启闭条件，与空调系统的配合等策略，应该在设计阶段就予以充分考虑。一方面，这些自然通风装置通常兼具消防排烟装置的属性，在进行控制设计时，应充分考虑消防控制与常规通风控制的兼容；另一方面，需要结合当地的气候特征，制定出自然通风装置的启用条件和规则，并在控制系统中予以落实。

8.3.3 建筑遮阳设计

应对机场航站楼的大面积玻璃幕墙、采光天窗带来的太阳辐射问题，遮阳设计是绿色设计的重点，特别对于夏季有制冷需求的地区，采用遮阳装置对改善室内舒适度和降低能耗均具有重要意义。

（1）立面遮阳设计

首先在机场建筑立面设计时就应对大面积玻璃幕墙的必要性进行分析，从而从源头控制过度的太阳辐射。一般而言，空侧由于景观视野的要求，需要设置玻璃幕墙，而陆侧可以实墙为主，减少夏季的太阳辐射。

当确定需要在立面设置玻璃幕墙后，优先考虑结合建筑造型、利用挑檐等造型设计对玻璃幕墙形成自遮阳。当自遮阳无法满足遮阳需求时，再结合内部空间功能设置相应的遮阳形式。

立面东、南、西三个朝向均有设置遮阳的必要；其中南向通过水平外遮阳板即可满足需求，而东、西朝向由于太阳高度角较低，一般只能设置挡板式或活动外遮阳。另外，夏季的北向直射辐射主要为早上和傍晚两个时间段，这一时刻太阳辐射强度较弱，应防止眩光影响，可结合内遮阳考虑。立面遮阳设计的同时需要兼顾内部采光、视野及人员的空间感受效果，特别对于东、西向遮挡需求面积较大，更应仔细权衡遮阳与其他几项需求的关系，兼顾各方性能进行综合性设计（图4-8-7、图4-8-8）。

（2）天窗遮阳

航站楼为改善其内部空间的自然采光常会设置天窗。天窗的存在，除了在太阳高度角较高的夏季会增加室内的太阳得热量，也易因为室内照度的突变引起眩光，因此天窗有设置遮阳的需求。从降低能耗角度，仍应优先考虑外遮阳。

（3）天窗及侧窗内遮阳构件形式

对于侧窗和天窗的内遮阳设置，其主要目的是为了防眩光。天窗下内遮阳为防止对采光效果的削弱，一般采取带有一定孔隙率、半透明的遮阳构件或设置格栅；也可采用依据室内辐照控制的自动遮阳帘。侧窗的内遮阳对旅客的视野、采

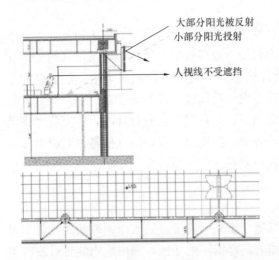
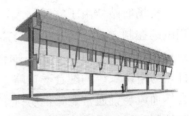

图 4-8-7　某机场西向挡板式遮阳设置于人视线以上

图 4-8-8　某机场西向活动外遮阳

光需求影响较大，故而有依据环境变化随时调节的必要。

　　针对航站楼自身的大体量特点，从减少人工运行成本的角度出发，宜采用分区控制的电动遮阳卷帘，依据室内阳光照度的强度，调节内遮阳卷帘的高度，也可以在室内设置照度传感器与电动遮阳卷帘联动，达到自动控制的目的。

8.3.4　渗透风控制

（1）规划布局优化

　　机场场地一般比较开阔，建筑比较分散，航站楼将直接受到当地主导风向的影响。在建筑规划布局时宜进行风洞分析或者数值模拟分析，根据航站楼冬季表面风压结果，避免在冬季主导风向风压较大区域大面积布置出入口。图 4-8-9 为虹桥 T1 航站楼冬季主导风向示意，主要出入口应避免设置在红色风压较高区域，在红色风压较高区域设置出入口时，建议增加构筑物、雨篷等措施减弱表面风压，同时加强渗透风控制。

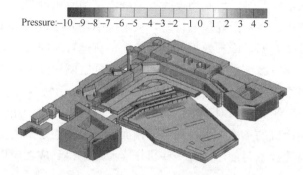

Pressure: –10 –9 –8 –7 –6 –5 –4 –3 –2 –1 0 1 2 3 4 5

图 4-8-9　冬季主导风向下表面压力分布

（2）增设门斗或者双重门

门斗是在建筑物出入口设置的起分隔、挡风、御寒等作用的建筑过渡空间。进站双重门设计原理及思路与内置式门斗类似。结合自动屏蔽门的"开—关"模式，适用于航站楼入口的客流通道，防渗风效果明显，能很好地限制间歇性开启通道的无组织渗风（图 4-8-10）。

（3）结合渗透风的空调系统设计

渗透风量的计算与系统设计是航站楼空调系统设计当中的难点，渗透风量受室外风速条件、室内负荷、室内温度、建筑开口形式、客流量等多方面影响，综合这些条件形成的风压与热压是渗透风影响大小的关键因素。由于渗透问题的复杂性，应当在设计阶段结合数值模拟手段对渗透风量进行估算，在航站楼的空调新风系统设计应综合考

图 4-8-10　门斗设计控制渗漏风

虑并充分利用渗透风，确保室内空调效果。模拟辅助设计优化空调系统设计已经在工程中得到运用与证实，但对于实际发生频繁开启的渗透风量的估算上存在一定误差，数值模拟要尽可能地还原真实的运行状况，有意识地考虑航站楼巨大的渗透风量来匹配设计空调系统新风量。

8.3.5 高效空调系统及其控制

（1）水蓄冷系统

冷源采用水蓄冷系统，可利用夜间谷段电价，制冷机开启，以水为媒介，将冷量蓄存至水罐中，在白天峰段电价时，从水罐中释放冷量。水蓄冷系统可充分利用夏季夜间较低气温，冷却效果好，系统满负荷运转时间比例高，从而提高冷机的工作效率，同时冷冻水采用大温差更利于降低空调输配系统的初投资和能耗（图4-8-11）。水蓄冷系统还能提供应急冷源，并且使用常规冷水机组，技术成熟、运行稳定、系统灵活。对于用户而言，减少电价高峰段的用电需求，降低运行费用，稳定制冷机的供冷能力；对于电网而言，起到稳定电力需求，削峰填谷的作用。冷源蓄冷技术目前已经在一些机场能源站中得到成功应用[6,7]。

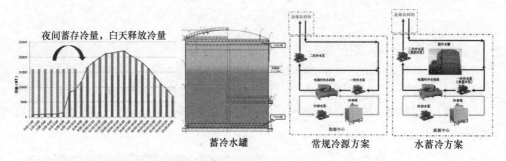

图4-8-11　机场水蓄冷系统方案与常规冷源方案对比

（2）冷水直供技术

空港建筑空调冷热水系统通常由能源中心提供，由于本身建筑体量大，且输送路程较远（通常超过1000m），水系统无论是规模、造价和运行能耗均较大（图4-8-12）。对于如此体量和规模的空调系统，常规设计多采用末端设板换方式。但在承压许可的条件下，采用冷水直供无论是从投资还是运行能耗均具有较大优势，避免了使用常规板交系统存在的阻力损失与换热损失，可降低水泵输送能耗[9,10]。

（3）基于 CO_2 浓度的大空间新风量调节控制

良好的通风换气是提高室内空气品质的有效保证。由于航站楼存在大量无组织渗风，可有效降低室内 CO_2 浓度，使得绝大多数时间室内 CO_2 浓度都低于1000ppm，满足标准要求。因此，机场航站楼在人员密度大且人流变化大的区域如候机区、中转区、到达通道等可通过监测 CO_2 浓度的方式进行新风需求控制，可以有效地降低新风系统能耗。

（4）末端优化设计

空调末端的设计需要注重与空间特性匹配以及与节能需求匹配。航班与机场

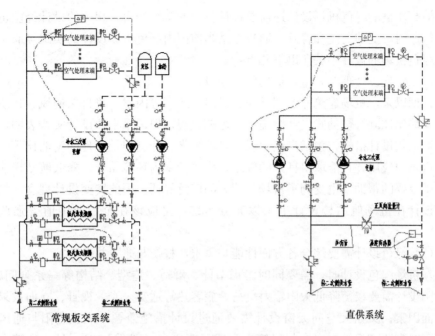

图 4-8-12 冷水直供与常规系统对比[9]

人流数息息相关，空调系统分区设计是航班联动控制节能措施的物理基础。空调系统划分越小，航班联动控制的实施方案越灵活。空调系统的划分、空调系统温度设定、启停控制与航班信息联动，编制区域空调系统联动逻辑表，从而设置不同的系统工作模式，实现以需求为导向的能耗控制目的。

8.3.6 能耗目标导向设计

好的设计是绿色建筑的基础，也是最终高效运营的基石。以能耗为目标导向的机场绿色建筑设计，首先要按照《民用机场航站楼能效评价指南》确定合理的建筑能耗目标，围绕能耗目标采用基于性能分析的方法，综合考虑建筑本体设计、围护结构、机电设备及可再生能源等各部分的节能技术、节能效果、优化设计与技术组合，以求相互配合，共同实现节能目标，从而指导机场建筑的节能设计。

8.4 机场建筑绿色设计领域发展展望

机场建筑由于其功能和空间需求复杂，其能源和资源消耗强度大，开展绿色设计对机场节能降耗和改善室内环境具有重要意义。近年来绿色建筑理念已在机场建筑设计中普及，相关科研工作也对机场绿色节能特性的深入认识提供了支撑，但高质量的绿色机场设计还需要设计行业的持续努力，相关的设计经验也应该在行业内广泛的交流和普及。通过总结当前国内绿色机场设计的实践经验，建议在绿色机场的设计中关注以下几点：

（1）转变设计理念，重视机场的被动设计

长期以来，机场建筑考虑到立面、噪声、造型等因素，对自然通风、建筑遮阳、窗墙比控制等被动式设计措施并未足够重视，但近年来的设计实践表明，良好的被动设计措施，包括自然通风、自然采光、外遮阳及合理的窗墙比等，可以在机场中应用并且能取得良好的效果，为改善室内环境品质，降低航站楼能耗提供了重要的帮助，也受到了机场运营方的广泛好评。因此转变设计理念，将被动式设计在机场航站楼设计中予以充分考虑，是应该在全行业中值得强调的做法。

（2）绿色设计需要综合各方面性能与需求，权衡与兼顾并举

在机场绿色设计时，需要同时考虑节能、舒适、造型、结构等一系列问题，如遮阳设计需要权衡降低太阳辐射负荷、旅客热舒适及采光、视野、立面效果等多方面因素；又如大空间天窗设计需要通过设计措施兼顾采光、遮阳与通风需求，同时也要满足结构安全与建筑空间感营造要求（图 4-8-13），是一项综合性设计，不能将绿色性能割裂开来单一考虑。

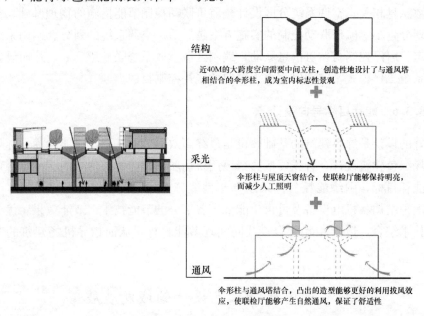

图 4-8-13 绿色设计的综合性

（3）重视渗透风问题，前置考虑与后期干预并举

随着相关科研的深入和成果发布，机场航站楼的渗透风问题已越发明晰，是

在全国机场中普遍存在的问题，需要在设计阶段就予以充分考量，才能在运行阶段去缓解这种问题。从规划设计阶段开始，就应该对门洞的位置选择、出入口的设置方式进行仔细分析，而在运营后期，则需要基于渗漏的客观现状，合理设置空调箱的运行模式，适应环境而变化。

（4）适应机场的使用模式强化自动控制

机场建筑的使用有其特殊性，对机电系统的使用需求在全天不同的时段有大幅度的变化，与航班的流量息息相关，这种客观现状下，完善的自控系统对降低机场能耗就显得尤为重要，特别是航班联动控制照明和控制装置，冷站的变负荷运行等，对于机场建筑有着重要的意义。

作者：张桦　瞿燕　陈湛（华东建筑设计研究院有限公司）

参考文献

［1］ 中国民用航空局. 2017 年民航行业发展统计公报，2018.5

［2］ 李张，孙施曼，张雯. 中国绿色机场建设现状与发展趋势［J］. 建设科技，2017（8）：38-41

［3］ 王俊. 既有公共建筑综合性能提升与改造关键技术［J］. 城市住宅，2016（11）：33-35

［4］ 中国民用航空局机场司.《民用机场航站楼绿色性能调研测试报告》IB-CA-2017-01

［5］ 张涛，刘效辰，刘晓华，等. 机场航站楼空调系统设计、运行现状及研究展望［J］. 暖通空调，2018（1）：53-59

［6］ 瞿燕. 上海虹桥机场 T1 航站楼自然通风优化改造技术探索与实践［J］. 建筑科学，2017（8）：149-155

［7］ 魏炜，胡仰耆，宋勤锋，林拥军. 虹桥交通枢纽 T2 航站楼供冷站运行分析［J］. 暖通空调，2011（41）：15-19

［8］ 张丽君，姜梅. 天津滨海国际机场二期制冷站水蓄冷空调设计［J］. 制冷与空调，2012（4）：353-358

［9］ 沈列丞. 虹桥交通枢纽 T2 航站楼空调冷水直供系统技术经济性分析［J］. 暖通空调，2011（41）：2-5

［10］ 沈列丞，陆燕，马伟骏. 南京禄口国际机场 2 号航站楼空调与节能设计［J］. 暖通空调，2017（8）：66-72

第五篇 | 地方篇

　　2018 年，各地方政府和城乡建设行政主管部门积极贯彻中央制定的绿色发展战略，加大力度推动绿色建筑的发展，取得了丰硕的成果。一些省市颁布了推动绿色建筑发展的地方法规，地方财政落实了对绿色建筑的资金奖补激励政策；绿色建筑评价标识项目和建筑面积的数量都有了较大的增长；长沙梅溪湖新城区、深圳光明新区等第一批国家绿色生态城区示范通过省部级验收；深圳市诞生出第一批绿色建筑专业教授级高级工程师。这些成果为我国实现应对气候变化，实现节能减排目标，改善生态环境做出了贡献。

　　本篇收录了北京、天津、上海、湖北、湖南、广东、福建、重庆、深圳、大连 10 个地区开展绿色建筑相关工作的情况介绍。主要从地区绿色建筑总体情况、发展绿色建筑的政策法规情况、绿色建筑标准和科研情况、宣传推广绿色建筑等几方面。希望通过本篇内容，能够使读者对地方的绿色建筑发展状况有一个概况性的了解，并为推动全国其他地区的绿色建筑发展起到促进作用。

Part 5 | Experiences

In 2018, local governments and urban and rural construction administrative departments have actively implemented the green development strategy formulated by the central government, stepped up efforts to promote the development of green buildings, and achieved fruitful results. Some provinces and cities have promulgated local laws and regulations to promote the development of green buildings, and local governments have implemented financial incentive policies for green buildings. The number of green building evaluation mark projects and building area has increased greatly. The first batch of national green ecological urban areas such as changsha meixi lake new urban area and shenzhen guangming new area passed the provincial and ministerial inspection. Shenzhen has produced the first batch of green building professional professor—level senior engineers. These achievements have contributed to China's efforts to cope with climate change, achieve the goal of energy conservation and emission reduction, and improve the ecological environment.

This paper introduces the related work of green building in 10 regions, including Beijing, Tianjin, Shanghai, Hubei, Hunan, Guangdong, Fujian, Chongqing, Shenzhen and Dalian. Mainly from the overall situation of regional green building, the development of green building policies and regulations, green building standards and scientific research, publicity and promotion of green building and other aspects. It is hoped that through this article, readers can have a general understanding of the local green building development, and play a role in promoting the development of green building in other parts of the country.

1 北京市绿色建筑总体情况简介

1 General situation of green building in Beijing

1.1 绿色建筑总体情况

2018 年北京市通过绿色建筑标识认证的项目 29 项，建筑面积共计 322.99 万 m²。其中运行标识 8 项，建筑面积 68.53 万 m²；设计标识 21 项、建筑面积为 254.46 万 m²。一星级标识项目数量为 2 项，建筑面积 14.55 万 m²，二星级项目 17 项，建筑面积 218.92 万 m²；三星级项目 10 项，建筑面积 89.52 万 m²。二星级及以上项目占比达到 93%，二星级及以上建筑面积占比达到 95%。

截至 2018 年 12 月，北京市通过绿色建筑标识认证的项目共 303 项，建筑面积达 3519.85 万 m²。其中运行标识 44 项，建筑面积 574.69 万 m²；设计标识 259 项，建筑面积 2945.16 万。一、二、三星级标识项目数量分别为 36 项、148 项和 119 项。二星级及以上项目占比达到 88%，二星级及以上建筑面积占比达到 91%。全市共对 24 个绿色建筑运行标识项目进行奖励，奖励资金 5806.975 万元，奖励面积 405.91 万 m²。

2017 年以来，北京市在新建建筑全面执行绿色建筑一星级标准的基础上，要求在新建政府投资公益性建筑及大型公共建筑中全面执行二星级标准。2018 年，约 4820 万 m² 的绿色建筑通过施工图审查达到一星级标准，截至目前，累计执行绿色建筑标准的工程建筑面积为 1.93 亿 m²。

1.2 绿色建筑标准情况

（1）北京市《绿色施工管理规程》DB 11/T 513—2018 发布实施

《绿色施工管理规程》（以下简称《规程》）于 2015 年 1 月发布，2015 年 8 月开始实施。《规程》自实施以来，在北京市范围内得到了广泛应用，为指导建设工程施工现场节地、节能、节水、节材和环境保护等绿色施工工作提供了依据，尤其是对北京市扬尘治理工作起到了全面的指导作用。近年来生态文明建设成为国家战略，国家、北京市委市政府相关政策文件频繁出台，环境保护工作要求、工作标准不断提高。规程在实施过程中，逐渐不能满足当前绿色施工尤其是施工扬尘治理的总体要求。如原《规程》1.0.2条："本规程适用于北京市行政区域内新建、改建、扩建的房屋建筑工程、市政基础设施工程和拆除工程"，不能较好地规范交通、水务、园林绿化、架空线入地等工程。原《规程》中对扬尘治理工作"六个百分百"相关要求不够细致全面，对拆除工程的指导性不强，安装视频监控系统要求提升及现场施工喷雾降尘设备、喷淋降尘设备、扬尘在线监测设备、抑尘剂等新技术应用等。修订后的标准编制和实施将为北京市建设工程绿色施工标准和职业健康管理提供依据。该标准已于2018年12月17日批准发布，2019年4月1日起实施。

（2）北京市地方标准《绿色雪上运动场馆评价标准》DB 11/T 1606—2018发布实施

为把北京2022年冬奥会、冬残奥会办成一届绿色、精彩、非凡、卓越的奥运盛会提供技术保障，北京市规划和自然资源委员会和北京市住房和城乡建设委员会组织制定了北京市地方标准《绿色雪上运动场馆评价标准》（DB11/T 1606—2018），并与北京市市场监督管理局联合发布，自2019年1月1日起实施。自实施之日起，新建、改建、扩建雪上运动场馆申报绿色建筑评价标识应按照该标准进行评审。标准共分7章，主要内容包括：1总则；2术语；3基本规定；4生态环境；5资源节约；6健康与人文；7管理与创新。该标准为京津冀区域协同地方标准，按照京津冀三地互认共享的原则，由各地相关行政主管部门分别组织实施。中国1/3以上的地区适合开展冬季运动，发展潜力巨大，北京2022年冬奥会势必将带动中国北方地区更多人民群众参与到冬季运动中。雪上运动的普及势必带来雪上运动场馆的建设高峰，推进雪上运动场馆高质量可持续发展，对于节约资源、保护生态环境具有重要的意义。由于国际上也无针对室外雪上运动场馆的绿色评价标准，因此北京市组织有关单位针对雪上运动场馆编制了专门的绿色评价标准，以科学引导其可持续规划、设计、建设、施工和运营。

（3）开展北京市《绿色建筑设计标准》修编研究

近年来，《北京市绿色建筑设计标准》在绿色生态详细规划和绿色建筑设计与管理方面发挥了重要作用。该标准的修编，纳入新领域新方向的内容，体现"创新、协调、绿色、开放、共享"五大发展理念，并与北京市绿色建筑施工图审查和绿色建筑全过程管理体系紧密结合，切实指导绿色建筑的实践，推动绿色建筑持续、健康、高质量发展。

（4）开展北京市《绿色建筑工程验收规范》修编研究

标准修订通过解决原标准执行过程中存在的问题，同时注重标准技术水平的先进性、标准实施的可操作性及标准间的有效衔接，确保标准切实可行。同时针对标准的验收方法、验收节点、验收结果、与绿色建筑设计和运行评价标识及备案管理的对接等方面展开深入研究，为绿色建筑设计技术措施保质保量落实和完善全过程管理流程提供有力技术支撑。

（5）编制《北京市绿色建筑和装配式建筑适用技术目录》

为加快绿色建筑适用技术、材料、产品以及装配式建筑适用技术体系、工艺工法、部品部件在建设工程中的推广应用与普及，提升北京市绿色建筑和装配式建筑技术创新能力，带动和促进一批绿色建筑和装配式建筑产业发展，通过面向社会公开征集、企业自愿申报和绿色建筑标识项目应用，经过行业专家评审和广泛征求意见，编制《北京市绿色建筑和装配式建筑适用技术目录》，用以指导北京市行政区域内新建、改造的绿色建筑和装配式建筑工程的积极选用。

1.3 绿色建筑科研情况

（1）开展《北京市绿色建筑与建筑节能 2030 发展路线图及政策支持机制研究》课题研究

近年我国及北京市的碳排放达峰承诺以及人民对美好生活的需求，对未来10 多年我国和北京市绿色建筑和建筑节能发展提出了"提质增量"的要求。北京作为首善之都，应该在建筑节能、绿色建筑方面做一些前瞻性、引领性和创新性的工作，因此开展本课题的研究，提出北京市到 2035 年绿色建筑和建筑节能的中长期发展路线图，明确到 2035 年的中长期发展目标、重点工作任务和政策保障措施和支持机制，为北京市乃至全国的绿色建筑和建筑节能中长期工作发展提供参考。该项目于 2017 年 10 月底开始实施，课题研究采用了系统动力学、互联网大数据调研、实地考察、专家研讨和问卷调研以及数据挖掘等系列方法，在深入调研北京市城镇和农村民用建筑领域的能耗和碳排放现状、能源结构及特征，及充分考虑人口控制和人口疏解、2035 总规、京津冀协同发展等政策基础上，从发展对象、发展目标、发展机制、关键支撑技术及不可控因素与应对措施等 5 个维度对路线图进行了分解与剖析，并按照每 5 年一个节点，提出了北京市2020～2035 年绿色建筑与建筑节能发展大事件及相应指标值，并从法规、标准、机制、市场化推动、技术推广等多个层面，提出了包括加快完成民用建筑绿色发展条例，加快推进超低能耗绿色建筑发展、逐步提高节能标准，加快修编北京市绿色建筑评价标准、建立建筑能效标识等多项重点工作建议。

（2）开展《北京市绿色建筑金融保险机制和政策研究》课题研究

基于政府"放管结合、优化服务"指导思想、引导绿色建筑从绿色设计到绿色运营，实现绿色建筑高质量发展要求的背景下，北京市开展绿色建筑金融保险的市场化运作机制研究，推动"政府引导、市场主导、企业参与"的绿色建筑市场化发展模式。课题组研究引入保险增信机制，与银行信贷联动，通过市场化手段开展绿色建筑全过程监督，构建保障绿色建筑实现预期目标的绿色金融支撑体系和市场化运作机制，形成政府、开发建设方、银行、保险各方市场主体的利益驱动闭环，撬动社会资本进行绿色建筑开发建设。课题组创新性地提出了绿色建筑保险与增信联动机制。绿色建筑保险是指项目单位在开发建设初期即明确项目建成绿色建筑星级目标并投保绿色建筑保险。保险公司组织第三方绿色建筑服务机构对项目在设计、施工和运营阶段进行全过程风险控制，以期达到预定的绿色建筑星级目标。通过银行采信绿色建筑保险保单，实现保险与银行的联动机制。试点项目单位持绿色建筑保险保单到银行申请贷款，银行采信绿色建筑保险保单。银行根据绿色建筑保险保单对项目提供绿色贷款额度、审批及放款绿色通道等优惠措施，以期解决项目前期融资与绿色建筑后期认定的期限错配问题，降低绿色建筑企业的融资成本。

（3）开展《北京市绿色建筑第三方评价和信用管理制度研究》课题研究

研究了国内外绿色建筑行业第三方评价的各种路径和模式，结合北京市绿色建筑行业发展现状和监管需求，提出北京市开展绿色建筑第三方评价的途径、模式和相关管理制度及配套的信用管理制度，研究形成了课题研究报告和《北京市绿色建筑标识评价管理办法》政策建议成果转化文件。

（4）开展《2018北京市绿色生态示范区绩效评价体系实施研究》课题研究

课题研究提出了绩效评价体系的框架以及绩效评价的方法、流程和机制，有利于推动示范区建设和评选工作的优化。通过中关村翠湖科技园实地调研其生态建设情况和绩效评价情况，进一步优化了北京市绿色生态示范区的绩效评估体系制度。

（5）开展《北京市既有住宅区绿色化改造提升技术体系研究》课题研究

通过调研中心城区7个老旧小区试点项目，摸清各类别既有住宅区的改造需求和关键问题，总结了当前北京市老旧小区综合整治工作的经验，从安全耐久、服务便捷、健康宜居、资源节约、运营管理提出了既有住宅区的绿色化改造技术体系、绿色化改造策略、改造清单、技术要求以及绿色化改造工作机制建议，为高质量开展老旧小区的改造工作提供了技术支撑。下一步，研究成果将运用于北京市的老旧小区整治工作中。

（6）开展《北京市农宅建设新技术新材料应用推广的研究》课题研究

课题以农宅建筑单体为研究对象，以农宅建设新技术新材料应用推广为研究内容，从农宅建筑的节能技术研究、材料应用、能源利用等方面系统展开研究，促进农宅设计水平与建设品质的提升，推进北京市美丽乡村的建设与发展。课题研究成果为《北京市农宅建设新技术新材料应用推广的研究》研究报告与《北京农村地区适用技术目录》（草稿）。

1.4 地方绿色建筑大事记

2018年5月19日～20日，住房城乡建设部专项检查组对北京市建筑节能、绿色建筑与装配式建筑实施了专项检查，抽查了北京市城区及海淀区6个新建建筑节能项目、3个绿色建筑项目、2个装配式建筑项目，对北京市2017年建筑节能、绿色建筑与装配式建筑工作给予了高度评价：北京市深入落实习近平总书记对北京的重要讲话精神，以建设雄安新区和京津冀一体化协同发展为战略支撑，按照国家节能减排、大气污染防治及推进新型城镇化的工作部署，以建设国际一流和谐宜居之都为方向，将建筑领域绿色发展工作作为"绿色北京"发展战略的重要内容，积极完善规划方案、强化政策标准、健全管理体系、创新工作机制，在各领域取得了显著成效，其中多项重点工作走在全国前列，起到了很好的示范引领作用。

2018年6月22日"中德合作产能建筑规划设计讲座"，由德国国际合作机构（GIZ）中德城镇化伙伴关系项目和北京建筑节能研究发展中心共同举办。该讲座以住房和城乡建设部建筑节能与科技司和GIZ共同实施的"中德城镇化伙伴关系项目"重点工作要求为基础，介绍产能建筑外围护结构、供热/制冷、热回收、可再生能源利用等方面的规划设计、超低能耗的施工、质量控制和能效分析等内容。

2018年7月～8月，北京市组织开展2018年北京市绿色生态示范区评选工作。通过资料初审、现场考察、专家评审、网上公示等环节，最终授予北京新机场和2019北京世界园艺博览会园区"北京市绿色生态示范区"称号，北京雁栖湖生态发展示范区定向安置房项目（一期）"北京市绿色生态试点区"称号。

2018年9月13日～14日"第七届严寒寒冷地区绿色建筑技术论坛"在北京召开。论坛由中国城市科学研究会绿色建筑与节能专业委员会与北京建筑节能与环境工程协会联合主办。联盟各地区住建委、建设厅（局）、绿建委及有关绿色建筑设计和建设单位、工程公司，房地产、勘察设计和施工企业、科研机构、大专院校、建筑装饰企业等近400余人出席大会。本次技术论坛包括主论坛、综合论坛、分论坛与项目参观共四项内容。大会以"和谐发展，健康环境"为主题，就绿色生态城区建设与发展、绿色建筑与健康建筑技术与实践、超低能耗绿色建筑及装配式建筑发展与实践、多能源互补的清洁能源应用技术等方向展开学术与实践相结合的研讨。

2018年9月14日，市规划自然资源委组织完成副中心行政办公区绿色建筑设计三星级评审工作。此次评审包括了一期8个项目，共计35.1万平方米，这些项目采用了集约高效的规划建筑布局；运用了装配式、模块化设计；采用了整体海绵城市设计；涵盖了全专业和全设计周期的 BIM 正向设计，为北京城市副中心的建设树立了绿色标杆。

2018 年 10 月 10 日，北京市住房城乡建设委冯可梁副主任率队赴北京经济技术开发区进行绿色建筑调研。袁立洪副主任介绍了开发区绿色建筑发展情况及《北京经济技术开发区绿色建筑中长期发展专项规划》的编制情况，经济技术开发区将以发展绿色工业建筑为重点，积极引领北京市绿色工业建筑发展，努力建设全国绿色工业建筑示范区。

2018 年 12 月 11 日，北京市住房城乡建设委、北京市规划自然资源委和北京经济技术开发区管委会共同组织召开"2018 北京市绿色建筑发展交流会暨北京经济技术开发区绿色建筑工作推进会"，科学谋划 2019 年绿色建筑发展工作。住房城乡建设部标准定额司倪江波副司长、住建部科技与产业化发展中心俞滨洋主任、北京市住建委冯可梁副主任、北京市规划自然资源委陶志红委员、北京经济技术开发区管委会袁立洪副主任及来自市区住建委和规划分局、市绿色生态示范区负责同志，北京市绿色建筑评价标识专家委员会专家、专业评价人员及全市各建设、设计、施工、科研、技术服务单位的代表共约 350 人参加会议。会议对2018 年北京市绿色建筑工作进行了回顾和总结，并向 2018 年度北京市绿色生态示范区和绿色建筑运行标识项目授予标牌。会议传达了住建部关于城乡建设领域绿色发展的总部署和新方向，明确了北京市下一步绿色建筑高质量发展的新目标和新任务，并对区域绿色生态建设提出了新要求和新期望。北京经济技术开发区管委会介绍了经济技术开发区创建绿色工业建筑集中示范区的新探索和新实践。与会专家嘉宾分享了绿色建筑领域的最新发展动态、研究成果和实践案例，共同研讨推进新时代绿色建筑发展蓝图。

作者：乔渊[1] 李珂[1] 胡倩[2] 叶嘉[2] 白羽[3] 王力红[3] （1. 北京市住房和城乡建设科技促进中心；2. 北京市勘察设计和测绘地理信息管理办公室；3. 北京生态城市与绿色建筑专业委员会）

2 天津市绿色建筑总体情况简介
2 General situation of green building in Tianjin

2018 年，为深入学习贯彻习近平新时代中国特色社会主义思想和党的十九大精神，全面贯彻落实习近平生态文明思想和全国生态环境保护大会精神，响应绿色青山就是金山银山的号召，决胜全面建成高质量小康社会，天津市在 2018年持续加强生态环境保护工作，全面推动绿色建筑发展，大力推进装配式建筑发展，着力推广超低能耗建筑，加快建设生态宜居的现代化天津。

2.1 建筑业总体情况

2018 年，天津市建筑业持续稳步提升，截至 2018 年 11 月，天津市房屋建筑工程施工总面积 9528.02 万 m^2，较 2017 年同期增长 13.4 %；房屋建筑工程新开工面积 2815.37 万 m^2，较 2017 年同期增长 26.4%；房屋建筑工程竣工面积642.13 万 m^2，较 2017 年同期增长 16.1%。

2.2 绿色建筑总体情况

2018 年，天津市通过绿色建筑评价标识的项目共计 60 项，较 2017 年增加19 项。其中公共建筑设计标识共 31 项，一星级 7 项，二星级 22 项，三星 2 项；住宅建筑设计标识共 23 项，一星级 5 项，二星级 16 项，三星级 2 项；住宅＋公共建筑设计标识 6 项，一星级 4 项，二星级 2 项。此外，中新天津生态城共有 98个获得标识的绿色建筑，一星级 9 项，二星级 40 项，三星级 49 个；其中居住建筑 41 项，公共建筑 54 项，工业建筑 3 项；建筑面积 567.9 万 m^2。截至 2018 年底，天津市共有 400 余个通过绿色建筑评价标识的建筑项目，29 个项目获得国家绿色建筑创新奖，全市绿色建筑竣工和在建项目已超过 9000 万 m^2。

2.2.1 全面推动绿色建筑发展

天津市制定相关规定，首先从政策层面全面推动绿色建筑发展。根据有关法律、法规，结合天津市发展实际，制定了绿色建筑管理规定。对在天津市行政区域内从事与绿色建筑有关的规划、建设、运营、评价等活动，进行政府监督管理和引导激励。市、区两级政府将绿色建筑发展纳入国民经济和社会发展规划，鼓励和支持绿色建筑技术的研究、开发、示范和推广，促进绿色建筑技术进步与创新；鼓励既有建筑改造和工业建筑执行绿色建筑标准；鼓励绿色建筑规模化发展，创建绿色生态城区；鼓励建设被动式超低能耗绿色建筑，推广装配式混凝土结构、钢结构和现代木结构等装配式建筑。确保绿色建筑全面发展，提高能源和资源利用效率，推进生态文明建设。

2.2.2 大力推进装配式建筑发展

天津市制定相关规划，促进装配式建筑健康发展。根据《国务院办公厅关于大力发展装配式建筑的指导意见》（国办发〔2016〕71 号）、《中共天津市委天津市人民政府关于进一步加强城市规划建设管理工作的意见》（津党发〔2017〕19 号）、《天津市人民政府办公厅印发关于大力发展装配式建筑实施方案的通知》（津政办函〔2017〕66 号），结合天津市国民经济和社会发展实际，制定了《天津市装配式建筑"十三五"发展规划》，以指导和促进全面实现天津市建筑工业化的发展，打造建筑业"天津制造"品牌。

天津市建设系统认真学习贯彻党的十九大精神，坚持创新、协调、绿色、开放、共享的发展理念，以习近平总书记对天津提出的"三个着力"为元为纲，加快推动绿色发展，并将装配式建筑作为建筑产品的一次革命和推进绿色建筑实施的重要举措。静海区、宝坻区率先垂范，按照中央和市委、市政府的统一部署，做好装配式建筑建设推广工作，做实一批可复制、可推广的优秀示范项目，为全市推广装配式建筑起到带头作用。

2.2.3 着力推广超低能耗建筑

天津市着力推进被动式超低能耗建筑发展，出台《关于加快推进被动式超低能耗建筑发展的实施意见》，推广被动式超低能耗建筑，推动绿色城市建设，明确提出到 2020 年底，全市累计开工建设被动式超低能耗建筑不低于 30 万 m^2，形成系统的被动式超低能耗建筑政策和技术体系，打造一批被动式超低能耗建筑示范项目。实现被动式超低能耗建筑向标准化、规模化、系列化方向发展。

2.2.4 启动公共建筑用能监管和信息服务系统建设

为落实天津市《建筑节约能源条例》，结合《天津市公共建筑能耗标准》，启动公共建筑用能监管和信息服务系统建设，系统建设涵盖用能在线监测、用能运行监管、节能信息服务、节能决策等，将具有用能统计、能耗分析、电力需求分析、能源对标及公示等功能，同步开展和平区公共建筑基本信息及用能信息普查工作。

2.2.5　积极推进乡村节能改造工作

天津市大力推进乡村振兴工作，结合农村危房改造工作，开展农房节能改造，提高农村建筑能效，助力冬季清洁取暖；指导全市国家级改善农村人居环境示范村开展提升改造。其中，以武清区梅厂镇小雷庄村作为整村建筑节能改造试点，通过更换外窗，增加外墙外保温等改善围护结构热工性能，解决供热能耗高、采暖舒适性差等问题，对全市形成示范带动作用。

2.3　出台绿色建筑相关政策法规

2.3.1　实施《天津市绿色建筑管理规定》

为促进天津市绿色建筑发展，提高能源和资源利用效率，推进生态文明建设，天津市建委根据有关法律、法规和结合天津市实际，制定了《天津市绿色建筑管理规定》。在执行绿色建筑标准的基础上，《规定》要求对天津市新建政府投资的国家机关、学校、医院、博物馆、科技馆、体育馆等建筑，保障性住房，示范小城镇，以及单体建筑面积超过 2 万 m² 的机场、车站、商场、写字楼等大型公共建筑，应当执行绿色建筑标准；其他民用建筑推行绿色建筑标准；鼓励政府投资建筑和大型公共建筑执行二星级以上绿色建筑标准；鼓励既有建筑改造和工业建筑执行绿色建筑标准。

《规定》在绿色建筑的规划、建设、运营和评价等阶段，以及在绿色建筑活动的监督管理和引导激励等方面起到积极作用，有效推进了天津市既有建筑绿色化改造和绿色建筑向高品质发展。

2.3.2　编制《天津市绿色建筑奖励资金管理办法（暂行）》

为进一步完善天津市绿色建筑激励机制，促进绿色建筑健康发展，天津市建设行政主管部门、市财政主管部门、绿色建筑促进发展中心按照《天津市建筑节约能源条例》有关规定，结合天津市实际，编制了《天津市绿色建筑奖励资金管理办法（暂行）》。

《管理办法（暂行）》规定，申请项目符合奖励资金条件的奖励标准为：获得二星级绿色建筑运行标识项目每平方米 45 元，单个项目奖励资金上限不超过 200 万元；三星级绿色建筑运行标识项目每平方米 80 元，单个项目奖励资金上限不超过 300 万元；被动式超低能耗建筑示范项目每平方米 300 元，单个项目奖励资金上限不超过 300 万元；可再生能源建筑示范项目每平方米 30 元，单个项目奖励资金上限不超过 100 万元；装配式建筑示范项目每平方米 100 元，单个项目奖励资金上限不超过 200 万元；绿色生态城区奖励资金上限为 1000 万元。奖励资金视年度预算情况可适当调整，对于同时满足多项奖励条件的项目不重复奖励，奖励资金按高额进行补贴。

2.3.3　发布《关于加快推进被动式超低能耗建筑发展的实施意见》

为促进绿色建筑健康发展，提高能源和资源利用效率，推进生态文明建设，天津市建委、市财政局、市国土房管局、市规划局等四部门根据《天津市绿色建筑管理规定》有关要求，结合天津市实际，共同制定并发布了《关于加快被动式超低能耗建筑发展的实施意见》（津建科［2018］535 号）。《实施意见》规定，政府投资项目、高星级绿色建筑等项目应优先采用被动式超低能耗建筑，对新建项目总建筑面积在 20 万 m^2（含）以上的，要明确建设一栋以上被动式超低能耗建筑，开工建设被动式超低能耗建筑面积不低于总建筑面积的 10%。对被动式超低能耗建筑项目给予奖励，具体奖励政策另行制定。被动式超低能耗建筑项目外墙外保温层厚度超过 7cm 的，在工程建设领域和房产计算领域均按照厚度 7cm 计算建筑面积，外墙外保温层厚度超过 7cm 所增加的部分不计算建筑面积。《实施意见》牢固树立创新、协调、绿色、开放、共享的发展理念，以大力推进被动式超低能耗建筑工作为目标，为实现天津市被动式超低能耗建筑向标准化、规模化、系列化方向发展，促进城市建设向绿色、循环、低碳发展转型，推动绿色城市建设打下坚实基础。

2.3.4　发布《天津市既有公共建筑节能改造项目奖补办法（暂行）》

2018 年 4 月 25 日，天津市建委颁布了《天津市既有公共建筑节能改造项目奖补办法（暂行）》（津建发［2018］3 号）。《奖补办法（暂行）》规定，申请奖补资金的公共建筑改造项目符合条件的奖补标准划分为 5 种档次：一是综合节能率超过 15%（含）的，按每平方米建筑面积 15 元进行奖励或补助；二是综合节能率超过 20%（含）以上的，按每平方米建筑面积 20 元进行奖励或补助；三是采用合同能源管理模式实施改造的，在上述奖补标准基础上增加 5 元；四是应用可再生能源技术，综合节能率超过 20%（含）的，且可再生能源改造部分节能量占总节能量 40%（含）以上的，按每平方米建筑面积 25 元进行奖励或补助；五是综合节能率超过 20%（含）的，且同步开展绿色化改造，并获得既有建筑绿色改造标识的，按每平方米建筑面积 50 元进行奖励或补助。同时还规定了奖补上限，即单个改造项目奖补上限为 300 万元。对公益性项目，奖补资金不超过改造工程结算投资的 50%；对非公益性项目，奖补资金不超过改造工程结算投资的 30%。

为推进天津市既有公共建筑节能改造工作，《奖补办法（暂行）》鼓励改造项目实施高标准的节能改造，可有效规范既有公共建筑节能改造项目奖补资金管理，促进合同能源管理在公共建筑节能领域的应用，以及加快推进天津市公共建筑能效提升重点城市建设。

2.3.5 出台《天津市装配式建筑"十三五"发展规划》

装配式建筑的发展是建筑业节能减排和绿色低碳发展的必由之路，为进一步推动天津市装配式建筑健康发展，天津市建委出台《天津市装配式建筑"十三五"发展规划》（津建科［2018］19号），明确了"十三五"时期，天津市装配式建筑发展的总体目标是：通过五年的努力，建立适应天津装配式建筑发展的技术体系、标准体系、产品体系、服务体系和监管体系，形成一批设计、生产、施工一体化的装配式建筑骨干企业和工程总承包企业，增强市场主体协同创新能力，推动京津冀区域合作向纵深发展，稳步提高装配式建筑实施比例，全面提升建筑质量和品质，保证节能减排绿色发展成效显著。其中具体目标是：到2020年，全市装配式建筑占新建建筑面积的比例达到30%以上，其中重点推进地区装配式建筑实施比例达到100%，其他区域商品住宅装配式建筑实施比例达到20%以上，实施装配式建筑的保障性住房和商品住宅全装修率达到100%。

《规划》的出台，对有效推动天津市建造方式的根本转变，促进建筑行业转型升级，全面提升装配式建筑发展规模和水平，以及推进城建绿色发展、创新发展具有十分重要的现实意义和深远的战略意义。

2.4 绿色建筑标准和科研情况

2.4.1 绿色建筑标准

（1）发布《天津市绿色建筑竣工验收规程》（DBT 29-255—2018）

天津市建委组织开展绿色建筑竣工验收标准编制工作，由天津建科建筑节能环境检测有限公司、天津市建设工程质量安全监督管理总队主编，会同多家设计、施工、检测、科研单位参编。针对我国绿色建筑两段式管理暴露出的突出问题，天津市在绿色建筑工作启动之初就意识到绿色建筑竣工验收工作的重要性，2013年天津市在全国出台首例绿色建筑竣工验收技术文件《天津市绿色建筑竣工评价导则》，该导则从天津市绿色建筑评价标准对应条文出发，制定了验收方法和审查资料要求。随着绿色建筑的发展，新版《天津市绿色评价标准》DB/T 29—204在2015年颁布实施，其中对于绿色建筑的评价方法和评价内容均进行了较多的补充。同时《天津市绿色建筑设计标准》DB 29-205—2015以一星级绿色建筑为目标，规定了绿色建筑强制性设计要求。为了适应新版绿色建筑设计和评价标准的发展需要，同时总结《天津市绿色建筑竣工评价导则》的使用经验，弥补当前绿色建筑竣工验收工作的不足，启动《天津市绿色建筑工程竣工验收规程》的编写。

规程的编制与实施，为确保天津市民用建筑项目落实绿色建筑设计要求和绿色建筑工程质量，规范绿色建筑工程竣工验收提供了保证，是全面践行《天津市绿色建筑行动方案》和"美丽天津建设"的重要举措，是提高绿色建筑质量的有力保证，与国家大力开展节能减排战略、建设资源节约型和环境友好型社会高度一致。

（2）发布《公共机构绿色运营管理规程》（DB12T 809—2018）

由天津住宅科学研究院联合天津市公共机关事务管理局，承担标准的编制工作。标准针对公共机构节能目标单一、管理方式落后，政策性文件多、可操作方法少等问题，在大量现场调研的基础上，在公共机构节能领域引入绿色建筑及绿色运营的理念，从实际运营管理角度出发提供了具体的操作方法，能够实现将公共机构节能管理向绿色化管理转变，从节约能源的单一目标向节约资源、环境保护、舒适健康的多目标转变。

（3）发布《中新天津生态城绿色建筑运营管理导则》

为规范和引导中新天津生态城绿色建筑的运营管理行为，在运营阶段有效降低建筑的运行能耗，最大限度地节约资源保护环境，天津市于 2018 年 4 月 1 日发布《中新天津生态城绿色建筑运营管理导则》，并于当年 7 月 1 日实施。

《导则》借鉴国内外相关标准的编制经验，吸取了新加坡绿色建筑运营管理的理念，结合中新天津生态城的特点，充分考虑了绿色建筑运营的实际及发展需要，对于生态城的绿色建筑运营管理具有较强的指导作用；《导则》采取"管理要求＋技术要求＋行为指导"的架构，与《中新天津生态城绿色建筑评价标准》相对应，从"四节一环保"的角度，对运营管理提出明确要求，具有创新性和可操作性，对生态城实现 100％绿色建筑的目标具有重要的保重和支撑作用。

（4）编制《天津市既有建筑绿色改造评价标准》

从建筑绿色化改造的经济可行性、技术先进性和地域适用性统筹考虑，着力构建区别于新建建筑、体现既有建筑绿色改造并结合天津区域建筑特点的评价指标体系，以提高既有建筑绿色改造效果，延长建筑的使用寿命，使既有建筑改造朝着节能、绿色、健康的方向发展，天津市组织编制《天津市既有建筑绿色改造评价标准》。

（5）编制《天津市居住建筑节能设计标准》

为全面贯彻了国家有关节约能源、保护环境的法律、法规，实现国家节约能源和保护环境的战略，使天津市居住建筑节能效率进一步提高，改善居住建筑热环境、热效率，降低能源消耗，提高暖通空调系统的能源利用效率，满足建筑节能工作不断进展的需要，天津市组织编制《天津市居住建筑节能设计标准》（五步节能），该标准将采取双控策略，既对围护结构等热工系数有要求，同时还对建筑物耗热量指标给出了限值，用于性能化设计。

（6）编制《天津市被动式超低能耗居住建筑技术导则》

天津是全国较早开展居住建筑节能工作的城市之一，同时也是首批执行居住建筑四步节能标准的城市。但在实际的居住建筑能耗检测过程中，能耗指标通常高于设计指标值，且部分建筑没有达到设计目标值要求，因此借鉴国家《被动式超低能耗绿色建筑技术导则（试行）》，根据国内外超低能耗建筑工程实践情况，在考虑技术措施适宜性和气候特点的前提下对天津市典型建筑采用不同的技术措施，并以全寿命周期成本作为目标函数进行优化，通过专家对优化结果进行讨论确定了天津市超低能耗居住建筑的控制指标，编制并发布了《天津市被动式超低能耗居住建筑技术导则》，旨在降低居住建筑能耗，提高居住建筑质量及室内环境品质。

2.4.2 绿色建筑科研情况

（1）"中新天津生态城绿色建筑群建设关键技术研究与示范"项目在北京通过验收

由天津大学、生态城绿色建筑研究院、天津城建大学、建设综合勘察研究设计院有限公司等单位联合承担的"十二五"国家科技支撑计划项目"中新天津生态城绿色建筑群建设关键技术研究与示范"，项目以天津生态城为载体，运用系统理论方法，研究城市可持续发展目标下的绿色建筑群关键技术集成并进行示范，旨在形成生态城市绿色建筑技术指标体系，构件科技成果产业化平台，为生态城市建设提供科技支撑。

2018年1月18日，该项目（编号：2013BAJ09B00）在北京通过了由科技部社会发展科技司组织的专家验收。项目在绿色建筑全生命期理念、适宜技术体系集成、定量化评价方法创新、运营关键技术、区域能源高效利用等方面进行重点研究，完成了能耗、控制、选材、设计评价、监测、运营管理等方面21项标准、规程、导则、技术指南，形成了天津生态城绿色建筑标准体系；完成绿色建筑能耗监控组态、绿色建筑设备负荷预测分析、系统负荷预测等数据库、软件及模型14项；建成保温装饰一体化检测生产线一条；建立了绿色建材检测实验室、绿色建筑全过程评价机构、绿色建筑产业技术创新战略联盟等机构平台；针对13个项目展开示范，示范面积达68.9万 m^2，其中9个重点综合示范项目达到三星级绿色建筑标准，三星级示范面积占绿色建筑总示范面积的97％以上，2个住宅建筑节能率高于77％，7个公共建筑节能率达60.1％～70％，研究成果在天津生态城起步区 43 个项目中进行推广，推广面积达 251.5 万 m²。

（2）启动"基于控碳体系的县域城镇规划技术研究"项目

2018 年 12 月 2 日，天津大学作为项目牵头承担单位的国家重点研发计划"绿色建筑及建筑工业化"重点专项"基于控碳体系的县域城镇规划技术研究"项目启动。

该项目于 2018 年 8 月立项，项目总经费 3480 万元，其中中央财政专项经费 1980 万元，6 个课题共 11 家参与单位。基于控碳体系的县域城镇规划技术是指通过科学或技术的创新和突破，对已有传统规划进行一种另辟蹊径的革新，并对经济社会生态发展产生革命性进步的技术。"绿色建筑及建筑工业化"重点专项重点支持相关重要科学前沿或我国科学家取得原创突破，应用前景明确，有望产出具有变革性影响，对经济社会发展产生重大影响的前瞻性、原创性的基础研究和前沿交叉研究成果。

（3）天津地区公共机构绿色运营关键技术开发

天津市科委组织开展"天津地区公共机构绿色运营关键技术开发"研究，列入天津市 2018 年科技支撑重点项目。该项目由天津住宅科学研究院联合天津市机关事务管理局承担，从公共机构实际运营效果出发，结合公共机构特征与需求，引入绿色建筑及绿色运营管理理念，构建包括运营诊断、技术提升、管理优化、信息平台、运营评价的全方位、系统化公共机构绿色运营关键技术体系，对关键技术开展专项研究，并通过示范项目将关键技术集成应用，提升公共机构节能管理和技术应用水平，推动公共机构绿色运营综合提升，同时发挥公共机构在社会的引领示范作用，有助于丰富绿色建筑、绿色运营理论体系及拓展应用领域。

（4）既有建筑绿色化改造关键技术研究与示范

天津市科委组织开展"既有建筑绿色化改造关键技术研究与示范"研究，列入天津市 2018 年科技重大专项与工程。该项目由天津大学、天津建科建筑节能环境检测有限公司承担，本项目以既有建筑科学有效的绿色化改造为目标，首先摸清天津市既有建筑基本情况，并对其进行归纳、总结和分类；梳理既有建筑绿色化改造技术，研究其在寒冷地区各种类型建筑中应用的可行性，确定天津市办公和居住既有建筑绿色化改造适用技术；对既有建筑改造技术进行评价，通过技术综合，研究既有建筑绿色化改造方案评价方法，在此基础上研发一套既有建筑绿色化改造方案评价软件；将研究成果在示范工程应用。

（5）天津市既有工业建筑民用化绿色改造关键技术研究

天津市科委组织开展"天津市既有工业建筑民用化绿色改造关键技术"研究，列入天津市 2018 年科技重大专项与工程。该项目由天津市建筑设计院联合天津城建大学、天津大学、天津建科建筑节能环境检测有限公司承担，天津市作为我国重要的工业城市，遗留有大量工业建筑面临闲置、改造，这也是城市更新的重要组成部分。而目前改造完成的项目多以历史文化保护、功能置换为主，没有考虑到既有工业建筑在改造后重新利用的能源消耗、创造的健康舒适生态环境等要求，工业建筑改造并没有达到改造绿色化再利用的根本目的。本项目旨在为既有工业建筑民用化绿色改造提供理论、设计、技术选择及管理的支撑，通过对天津市既有工业建筑的现状调研，绿色建筑改造方法及适宜技术体系的筛选，绿色化改造关键技术研究，绿色化改造评估及绿色改造应用等的研究，为后续政策制定、绿色化改造工程推广提供参考。

2.5 绿色建筑大事记

2018 年 4 月 14 日，第一届京津冀乡村振兴系列论坛"乡村可持续发展研讨会"在河北工业大学召开。

2018 年 6 月 5 日，京津冀超低能耗建筑产业联盟成立大会在北京召开，天津市建筑设计院、天津城建大学等多家单位成为联盟发起单位。会议宣布了联盟成员单位、讨论通过了 2018 年工作计划并发布了相关技术标准和新产品。

2018 年 6 月 20 日，被动房保温技术论坛在天津召开，该会议主办单位为被动式低能耗建筑产业技术创新战略联盟，承担单位为天津嘉泰伟业化工有限公司、天津格亚德新材料科技有限公司承办，全国各地约 300 人参会。

2018 年 8 月 23 日，市绿色建筑促进发展中心组织召开"绿色建筑、装配式建筑、新技术推广专题培训会"，开发、设计、施工等相关单位 200 余人参会。

2018 年 9 月 10 日，根据天津市机构编制委员会《关于调整市建委所属事业单位有关机构编制问题的批复》精神，撤销天津市墙体材料革新和建筑节能管理中心、天津市发展散装水泥管理中心（天津市预拌混凝土管理中心）和天津市建设科技发展推广中心，组建天津市绿色建筑促进发展中心。

2018 年 9 月，中新两国签署合作备忘录，并将成立由高级政府官员组成的联合工作组，负责监督合作备忘录的实施。两国将联合制定一套机制，把天津生态城打造为城市解决方案、理论研究和实践创新的全球领先枢纽，并成立平台，在全球推广和复制生态城的发展经验。双方也将推广和扶持在可持续城市化方面的合作，并相互交换知识，以提高生态城的形象和扩大影响力。

2018 年 10 月 12 日～13 日，绿色建筑规划设计学组 2018 年会在天津顺利召开，该会议由华东建筑设计研究院有限公司主办，天津市建筑设计院承办，中南建筑设计院股份有限公司等 17 家单位的 30 余代表参会，中国绿建委王有为主任出席并发表重要讲话，会议由华东建筑设计研究院有限公司夏麟主持。

2018年11月16日～18日，中国（天津）国际绿色建筑产业博览会，在天津梅江会展中心召开。展会围绕打造绿色建筑为理念，以"国际化、专业化、品牌化、规模化"专注客户服务为发展宗旨，用其强有的品牌影响力服务国内外近千家建筑节能及新型建材企业。展示贸易效果以天津为中心，辐射华北、东北、西北地区等二十多个省市及地区，是企业拓展市场、发展经销/代理商、与装饰公司、房地产公司等供、需方单位进行面对面洽谈的平台。

2018年12月6日，由Construction21国际举办的第六届"绿色解决方案奖"颁奖典礼在波兰卡托维兹举行，中新天津生态城南部片区在本次评审中获得可持续发展城区解决方案奖全球第一名。借助此次国际大赛，生态城进一步提高了国际影响力，向世界展示了生态城在绿色建筑、生态城市建设等方面的实践成果，有利于为世界更多国家和地区提供"能实行、能复制、能推广"的可持续发展模板。

2018年12月7日，天津市海绵城市建设产业技术创新联盟2018年会暨第二届海绵城市建设与技术研讨会在津举办，邀请住建部领导、北京、上海、武汉、昆明、苏州等典型城市的代表以及国内从事海绵城市研究的相关学者到会并做学术交流，对我市海绵城市建设起到了很好的借鉴作用。

2018年12月7日，为发挥示范工程引领带动作用，进一步推动天津市装配式建筑健康发展，天津市建委确定金茂天津东丽成湖C1地块项目等13个建筑工程项目为2018年天津市装配式建筑工程示范项目，并给予公布，探索总结装配式建筑发展经验，切实发挥示范引领作用。

2018年12月10日，14日，市绿色建筑促进发展中心组织召开绿色建筑、装配式建筑相关标准和BIM技术应用交流会，各区质量监管部门、开发、设计、施工、相关生产单位每天约150人参会。

2018年12月21日，"2018京津冀超低能耗建筑产业联盟高峰论坛"在曹妃甸渤海国际会议中心顺利召开。来自京津冀行业主管部门、超低能耗建筑上下游产业企业代表近200人参加会议。

2018年12月27日，在天津市发改委举行的天津市特色小镇2018年推介会上，宝坻区林亭口绿色建筑小镇入选市级特色小镇，成为天津市首个以绿色建筑为特色产业支撑的特色小镇。

作者：王建廷　程响（天津城建大学）

3 上海市绿色建筑总体情况简介
3 General situation of green building in Shanghai

3.1 绿色建筑总体情况

2018 年，上海市获得绿色建筑评价标识项目共 105 项。其中：设计标识项目 100 项，总建筑面积 972.03 万 m^2；运行标识项目 5 项，总建筑面积 50.18 万 m^2。公共建筑项目 64 项，总建筑面积 533.84 万 m^2；住宅建筑项目 41 项，总建筑面积 488.37 万 m^2。二星级以上的绿色建筑项目共 93 个，总建筑面积 904.1 万 m^2。二星级以上绿色建筑项目的数量和面积占比均超过 88%。

截至 2018 年 12 月 31 日，上海市累计通过绿色建筑评价标识认证的项目达 587 项，总建筑面积 4993.99 万 m^2（设计项目和运行项目重叠面积 166.12 万 m^2 未计入总面积）。其中：设计标识项目 558 项，总建筑面积 4963.52 万 m^2；运行标识项目 29 项，总建筑面积 196.60 万 m^2。公共建筑项目 382 项，总建筑面积 3144.63 万 m^2；居住建筑项目 197 项，总建筑面积 1986.57 万 m^2；工业建筑项目 8 项，总建筑面积达 28.91 万 m^2。

3.2 绿色建筑政策法规情况

3.2.1 加快推进绿色生态城区建设

为贯彻国家关于推进绿色生态城区的相关要求，构建绿色生态城区建设制度，2018 年 9 月，上海市政府办公厅转批了由上海市住房和城乡建设管理委员会、上海市规划和国土资源管理局、上海市发展和改革委员会、上海市财政局联合发布的《关于推进本市绿色生态城区建设的指导意见》（沪府办规〔2018〕24号）。要求由上海市住房城乡建设管理委牵头，会同上海市规划国土资源局、市发展改革委、市财政局等部门协同推进上海市绿色生态城区建设工作。各区政府和特定地区管委会是推进本行政区绿色生态城区建设工作的主体。由各区政府指定专门的机构，具体负责组织、协调、督促和管理绿色生态城区工作。区住房城乡建设管理委、规划土地局、发展改革委、财政局等部门各司其职、协调配合、

277

分步实施，推进绿色生态城区建设相关工作。《指导意见》要求各区、特定地区管委会在 2018 年底前至少选定一个新开发城区或更新城区启动创建并完成绿色生态专业规划编制。

为了加快落实《指导意见》，2018 年 10 月，上海市住房和城乡建设管理委员会发布了《关于做好绿色生态城区试点、示范区域推进和梳理储备工作的通知》，要求各区、特定地区管委会于 2018 年 11 月 30 日报送绿色生态城区试点、示范储备区域；于 2018 年 12 月 31 日报送绿色生态城区实施规划；2018 年年底，全市各区、特定地区管委会完成绿色生态城区试点区域梳理储备。同时，上海市住房和城乡建设管理委员会协调各区开展绿色生态城区试点工作，浦东前滩、普陀桃浦智创城、宝山新顾城、崇明区等区域已启动创建。

3.2.2　强化能耗监测系统建设和运行管理

2018 年 5 月，为进一步加强上海市国家机关办公建筑和大型公共建筑能耗监测系统建设和运行的监督管理，保障建筑能耗监测系统稳定、持续、高效运行，上海市住房和城乡建设管理委员会、上海市发展和改革委员会会同相关单位制定了《上海市国家机关办公建筑和大型公共建筑能耗监测系统管理办法》（沪住建规范〔2018〕2 号）。本管理办法适用于建筑能耗监测系统市级平台、建筑能耗监测系统市级国家机关办公建筑分平台、建筑能耗监测系统区级分平台及上海市已安装用能分项计量装置并实现联网的国家机关办公建筑和大型公共建筑。管理办法明确了上海市建筑能耗监测系统工作的职责分工，包括建设运行管理以及监管责任等。同时对系统运行工作机制也进行了明确，将系统的运行管理制度化常规化，有力保障国家机关办公建筑和大型公共建筑能耗监测系统的建设成果。

3.2.3　推动绿色建筑扶持政策落地

2018 年 1 月，上海市住房和城乡建设管理委员会发布了《2018 年上海市建筑节能与绿色建筑示范项目专项扶持资金申报指南》（沪建建材〔2018〕67 号）。该指南按照《上海市建筑节能和绿色建筑示范项目专项扶持办法》（沪建建材〔2016〕432 号）的要求，对上海市建筑节能与绿色建筑领域中各类型的财政补贴申报工作进行明确职责分工。上海市住房和城乡建设管理委员会负责全市建筑节能和绿色建筑示范项目专项扶持资金的综合管理工作，形成了职责清晰、分工协作的申报组织体系；上海市建筑建材业市场管理总站负责既有建筑节能改造示范项目、既有建筑外窗或外遮阳节能改造示范项目和可再生能源与建筑一体化示范项目的初审等相关工作；上海市绿色建筑协会负责绿色建筑示范项目的初审等相关工作；上海市建设协会负责装配整体式建筑示范项目的初审等相关工作。

　　该指南对绿色建筑、建筑节能改造与装配式建筑等主要项目类别明确了具体申报要求与操作流程，为上海市推进建筑节能与绿色建筑扶持政策的贯彻落实提供了保障。2018 年度上海市共有 3 批建筑节能与绿色建筑示范项目进行了公示。

3.2.4　持续推进建筑材料应用

　　根据《上海市建设工程材料管理条例》的有关规定，经上海市人民政府批准，2018 年 4 月，上海市住房和城乡建设管理委员会公布了《上海市禁止或者限制生产和使用的用于建设工程的材料目录（第四批）》（沪建建材〔2018〕212号），要求 2018 年 5 月 1 日前未通过施工图设计文件审查备案的相关项目，均应当严格执行。另一方面，2018 年上海市根据《上海市建设工程材料管理条例》、《上海市新型建设工程材料认定管理办法》（沪建建材〔2017〕584 号）等政策要求继续开展了新型建筑工程材料认定工作。2018 年度共有 2 个工程材料获得了认定公示，分别是发泡陶瓷釉面装饰保温系统（外墙外保温系统）与环保型淤泥烧结多孔砖新型建设工程材料。

3.3　绿色建筑标准和科研情况

3.3.1　绿色建筑相关标准

　　历经多年的发展和实践，上海市已逐步形成了覆盖设计、验收和运营各主要阶段的绿色建筑标准体系，并随着绿色建筑领域各项工作要点拓展到了特殊类型建筑及绿色生态城区。

　　（1）上海市《绿色生态城区评价标准》DG/TJ 08-2253—2018

　　为深入贯彻"创新、协调、绿色、开放、共享"的五大发展理念和中央城市工作会议精神，推动上海市绿色建筑由单体向规模化发展，上海市住房和城乡建设管理委员会于 2017 年启动了《绿色生态城区评价标准》编制工作，该标准由中国建筑科学研究院上海分院、上海市建筑科学研究院联合主编，上海市绿色建筑协会等绿色建筑、城市规划、市政工程、环境工程领域的知名企业和高校共同编制而成，标准于 2018 年 1 月 30 日正式发布，并于 2018 年 5 月 1 日开始实施。

　　该标准紧紧围绕绿色发展的基本理念，紧跟国家和上海绿色生态发展政策（如城市双修、海绵城市、绿色建筑等），涵盖绿色生态城区规划建设的各个方面，体现了上海城镇化特点及趋势，具有很强的地域特点。该标准界定了绿色生态城区的概念和内涵，明确了适用对象、评价阶段、评价指标体系、评价方法等内容，设置了选址与土地利用、绿色交通与建筑、生态建设与环境保护、低碳能源与资源、智慧管理和人文、产业与绿色经济 6 类指标。该标准适用于新开发城区和更新城区,分成规划设计评价和实施运管评价两个阶段,采用总得分来确定绿色生态城区的等级,共分为一星级、二星级、三星级共三个等级,提出对于新开发城区,创建绿色生态城区的用地规模不宜小于 $1km^2$,且不宜大于 $10km^2$;对于更新城区,用地规模不宜小于 $0.5km^2$。

(2)推进绿色建筑团体标准

2018 年上海市重点开展了绿色建筑相关团体标准的推进工作,根据国家和上海市住房和城乡建设管理委员会关于发展工程建设团体标准的要求,上海市绿色建筑协会重点推动 4 个团体标准的编制工作:

《健康建筑评价标准》在对比分析现有相关标准的基础上,开展深入的调查研究,并结合上海本地域特点和发展需求,以适用性、易引导为编制原则,旨在为上海市未来健康建筑评审工作提供明确的技术支撑,并力争进一步推动健康建筑产业的发展。

《非固化橡胶沥青防水涂料应用技术规程》基于非固化橡胶沥青防水涂料与传统防水涂料在性能、使用方面的差异性,对非固化橡胶沥青防水涂料的施工安装和工程验收做出要求与规定。

《沥青混凝土绿色生产及管理技术规程》秉承"创新、协调、绿色、开放、共享"的发展理念,以清洁生产、绿色制造为目标,控制沥青混凝土搅拌站的污染物排放,保护人体健康和生态环境。

《光伏发电与预制外墙一体化技术规程》旨在规范光伏发电与预制外墙一体化系统的设计、施工、安装、运行和维护,使其做到安全适用、技术先进、经济合理、环保无害。

(3)启动绿色建筑相关标准修订

2018 年,上海市还启动了地方《绿色建筑评价标准》《住宅建筑绿色设计标准》《公共建筑绿色设计标准》的修编工作及上海市《绿色通用厂房(库)评价标准》的编制工作。

3.3.2 绿色建筑科研项目

2018 年上海市围绕绿色建筑后评估、低能耗建筑、室内空气质量提升、绿色施工、装配式建筑等研发方向,依托众多科研主体,承担了多项国家层面和上海层面的科技研发项目,覆盖多个绿色建筑相关技术领域。

(1)承担的国家级科研项目

2017 年上海市各相关单位牵头负责的国家级科研项目主要有"基于全过程的大数据绿色建筑管理技术研究与示范""建筑围护材料性能提升关键技术研究与应用""建筑室内空气质量控制的基础理论和关键技术研究"等科技部"十三五"国家重点研发计划项目。

（2）市级科研项目

2018 年，上海开展的市级科研项目主要有"上海市建筑节能与绿色建筑技术创新服务平台""绿色建筑能源和环境基准线研究""高效建筑围护结构节能精准设计与体系研发""近零碳为导向的超低能耗建筑关键技术研究"等。

（3）其他相关课题研究

2018 年，上海市积极探索提升绿色建筑实效的各项途径，编制了各类技术支撑文件。上海市住房和城乡建设管理委员会组织编制《上海市既有公共建筑调适导则》，用于指导建筑管理人员通过持续性建筑调适工作，优化建筑用能系统运行；开展《上海市超低能耗建筑技术导则》编制，针对上海地区的气候特征，采用调研、分析、计算等研究方法，结合超低能耗建筑的技术特征开展多个专项研究工作，提出了上海地区超低能耗建筑的技术路径、技术指标，研究了上海地区超低能耗建筑的设计与施工措施，构建了上海地区超低能耗建筑的应用技术体系。同时，委托上海市绿色建筑协会编制了《上海绿色建筑发展报告（2017）》《2018 上海市建筑信息模型技术应用与发展报告》，开展了"BIM 技术应用情况调查分析""编制 BIM 项目成效评价指标体系""BIM 技术应用效果评估"等研究工作。

另外，上海市绿色建筑协会组织编著出版了《上海市绿色建筑设计应用指南》，为绿色建筑规划与设计人员、审图人员、建设管理人员、房地产开发企业等提供了一本使用手册；启动了《绿色建筑运营管理手册》和《从规划设计到建设管理——绿色城区开发设计指南》的编制工作，力求从规划设计到运维管理，引导绿色理念在建筑全生命周期落实，指导绿色建筑运维管理行为，促进绿色建筑运行实效落地。

3.4 行业交流与展示

（1）举办 2018 上海绿色建筑国际论坛

2018 年 7 月 5 日，由上海市绿色建筑协会主办的"2018 上海绿色建筑国际论坛"在上海召开，该论坛已连续举办四年。中国工程院院士、同济大学副校长吴志强，原华东建筑集团股份有限公司党委书记、董事长秦云，杜雅特涉外经济创兴文化园区董事会主席 Antonio Duarte 等国内外知名专家学者，围绕"绿色建筑与创新发展"主题，聚焦当下国内外绿色建筑领域的创新经验与成果，共探绿色建筑的创新之路。

（2）举办 2018 上海国际城市与建筑博览会

2018 年 11 月 22 日～24 日，由联合国人居署、上海市住房和城乡建设管理委员会、中国城市规划学会、中国建筑学会联合主办，上海市绿色建筑协会承办，上海世界城市日事务协调中心协办的"2018上海国际城市与建筑博览会"在国家会展中心（上海）盛大召开。2018"城博会"结合世界城市日"绿色城市生态发展"的主题，设置了世界城市日主题馆及城市交通建设与停车设备展区；城市建设、管理与发展展区；城市规划与建筑设计展区等九大展区，展示面积近8万 m²，三天累计观展人数86000多人次，是历届"城博会"中规模最大的一次展会。

（3）举办全球城市建设与可持续发展论坛

2018年11月22日，上海市绿色建筑协会召开了"全球城市建设与可持续发展"论坛。中华人民共和国住房和城乡建设部科技与产业化发展中心主任俞滨洋、同济大学可持续发展与管理研究所诸大建所长，意中建筑协会（ICAF）会长 Mr. Pier Giorgio Turi，华建集团华东建筑设计研究总院院长、总建筑师张俊杰，荷兰阿姆斯特丹地区税务局主席 Mr. Van Den Top 等领导和业内专家出席了论坛，围绕城市发展中的热点问题做交流，共同探讨城市发展新理念。

（4）举办绿色生态城区与创新发展论坛

2018年11月23日，在"2018上海国际城市与建筑博览会"期间召开了"绿色生态城区与创新发展"论坛。国务院参事、中国城市科学研究会仇保兴理事长（原住房和城乡建设部副部长）受邀首次参加"城博会"，在论坛上作主题演讲，并为上海虹桥商务区核心区颁发了全国首个"国家绿色生态城区实施运管标识"证书，对虹桥商务区绿色生态城区发展给予充分肯定。市住建委朱剑豪副主任对绿色生态城区发展政策作了解读；上海市普陀区委书记曹立强介绍了桃浦从老工业基地到绿色生态城区的脱胎换骨式的转型探索。

（5）举办2018上海 BIM 技术应用与发展论坛

2018年4月19日，上海市绿色建筑协会举办了2018上海 BIM 技术应用与发展论坛，以项目应用为主线，针对 BIM 协同管理、项目应用 BIM 技术情况分析、BIM 应用价值效益等 BIM 应用热点问题进行研讨，持续推进本市 BIM 技术应用的广度与深度。并在论坛上发布了由上海市住房和城乡建设管理委员会委托上海建筑信息模型技术应用推广中心编制的《2018上海市建筑信息模型技术应用与发展报告》。

供稿单位：上海市绿色建筑协会

4 湖北省绿色建筑总体情况简介

4 General situation of green building in Hubei

4.1 总 体 情 况

截至 2017 年 12 月 31 日，湖北省建筑业企业共 3873 家，建筑业总产值 13391.2 亿元，同比增长 12.89%。湖北省房屋施工面积 79257.7 万 m^2，同比增长 8.92%，房屋新开工面积 35920.5 万 m^2，同比增长 9.88%，房屋竣工面积 30836.9 万 m^2，同比增长 7.82%，其中，住宅竣工面积 21289.0 万 m^2，同比增长 6.22%，办公用房竣工面积 1793.6 万 m^2，同比增长 10.81%。

2018 年，湖北省通过绿色建筑评价标识认证的项目共计 98 项，其中公共建筑 27 项，一星项目 10 项，二星项目 14 项，三星项目 3 项；居住建筑 71 项，一星项目 40 项，二星项目 27 项，三星项目 4 项。

4.2 发展绿色建筑的政策法规情况

（1）发布了《关于发布湖北省地方标准〈绿色建筑设计与工程验收标准〉的公告》（湖北省住房和城乡建设厅公告 第 4 号）。公告批准《绿色建筑设计与工程验收标准》为湖北省地方标准，编号 DB42/T 1319—2017，自 2018 年 3 月 1 日实施。

（2）印发了《关于召开 2018 年〈湖北省绿色建筑工程消耗量定额及基价表〉审查会议的通知》（厅字〔2018〕124 号）。为保证标准的合理性、实用性和先进性，对已编制完成的 2018 年《湖北省绿色建筑工程消耗量定额及基价表（送审稿）》进行审查。

（3）印发了《关于实施湖北省地方标准〈绿色建筑设计与工程验收标准〉的通知》（鄂建办〔2018〕111 号）。为加快发展绿色建筑，推动城市绿色发展，湖北省住建厅、省质监局联合发布了湖北省地方标准《绿色建筑设计与工程验收标准》DB42/T 1319—2017（以下简称《标准》），并于 2018 年 3 月 1 日起实施。具体执行步骤为：2018 年 6 月 30 日前为过渡期，在此期间提交审查的施工图文件应优先执行《标准》，并在设计文件中注明。2018 年 7 月 1 日起，全省县（含县）

以上城区新建民用建筑项目，开始实施《标准》（鼓励乡镇新建民用建筑项目采用《标准》），设计单位提交图审的施工图文件必须符合《标准》的规定，施工图审查机构必须严格依据《标准》进行施工图审查，《湖北省绿色建筑省级认定技术条件（试行）》和《关于开展绿色建筑省级认定工作的通知》（鄂建文〔2014〕72号）同时废止。

（4）印发了《关于组织申报2018年绿色生态城区和绿色建筑省级示范项目的通知》（鄂建文〔2018〕32号）。根据《省人民政府办公厅关于印发湖北省绿色建筑行动实施方案的通知》（鄂政办发〔2013〕59号）、《关于扎实推进绿色生态城区和绿色建筑省级示范工作的通知》（鄂建文〔2017〕48号）等文件要求，为进一步促进湖北省绿色建筑规模化、高质量发展，对2018年绿色生态城区和绿色建筑省级示范项目申报等工作，从组织申报工作、示范创建项目验收、示范创建项目建设三方面做出了明确的要求。

（5）印发了《关于组织绿色生态城区和绿色建筑省级示范项目验收的通知》（鄂建函〔2018〕834号）。根据湖北省住建厅、发改委、财政厅《关于组织申报2018年绿色生态城区和绿色建筑省级示范项目的通知》（鄂建文〔2018〕32号）要求，将对2014~2017年公布的省级示范创建项目完成情况进行核查，并对完成示范创建的项目进行验收。

（6）印发了《关于发布《湖北省绿色建筑工程消耗量定额及全费用基价表》、《湖北省城市地下综合管廊工程消耗量定额及全费用基价表》的通知》（鄂建办〔2018〕367号）。文件明确了《湖北省绿色建筑工程消耗量定额及全费用基价表》、《湖北省城市地下综合管廊工程消耗量定额及全费用基价表》（以下简称"本定额"），自2019年1月1日起施行，它是编制招标控制价、施工图预算、工程竣工结算、设计概算及投资估算的依据，是建设工程实行工程量清单计价的基础，是企业投标报价，内部管理和核算的重要参考。

（7）印发了《关于对湖北省地方标准工〈建筑节能门窗工程技术规范〉（征求意见稿）征求意见的函》（鄂建函〔2018〕935号），请各单位对《建筑节能门窗工程技术规范》（征求意见稿）提出宝贵的意见和建议。

（8）发布了《关于批准〈烧结保温空心砖和砌块墙体构造〉为省工程建设标准设计的通知》（鄂建文〔2018〕33号），文件指出《烧结保温空心砖和砌块墙体构造》图集，已通过湖北省工程建设标准设计技术委员会审查，现批准为湖北省工程建设标准设计。该项图集的图集号为18EJ113，自2018年9月1日起生效。

（9）发布了《关于2018年省级绿色生态城区和绿色建筑示范创建项目的公示》（公示〔2018〕20号）。对湖北省内各地区申报的1个绿色生态城区示范创建项目、21个绿色建筑集中示范创建项目、3个高星级绿色建筑示范列为2018

年省级创建项目进行了公示。

（10）印发了《关于成立省住建厅城市建设绿色发展领导小组及工作专班的通知》（鄂建办〔2018〕236号）。为贯彻落实省政府决策部署，全面推进城市建设绿色发展三年行动，推动解决城市建设绿色发展不平衡不充分的问题，决定成立湖北省住建厅城市建设绿色发展工作领导小组及工作专班。

（11）印发了《省人民政府关于印发湖北省城市建设绿色发展三年行动方案的通知》（鄂政发〔2017〕67号）。为贯彻落实党的十九大精神和中央城市工作会议精神，顺应新时代城市建设工作要求和人民群众日益增长的美好生活需要，集中力量、突出重点、扎扎实实办一批贴近人民群众需求的大事、实事，补上城市建设绿色发展中的"短板"，推动解决城市建设绿色发展不平衡不充分的问题，湖北省政府决定在全省开展城市建设绿色发展补"短板"三年行动，拟定《湖北省城市建设绿色发展三年行动方案》。

（12）印发了《关于印发〈湖北省城市建设绿色发展2018年度工作方案〉的通知》（鄂建文〔2018〕31号）。为贯彻落实《湖北省城市建设绿色发展三年行动方案》（鄂政发〔2017〕67号），制定《湖北省城市建设绿色发展2018年度工作方案》。

（13）印发了《关于召开全省城市建设绿色发展和特色小（城）镇建设工作现场推进会的通知》（鄂建函〔2018〕1354号）。经湖北省政府同意，决定在荆门市、潜江市召开湖北省城市建设绿色发展和特色小（城）镇建设工作现场推进会，会议内容包括：现场考察荆门市、潜江市城市建设绿色发展项目；考察荆门市小（城）镇建设工作；交流城市建设绿色发展和特色小（城）镇建设经验；安排部署推进工作。

4.3 绿色建筑科研情况

2018年，湖北省在绿色建筑方面开展了大量的研究，目前正在进行的科研课题如表5-4-1所示。

湖北省2018年绿色建筑相关科研情况　　　　　　　　表5-4-1

序号	项 目 名 称
1	预拌透水混凝土增强剂的研制及其在耐冲磨透水混凝土中的应用研究
2	沥青基自密实性坑槽修补成套技术研究
3	城市复杂环境下大跨扁平暗挖隧道施工控制关键技术研究
4	长江Ⅰ级阶地既有地铁车站近接冻结法及超深基坑开挖施工影响研究
5	基于GIS的城乡土地多尺度统筹规划方法研究

序号	项 目 名 称
6	传统村落保护 PPP 项目投资回报机制优化设计
7	基于地域文化特色的民居数字化保护与传承研究
8	宜昌市居住建筑节能设计使用指南
9	POE 评价下的现代适老养老公共空间修补更新改造研究
10	高校校园既有建筑绿色化改造技术
11	BIM 技术在民建项目的应用研究
12	湖北 BIM 技术应用现状及影响机理研究
13	基于 BIM 的建筑运维管理平台研发
14	整体自适应智能顶升塔平台系统
15	施工现场绿色节能技术研究
16	建筑工程节能减排技术研究
17	临江地区地下空间抗浮设计水位
18	强震作用下高层隔震结构支座破坏和倒塌控制方法研究
19	钢结构住宅技术研究－以蔡甸区奓山街产城融合示范新区一期项目为例
20	装配式教育建筑精细化设计研究
21	装配式混凝土结构高性能连接节点抗震性能研究
22	装配式钢管束结构住宅集成系统研究
23	海绵城市道路排水路缘石开口形式及过流能力研究
24	城市综合管廊综合建造技术研究
25	路面透水铺装——土体系统的"渗—滞—蓄"效应研究
26	以围护结构蓄热系数 S 值为指标的建筑"累积效应"对建筑能耗的影响和研究

4.4 大 事 记

(1) 2018 年 4 月,湖北省建筑节能协会在武汉市举办了湖北省地方标准《绿色建筑设计与工程验收标准》DB42/T 1319—2017 宣贯培训班,主要对标准编制说明(编制方法、总体框架及主要特点说明)和条文释义等进行了培训讲解。培训对象以湖北省甲、乙级建筑设计院相关技术人员、各施工图审查机构审图工程师、各建筑工程监理、施工和检测单位技术人员等为主。

(2) 2018 年 5 月,湖北省土木建筑学会绿色建筑与节能专业委员会第三届一次会议在湖北省建筑科学研究设计院汉南基地举行。湖北省建筑科学研究设计院当选为主任委员单位。会议由专委会秘书长主持,宣读了专委会换届报告批复,新当选的主任委员宣读专委会第二届工作总结及第三届工作安排。会上对湖北省 2018 年绿色建筑与节能方面的工作目标、中南集团组建的"1＋8"技术创新平台体系及《推进装配式建筑政策制度及实践》和《践行生态文明，建设城水和谐的海绵城市》等专题进行了交流介绍。

（3）2018 年 11 月，湖北省住房和城乡建设厅、湖北省建筑节能协会、湖北省建筑科学研究设计院相关人员参加了住房和城乡建设部在江苏南京召开的全国绿色建筑及建筑能效提升工作座谈会。

（4）2018 年 12 月，湖北省住房和城乡建设厅在武汉召开了建筑节能工作培训会，会上住建厅相关领导传达了住建部绿色建筑与建筑能效提升工作座谈会的会议精神，为加强湖北省"放、管、服"改革下建筑节能工作，提升管理水平等相关内容进行了培训。

作者：杨锋　丁云（湖北省土木建筑学会绿色建筑与节能专业委员会）

5 湖南省绿色建筑总体情况简介

5 General situation of green building in Hunan

5.1 建筑业总体情况

截至 2018 年第三季度，湖南省建筑业总产值 6078.4 亿元，同比增长 12.00%；建筑业企业签订合同额 17329.3 亿元，同比增长 14.95%，其中，建筑业企业上年结转合同额 10313.8 亿元，建筑业企业本年新签合同额 7015.5 亿元；房屋建筑施工面积 49906.4 万 m^2，同比增长 8.08%；新开工面积 17747.3 万 m^2，同比增长 16.18%。

5.2 绿色建筑总体发展情况

5.2.1 绿色建筑方面

2018 年，湖南省通过绿色建筑标识认证的项目 151 项，建筑面积约 1626.5 万 m^2。其中，设计标识 150 项，建筑面积约 1613.5 万 m^2；运行标识 1 项，建筑面积约 13 万 m^2。公共建筑 87 项，建筑面积约 456.8 万 m^2；住宅建筑 64 项，建筑面积约 1169.8 万 m^2。

截至 2018 年 12 月底，湖南省累计通过绿色建筑标识认证的项目 500 项，累计建筑面积约 5437.9 万 m^2。其中，设计标识 493 项，建筑面积约 5341.9 万 m^2；运行标识 7 项，建筑面积约 95.9 万 m^2。公共建筑 302 项，建筑面积约 1991.3 万 m^2；住宅建筑 196 项，建筑面积约 3332.8 万 m^2；工业建筑 2 项，建筑面积约 113.7 万 m^2。

5.2.2 绿色施工方面

2018 年，湖南省完成绿色施工中期检查 13 项，验收评审 23 项。截至 2018 年 12 月底，湖南省累计立项"湖南省绿色施工工程" 217 项，验收评审 73 项。

5.3 发展绿色建筑的政策法规情况

（1）《湖南省住房和城乡建设厅办公室关于开展 2018 年绿色建筑相关统计工作的通知》（湘建办函［2018］25 号）

为认真贯彻《中共湖南省委 湖南省人民政府关于进一步加强和改进城市规划建设管理工作的实施意见》（湘发［2016］15 号）和《湖南省人民政府关于印发绿色建筑行动实施方案的通知》（湘政发［2013］18 号）精神，推进全省绿色建筑发展进程，强化绿色建筑项目动态管理，决定开展全省绿色建筑摸底统计工作，每月统计表于次月 5 日前发送至建筑节能科技处，作为绩效考核的重要依据。

（2）《湖南省住房和城乡建设厅关于下放绿色建筑评价管理权限相关事项的通知》（湘建科［2018］56 号）

为贯彻落实《住房城乡建设部关于进一步规范绿色建筑评价管理工作的通知》（建科［2017］238 号），深入推进"放管服"，规范绿色建筑评价管理，湖南省住房和城乡建设厅（以下简称：省住建厅）于 2018 年 3 月 13 日将一星级绿色建筑评价管理及其标识评价机构初审和二、三星级绿色建筑标识评价推荐管理两项权限下放至市州住房和城乡建设管理部门，调动各市州的积极性。

通过两次评价机构的评审、认定工作，长沙市城市建设科学研究院、湘潭市规划建筑设计院、株洲市建设科技与建筑节能协会、郴州市城市规划设计院、怀化市建筑科技节能协会、常德市建筑设计院有限责任公司、岳阳市建筑设计院、湖南永衡施工图审查有限公司、湘西自治州一品建筑设计院有限公司、娄底市绿色建筑科技有限公司 10 家机构获得一星级绿色建筑评价资格。

（3）湖南省住房和城乡建设厅关于印发《2018 年市州建筑节能与科技工作任务书》的通知（湘建科函［2018］151 号）（以下简称：任务书）

为贯彻落实全国、全省住房和城乡建设工作会议精神，全面统筹推动装配式建筑、建筑节能、绿色建筑、科技创新、工程建设标准化工作，大力促进湖南省住房城乡建设领域绿色高质量发展，省住建厅于 2018 年 5 月 30 日印发《任务书》。《任务书》中将有关工作纳入日常监督和专项检查范围，工作完成情况作为相关考核的重要依据。

（4）湖南省住房和城乡建设厅、湖南省发展和改革委员会、湖南省科学技术厅、湖南省财政厅、湖南省自然资源厅和湖南省生态环境厅出台《关于大力推进建筑领域向高质量高品质绿色发展的若干意见》（湘建科［2018］218 号）

为深入实施生态强省战略，满足人民群众日益增长的对安全、健康、宜居住房需求，经报湖南省人民政府同意，六部门于 11 月 5 日就大力推进建筑领域向高质量、高品质绿色发展提出意见。明确主要目标：到 2020 年，实现市州中心城市新建民用建筑 100％达到绿色建筑标准（2019 年达到 70％，2020 年达到100％），市州中心城市绿色装配式建筑占新建建筑比例达到 30％以上（2019 年达到 20％，2020 年达到 30％）。全省建筑能耗强度不高于全国平均水平，民用建筑能源消费总量控制在 6000 万吨标准煤以内，能源消费水平接近或者达到现阶段发达国家水平。长沙、株洲、湘潭三市应各建设 1～3 个高标准的省级绿色生态城区，其他市州应各规划建设 1 个以上市级绿色生态城区。同时，文件明确将绿色建筑工作内容纳入省装配式建筑发展联席会议制度工作内容。

5.4 绿色建筑标准和科研情况

5.4.1 绿色建筑标准

（1）《湖南省绿色建筑设计标准》DBJ 43/T 006—2017

由湖南省建筑设计院有限公司主编的《湖南省绿色建筑设计标准》DBJ 43/T 006—2017 于 2017 年 12 月 29 日发布，2018 年 3 月 1 日起在全省范围内实施。

（2）《湖南省建筑工程绿色施工评价标准》DBJ 43/T 101—2017

由湖南建工集团有限公司主编的《湖南省建筑工程绿色施工评价标准》DBJ 43/T 101—2017 于 2017 年 12 月 29 日发布，2018 年 3 月 1 日起在全省范围内实施。

（3）《长沙市绿色建筑主要技术图示》CSJ 001—2018

由湖南绿碳建筑科技有限公司、湖南省建筑设计院有限公司、长沙市城市建设科学研究院主编的《长沙市绿色建筑主要技术图示》CSJ 001—2018 于 2018 年12 月 17 日发布。

（4）《湖南省建筑节能工程施工质量验收规范》DBJ 43/T 202—2019

由湖南建工集团有限公司主编的《湖南省建筑节能工程施工质量验收规范》DBJ 43/T 202—2019 于 2019 年 1 月 4 日发布，2019 年 5 月 1 日起在全省范围内实施。

5.4.2 科研情况

（1）《湖南省绿色建筑工程验收标准》（项目编号：BZ201607）——由长沙市城市建设科学研究院和湖南省绿色建筑产学研创新结合平台主编，现已通过专家审查，正整理报批材料由省住建厅审批发布。

（2）《湖南省绿色生态城区评价标准》（项目编号：BZ201409）——由湖南省建筑设计院有限公司和湖南绿碳建筑科技有限公司主编，年后完成征求意见稿公示。

（3）《湖南省建筑外遮阳技术研究》（项目编号：KY201618）——由湖南绿碳建筑科技有限公司和湖南省绿色建筑产学研创新结合平台主编，现已进行内部讨论会，撰写第四稿，修改性能分析内容。

（4）《湖南省建筑环境模拟技术研究》（项目编号：KY201619）——由湖南绿碳建筑科技有限公司和湖南省绿色建筑产学研创新结合平台主编，现已完成课题内部验收。

（5）《湖南省绿色住区使用后评价研究》（项目编号：KY201624）——由湖南大学和湖南省绿色建筑产学研创新结合平台主编，现已完成课题内部验收。

（6）《湖南省建筑太阳能利用适宜性研究》（项目编号：KY201626）——由湖南大学和湖南省绿色建筑产学研创新结合平台主编，现已完成课题内部验收。

（7）《湖南省住宅土建装修一体化设计研究》（项目编号：KY201647）——由长沙理工大学和湖南省绿色建筑产学研创新结合平台主编，现已完成课题内部验收。

（8）《湖南地区保障性住房绿色建筑应用技术评价体系》（项目编号：BZ201409）——由湖南省建筑科学研究院和湖南省绿色建筑产学研创新结合平台主编，已完成课题内部验收。

（9）《湖南省住宅物业住房品质分类导则（试行）》——由湖南省住房和城乡建设厅组织，湖南省建设科技与建筑节能协会绿色建筑专业委员会和湖南省房地产协会会同有关单位编制，现已完成征求意见稿。

（10）《湖南省建筑外遮阳工程应用技术规程》（项目编号：BZ2016017）——由湖南大学主编，正在准备形成征求意见稿。

5.5 绿色建筑大事记

2018年，为推进《湖南省绿色建筑发展条例》的出台，在省人大的带领下，对长沙市、株洲市、怀化市、深圳市、雄安新区、江苏省等地开展了调研，并将该条例的出台纳入到湖南省第十三届省人大立法计划。

2018年3月21日～23日，青海省代表团一行12人到湖南省开展调研活动。双方就两省绿色建筑相关情况进行了交流，同时实地考察了长沙市两个高星级绿色建筑项目。

2018年5月31日，湖南省住房和城乡建设厅办公室在株洲召开全省建筑节能与科技工作座谈会暨低能耗绿色建筑技术研讨会，认真贯彻落实全省住房和城乡建设工作会议精神，推进2018年全省建筑节能、绿色建筑、装配式建筑、科技创新、工程建设标准等工作，完成绿色（装配式）建筑绩效考核任务。

2018年5月31日，省绿专委联合湖南省建筑师学会共同举办以"夏热冬冷地区被动房实践研讨会"为主题的学术沙龙。

2018年6月20日，9月20日，省绿专委和湖南省建筑设计院有限公司（简称HD）、湖南省建筑师学会联合举办了"湖南（HD）绿色设计论坛（第二场、第三场）"活动。省住建厅、长沙市住建委、HD有关领导及各分院（所）绿色设计小组代表、省绿专委会员代表等共600余人次参加，共同探讨绿色设计在建筑、规划、景观、市政领域的应用发展。

2018年6月29日，省绿专委组织参加住建部中欧项目办在株洲举办的"中欧低碳生态城市合作项目绿色建筑培训"，进一步加强中欧城市交流，推进生态文明建设，建设生态湖南、绿色湖南。

2018年7月、8月，省绿专委开展两场（7月30日~31日、2018年8月29日~31日）《湖南省绿色建筑评价标准》（DBJ 43/T 314—2015）和《湖南省绿色建筑评价技术细则（2017）》宣贯培训班，共有670人参加。推动绿色建筑发展，明确绿色建筑评价技术原则和评判依据，规范绿色建筑评价工作。

2018年9月20日，湖南省住房和城乡建设厅、湖南省财政厅在湖南湘江新区管理委员会，组织召开了梅溪湖新城国家绿色生态示范城区项目的验收会。特别邀请中国城市科学研究会绿色建筑与节能专业委员会王有为主任、浙江大学竺可桢学院葛坚常务副院长等专家参与验收并通过。

2018年10月22日~24日，省绿专委组织会员单位赴江苏、上海开展绿色建筑和绿色生态城区建设工作调研，学习借鉴江苏省和上海市在绿色建筑、绿色生态城区方面的先进经验和做法，推进湖南省绿色建筑的健康发展。

2018年11月1日，省绿专委召开"湖南省绿色建筑评价、咨询机构座谈会"，进一步规范绿色评价与咨询机构，严格执行标准，诚实守信经营，推进绿色建筑行业自律和社会信用体系建设，促进绿色建筑行业健康规范发展。

2018年11月19日~12月7日，省绿专委、湖南省建筑设计院有限公司和湖南省建筑师学会共同举办"湖南（HD）第三届绿色设计活动周"，包括评比竞赛、成果展示、专题活动。

2018年11月22日上午，省政府组织召开全省绿色建筑发展大会。会议就推进全省绿色建筑发展作了总结、交流和部署，并确定了工作目标。

2018年11月22日下午，湖南省建设科技与建筑节能协会绿色建筑专业委员会、湖南省住宅产业化促进会联合举办"2018湖南省绿色（装配式）建筑行业峰会暨湖湘建设绿色尖峰榜颁奖盛典"（以下简称：峰会）。本次峰会特邀住建部、省住建厅相关领导、行业专家、建筑领军企业代表、全国知名地产商等500余人，围绕行业发展的热点、难点、痛点分享经验，并表彰在建设科技创新、绿色建筑、装配式建筑、建筑节能等领域做出突出贡献的单位、项目成果及个人，同时新浪乐居、红网、人民网等 11 家主流媒体通过小视频、网络、报纸、同步直播等方式进行相关报道，网络同步直播期间观看人数高达 8.9 万人。在峰会期间，省绿专委印发了《湖南省绿色建筑发展研究报告》《湖南省绿色（装配式）建筑政策文件汇编》《湖南省绿色建筑标准目录汇编》《绿色建筑小贴士》《绿色建筑发展五大适宜技术》等材料。

2018 年 11 月 27 日，湖南省建设科技与建筑节能协会、湖南省住宅产业化促进会联合印发《湖南省建设科技与建筑节能协会、湖南省住宅产业化促进会信用信息管理办法》（湘建科协［2018］9 号）。

2018 年 12 月 28 日，省绿专委印发《湖南省绿色建筑行业自律公约》（湘建科协绿［2018］1 号）、《绿色建筑项目咨询及标识评价服务取费标准（试行）》（湘建科协绿［2018］2 号）。

作者：黄杰（湖南省建设科技与建筑节能协会　绿色建筑专业委员会）

6 广东省绿色建筑总体情况简介

6 General situation of green building in Guangdong

6.1 绿色建筑总体情况

2018 年，广东省新增绿色建筑评价标识项目 733 项，总建筑面积 7696.0 万 m²；截至 2018 年 12 月底，广东省累计通过绿色建筑评价标识认证项目面积超过 2.6 亿 m²。

6.2 发展绿色建筑的政策法规情况

（1）《广东省住房和城乡建设厅转发住房城乡建设部关于进一步规范绿色建筑评价管理工作的通知》（粤建节〔2018〕30 号）

2018 年 2 月 5 日，广东省住房和城乡建设厅转发住房城乡建设部关于进一步规范绿色建筑评价管理工作的通知，明确将一星级绿色建筑评价标识工作由各地级以上市住房城乡建设主管部门组织实施并监督管理，二星级和三星级绿色建筑评价标识工作由广东省住房和城乡建设厅组织实施。深圳市按要求负责其行政区域内绿色建筑评价标识工作。

（2）《广东省住房和城乡建设厅关于印发〈广东省 2018 年建筑节能、绿色建筑、散装水泥和新型墙材管理工作要点〉的通知》（粤建节〔2018〕66 号）

2018 年 3 月 30 日，广东省住房和城乡建设厅印发《广东省 2018 年建筑节能、绿色建筑、散装水泥和新型墙材管理工作要点》，下达了 2018 年广东省各地级市绿色建筑发展目标任务，包括城镇新增绿色建筑面积、城镇绿色建筑占新建建筑比例、评价＋认定绿色建筑面积、运行标识面积的目标任务。

（3）《广东省住房和城乡建设厅关于启用广东省绿色建筑信息平台的通知》（粤建节函〔2018〕1233 号）

2018 年 6 月 1 日，广东省住房和城乡建设厅正式发文启用广东省绿色建筑信息平台，并发布了《广东省绿色建筑评价标识申报指南》及《广东省绿色建筑信息平台用户手册》。通知明确，自 2018 年 6 月 5 日起，广东省各地按照《绿色建筑评价标准》GB/T 50378—2014 和《广东省绿色建筑评价标准》DBJ/T 15-

83—2017 开展绿色建筑评价标识的项目,全部通过平台采用网络方式进行申报、评审、公示及公告。平台应用的培训工作由广东省建筑科学研究院集团股份有限公司负责。

(4)《广东省住房和城乡建设厅关于印发〈广东省绿色建筑量质齐升三年行动方案(2018～2020年)〉的通知》(粤建节[2018]132号)

2018年7月20日,广东省住房和城乡建设厅印发《广东省绿色建筑量质齐升三年行动方案(2018～2020年)》,从绿色建筑规划、设计、施工、验收、运营等全生命期的各环节提出了绿色建筑量质齐升的行动目标、工作任务、工作步骤和保障措施。提出2018～2020年,全省城镇新增绿色建筑面积三年累计达到1.8亿 m^2。到2020年,全省城镇民用建筑新建成绿色建筑面积占新建成建筑总面积比例达到60%,其中珠三角地区的比例达到70%;全省二星级及以上绿色建筑项目达到160个以上;创建出一批二星级及以上运行标识绿色建筑示范项目。

(5)《广东省住房和城乡建设厅关于〈广东省绿色建筑条例(草案)〉(征求意见稿)公开征求意见的公告》(粤建公告[2018]43号)

2018年9月13日,广东省住房和城乡建设厅就《广东省绿色建筑条例(草案)》公开征求社会各界人士意见。草案提出,城镇建设用地和工业用地范围内的新建民用建筑,应当按照一星级以上绿色建筑标准进行建设。其中,国家机关办公建筑和政府投资或者以政府投资为主的其他公共建筑、大型公共建筑应当按照二星级以上绿色建筑标准进行建设;鼓励其他公共建筑按照二星级以上绿色建筑标准进行建设。

6.3　绿色建筑标准和科研情况

2018年4月8日,广东省住房和城乡建设厅批复同意东莞市住房和城乡建设局依据《广东省住房和城乡建设厅关于加快推进绿色建筑评价标识工作的通知》(粤建科函[2014]461号)、《广东省住房和城乡建设厅转发住房城乡建设部关于进一步规范绿色建筑评价管理工作的通知》(粤建节[2018]30号)等相关规定和要求,在东莞市范围内发布和试行《东莞市绿色建筑一星级评价导则》。广东省住房和城乡建设厅要求东莞市要规范工作程序,加强制度建设和监督管理,认真总结经验,不断完善《东莞市绿色建筑一星级评价导则》的内容,积极推进东莞市绿色建筑评价工作。

作者:陈诗洁　黄晓霞(广东省建筑节能协会)

7 福建省绿色建筑总体情况简介

7 General situation of green building in Fujian

7.1 建筑业总体情况

2018年，福建省全年完成总产值1.1万亿元、增幅达15%，其中福州市完成产值占全省1/3。建筑业龙头企业规模不断壮大，新增特级施工总承包企业6家、总数达19家，完成产值占全省一半以上。新增预制混凝土构件产能150万m²，落实装配式建筑项目627万m²。

7.2 绿色建筑总体情况

自2018年起，列入施工图审查范围的新建民用建筑均严格执行《福建省绿色建筑设计标准》(DBJ 13-197—2017)，2018年全省新增绿色建筑项目2798个、建筑面积12500.0万m²。全年取得绿色建筑评价标识的项目52个，其中设计标识项目44个、运行标识项目8个，一星级37个，二星级14个，三星级1个；公共建筑项目25个，居住建筑项目27个，获得标识的建筑面积583.7万m²。全省城镇绿色建筑占新建民用建筑面积比例达到58.93%。

7.3 发展绿色建筑的政策法规情况

(1) 福建省人大颁布《福建省生态文明建设促进条例》

本条例自2018年11月起实施，第四十二条规定，县级以上地方人民政府住房和城乡建设主管部门应当推动绿色建筑发展和建造方式创新，城镇新建建筑应当遵照国家和本省有关规定，按照绿色建筑标准规划、设计、建设和运营，推动公共建筑节能环保改造，编制改造计划并组织实施。

(2)《关于新建民用建筑全面执行绿色建筑标准的通知》(闽建科 [2017] 45号)

文件提出，自2018年1月1日起，凡列入施工图审查范围的新建民用建筑应符合一星级绿色建筑设计要求，其中政府投资或者以政府投资为主的公共建筑应符合二星级绿色建筑设计要求，鼓励其他公共建筑和居住建筑按照二星级以上绿色建筑标准进行设计。

（3）《福建省住房和城乡建设厅关于开展公共建筑能耗监测工作通知》（闽建科〔2018〕7号）

文件提出，加强建筑节能基础工作，按照"全省统一、分级管理、互联互通"原则建立公共建筑能耗监测制度，推进省级建筑节能监管平台试运行，提升建筑节能监管和运行维护管理水平。

（4）发布《福建省绿色建筑工程验收标准》的通知（闽建办科〔2018〕51号）

文件提出，由福建省建筑科学研究院有限责任公司等单位编制的《福建省绿色建筑工程验收标准》经审查，并报住房城乡建设部备案同意，批准为福建省工程建设地方标准，编号 DBJ 13-298—2018。其中第 3.0.1 条为强制性条文，必须严格执行。福州市、厦门市自 2019 年 6 月 1 日起执行，其他设区市、平潭综合实验区自 2019 年 12 月 1 日起执行。

（5）《关于在我省建筑工程中进一步推广应用低（无）挥发性有机物含量涂料的通知》（闽建科〔2018〕50号）

文件提出，为进一步提升生态文明建设水平，根据福建省政府关于生态环境保护目标任务要求，强化工程建设过程中污染物排放管理，减少挥发性有机物排放总量，进一步推广应用低（无）挥发性有机物（以下简称 VOCs）含量涂料和溶剂。在建筑工程中应严格执行标准，加强设计环节监管，加强施工过程把控，加大推广力度。

7.4 绿色建筑标准和科研情况

（1）《福建省绿色建筑工程验收标准》DBJ 13-298—2018

本标准将建筑节能工程纳入绿色建筑工程验收范围，突出验收内容为工程实施结果与设计文件的符合性核查。同时，对已完成验收的分项工程验收内容直接采信，避免重复验收。该标准的出台将及时弥补福建省绿色建筑推广监督工作不闭合的空缺，为绿色建筑技术的落实和绿色建筑的验收提供有力支撑，进一步规范福建省绿色建筑的设计和建造，保障福建省绿色建筑健康发展。

（2）《福建省公共建筑节能设计标准》DBJ 13-305—2019

本标准以《公共建筑节能设计标准》GB 50189—2015 为基础，总结福建省建筑节能的实践经验和研究成果，参考有关国际标准和国内先进标准，结合福建省气候、经济特点，制定福建省公共建筑节能设计标准。

（3）《福建省居住建筑节能设计标准》DBJ 13-62—2019

为改善福建省居住建筑室内热环境，提高夏季空调、冬季供暖的能源利用效率，依据行业标准《夏热冬冷地区居住建筑节能设计标准》JGJ 134—2010 和《夏热冬暖地区居住建筑节能设计标准》JGJ 75—2012，结合福建省的省情和经济发展水平，参考有关国际标准和国内先进标准，并在广泛征求意见的基础上，修订了《福建省居住建筑节能设计标准》，提高门窗、空调能效比等节能指标，制定实施高于国家标准的地方节能标准，实现节能率向"65%＋"提升。本次修订的主要技术内容包括：①福建地区统一提高建筑外窗限值，提高空调设备的能效值，提升居住建筑能效水平；②增加了建筑外窗综合太阳得热系数；③补充了建筑自遮阳的计算方法；④取消"建筑节能设计审查技术要求"章节，并把报审表修改为"建筑节能设计汇总表"；⑤增加空调室外机的位置设置要求；⑥补充更新了空调、给排水、建筑电气等产品性能表。

（4）厦门市《海绵城市建设工程材料应用标准》DB3502/Z 5011—2018

为推进厦门市海绵城市建设，指导海绵城市建设工程中相关材料的科学合理使用，确保海绵城市建设工程质量，在原厦门市《海绵城市建设工程材料应用标准（试行）》版的基础上修订了本标准。本标准的主要修订内容为细化和完善透水铺装、下凹式绿地、绿色屋面、生物滞留设施等厦门市海绵城市适宜技术的材料要求，提出相关通用材料的一般技术要求，增补海绵城市新材料要求。

（5）《福州绿色生态城区技术体系研究（一期）》

2018 年 11 月 20 日，福州市重大课题《福州绿色生态城区关键技术研究（一期）》在福州顺利通过了由福州市城乡建设委员会组织的专家评审会。课题基于低影响开发技术视角下的福州市城区本底深度解析，在福建省首次系统性开展绿色生态城区适宜性技术体系研究，创新性地提出了适合福州市城区的"技术应用—规划设计模式—政策保障—示范工程"的"自上而下"的低影响开发技术应用体系；在明确福州生态建设现状的基础上，从风道、低影响开发、生态绿化、绿色交通、绿色建筑、综合减排、公共配套设施等方面构建技术体系框架，制定相应的适用技术导则；因地制宜地对成片绿色建筑的规划、设计、施工和运营全过程进行指导和规范，完善福州市及福建省绿色建筑技术标准体系，为福州市乃至南方地区的生态城区建设奠定坚实的技术基础。

7.5 地方绿色建筑大事记

2018 年 12 月 21 日～23 日，厦门市举办第 15 届厦门人居环境展示会暨中国（厦门）国际建筑节能博览会（图 5-7-1）。展会以"推进高质量发展·共建高颜值家园"为主题，本届人居展，一方面采用节能、环保、高效的展览技术和手段，全面展示与市民百姓生活息息相关的人居建设成果与规划，另一方面也融入智能科技、互动体验活动，让市民们在观展过程中有更多的获得感。

图 5-7-1　博览会现场照片

福建省级节能监管平台开始试运行，福州、厦门、集美大学、福建师范大学、福建工程学院等节能监管平台完成与省级平台对接，实现在线能耗监测建筑 542 栋、在线能耗监测面积 954 万 m^2。

作者：梁章旋　黄平（福建省绿色建筑与建筑节能专业委员会）

8 重庆市绿色建筑总体情况简介

8 General situation of green building in Chongqing

8.1 绿色建筑标识评价工作情况

8.1.1 绿色建筑评价标识

重庆市绿色建筑评价标识工作自 2011 年开始，其中 2009 版重庆《绿色建筑评价标准》自 2011 年 12 月执行到 2015 年 4 月，共完成 64 个项目，其中地方组织完成 58 个绿色建筑项目，国家标准组织完成 6 个项目，项目总面积为 990.9 万 m²。2014 版重庆《绿色建筑评价标准》自 2015 年 5 月执行至今，共完成 115 个项目，其中地方组织完成 81 个绿色建筑项目，申报项目总面积为 1660.4 万 m²。截至目前，重庆市绿色建筑标识申报项目数共 151 个，申报项目总面积为 3313.2 万 m²。

2018 年，重庆市通过绿色建筑评价标识认证的项目共计 20 个，总建筑面积 261.8 万 m²，其中工业建筑项目 1 个，总建筑面积 11.6 万 m²；公建项目 5 个，总建筑面积 28.7 万 m²；其中三星级项目 3 个，总建筑面积 11.3 万 m²；住宅项目 14 个，总建筑面积 233.1 万 m²。其中三星级 1 个，总建筑面积 10.6 万 m²；二星级 13 个，总建筑面积 221.5 万 m²，一星级 1 个，总建筑面积 11.6 万 m²，其中重庆南开两江学校与上东汇小区 F83-1 地块项目是首批次在在线系统操作中完成评审的绿建项目。

2018 年，重庆市在启动绿色申报系统后在线完成评审项目 2 个，在线系统里已申报正在评审中的项目为 17 个，项目总计 20 个，总建筑面积为 387.7 万 m²。

8.1.2 绿色建筑咨询机构发展建设

（1）重庆市绿色建筑咨询单位情况

2018 年度，在重庆市开展绿色建筑工程咨询的单位，经重庆市绿色建筑专业委员会整理，共计 48 家，已完成登记备案的单位 41 家，其中 17 家已申报过评审项目。

（2）绿色建筑咨询单位执行情况统计

据重庆市绿色建筑专业委员统计，2018 年度有 17 个绿色建筑咨询单位参与绿色建筑技术咨询工作，共组织评审了 23 个绿色建筑项目，通过评审的有 20 个项目。其中按评价类型分：5 个公共建筑，17 个住宅建筑，1 个工业建筑；按评价等级分：铂金级 4 个，18 个金级项目，1 个银级项目；按评价阶段分：17 个设计阶段项目，6 个竣工阶段项目。

8.2 发展绿色建筑的政策法规情况

为了规范行业发展，牢固树立创新、协调、绿色、开放、共享的发展理念，加快城乡建设领域生态文明建设，全面实施绿色建筑行动，促进建筑节能与绿色建筑工作深入开展，重庆市城乡建委在绿色建筑与建筑领域主要颁布了一系列文件，不断完善政策法规体系，促进绿色建筑科学发展。

重庆市制订发布的相关政策文件、标准法规：

《关于改进和完善绿色建筑与节能管理工作的意见》；

《关于进一步加强在建建筑工程保温隔热料质量和防火安全管理的通知》；

《关于开展有机保温板材等绿色建材性能认定工作的通知》；

《关于进一步加强墙体自保温技术体系推广应用的通知》；

《关于印发〈重庆市公共建筑节能改造节能量核定办法〉的通知》；

《关于印发〈2018 年城乡建设领域生态优先绿色发展工作要点〉的通知》；

《关于完善公共建筑节能改造项目资金补助政策的通知》；

《关于发布〈重庆市绿色建材分类评价技术导则—无机保温板材〉和〈重庆市绿色建材分类评价技术细则—无机保温板材〉的通知》。

8.3 绿色建筑标准科研情况

8.3.1 绿色建筑标准

为进一步加强绿色建筑发展的规范性建设，推动绿色建筑相关技术标准体系完善，根据工作部署，组织编写完成了多部绿色建筑相关标准：

重庆市《机关办公建筑能耗限额标准》；

重庆市《公共建筑能耗限额标准》；

重庆市《绿色保障性住房技术导则》；

重庆市《建筑能效（绿色建筑）测评与标识技术导则》；

重庆市《既有公共建筑绿色改造技术导则》；

重庆市《公共建筑节能改造节能量认定标准》；

重庆市《建筑能效（绿色建筑）测评与标识技术导则》（修订）；

重庆市《空气源热泵应用技术标准》。

8.3.2　课题研究

2018年，重庆市针对西南地区特有的气候、资源、经济和社会发展的不同特点，广泛开展绿色建筑关键方法和技术研究开发。研究课题有：

《绿色建筑实施质量与发展政策研究》；

《重庆市公共建筑节能改造重点城市示范项目效果评估研究》；

《重庆地区超低能耗建筑技术（被动式房屋节能技术）适宜性及路线研究》；

重庆市《近零能耗建筑技术体系研究》；

重庆市《绿色建筑室内物理环境健康特性研究》。

8.4　地方大事记

2018年3月24日～26日，由日本北九州市立大学主办的绿色建筑发展国际研讨会在日本北九州市立大学举行，重庆大学刘红教授等一行5人及来自中国和日本的30余名代表参加了会议。

2018年8月23日，由中国工程建设标准化协会组织、重庆大学主编的协会产品标准《多参数室内环境监测仪器》编制组成立暨第一次工作会议在重庆召开。

2018年8月24日，由中国建筑节能协会组织、重庆大学主编的团体标准《公共建筑能源管理技术规程》编制组成立暨第一次会议在重庆召开。

2018年8月30日，由重庆市城乡建设委员会建筑节能处组织的绿色建筑现场技术研讨交流会在沙坪坝磁器口万科金域华庭项目部召开。

2018年9月4日～6日，2018新加坡国际绿色建筑大会在新加坡金沙会议中心盛大开幕，由西南地区绿色建筑基地和重庆市绿色建筑专业委员会的代表团参加大会。

2018年9月20日，应新加坡能源集团邀请，西南地区绿色建筑基地和重庆市绿色建筑专业委员会代表团赴新加坡参观了滨海湾能源中心，并与新加坡能源集团洪志强总经理进行了深入交流。应新加坡建设局、新加坡绿色建筑委员会邀请，代表团参观访问了新加坡国立大学和南洋理工大学，就校园绿色建设的关键要素进行了深入了解。

2018年10月29日，西南地区绿色建筑基地和中国城市科学研究会主办，中国建筑科学研究院有限公司重庆分院协办的国家标准《绿色生态城区评价标准》

和学会标准《健康建筑评价标准》宣贯会在重庆大学组织召开，来自重庆、四川等地的行业专家、企业代表、在校学生 160 余人参加了宣贯会。

2018 年 11 月 15 日，由德国伍伯塔尔气候环境能源研究所主办、中国建筑节能协会、重庆市建筑节能协会等协办的"欧盟 SusBuild 可持续建筑绿色金融研讨会"在重庆成功举办。国家住房和城乡建设部建筑节能与科技司建筑节能处林岚岚处长、中国建筑节能协会武涌会长、IPEEC 秘书长 Benoit Lebot 先生、中央财经大学绿色金融国际研究院助理施懿宸先生等出席了会议，来自联合国环境规划署、G20 国际能效合作伙伴关系组织、德国以及北京、上海、云南、广州、青岛等地方和兴业、浦发等银行的从事建筑能效、建筑碳排放、绿色金融发展的 200 百余名代表参加了会议。

2018 年 12 月 18 日，住建部世行项目办在北京组织召开了"重庆市公共建筑能耗和能效信息披露制度试点实施工作研究"开题报告评审会，项目承担单位代表重庆大学丁勇教授、吕婕参加了会议。

2018 年 12 月 28 日，国家重点研发计划课题"既有公共建筑室内物理环境改善关键技术研究与示范"2018 年度工作会议在沈阳顺利召开。课题负责人重庆大学丁勇教授参加了本次会议。

作者：李百战，丁勇，周雪芹（重庆大学）

9 深圳市绿色建筑总体情况简介

9 General situation of green building in Shenzhen

9.1 建筑业总体情况

2017 年,深圳市既有建筑面积 1957.4 万 m²。其中,既有居住建筑面积 1021.3 万 m²,既有公共建筑面积 936.2 万 m²。2018 年 1～9 月,深圳市既有建筑面积 1479.5 万 m²。其中,既有居住建筑面积 482.8 万 m²,既有公共建筑面积 996.7 万 m²。

2018 年是改革开放四十周年。据统计,深圳经济特区自成立以来全面助力民生改善,建成既有房屋 60 万栋,总建筑面积超 10 亿 m²,鲁班奖 82 项,国家优质工程奖 56 项,詹天佑奖 22 项;40 年来,深圳持续推进建设科技创新,拥有创新科技成果 6000 多项,工程建设标准规范 100 多部,首创或国内领先创新技术 50 项,国家科学技术进步奖 40 项。

9.2 绿色建筑总体发展情况

深圳从"十一五"开始就贯彻可持续发展战略,并提出了"打造绿色建筑之都"的目标。十余年来,深圳绿色建筑经历了从无到有、从小到大、从弱到强且激情燃烧、创新创业的发展历程,一路披荆斩棘,始终保持砥砺前行、锐意进取的精神。深圳已成为我国绿色建筑建设规模和密度最大的城市之一,并因此被住建部评价为全国绿色建筑的一面旗帜(表 5-9-1,表 5-9-2)。

深圳市绿色建筑评价标识项目累计项目数量(截至 2018 年 9 月)　表 5-9-1

项　　目	数量(个)	面积(万 m²)
设计标识	964	8732.4
运行标识	18	239.2
公共建筑	571	4297.4
居住建筑	411	4674.2

绿色建筑评价标识项目数量总计:982 个

绿色建筑总面积:8971.6 万 m²

304

深圳市绿色建筑评价标识项目累计项目数量（2018 年 1～9 月）　　表 5-9-2

项　　目	数量（个）	面积（万 m²）
设计标识	172	1552.2
运行标识	7	98.6
公共建筑	131	1050.5
居住建筑	48	600.3

绿色建筑评价标识项目数量总计：179 个

绿色建筑总面积：1650.8 万 m²

9.3　发展绿色建筑的政策法规情况

（1）《深圳市可持续发展规划（2017—2030 年）》

经过改革开放近四十年的发展，深圳从一个边陲小镇迅速建成为一座现代化大都市，创造了世界工业化、城市化和现代化史上的奇迹。但也面临着资源环境承载压力大、公共服务资源供给不足、社会治理能力有待进一步提升等突出问题，未来亟需依靠创新突破城市发展瓶颈，加快推动科技创新与社会发展深度融合，探索可复制、可推广的超大型城市可持续发展路径，为中国乃至世界的其他城市提供示范。在此背景下，2018 年 3 月 26 日，深圳市人民政府发布了《关于印发深圳市可持续发展规划（2017—2030 年）及相关方案的通知》。规划范围为广东省深圳市全域，规划期限为 2017～2030 年，其中近期为 2017～2020 年，中期为 2021～2025 年，远期为 2026～2030 年。

（2）《关于提升建设工程质量水平打造城市建设精品的若干措施》

为深入推进建设领域供给侧结构性改革，提升建设工程质量水平，按照"世界眼光，国际标准，中国特色，高点定位"要求，弘扬"设计之都"文化，打造"深圳建造"品牌，根据中共中央国务院和中共深圳市委市政府有关文件，深圳市住房和建设局、深圳市规划和国土资源委员会、深圳市发展和改革委员会于 2017 年 12 月 27 日发布了《关于印发〈关于提升建设工程质量水平打造城市建设精品的若干措施〉的通知》（深建规［2017］14 号），提出了"坚持标准引领，强化质量优先；繁荣设计创作，打造建筑精品；突出关键环节，强化过程管控；强化质量监督，落实质量责任；创新建设模式，推广建造新技术"等五大类、二十四项具体措施。

（3）《深圳市建筑节能发展专项资金管理办法》

为促进建筑领域节能减排和绿色创新发展，加强建筑节能发展专项资金使用管理，提高资金使用效益，根据《中华人民共和国预算法》《深圳经济特区建筑节能条例》《深圳市绿色建筑促进办法》等规定，深圳市住房和建设局、深圳市财政委员会于 2018 年 5 月 4 日发布了《关于印发〈深圳市建筑节能发展专项资金管理办法〉的通知》（深建规〔2018〕6 号）。该办法列明了专项资金的主要来源、有关部门的职责及分工、资助对象和范围、资助项目和标准、年度资金计划制定与审核、资金拨付和管理、监督和责任等内容，自发布之日起实施，有效期五年。

（4）《关于执行〈绿色建筑评价标准〉（SJG 47—2018）有关事项的通知》

为更好地执行新修订的深圳市工程建设标准《绿色建筑评价标准》SJG 47—2018（简称"新深标"），深圳市住房和建设局于 2018 年 7 月 10 日发布了《关于执行〈绿色建筑评价标准〉（SJG 47—2018）有关事项的通知》，规定了"①2018年 10 月 1 日后新办理建设工程规划许可证的民用建筑，至少应按照绿色建筑国家一星级或新深标铜级标准进行规划、建设和运营；政府投资和国有资金投资的大型公共建筑、标志性建筑项目，应当按照绿色建筑国家二星级或深圳银级及以上标准执行；②自 2018 年 10 月 1 日起，深标绿色建筑评价分为建成评价和运行评价，建成评价应在竣工验收合格后进行；运行评价应在建筑通过竣工验收，使用率或入住率达到 50％以上且运行一年后进行；施工图设计文件审查合格后，项目可进行设计预评价，但评价机构不再出具绿色建筑设计标识证书；③在年度建筑节能发展资金申请过程中，将优先考虑获得绿色建筑运行标识、高星级绿色建筑建成标识的项目"等内容。

（5）《深圳市装配式建筑专家管理办法》及《深圳市装配式建筑产业基地管理办法》

2018 年 8 月 21 日，深圳市住房和建设局同时发布了《关于印发〈深圳市装配式建筑专家管理办法〉的通知》（深建规〔2018〕9 号）、《关于印发〈深圳市装配式建筑产业基地管理办法〉的通知》（深建规〔2018〕10 号）。两个办法自2018 年 10 月 1 日起实施，有效期五年。

（6）《深圳市绿色建筑量质齐升三年行动方案（2018～2020 年）》

2018 年 9 月 10 日，根据《广东省住房和城乡建设厅关于印发〈广东省绿色建筑量质齐升三年行动方案（2018～2020 年）〉的通知》（粤建节〔2018〕132号）等文件精神，结合深圳市实际情况，深圳市住房和建设局制定《深圳市绿色建筑量质齐升三年行动实施方案（2018～2020 年）》，加快推动绿色建筑量质齐升，加速促进建筑产业转型升级。

9.4　绿色建筑标准和科研情况

9.4.1　部分已发布的或正在编制的标准规范

《深圳市公共建筑节能设计规范》SJG 44—2018、《深圳市居住建筑节能设计规范》SJG 45—2018、《深圳市绿色建筑评价标准》SJG 47—2018、《绿色物业管理项目评价标准》SJG 50—2018、《公共建筑能耗管理系统技术规程》SJG 51—2018、《道路工程建筑废弃物再生产品应用技术规程》（道路工程中工程废弃物再生应用技术规范）SJG 48—2018、《深圳市绿色建筑运营测评技术规范》、《深圳市绿色建筑工程验收规范》、《深圳市绿色校园评价标准》、《深圳市绿色校园设计标准》、《深圳市建筑物分类拆除施工规范》、《深圳市公共建筑节能改造节能量核定导则》、《深圳市公共建筑节能改造设计与实施方案审查细则》、《深圳市绿色建筑设计标准》等。

9.4.2　部分已完成的或在研的科研项目

《深圳市绿色建筑施工图审查要点》（新修订）、《深圳市超低能耗建筑技术指引》、《深圳市绿色建筑适用技术与产品推广目录》、《深圳市建筑性能保障条例》可行性研究、《深圳市既有公共建筑绿色化改造工作机制研究》、《深圳市建筑废弃物综合利用企业监督管理办法研究》、《深圳市建筑废弃物减排与利用配套资金管理研究》、《深圳市大型公共建筑能耗监测情况报告（2017 年度)》等。

9.5　绿色建筑行业重点工作成果摘要（部分）

（1）召开建筑节能、绿色建筑和装配式建筑市区联席会议

2018 年 1 月 11 日下午，深圳市住房和建设局高尔剑副局长主持召开"2018年第一次建筑节能、绿色建筑和装配式建筑市区联席会议"。会议全面总结了2017 年深圳市建筑节能、绿色建筑和装配式建筑工作，提出了 2018 年工作思路和要求。

（2）开展"走进绿色人居·共筑美好生活"公益科普活动

2018 年 3 月 17 日，在福田社会建设专项资金的支持下，由深圳市绿色建筑协会主办的"走进绿色人居·共筑美好生活"——2018 绿色建筑与建筑节能宣讲及观摩系列活动，首次在福田沙头街道绿景蓝湾半岛花园启动，新颖的主题、丰富的活动体验倍受社区居民的关注和喜爱（图 5-9-1）。6 月、11 月陆续开展了同主题的公益科普活动，广大市民走进太平金融大厦、深圳市当代艺术与城市规划馆等高星级绿色建筑示范项目，近距离地感受绿色建筑的魅力。

（3）组团参加"第十四届国际绿色建筑与建筑节能大会暨新技术与产品博览会"，并发布《深圳市绿色建筑适用技术与产品推广目录（2017 版）》

2018 年 4 月 2 日～3 日，深圳组织代表团参加第十四届国际绿色建筑与建筑节能大会暨新技术与产品博览会，这是深圳自大会创办以来第十三次组团。本届绿博会深圳展团由深圳市住房和建设局主办，深圳市绿色建筑协会承办，深圳市

图 5-9-1 活动现场照片

建设科技促进中心、深圳市建筑科学研究院股份有限公司、中建钢构有限公司共同协办。来自政府职能部门、企事业单位的近 400 位代表参会，48 家企业参展，参会人数及参展企业数为深圳团历年来之最。

2018 年 4 月 2 日上午，在深圳市住建系统领导、行业专家、学者及企业代表的共同见证下，《深圳市绿色建筑适用技术与产品推广目录（2017 版）》发布仪式在绿博会深圳展区举行（图 5-9-2）。

图 5-9-2 活动现场照片

（4）深圳绿色建筑协会与 BRE 签约开展培训工作

2018 年 4 月 18 日，"深圳绿色建筑协会与 BRE 中国 BREEAM 培训签约仪式"在上海举行。在原伦敦市副市长爱德华李斯特爵士和 BRE 集团首席营运官 Niall Trafford 先生见证下，深圳市绿色建筑协会秘书长王向昱与 BRE 中国区总裁 Jaya 在培训协议上签字。此次握手是 2014 年 BRE 与深圳市住建局签署合作协议后的持续深化工作之一，将为深圳绿建行业搭建一个拓展国际视野、学习与交流的新平台。

（5）举办"构筑绿建产业链，促进行业大融合"交流活动

2018年4月26日，深圳市绿色建筑协会组织30多位来自规划设计、建设施工、咨询检测、材料设备、运营管理等绿色建筑产业链上下游的管理人员，走进由金鑫绿建采用EPC承包模式打造的装配式钢结构轻板建筑体系的高层结构建筑——库马克大厦项目，实地考察三星级绿色建筑示范项目，交流最新产品与技术，整合资源，探讨产业链上下游的交流与合作的可能性。

（6）光明新区率先通过国家绿色生态示范城区验收

2018年4月27日，国家住房和城乡建设部胥小龙处长带领专家组到光明新区开展国家绿色生态示范城区验收工作。专家组审议一致通过光明新区国家绿色生态示范城区验收，评定等级为优秀。专家组认为，光明新区在绿色生态建设方面做出了大量成就，同步推进海绵城区、综合管廊、碳汇型景观、装配式建筑、绿色交通、绿色设计等绿色低碳集成技术示范。

（7）在第十四届文博会上举办绿色建筑分论坛

2018年5月11日，"根植绿色文化·建设绿色城市"主题论坛在第十四届文博会万科云设计公社分会场隆重召开，绿色建筑被提升到文化的层面上进行交流与探讨，打开了绿色建筑与绿色文化深度融合的新局面。这是一次创新和突破，是将绿色建筑从技术向应用推进的重要信号，是本届文博会的一大亮点（图5-9-3）。

图5-9-3 论坛现场照片

（8）组织"深圳与雄安双城对话"考察与沙龙活动

2018年6月21日~23日，为学习先进建设规划理念，搭建交流合作平台，深圳市绿色建筑协会召集20余位绿色建筑行业的管理人员组成深圳考察团，在深圳建科院、中建钢构、雄安绿研智库和达实智能等单位的支持下，先后走进雄

安市民服务中心、达实智慧展厅、绿舍小院、伊工社等项目考察学习，并联合政府与企业，共同举办深圳与雄安双城对话的绿色建筑沙龙。

（9）开展"节能降耗，保卫蓝天，罗湖在行动"公益活动

2018年7月3日，由罗湖区住房和建设局主办、深圳市绿色建筑协会承办的"节能降耗，保卫蓝天，罗湖在行动"绿色建筑系列宣传活动在罗湖区莲馨家园小区举办。组织方安排专家免费上门给居民检测室内空气质量，并组织主题演讲活动，得到居民的热烈欢迎和广泛认可（图5-9-4）。

图 5-9-4　活动现场照片

（10）深圳市住建局领导进行绿色建筑行业发展调研

2018年8月和12月，深圳市住建局领导先后两次率领市住建局建设科技与工业化处、市建设科技促进中心、市绿色建筑协会等政府、事业单位、行业组织的相关工作人员，共同走进绿色建筑产业链上的代表性企业，实地调研行业发展状况、产品技术创新实践，以及遇到的困难和政策需求等，努力为绿建企业解决问题，打造良好的营商环境。

（11）组团参加新加坡国际绿色建筑大会

2018年9月5日～7日，2018新加坡国际绿色建筑大会在新加坡金沙会展中心举行（简称"IGBC"）。为搭建中新企业沟通桥梁，加强双方在绿色建筑领域的合作，开拓会员国际视野，深圳市绿色建筑协会组织代表团赴新加坡参加本次盛会，代表团参加大会、参观绿色建筑展览，以及"中新绿色建筑论坛"、绿建项目考察等交流活动。这也是深圳第五次组团参会。

（12）组织召开热带及亚热带地区立体绿化大会

2018年9月19日，在广东省住房和城乡建设厅、新加坡建设局、深圳市住房和建设局、广州市林业和园林局、广州市建筑节能与墙材革新管理办公室指导下，由中国城市科学研究会绿色建筑与节能专业委员会、新加坡绿色建筑委员

会、热带及亚热带地区绿色建筑委员会联盟主办，深圳市绿色建筑协会和深圳市翠箓科技绿化工程有限公司联合承办的热带及亚热带地区立体绿化大会（简称SGC）在广州隆重召开（图5-9-5）。本次大会以"发展立体绿化，建设生态城市"为主题，是首次在我国举行的热带及亚热带地区立体绿化行业大会。大会从建筑的规划设计阶段入手，让广大建筑师、设计师与园林师共同探讨立体绿化在绿色建筑发展和生态城市建设过程中的重要作用，是近年来国内最具规模和影响力的行业盛会之一。

图5-9-5 大会现场照片

（13）开展年度全市建筑节能和绿色建筑检查工作

2018年9月底～10月下旬，深圳市住房和建设局组织组织5个检查组，外聘行业专家11名，采取"查资料、看现场"的方式，对全市各区建筑节能和绿色建筑工作开展情况进行专项检查。同时市住建局对市质量监督机构以及各区建筑节能和绿色建筑工作能力建设情况、法规政策执行情况、新建建筑节能标准执行情况、绿色建筑发展情况、可再生能源建筑应用情况等进行了检查。

（14）承办中德合作提高建筑能效技术与示范研讨会

2018年10月26日，由国家住房和城乡建设部科技与产业化发展中心与德国能源署（dena）主办，深圳市绿色建筑协会、深圳市建筑科学研究院股份有限公司、深圳市建设科技促进中心协办的"中德合作提高建筑能效技术与示范研讨会"在深圳举行。本次研讨会，得到了广东省住房和城乡建设厅、深圳市住房和建设局的大力支持，是落实《关于落实中德城镇化伙伴关系合作谅解备忘录》精神的一项重要举措。

（15）绿色建筑展继续亮相第二十届高交会

2018年11月14日～18日，由深圳市住房和建设局专业指导、深圳市建筑科学研究院股份有限公司提供技术支持，深圳市建设科技促进中心和深圳市绿色建筑协会精心策划及组织的绿色建筑展，第六次亮相"2018中国国际高新技术成果交易会"。本届绿色建筑展，以"绿色引领，智建未来"为主题，展览面积

5000余m²，参展单位达54家（图5-9-6）。

图5-9-6 活动现场照片

（16）举办深圳市绿色建筑先锋榜颁奖盛典

2018年12月8日，"深圳市绿色建筑先锋榜"颁奖盛典与深圳市绿色建筑协会成立十周年庆典同台举行。本届先锋榜共设置"深圳市绿色建筑创新奖、深圳市绿色建筑发展先锋企业、深圳市绿色建筑发展特别贡献奖、深圳市绿色建筑发展先锋人物奖"四大类奖项，绿色建筑行业的28家单位及15位个人获奖。这是深圳市绿色建筑行业对十年发展成果的总结与回顾，影响深远（图5-9-7）。

图5-9-7 活动现场照片

本次评选前后历时一个多月，通过各单位项目申报、专家团严格评审、理事会审核、行业公示等环节，严谨认真地评选出深圳市绿色建筑创新奖获奖单位和个人。获奖者均具有紧抓中国绿色建筑行业革命的时机，引入跨界视野，在行业内以科技创新为抓手、紧跟时代发展需要、以国家政策标准为先导，实现从原力觉醒到绿力绽放的跨越等优秀共性。

（17）开展深圳市建筑工程（绿色建筑）专业技术资格评审

2018年12月9日～10日，2018年度深圳市建筑工程（绿色建筑）专业技术资格评审工作在中建钢构大厦顺利召开。本年度绿色建筑工程师职称总申报人数达152人，创历史新高。

受市人社局委托，深圳市绿色建筑协会于 2018 年被列为深圳市首批正高级职称评审的评委会日常工作部门之一，并于本年度首次开展正高（教授）级专业技术资格评审工作，产生了绿色建筑行业第一批教授级高级工程师，这对"绿色建筑工程师"职称评审工作发展和行业人才培育具有里程碑意义。

（18）开展深圳市《绿色建筑评价标准》SJG 47—2018 等系列标准规范宣贯培训

2018 年，深圳相继针对深圳市《绿色建筑评价标准》SJG 47—2018、《深圳市公共建筑节能设计规范》SJG 44—2018、《深圳市居住建筑节能设计规范》SJG 45—2018、《道路工程建筑废弃物再生产品应用技术规程》、深圳市《公共建筑能耗管理系统技术规程》、《深圳市绿色建筑施工图审查要点》等行业标准规范进行常态化宣贯培训，来自各区建设管理部门和各建设、设计、审图等单位的管理人员和技术人员 2000 余人次参加培训。

作者：王向昱[1] 谢容容[1] 唐振忠[2] 张成绪[2]（1. 深圳市绿色建筑协会；2. 深圳市建设科技促进中心）

10　大连市积极开展绿色校园科普教育活动

10　Science education activities of green campus in Dalian

大连市绿色建筑行业协会在中国城科会绿建委指导下，在大连市大中小学率先设立绿色校园教育培训示范基地（以下简称：绿色校园基地），目的是通过教育启发引导，将绿色意识和行动贯穿于学校的管理、教学和建设的整体活动中，引导广大师生从关心环境到关心周围、关心社会、关心国家、关心世界，并辐射全社会，通过个人带动家庭、通过家庭带动社区、通过社区又带动公众，推动全民树立可持续发展观和绿色生活的理念，共同建设美好家园。

截至 2018 年底，有 22 所院校成为大连市绿色校园教育培训示范基地，有 280 多名专家志愿者、2400 多名校园志愿者活跃在绿色校园教育实践活动中。

10.1　策划、组织"4.22"世界地球日公益宣传活动

每年的 4 月 22 日是世界地球日，大连市绿色建筑行业协会倡议和发起举办大连市绿色建筑公益活动，吸引绿色校园基地以及专家志愿者、学生志愿者广泛参与到活动中，宣传绿色校园知识，推广绿色发展理念，近三年公益宣传累计受益人数 5 万余人。

2016 年 4 月 22 日，在第 47 个世界地球日之际，大连市绿色建筑行业协会主办主题为"关爱地球母亲、共建绿色家园"首届公益宣传活动（图 5-10-1）。活

图 5-10-1　第 47 届世界地球日暨第一届大连绿色建筑公益活动

动中，协会向社会各界发出了绿色建筑倡议书，号召大家争当绿色建筑的实践者、宣传者和创新者。活动邀请德国可持续发展委员会郎博先生介绍德国绿色建筑经验，大连民族大学绿色社团的同学们分发象征绿色希望的种子。大连理工大学、大连海洋大学、辽宁师范大学同期开展以绿色建筑为主题的讲座，受益300多人。

2017年4月22日，第48届世界地球日暨第二届大连市绿色建筑公益活动在大连格致中学举办，主题是"绿色校园，绿色未来"，旨在为青少年树立绿色、环保、低碳的生活理念，号召大家共同建设绿色校园，珍爱地球家园（图5-10-2）。活动中，中国城科会绿建委许桃丽副秘书长做了"绿色校园"新闻发布，大连民族大学"绿翼21-根与芽"社团杨文举社长代表全体绿色校园志愿者，向大家发起绿色校园践行倡导，活动当天参与活动人数达到500余人，30余家媒体进行宣传，校园展示活动同期展开。

图 5-10-2　第48届世界地球日暨第二届大连市绿色建筑公益活动

2018年4月22日，大连市绿色建筑行业协会组织以"打造绿色建筑、共建美丽大连"为主题的第49届世界地球日暨第三届大连市绿色建筑公益周活动（图5-10-3）。大连市第24中学、大连市金家街第二小学、大连民族大学分别派出了民乐团、舞蹈队和歌手参加开幕式，大连交通大学、大连格致中学120余名志愿者在会场广泛宣传绿色低碳环保的生活理念。开幕式上，向荣获优秀绿色校园教育培训示范基地学校和荣获优秀绿色教育专家志愿者和优秀绿色教育学生志愿者颁发了奖牌和证书，本次活动主会场参与人数1500余人，6个分会场参与人数8000余人，直接受益近万人，40余家媒体同期宣传。此次绿色建筑公益活动达到群众性、参与性、广泛性的社会效果。

图 5-10-3 第 49 届世界地球日暨第三届大连市绿色建筑公益周活动

10.2 建立学校绿色社团，促进校园开展绿建宣传

根据各学校实际情况，为促进校园长期有序开展绿色建筑相关宣传活动，支持并帮助各校园示范基地成立绿色社团。

大连交通大学成立土木工程学院绿色建筑社团，大连海洋大学成立绿色建筑与创新技术社团，大连民族大学原已成立绿翼 21-根与芽社团，大连东北财经大学成立绿色建筑社团，其中大连民族大学绿翼 21-根与芽社团获得了全国荣誉奖项。

为相互学习、共同提高，协会在绿色校园基地之间开展"一帮一、携手共建绿色校园"活动，大连民族大学与大连金石滩实验学校、大连交通大学与沙河口区中小学生科技中心、东北财经大学与大连格致中学、大连海洋大学与大连市第一中学结成互帮对子，各大学的绿色校园志愿者走进对口帮学校，结合协会制作的绿色校园课件及自身专业为同学们讲解绿色建筑知识，进行交流互动。

开展绿色校园公益课堂活动。大连市绿色建筑行业协会为了更好地开展绿色校园活动，以同济大学与中国城科会绿建委、中国建筑科学研究院共同编撰的《绿色校园与未来》系列丛书为指导，编制了适用于中小学生教学使用的《绿色校园与未来》课件，组织专家和学生志愿者们在绿色校园公益课堂上，通过生动活泼的教学方式，讲解绿色建筑知识、传播绿色建筑理念。目前协会已购买并赠送《绿色校园与未来》丛书 400 多套，开展了 56 次活动，受益近万人。

东北财经大学绿色建筑社团志愿者一行 8 人走进对口帮学校大连格致中学，通过互动形式，提出有趣的问题，踊跃答题，获奖竞猜等生动有趣的方式，在寓教于乐中让同学们获得更多的绿色建筑知识。大连格致中学同期开展了"春华秋实、格韵花开"创建绿色家园、绿色学校板报展览，受益学生 1500 余人。

大连交通大学土木工程学院绿色建筑社团由专家志愿者张蓬勃老师带领学生志愿者到沙河口区中小学科技中心，参观绿色环保主题展览，向沙区科技中心的中学生、小学生进行绿色校园、绿色建筑知识的讲解，培养学生们成为绿色生态文明的传播者。

大连海洋大学绿色建筑与创新技术社团志愿者为大连市第一中学的同学们进行《发展绿色建筑，拥抱低碳生活》讲座，绿色志愿者结合本校建筑专业的学习内容，为大一中的同学们进行绿色建筑知识的讲解，宣传绿色生活、绿色建筑理念。

大连市绿色建筑行业协会与大连交通大学合作举办 BIM 技术初级、中级培训班，目前已举办 6 期培训班，主要针对在校大学生进行 BIM 基础应用知识培训，助力学生提升模型创建管理应用能力，以满足将来工作实际需要（图 5-10-4）。

图 5-10-4　大学 BIM 培训

蒂森电梯有限公司将德国双层绿色建筑安全宣传车开进校园，现场模拟和演示绿色建筑安全基本步骤，让广大师生真实地感受绿色安全的重要性。

10.3　组织、参加各类评比竞赛活动

大连市绿色建筑行业协会组织参加大连市民政局主办的首届"福彩杯"公益创投大赛，申报的参赛项目《绿色小使者——绿色校园与未来》创造性的提出"绿商"概念，荣获"金点子项目"荣誉称号。

组织绿色校园基地参加由中国城科会绿建委举办的"2017 年全国大学生、高中生绿色建筑知识竞赛"，大连大学、东北财经大学、大连交通大学、辽宁师范大学、大连民族大学等组织学生参赛并取得一定成绩。

组织各绿色校园基地师生参加由中国绿色校园社团联盟举办的"第二届十大绿色生活方式——垃圾分类创新创意设计大赛"，推动各绿色校园将垃圾分类制度落到实处。

2018年6月9日~10日，第四届全国高校BIM毕业设计大赛暨"鲁班之星"颁奖典礼在大连民族大学成功举办。此次活动由中国建筑信息模型科技创新联盟主办，上海鲁班软件股份有限公司和大连民族大学承办，大连市绿色建筑行业协会作为指导单位全程参与，全国200余所院校、500多支团队参加了本次大赛，其中近300支团队提交最终的毕业设计成果。

2018年12月5日，大连市绿色建筑行业协会指导大连海洋大学举办首届绿色建筑设计竞赛。这次大赛充分体现"绿色发展"思想，紧紧围绕"节能、节水、节电、节材、保护环境"等设置竞赛内容，通过比赛培养学生低碳减排建筑设计思维理念，普及绿色校园建筑节能技术，促进建立正确的绿色生态观念。

10.4　开展丰富多彩的绿色校园宣传教育活动

2018年4月25日，大连交通大学开展世界地球日主题活动。志愿者们制作"打造绿色建筑，共建美丽校园"展板进行绿色校园展示，组织学生开展"打造绿色建筑，共建美丽大连"和"用智慧创造绿色建筑，用绿色创造和谐校园"条幅签名留念活动（图5-10-5）。

图5-10-5　大连交通大学开展世界地球日主题活动

2018年4月23日，大连格致中学开展"打造绿色校园，共建美丽大连"暨第三届"春华秋实，格韵花开"快乐种植园开园仪式，为同学们搭建动手、动脑新平台，在收获热爱劳动的优秀品格的同时，更学会了拥抱绿色、尊重自然、热爱生命。

2018年4月26日，绿色校园基地大连民族大学举办第49届世界地球日暨第三届大连绿色建筑公益周绿色校园分会场活动。活动中，志愿者们通过展板宣传、签名活动、发放贺卡等形式，全方位宣传"打造绿色校园、共建美丽大连"活动。"绿翼21-根与芽"社团向同学们发放"来自地球的问候贺卡"和种子，贺卡内容以主人公"地球"的口吻书写，包含当前地球环境现状以及保护地球的相关知识（图 5-10-6）。

图 5-10-6 "绿翼 21-根与芽"社团

2018 年 11 月 15 日，大连民族大学"绿翼 21-根与芽"社团在校内开展绿色交换站活动，社团同学亲自动手制作一些纪念品，交换一些课外书、衣物和文具用品，并邮寄到甘肃省宁夏师范附小同学们的手中。绿色交换站活动既让同学们了解到物品的再利用性质，也让大家从自身出发保护周围环境，让绿色环保意识在大家心底留下深刻印记。

2018 年 4 月 24 日，大连市沙河口区中小学生科技中心开展"共筑绿色家园、同护碧水蓝天"世界地球日主题活动，引导同学们关注海洋、大气等环境的变化，树立爱护海洋、爱护环境的理念，养成从小保护环境的好习惯，并向全区中小学生发出了保护家乡，保护海洋的倡议书。

2018 年 6 月 30 日，大连市绿色建筑行业协会党支部与大连职业技术学院建筑工程学院教师党支部、学生党支部在万科魅力之城广场携手开展"在职党员进社区"义务服务日活动，学生志愿者们向市民发放"关爱地球母亲，共建绿色家园"倡议书，组织绿色常识问卷调查，宣传绿色、低碳、环保生活理念（图 5-10-7）。

大连市实验幼儿园始终以"与友好环境同行，共建和谐智慧乐园"为宗旨，把环境美化、环境教育与整体育人相结合，使"创建环境友好幼儿园活动"渗透于幼儿的每日生活、融汇于教师的专业成长、推广于幼儿园、家庭、社区各个领域，取得了环境教育与内涵发展的双丰收。

图 5-10-7　走进社区

作者：徐梦鸿　（大连市绿色建筑行业协会）

第六篇 | 实践篇

　　本篇从 2018 年绿色建筑及绿色生态城区实践项目中，遴选 10 个代表性案例，分别从项目背景、主要技术措施、实施效果、社会经济效益等方面进行介绍。

　　绿色建筑标识项目涉及办公、居住、工业、机场、学校等建筑类型。其中包括典型绿色工业建筑案例宁波市厨余垃圾厂项目；以打造绿色环保、节能减排的办公建筑为设计理念的苏州市太仓华府城市广场项目；采用先进建筑技术实现绿色低碳校园建设的北京化工大学昌平校区第一教学楼项目；合理选择示范节能技术，强调建筑技术的本土化、全面系统地运用人居科技打造绿色节能、低碳、低能耗居住建筑的福建省南安市中节能·美景家园 1～8 号楼项目；秉承恒温舒适、恒氧健康、生态宜居、回归自然等设计理念打造舒适节能居住环境的江苏省扬州市蓝湾国际 22～39、48、49 号楼项目；设置便捷交通、高效能源、智能运营管理的昆明长水国际机场航站楼项目和北京新机场项目。

　　绿色生态城区项目共选取两个案例，包括国内首个实施运管标识项目——上海虹桥商务区核心区，以及极具中国特色的中国北京世界园艺博览会项目为典型案例，详细介绍了以"最低碳""大交通""优贸易""全配套""崇人文"为开发建设理念及其技术实践。

　　由于案例数量有限，本篇无法完全展示我国所有绿色建筑技术精髓，以期通过典型案例介绍，给读者带来一些启示和思考。

Part 6 | Engineering Practice

In this paper, 10 representative cases are selected from the 2018 green building and green ecological urban practice project, and introduced from the aspects of project background, main technical measures, implementation effect and social and economic benefits.

Green building labeling projects involve office buildings, residential buildings, industrial buildings, airport buildings, schools and other building types. Including typical green industrial building cases ningbo kitchen waste garbage plant project; Suzhou taicang huafu urban square project with the design concept of building a green, energy-saving and emission-reducing office building; The first teaching building project of changping campus of Beijing university of chemical technology, which adopts advanced building technology to realize green and low-carbon campus construction; Reasonable selection of demonstration energy saving technology, emphasis on the localization of building technology, comprehensive and systematic use of human settlement technology to create a green energy saving, low-carbon, low energy consumption residential building in nanan city, Fujian province · beautiful scenery home 1~8 building project; Adhering to the design concepts of constant temperature comfort, constant oxygen health, ecological livability, and returning to nature, building 22~39 and building 48, 49 of lanwan international in yangzhou city, jiangsu province are designed to create a comfortable and energy-saving living environment. Kunming changshui international airport terminal project and Beijing new airport project with convenient transportation, efficient energy and intelligent operation and management.

Two cases are selected green ecological city projects, including the first domestic implementation of pipe labeling program—Shanghai hongqiao CBD core area, and has the Chinese characteristic extremely the world horticultural exposition project of Beijing, China for example, introduced in detail in order to " low carbon", " big traffic", " best trade", " whole", " humanity" as the concept of development and construction and technical practice.

Due to the limited number of cases, this paper cannot fully demonstrate the essence of all green building technologies in China, so as to bring some facts and thoughts to readers through the introduction of typical cases.

1 厦门中航紫金广场 A、B 栋办公塔楼

1 Office Building A&B of Xiamen Zhonghang Zijin plaza

1.1 项 目 简 介

　　厦门中航紫金广场项目位于福建省厦门市思明区环岛东路与吕岭路交叉口西南侧，其中 A、B 栋办公塔楼由厦门紫金中航置业有限公司、中国航空技术厦门有限公司、福建紫金房地产开发有限公司投资建设，深圳奥意建筑工程设计有限公司设计，中建三局集团有限公司施工建设，中航物业管理有限公司运营管理，由深圳万都时代绿色建筑技术有限公司提供绿色建筑技术咨询服务，历时 7 年，A、B 栋办公塔楼于 2013 年 10 月获得绿色建筑三星级设计标识，2019 年 2 月获得三星级运行标识。

　　中航紫金广场项目为超高层综合体，属一类公共建筑，涵盖高端百货商场、餐饮、甲级写字楼、高端酒店等（图 6-1-1 ～ 图 6-1-3），建设总用地面积 41518.999m²，总建筑面积 325941.06m²，容积率 5.184，建筑密度 60%，绿地率 15%。其中的运营标识申报范围为 A、B 栋办公塔楼，申报总建筑面积 104865.31m²，其与集中商业裙房及酒店裙房的产权和管理运营均独立。2 栋塔

图 6-1-1　项目区位图

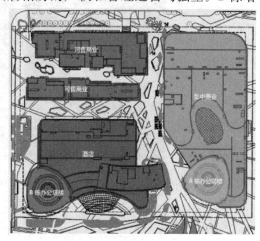

图 6-1-2　项目总平面图

图 6-1-3　项目实景图

楼建筑平面、机电设备系统设计上完全一致，共 41 层，建筑总高度 194.3m，6～14 层，16～27 层，29～41 层均为办公楼，15 层、28 层为避难层，兼作设备层。

1.2　主要技术措施

　　项目位于厦门市黄金海岸线会展北片区，在健康、舒适、安全、节约、品质、形象、高端上寻求绿色技术，以体现高端品质、地标形象、领先技术的定位，成为节能减排、绿色办公、环境友好的公共建筑示范工程，对厦门市及福建省的绿色建筑实践的开展和推进，将起到良好的引导示范作用（图 6-1-4）。

图 6-1-4　室外夜景照明实景图

1.2.1　节地与室外环境

　　项目距离高崎国际机场、鼓浪屿咫尺之遥，拥有绝佳海岸线和一流的城市绿化景观。地理位置优越，周边 500m 步行范围内有 7 个公共交通站点，7 条公交线路，公共交通及公共服务便利。裙房设置屋顶绿化，降低热岛效应及减少屋面雨水径流。节地主要的技术如下：

（1）光污染控制

外立面采用铝合金飘板设计，在起到节能外遮阳及减少室内外眩光污染的同时，可避免室外夜景照明的直射光射入空中。

（2）地下车库非机动车停车位

项目在地下室办公大堂入口，设置非机动车停车位，方便业主低碳出行（图6-1-5）。

图 6-1-5　地下室非机动车停车实景图

（3）屋顶绿化

项目在酒店裙房、集中商业裙房、可售商业街屋顶设有屋顶绿化（图 6-1-6，图 6-1-7），屋顶绿化面积约 9089.24m²，屋顶绿化面积比例达到 50.85%。

图 6-1-6　可售商业街屋顶绿化实景图　　图 6-1-7　酒店裙房屋顶花园实景图

1.2.2　节能与能源利用

项目通过采用高性能围护结构、高效空调设备系统，来降低全年建筑能耗。项目运营期间，同时注重充分利用自然通风和自然采光，提倡"部分时间、部分

空间"的室内环境控制节能技术,达到约束值能耗控制的目标。具体如下:

(1) 围护结构节能

玻璃幕墙采用断热铝合金+双银 L-E 中空玻璃,结合设置 326～747mm 宽及不同角度的铝合金飘板外遮阳,项目围护结构热工性能设计指标满足《公共建筑节能设计标准》GB 50189—2005 的规定,A、B 栋办公塔楼的建筑节能率分别为 53.27%、53.10%。

项目位于夏热冬暖地区,外窗太阳得热系数比现行国家标准《公共建筑节能设计标准》GB 50189—2015 的规定提高幅度为 20.42%～37.71%,A 塔楼和 B 塔楼设计建筑供暖空调全年负荷较参照建筑的降低幅度分别为 27.4% 和 27.11%。见表 6-1-1。

《绿色建筑评价标准》5.1.1 条、5.2.3 条、11.2.1 条
达标计算统计表 表 6-1-1

		A 塔楼设计建筑	A 塔楼参照建筑	A 塔楼提升比例	B 塔楼设计建筑	B 塔楼参照建筑	B 塔楼提升比例
体形系数		0.09	—		0.11	—	
窗墙比	东向	0.73	0.7	—	0.73	0.7	—
	南向	0.49	0.7		0.73	0.7	
	西向	0.65	0.7		0.73	0.7	
	北向	0.53	0.7		0.71	0.7	
屋面传热系数 $W/(m^2 \cdot K)$		0.8	0.8	0.00%	0.62	0.8	22.50%
外墙传热系数 $W/(m^2 \cdot K)$		0.88	1.5	41.33%	0.85	1.5	43.33%
外窗传热系数 $W/(m^2 \cdot K)$	东向	2.42	2.5	3.20%	2.4	2.5	4.00%
	南向	2.54	2.7	5.93%	2.4	2.5	4.00%
	西向	2.47	2.5	1.20%	2.4	2.5	4.00%
	北向	2.52	2.5	−0.80%	2.4	2.5	4.00%
外窗太阳得热系数	东向	0.165	0.22	25.00%	0.157	0.22	28.64%
	南向	0.226	0.35	35.43%	0.165	0.22	25.00%
	西向	0.191	0.24	20.42%	0.157	0.22	28.64%
	北向	0.218	0.35	37.71%	0.165	0.26	36.54%

注:以上参照建筑标准依据《公共建筑节能设计标准》GB 50189—2015。

(2) 空调系统节能

办公塔楼采用 2 台离心式冷水机组(制冷 COP=6.22)和 2 台螺杆式风冷热泵机组(制冷 COP=3.23,制热 COP=3.25)进行夏季供冷,同时利用热泵机

组兼作冬季供暖（图 6-1-8）；所有冷热源机组能效均达到国家 1 级以上能效标准，经 E-quest 能耗模拟分析，项目设计建筑全年供暖、通风与空调系统能耗较参照建筑的降低幅度达 17.62%。

办公楼空调新风采用转轮全热回收新风机组，且新、排风通道设置旁通管路，过渡季节直接引进室外新风，关闭冷冻水供水管阀门。空调冷热水系统均为末端变流量两管制系统，采用节能空调水泵，水泵效率在 80% 以上（图 6-1-9）。

图 6-1-8　办公塔楼冷冻站实景图　　图 6-1-9　裙房屋顶风冷热泵机组实景图

（3）运营能耗分析

项目于 2015 年 12 月竣工验收，2016 年 3 月开始投入使用。以 A 塔楼为例，2017 年 1～10 月，总的耗电量为 54kWh/m²（入住率 70%），1～12 月全年耗电量为 65kWh/m²；2018 年 1～10 月，总的耗电量为 66kWh/m²（入住率 85%），预计 2018 年全年耗电量指标约 80kWh/(m²·a)，满足《民用建筑能耗设计标准》GB/T 51161—2016 中 A 类商业办公建筑非供暖能耗指标的约束值标准。

图 6-1-10～图 6-1-12 为 A、B 栋办公塔楼运营耗电量对比分析图，其中耗电

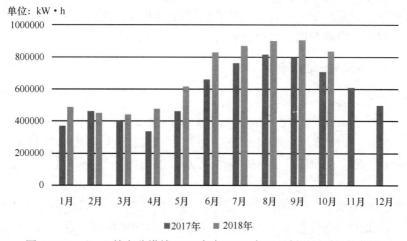

图 6-1-10　A、B 栋办公塔楼 2017 年与 2018 年逐月耗电量对比柱状图

单位：kW·h

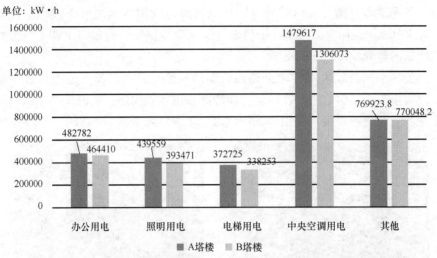

图 6-1-11　A、B栋办公塔楼 2018 年 1～10 月各分项耗电量对比柱状图

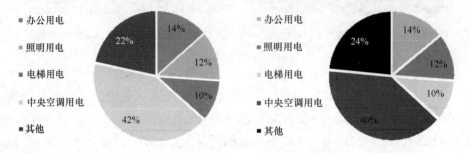

图 6-1-12　A、B栋办公塔楼用电构成及比例分布饼图

量最大的为中央空调，占比 40%～42%；其次为其他用电（包括：中航物业管理范围内的车库用电、给水污水泵用电、消防系统用电、弱电系统用电、物业管理用房用电、景观照明、广告灯箱等其他综合用电），占比 20%～22%；再往后是办公、照明、电梯耗电，占比分别为 14%、12%及 10%。

1.2.3　节水与水资源利用

（1）节水器具

所有卫生器具用水效率等级不低于 2 级性能要求，采用 3/6L 节水型马桶（图 6-1-13），3L/次感应小便斗（图 6-1-14），盥洗龙头采用 0.06L/s（3.7L/min）的非接触式自动感应龙头；其他用水，如车库和道路冲洗采用节水高压水枪。

（2）节水灌溉

绿化浇灌利用非传统水源，经水表计量后，沿雨水回用干管，采用喷灌进行浇灌（图 6-1-15，图 6-1-16）。

图 6-1-13 坐便器实景图　　　图 6-1-14 小便斗实景图

图 6-1-15 地面绿化喷灌装置实景图　　　图 6-1-16 屋顶绿化喷灌装置实景图

（3）雨水收集利用

收集集中商业裙房屋面雨水和屋顶花园雨水，通过虹吸式雨水收集系统收集至地下负一层 $100m^2$ 的雨水处理站（占地面积约 $110m^2$），经一级物化法（土工布、弃流井截污再经沉淀过滤消毒）处理后，回用于区内绿化浇灌、道路冲洗等杂用水（图 6-1-17），雨水全年实际使用量为 $1527m^3$。

图 6-1-17 雨水机房实景图

1.2.4 节材与材料资源利用

（1）钢结构体系及结构优化

A、B栋超高层办公建筑采用钢管混凝土框架—钢筋混凝土核心筒结构形式，柱子采用钢管混凝土柱，梁采用钢—混凝土组合梁，整体结构可节约混凝土量约4000m³，工期节约100天以上，且钢结构在工厂加工，减少了现场噪声污染，环保度提高（图6-1-18）。同时，项目设计阶段对地基基础、结构体系、结构构件进行优化设计，达到节材效果。项目采用的预制构件主要有钢管柱、柱内型钢、钢梁、压型钢板、轻质隔墙、铝合金飘板等，A、B栋办公塔楼预制构件用量比例达到13%。

图 6-1-18　钢管柱结构主体施工实景图

（2）土建装修一体化设计施工

A、B栋办公塔楼公共区域及办公室内均按土建装修一体化进行设计施工，在业主交付使用前，安装好网络架空地板、布置好风机盘管出风口、轻质隔墙抹灰，具备基本的办公条件，避免业主入住后进行大量的装修施工，带来材料的浪费（图6-1-19～图6-1-22）。

图 6-1-19　办公室内装修竣工后实景图　　图 6-1-20　七层物业室内办公场景图

图 6-1-21　公区办公大堂实景图　　　图 6-1-22　公区走廊、电梯厅实景图

（3）材料选用

本地材料：项目采购的 500km 范围内的本地材料有商品混凝土、钢筋、蒸压加气混凝土砌块、水泥、碎石等，本地材料使用比例 88.69%。

高强度钢筋：项目采用 HRB400 级钢筋总量为 6852.76 吨，地上总钢筋用量为 6687.52 吨，高强度钢筋占钢筋总量的比例为 97.59%。

可再循环和可再利用材料的使用：项目采用钢材、铝合金门窗型材、玻璃等可再循环材料，可再循环材料总重量为 24047.94 吨，建筑材料总重量为 136808.84 吨，可再循环材料比例达到 17.58%。

1.2.5　室内环境质量

项目在室内环境质量方面，打造健康、舒适、安全的办公环境，项目形体的三角形平面也创造了最大临海面视野，为企业提供高质量的海景办公，提升了物业价值最大化。

（1）健康：室内自然采光

办公塔楼采用全玻璃幕墙结构设计，平均采光系数和采光照度均满足标准要求，平均采光系数满足要求的比例为 96.08%（图 6-1-23）。

（2）舒适：室内隔声

办公室楼板为 120mm 钢筋混凝土＋130mm 架空网络地板，楼板撞击声声压

图 6-1-23　标准层办公室内自然采光模拟分析及采光实景图

级 53dB；主体幕墙采用双银 L-E 中空玻璃，计权隔声量＋交通噪声频谱修正量（Rw＋Ctr）30.9dB，室内背景噪声值经检测为 40.3～42.3dB，达到现行国家标准《民用建筑隔声设计规范》GB 50118 中的平均值要求。

（3）舒适：室内热环境

经 Airpark 气流组织模拟分析，结果显示模拟房间除外墙内表面附近，其他大部分区域的 PMV 值在 −0.5～0.5 范围内，满足国家标准《中等热环境 PMV 和 PPD 指数的测定及热舒适条件的规定》GB/T 18049 中 Ⅰ 级舒适度要求（图 6-1-24，图 6-1-25）。

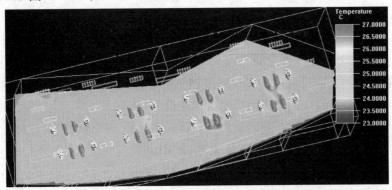

图 6-1-24　办公室内空气温度分布云图（Y＝0.9m 断面）

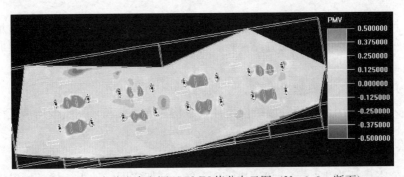

图 6-1-25　办公室内空调区 PMV 值分布云图（Y＝0.9m 断面）

同时，根据项目业主反馈意见调查结果，夏天室内的热舒适度适中，整体满意度较好。

（4）健康安全：室内空气质量监控

办公新风机组内设置初效和中效过滤段，分别为折叠式初效 G3 级、袋式中效 F7 级，提升新风空气质量。

在办公区域室内场所和办公大堂分别设置 CO_2 监控系统，实现室内 CO_2 浓度超标报警（图 6-1-26）。在地下车库安装 CO 监控系统，以控制送排风机的开关，达到既保证地下室空气清新度，又节约送排风机电能的目的。

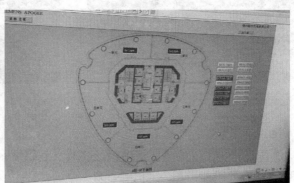

图 6-1-26　CO_2 监控安装探头、室内 CO_2 浓度监控实时结果显示

1.2.6　施工管理

项目实施绿色施工方案，从环境保护、节能、节水、节材四个方面进行绿色施工管理指导，于 2013 年 5 月获得了"第三批全国建筑业绿色施工示范工程"奖励（图 6-1-27）。

图 6-1-27　全国建筑业绿色施工示范工程标识牌照片

（1）施工废弃物管理

项目制定施工废弃物管理计划，施工所产生的固体废弃物主要包括废钢筋、蒸压加气混凝土砌块、废模板、混凝土、装饰装修材料等，其中通过卖出实现回收的为废钢筋、木材（图 6-1-28，图 6-1-29），施工废弃物回收比例 81.26%。

图 6-1-28　废钢筋收集池实景图　　　　图 6-1-29　废木模板装车卖出实景图

（2）施工节能、节水

施工过程中主要的节能措施包括：节水节能指标纳入施工承包合同、场区道路照明采用太阳能路灯（图 6-1-30）、临时生活区采用空气源热泵热水器（图 6-1-31）、采用节能型小型机具、楼层临时照明采用声控灯，并做好施工用电的记录。

图 6-1-30　场区道路太阳能路灯实景图　图 6-1-31　临时生活区空气源热泵热水器

施工节水措施包括：冲洗用水采用循环用水装置（雨水回收利用，图 6-1-32），生活用水单独计量，管网无渗漏；采用养护剂养护、覆盖养护的方式（图 6-1-33），节约养护用水，并做好施工用水记录。

图 6-1-32　出入口循环洗车台实景图　　　图 6-1-33　养护剂养护混凝土实景图

（3）资源节约

全部采用预拌混凝土，损耗率为 0.90％。现场加工钢筋损耗率为 1.12％，控制钢筋的浪费，节约材料。项目采用 JFYM150 型单侧液压爬模系统和电控液压附着式自爬升卸料平台（图 6-1-34）；塔楼核心筒采用爬模定型钢模施工（图 6-1-35），办公室内及走廊楼板为钢筋桁架楼承板，仅核心筒内的楼板为木模板，定型钢模施工比例达到 83.32％。

图 6-1-34　爬模系统施工实景图　　　　图 6-1-35　定型钢模施工实景图

1.2.7　运营管理

项目的物业运营管理单位为中航物业管理有限公司，具有 ISO 14001 环境管理体系认证、ISO 9001 质量管理体系认证；项目建立并严格实施各项运营管理制度，如《节能降耗管理规范》《绿化养护服务规范》《清洁服务规范》《环境消杀服务规范》《中央空调设施设备管理规范》《设备设施管理规范》《绿色设施使用手册》等，各设备设施的运营管理优良。

（1）污染物达标排放

餐厨垃圾每天定点定时及时清运，其余固体废物经地下室垃圾收集站收集后由环卫部门统一清运处置，项目运营期固体废物等不会对周边环境产生不利影响（图 6-1-36）。噪声防治：对裙房屋顶风冷热泵机组、冷却塔设备设置隔声棚进行隔声降噪，减少对周围居民的生活影响（图 6-1-37）。

图 6-1-36　餐厨垃圾及时清运实景图　　图 6-1-37　屋顶冷却塔隔声棚降噪实景图

（2）技术管理

设备设施管理系统：物业上线设备设施管理平台，具备系统管理、工单管理、巡检管理、抄表管理、人员管理、维保管理等功能（图 6.1-38）。

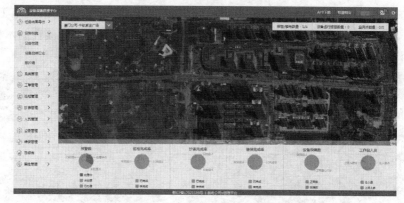

图 6-1-38　设备设施管理系统平台界面

智能化 BA 监控系统（图 6-1-39）包括：①建筑设备管理系统对以下机电设

图 6-1-39　智能化 BA 监控系统总页面

备进行监控：冷热源机组、空调机组、新风机组、通风系统、给排水、照明监控、电梯监控、电力监控等；②智能照明控制系统包括：各层走廊公共照明、地下车库照明、景观照明、泛光照明等；③对办公区域供冷供暖，采用时间型空调能量计费系统进行分户计量；④电表远传系统：对办公楼层用电电表进行远程管理。

1.3 实 施 效 果

项目通过采用高性能围护结构、高效的水冷集中空调系统、2 级节水器具及节水设备、雨水收集回用等绿色建筑技术，提高了节能节水效率。

其中，A、B 栋办公塔楼的建筑节能率分别为 53.27%、53.10%，围护结构年节约费用为 46.94 万元；排风热回收系统，年节省电费约 38.58 万元；选用 1级冷热源空调设备，年节约空调耗电约 37.05 万元；采用 LED 照明及智能控制，年节省电费约 93.18 万元。

节水方面，项目采用 2 级以上节水型器具，节水率可达 10% 以上，年节约自来水量约 13083.534m³/a，可节约自来水费约 41867.31 元（自来水价格按 3.2元/m³ 计算）；项目设置雨水站，收集屋面雨水，经处理消毒后回用于区内绿化浇灌、道路冲洗等杂用水，可节约水费约 4691 元/年。

1.4 成 本 增 量 分 析

项目节能节水共节约 220.41 元/年，单位面积增量成本 101.51 元/m²。项目总投资 44402.89 万元，绿色建筑技术总投资约 1064.44 万元，回收周期 4.8 年。见表 6-1-2。

增量成本统计   表 6-1-2

实现绿建采取的措施	单价	标准建筑采用的常规技术和产品	单价	应用量/面积	增量成本（万元）
土壤氡检测	150 元/点	无土壤氡检测	—	144 点	2.16
屋顶绿化	200 元/m²	不设屋顶绿化		9089.24m²	181.78
双银 L-E 中空玻璃幕墙	400 元/m²	满足当地最低节能要求	300 元/m²	45970.39m²	459.70
高效冷热源设备	15 元/m²	常规系统	11 元/m²	87150m²	34.86
排风热回收新风机组	5 元/m³	无排风热回收	—	408000m³	204.00
雨水收集、利用系统及管网	3000 元/m³	无	—	100m³	30.00

续表

实现绿建采取的措施	单价	标准建筑采用的常规技术和产品	单价	应用量/面积	增量成本（万元）
节水灌溉系统	40元/m²	人工漫灌	10元/m²	7978.54m²	23.94
室内空气质量监控系统	3000元/套	无空气质量监控系统	—	360套	108.00
其他运营检测费用	200000元/项	无	—	1项	20.00
合　计					1064.44

1.5　总　　结

项目因地制宜采用了资源节约、绿色低碳环保的办公设计理念，基于绿色建筑8个维度的关键技术的实施总结如下：

（1）低碳设计：便捷的公共交通、地下车库非机动车停车位、土建装修一体化设计与施工、结构优化及轻质灵活隔断、本地建材、施工废弃物减量、碳排放分析与计算、绿色施工与管理、绿色运营。

（2）能耗控制：高性能围护结构、1级高效空调设备、高效照明及控制、设备系统运行优化改进，达到《民用建筑能耗设计标准》GBT 51161—2016中A类商业办公建筑非供暖能耗指标的约束值标准。

（3）节水：2级节水器具、节水喷灌、雨水收集利用。

（4）被动式设计：围护结构铝合金飘板外遮阳、室内自然采光、室内自然通风。

（5）健康：室内自然采光、办公室内CO_2监控、集中新风系统＋F7级中效过滤装置。

（6）舒适：良好的室内背景噪声及围护结构隔声、室内Ⅰ级热湿环境。

（7）安全：办公室内CO_2监控、地下车库CO监控系统。

（8）运营：智能照明系统、智能化BA监控系统、设备设施管理系统等。

项目科学合理应用绿色技术，节约资源与能源，减少环境负荷，营造便利健康舒适的办公环境；绿色建筑三星级运行标识的获得，将推动绿色实践，打造绿色办公建筑标杆，为客户、业主提供更多的价值空间。

作者： 陆莎[1] 苏志刚[1] 许开冰[2] 刘显涛[3] 徐周权[3] 林娟[3]（1. 深圳万都时代绿色建筑技术有限公司；2. 厦门紫金中航置业有限公司；3. 中航物业管理有限公司）

2　苏州市太仓华府城市广场
2　Urban square of Tai cang Huafu in Suzhou

2.1　项　目　简　介

苏州市太仓华府城市广场位于江苏省太仓市，项目西边为太仓市规划局大楼，北侧穿过城市绿化是县府东路，东边和南边均为已建成的规划路，地理区域优势明显。项目周边分布着万达商业广场、商务办公楼群、市政府以及规划局等行政办公楼，北面规划有学校，且基地三面沿路，有着较好的商业、办公氛围和便利的交通条件。

该项目由太仓融和置业有限公司投资建设，苏州第一建筑集团有限公司设计。项目总用地面积 11508.40m²，总建筑面积 40155.85 m²，其中地下车库面积 7357.86m²，建筑高度 99.70m，建筑层数地上 24 层、地下 2 层（一层为夹层），整栋大楼一层为部分配套商铺，其余均为办公用房（图 6-2-1）。该项目于 2018 年 10 月获得三星级绿色建筑设计标识，目前正处于主体施工阶段。

图 6-2-1　效果图

2.2　主要技术措施

苏州市太仓华府城市广场项目以打造绿色环保、节能减排的办公建筑为设计理念，在充分考虑大型办公建筑用能特点和实际需求的基础上，通过综合运用光伏发电、雨水回用系统、室内环境优化等多项先进绿色建筑技术措施，打造三星级绿色建筑项目，营造绿色健康的低碳生态环境。

2.2.1　节地与室外环境

（1）屋面绿化

项目屋面采用屋顶绿化，屋面绿化总面积达到 $434m^2$，占屋面可绿化面积的 40.41%，主要植物有木槿、四季桂等。屋面绿化既能美化环境，还能改善局部小气候，调节温度和湿度，同时对隔音、屋面保温方面都有提升作用（图 6-2-2）。

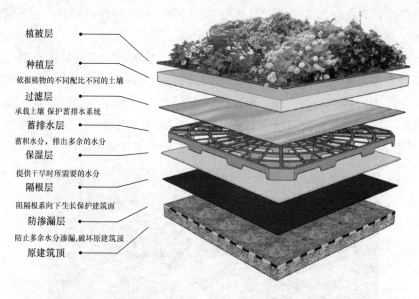

图 6-2-2　屋面绿化结构示意图

（2）雨水专项规划设计

项目在场地内设置植草沟、下凹式绿地等生态处理设施，不仅有利于修复城市水生态环境，为更多生物、植物提供栖息地，提供城市多样性，还带来综合生态环境效益，减少城市热岛效应，创造宜人的人居环境。具体包括以下几方面：

①　控制面源污染：下凹式绿地、植草沟等技术措施对雨水径流中的 SS、COD 等污染物具有良好的净化能力，对城市水污染控制和水环境保护具有重要意义。

②　建立绿色排水系统，保护原水文下垫面：植被浅沟等生态排水设施取代

雨水管网，下凹式绿地、透水铺装的应用，形成了较为生态化的绿色排水系统，有利于降低场地径流系数、恢复城市水文条件。

③ 提升景观效果：海绵设施的应用可改善传统景观系统的层次感及其对雨水的滞蓄，赋予绿地更好的生态功能。项目通过设置植草沟、下凹式绿地等生物滞留设施对场地进行雨水调蓄（图 6-2-3），项目有效调蓄容积达到 $231.01m^2$，场地年径流总量控制率达到 70% 以上。

图 6-2-3 下凹式绿地技术措施示意图

2.2.2 节能与能源利用

（1）围护结构节能设计，降低围护结构能耗

项目建筑围护构件的性能满足国家现行标准的要求。建筑物根据当地气候环境合理布局，有利于夏季室内的自然通风，利用场地自然条件，合理设计建筑体形、朝向、楼距以及窗墙面积比，使建筑获得良好的日照、通风和采光。项目按照《公共建筑节能设计标准》GB 50189—2015 甲类公建 65% 节能的标准设计，其中屋面采用 70 厚挤塑聚苯板（XPS）、外墙采用 30 厚发泡水泥板、外窗采用隔热金属多腔密封窗框（6 高透 low-E＋12 空气＋6 透明），有效降低了围护结构能耗及空调采暖能耗，经计算项目全年计算负荷相比参照建筑降低幅度达到 7.75%。

（2）能耗分项计量

项目对建筑能耗消耗中冷热源部分、输配系统部分和照明等部分能耗实现独立分项计量，以达到准确分析建筑能耗中，各个部分能耗所占比例，为降低建筑能耗提供重要的参考依据（图 6-2-4）。

（3）根据当地气候和自然资源条件，合理利用可再生能源

项目根据太仓当地的气候和自然资源条件，结合项目本身的需求，在屋面设置

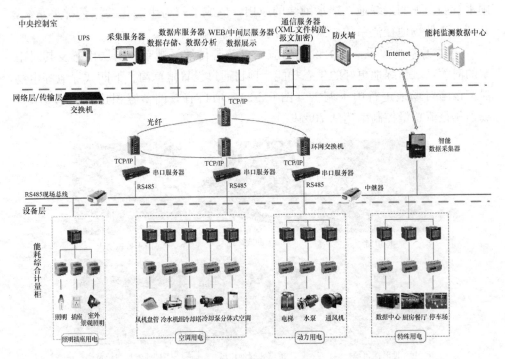

图 6-2-4 分项计量示意图

光伏发电板（图 6-2-5），光伏发电总功率 100kW，年发电量可以达到 112000kWh，占建筑年用电量的 3.64%。

图 6-2-5 太阳能光伏发电板效果图

2.2.3 节水与水资源利用

（1）雨水回收利用技术

雨水回收技术是指将雨水根据需求进行收集后，并经过对收集的雨水进行处理后达到符合设计使用标准，再对所收集的雨水加以利用，用于景观浇灌、冲洗道路、车辆等用途（图6-2-6）。

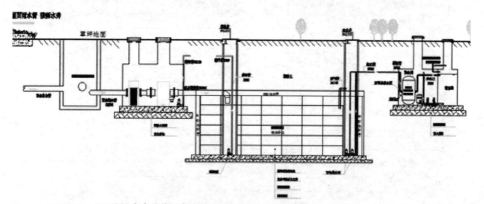

雨水井　XQ地埋式成品截污弃流装置　XQ雨水PP模块收集池　XQ地埋式一体化雨水处理及回用系统

图6-2-6　雨水收集系统工艺流程图

项目采用PP模块雨水收集系统，经计算用于绿化灌溉、道路地面冲洗年总雨水用水量为1218.52m²，非传统水源利用率达到8.88%。

（2）节水灌溉技术

项目绿化灌溉方式采用喷灌并设置土壤湿度感应器，灌溉水源接自小区雨水收集系统，喷灌相比传统漫灌方式节省水量50%以上（图6-2-7）。

图6-2-7　绿化喷灌效果图

（3）节水器具

项目所有卫生器具的用水效率等级达到一级（图6-2-8）。

具体等级指标为：①水嘴具体流量为0.098L/s；②坐便器用单档平均用水量为3.7L；③小便器冲洗水量为1.2L。

检 验 结 果 汇 总

序号	检测项目	标准值	检测结果	单项判定
1	出水量，L	≤3.0	1.2	合格
2	强度	在水压为（0.90±0.02）MPa条件下，阀体及各连接处应无变形、无渗漏	符合	合格
3	密封性	在水压为（0.05±0.01）MPa和（0.60±0.02）MPa的条件下，给水器具出水口处应无渗漏	符合	合格
4	小便器冲洗阀用水效率等级（1级），L	冲洗水量≤2.0	1.2	合格
5	便器冲洗阀节水评价值	便器冲洗阀的节水评价值为用水效率等级的2级	1级	合格
	（以下空白）			

图 6-2-8 节水器具部分检测报告

2.2.4 节材与材料资源利用

（1）土建工程与装修工程一体化设计

项目所有部位均采用土建工程与装修工程一体化设计，在土建设计时考虑装修设计需求，事先进行孔洞预留和装修面层固定件的预埋，避免在装修时对已有建筑构件打凿、穿孔。这样即可减少设计的反复，又可保证结构的安全，减少材料消耗，并降低装修成本（图 6-2-9）。

图 6-2-9 室内装修效果图

（2）室内空间灵活隔断

项目可变换功能的室内空间采用可重复使用的石膏板隔断（墙），如图 6-2-10 所示，实际采用的可重复使用隔断墙围和的建筑面积达到 16000m²，与建筑中可变换功能的室内空间面积的比达到 81.58%。

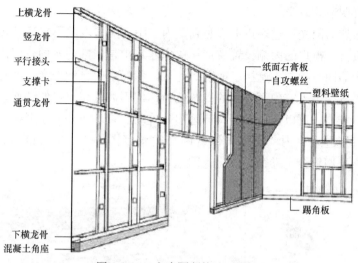

上横龙骨
竖龙骨
平行接头
支撑卡
通贯龙骨

纸面石膏板
自攻螺丝
塑料壁纸

踢角板

下横龙骨
混凝土角座

图 6-2-10　室内隔断构造示意图

（3）采用可再循环利用材料

根据建筑材料预算清单，通过分类统计，项目可再循环材料（钢材、铝合金、玻璃等）总重量达到 6271.35 吨，占所有建筑材料总质量的比例达到 10.05％。

2.2.5　室内环境质量

（1）主要功能房间的采光

项目通过优化建筑朝向，设置大面积外窗，充分利用自然光改善室内照明效果，不但可以减少照明用电，还可以营造出比人工照明系统更为健康和动态的室内环境。经过模拟计算，项目主要功能房间采光系数满足现行国家标准《建筑采光设计标准》GB 50033 要求的面积比例达到 88.15％（图 6-2-11）。

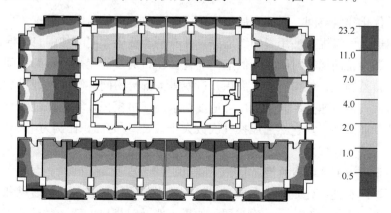

23.2
11.0
7.0
4.0
2.0
1.0
0.5

图 6-2-11　室采光模拟分析图

（2）可调节外遮阳

夏季强烈的阳光透过窗户玻璃照到室内会引起居住者的不舒适感，同时还会增大空调负荷。窗户的内侧设置窗帘在住宅建筑中是非常普遍的，但内窗帘在遮挡直射阳光的同时常常也遮挡了散射的光线，影响室内自然采光，而且内窗帘对减小由阳光直接进入室内而产生的空调负荷作用不大。在窗户的外面设置一种可调节的遮阳装置，可以根据需要调节遮阳装置的位置，防止夏季强烈的阳光透过窗户玻璃直接进入室内，提高居住者的舒适感（图 6-2-12）。项目东、南、西、北向外窗均采用铝合金卷帘一体化遮阳。

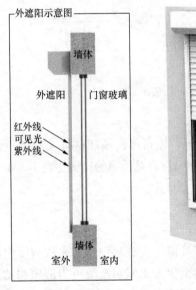

图 6-2-12 可调外遮阳效果图

（3）优化建筑空间、平面布局和构造设计，改善自然通风效果

自然通风可以提高使用者的舒适感，并有利于健康，同时加强自然通风还可以缩短空调设备的运行时间，降低空调能耗。项目通过优化平面布局和朝向使室内有利于自然通风，外窗有较大面积开口使得大部分房间能够通过迎风侧进风气流形成有效气流风速分布满足人体舒适度要求。通过模拟计算，在过渡季典型工况下主要功能房间平均自然通风换气次数大于 2 次/h 的面积比例为 100%，通风状况良好（图 6-2-13）。

（4）地下室 CO 浓度监控

地下车库和地上建筑相比，处于封闭或者半封闭的状态，自然通风和采光很少，且内部有大量汽车出入，汽车尾气如果不能及时排出，就会对进入车库的人员身体健康造成危害。因此，为了保证车库内的良好的空气质量，项目在地下车

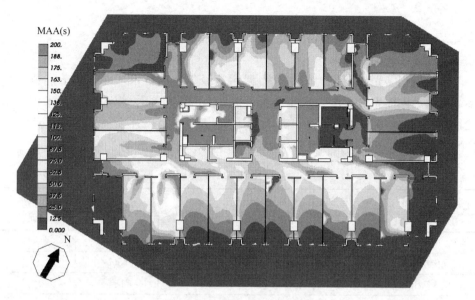

图 6-2-13　过渡季空气龄云图

库中设置 CO 浓度监控装置且与排风设备联动，以保证地下车库空气质量安全（图 6-2-14）。

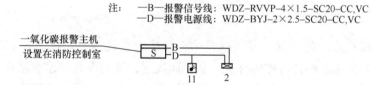

注：—B—报警信号线：WDZ–RVVP–4×1.5–SC20–CC,VC
　　—D—报警电源线：WDZ–BYJ–2×2.5–SC20–CC,VC

S	一氧化碳报警主机	设置在消防控制室
	一氧化碳探测器	距地0.5m
⊠	风机控制箱	暖通专业定

图 6-2-14　CO浓度监控系统图

2.3　实　施　效　果

通过综合运用多项绿色建筑技术措施，项目透水铺装面积比达到 56.54%、建筑节能率 65%、可再生能源提供的电量比例为 3.64%、非传统水源利用率达到 8.88%、可再利用和可再循环材料利用率 10.05%。在节地、节能、节水和节材方面均有显著效果。

347

2.4 成本增量分析

项目应用了光伏发电、雨水收集回用等绿色建筑技术，提高了节能节水效率。其中太阳能光伏发电技术年节约电能 112000kW·h，雨水回用技术年节水 1218.52m³，共节约 15 元/年，单位面积增量成本 41.51 元/m²。项目总投资 12000 万元，绿色建筑技术总投资 166.70 万元，成本回收期 12 年。见表 6-2-1。

增量成本统计 表 6-2-1

实现绿建采取的措施	单价（元）	标准建筑采用的常规技术和产品	单价	应用量/面积	增量成本（万元）
屋面绿化	80	无	—	434m²	3.47
光伏发电系统	1500	无	—	1500m²	90
雨水回用系统	400000	无	—	1套	40
喷灌系统	80	无	—	4027.94m²	32.22
合计					166.70

2.5 总 结

项目是以打造绿色环保、节能减排的办公楼为设计理念，以用户需求为导向，以安全、适用、经济等作为标准，从平面规划、景观配置、建筑结构、功能配套、建筑质量到项目建设的全过程，引用绿色、生态、环保、可持续发展等新理念，并采用先进成熟的新技术进行施工，主要技术措施总结如下：

（1）屋面绿化；

（2）雨水专项设计；

（3）围护结构 65% 节能；

（4）能耗分项计量；

（5）太阳能光伏发电技术；

（6）雨水收集回用技术、绿化喷灌；

（7）高效的节水器具；

（8）优化建筑空间、平面布局和构造设计，改善自然通风和采光；

（9）土建与装修一体化设计；

（10）地下室 CO 监控。

项目通过利用以上多项节地、节能、节水、节材和室内环境优化技术的手段实现低成本绿色建筑技术的集成运用，有效地节约大量能源，项目运营期间每年可节约大量成本，具有良好的经济效益。对今后绿色建筑技术的大量推广具有一定的参考借鉴意义。

作者：汪峰（苏州铭途建设项目管理有限公司）

3 福建省南安市中节能·美景家园1~8号楼
3 Fujian Nan'an "Mei Jing Jia Yuan" Residential Building 1-8

3.1 项 目 简 介

福建省南安市中节能·美景家园（北山节能示范项目）1~8号楼项目位于福建省南安市溪美街道彭美社区，城六路东北侧，环城西路西北侧。由福建中节能泉城投资有限公司投资建设，厦门合道工程设计集团有限公司设计，泉州中泰曼科维尔物业管理有限公司运营，总占地面积 5.15 万 m^2，总建筑面积 14.25 万 m^2（图 6-3-1）。项目于 2013 年 11 月获得了绿色建筑设计标识认证，2018 年 12 月获得绿色建筑运行标识二星级。项目主要功能为住宅，8 栋 22~25 层建筑，建筑高度为 56~90m。

绿色建筑
申报范围

图 6-3-1 鸟瞰效果图及实景图

3.2 主 要 技 术 措 施

项目整体建设以"绿色节能、低碳、低能耗"为主题，其中高层住宅建筑以二星级绿色住宅小区和低能耗示范进行设计，结合当地气候，合理选择示范节能技术，强调建筑技术的本土化，全面系统地运用人居科技，将绿色技术与生态技术融入居住建筑设计中。项目在施工阶段，从"四节一环保"出发，将绿色建筑技术实施落地。在运营阶段，实现全寿命周期、全循环绿色运营。

3.2.1　节地与室外环境

（1）用地指标

1～8号楼总户数708户，居住人数达到2266人，居住用地面积31972m^2，人均居住用地指标限值为14.11m^2/人，满足高层建筑14.33m^2/人的要求。

（2）住区公共服务设施

项目周边配套服务设施齐全，有幼儿园、城关小学、聊城中学、南安市医院、体育活动中心、邮政、银行等，住区内部配置商业、物业管理用房、居委会、社区警卫室、垃圾收集点等（图6-3-2）。

图6-3-2　配套服务设施图

（3）出入口与公共交通

项目设置有4个出入口和3个车库出入口，人流和车流互不干扰（图6-3-3）。

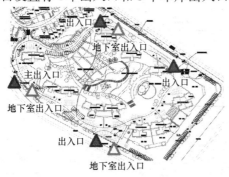

图6-3-3　住区周边出入口及公交站点图

周边步行 500m 范围的公交站点有环西站、800m 范围内有新华南路站，有 11 路、22 路、27 路公交车经过，方便居民出行。

（4）景观绿化

景观植物配植以乡土植物为主，乔木主要包括盆架子、蓝花楹、香樟、羊蹄甲、杜英、高山榕、美人树、重阳木、黄花槐等；灌木主要包括四季桂、老人英、非洲茉莉球、青枫鸡爪槭、金叶垂榕柱、杜鹃球等；地被类主要为八角金盘、花叶假连翘、金叶假连翘、红背桂、毛杜鹃等（图 6-3-4）。木本植物种类为 50 种，乔木总株数为 852 株，平均每 100m² 绿地面积上的乔木数为 4.3 株。

图 6-3-4　室外绿化图

（5）地下空间利用

合理开发利用地下空间，地下空间为发电机房、设备间、停车场等。地下建筑面积为 33896.9m²，地上建筑面积 89312.27m²，地下建筑面积与地上建筑面积之比为 37.95％。

（6）室外声环境

项目建筑北侧临山，其他三侧为交通道路，无交通主干道，周边均为居民区，经监测，场界噪声满足 1 类标准的要求，监测结果如表 6-3-1 所示。

厂界噪声监测结果　　　　　　　　　　　表 6-3-1

序号	监测点	环境噪声标准值（dB（A））		环境噪声测试值（dB）	
		昼间	夜间	昼间	夜间
1	东北侧	55	45	53.3	43.8
2	西北侧	55	45	52.9	43.4
3	西南侧	55	45	54.6	44.3
4	东南侧	55	45	54.3	44.2

3.2.2　节能与能源利用

（1）建筑节能设计

项目执行《福建省居住建筑节能设计标准实施细则》DBJ 13—62—2004 标

准，通过外墙、门窗设计、屋顶等建筑围护结构的节能设计，经过对热工性能的权衡计算，项目所有建筑均满足并优于规定性节能要求。项目位于夏热冬暖地区南区，冬季不采暖，无采暖能耗。

2～8 号楼外墙采用加气混凝土砌块（B07 级）（200.0mm），传热系数为 1.54W/(m²·K)，热惰性为 2.94；屋面采用 25mm 挤塑聚苯板＋100 mm 钢筋混凝土，传热系数为 0.97W/(m²·K)，热惰性为 2.64；外窗均采用非隔热金属型材中空玻璃内置百叶窗（6＋19A＋6）（除带阳台的客厅推拉门及楼梯间、电梯厅、门厅等），遮阳系数 0.2。

1 号楼为被动式建筑，围护结构比 2～8 号楼更为优越，外墙采用加气混凝土砌块（B07 级）（200.0mm）＋聚苯板（100.0mm），传热系数为 0.39W/(m²·K)，热惰性为 3.63；屋面采用 100mm 挤塑聚苯板＋100mm 钢筋混凝土，传热系数为 0.33W/(m²·K)，热惰性为 2.88；外窗采用塑钢框窗外百叶 LOW-E 中空玻璃（5mm＋6A＋5mm＋0.15V＋5mm），遮阳系数 0.2。

（2）高效能设备和系统

1 号被动式住宅户内采用户式带新风热泵热回收冷暖空调节能机，室外新风经全空气机组处理后与室内回风混合后送至各个房间（图 6-3-5）。空调节能机的能效比为 4.6，达到《单元式空气调节机能效限定值及能源效率等级》中 2 级能效比的要求；2～8 号居民住宅的制冷方式采用分体空调单独制冷，未设置中央空调集中制冷设施。

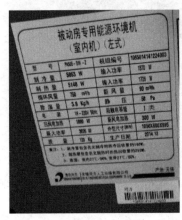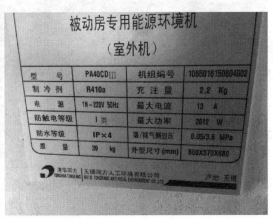

图 6-3-5　被动房空调机组图

（3）节能高效照明

项目照明光源按平面功能分别选择三基色、高光效 T8 细管径直管荧光灯和 LED 指示灯，设计在满足灯具最低允许安装高度及美观要求的前提下，尽可能降低灯具的安装高度，以节约电能。

（4）照明控制设计

楼梯间、走道等公共场所的照明控制采用节能自熄开关，应急照明灯具有应急时自动点亮的措施；门厅、大堂、地下车库采用分区控制，现场设置控制面板，根据需要分区控制。

（5）太阳能热水

项目为泉州市可再生能源建筑应用示范项目：1 号楼采用集中分散式真空管太阳能热水系统，集热器集中放置在屋顶，共布置 102m²，每户布置 100L 的水箱。2～8 号高层住宅部分采用阳台壁挂式平板太阳能热水系统（图 6-3-6），该系统在每户阳台布置 2.4m² 的平板集热器，布置 100L 水箱。户数安装比例为 100%。每年节约的费用为 24.89 万元。

图 6-3-6 太阳能热水现场图

3.2.3 节水与水资源利用

（1）水系统规划设计

给水系统：本工程水源为城市自来水供给，由一路市政给水管网设 DN150 管道引入区内供水，并在区内形成环状供水管网。给水竖向分为三区，高区采用变频泵组加压供水。

排水系统：采用雨、污分流排水体系。雨水收集处理系统：收集屋面雨水，经处理后用于室外绿化灌溉和道路浇洒等，每年雨水用水为 3951.56m³，场地年总用水量为 113127.45m³，非传统水源利用率达到 3.5%。

（2）避免管网漏损措施

项目采用恒压变频气压给水的供水方式，并通过合理分区及设置支管减压阀控制给水入户支管压力不大于 0.2MPa，避免管网漏损（图 6-3-7）。

（3）节水灌溉

项目主要采用喷灌的节水灌溉方式，由回收处理达标后的雨水作为水源，喷灌喷头采用地埋式旋转－6000喷头，有效射程6.0m（图6-3-8）。

图6-3-7 减压阀现场图

图6-3-8 节水灌溉现场图

（4）雨水处理系统

项目采用雨水收集处理系统，主要收集屋面雨水，设置了150m³的雨水池，采用了沉淀、石英砂过滤、过流式紫外线消毒的处理工艺，确保了水体的清澈与安全（图6-3-9）。当雨水不足时，由市政给水补给。

3.2.4 节材与材料资源利用

（1）高强度钢的使用

1~8号楼钢筋混凝土主体结构

图6-3-9 雨水收集系统

HRB400级钢筋作为主筋的用量为9493.36t，主筋用量9782t，HRB400级（或以上）钢筋作为主筋的比例为97.05%，超过70%。

（2）可循环材料的使用

项目的可再循环材料包括钢材、铝合金型材、门窗玻璃和木材，建筑材料总重量为115212.61t，可再循环材料重量为11979.57t，可再循环材料使用重量占所用建筑材料总重量的10.4%。

（3）废弃物为原料建材

项目采用了三种砌块，为蒸压粉煤灰砖（粉煤灰掺量90%）、蒸压加气混凝土砌块（70%为工业废渣-石粉）、蒸压粉煤灰多孔砖（粉煤灰掺量90%），均为以废弃物为原料生产的建筑材料，占同类建材的比例为100％。

3.2.5 室内环境质量

（1）改善室内自然采光

项目在4号、5号和6号楼之间设置12套直径为900mm的导光筒（图6-3-10），改善了地下一层采光面积约为1298.02 m^2，改善地下空间10.39％的面积。

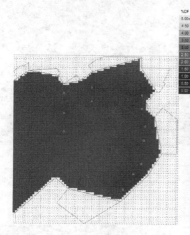

图 6-3-10 导光筒

（2）窗式通风器改善室内自然通风

各户型建筑立面的通风口位置分布均匀，能够有效地组织室内自然通风。

在客厅的外窗上部安装有窗式通风器，在增强室内自然通风的条件下，也为室内获得了安静的环境（图6-3-11）。

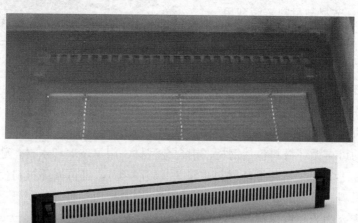

图 6-3-11 窗式通风器

（3）活动外遮阳

为了充分降低建筑能耗，采用综合可调节外遮阳形式（图 6-3-12），在东、西、南向（除带阳台的客厅推拉门）采用中空玻璃内置百叶窗（6＋19A＋6）；带阳台的客厅、阳台起固定遮阳作用＋窗帘；经计算可控遮阳的面积比达到 81.42％。有效减低了室内空调能耗。

图 6-3-12　活动外遮阳现场图

（4）室内空气品质检测

在运营阶段，对项目的室内空气质量进行检测，室内的氡、氨、甲醛、苯、TVOC 的浓度均满足要求。

（5）建筑隔声品质检测

在运营阶段，对项目的隔墙、楼板的隔声性能进行检测，外墙、楼板、分户墙的隔声均满足中间值要求。

3.2.6　施工管理

（1）绿色施工管理及目标

施工单位在建设之初，编制了施工组织文件，明确了组织机构及岗位职责，在施工过程中实时监控，做好绿色施工。

项目于 2014 年度获得"市标准化示范工地"称号，2015 年获得"泉州市优质工程"奖（图 6-3-13）。

图 6-3-13　施工奖项

（2）绿色施工——环境保护

项目施工过程中，采用低噪声的设备，并采取减震降噪措施，对施工噪声进行监测，满足要求；在光污染控制中，避免夜间施工，必须进行夜间施工的，注意避免灯光照射到周边居民楼中；现场施工垃圾进行分类摆放和定期清运，并进行有效的回收利用；施工过程的排水，不定期进行排水污染检测，酸碱度满足要求（图 6-3-14）。

图 6-3-14 控制扬尘照片

（3）绿色施工——废弃物管理

项目主要对废钢筋、模板、水泥袋、电线电缆等进行回收（图 6-3-15），经核算，可回收施工废弃物的回收率为 82.36％，每 10000m² 建筑面积施工固体废弃物排放量 35.71t。

图 6-3-15 废弃物收集照片

（4）节约施工用能用水

施工中采用节能施工设备；定期进行用电量核算和对比分析，统计得到整个项目用电量为 644411 度，单位建筑面积为 4.52kWh/m²。生活区收集生活用水及雨水用于厕所冲洗，每月可节省 10％生活用水。整个施工过程中，统计得到整个项目用水量为 40699 吨，单位建筑面积为 0.29t/m²（图 6-3-16）。

图 6-3-16　施工过程节电节水照片

（5）降低施工损耗

在施工现场，通过合理的工序安排等措施，减少混凝土及钢筋的损耗，经施工过程中材料统计，预拌混凝土损耗率0.93%，钢筋损耗率1.12%。

（6）工具定型模板增加周转次数

项目的铝模工程主要使用在二层以上的标准层，主要使用部位为梁、楼面、剪力墙、楼梯，铝模板，全部采用定型设计，工厂生产制作，由于现场没有制作加工工序，减少施工噪声，节能环保，铝合金模板较钢模板轻，采用快装拆体系，构件搬动轻便灵活，大大减少人工用量，便于施工管理。工具式定型模板使用面积占模板工程总面积的比例达70.86%。

3.2.7　运营管理

（1）垃圾分类示范

项目在2016～2017年运营期间，由项目物业公司安排专人进行垃圾分类收集。2017年底，被厦门市爱家物联公司抽选为泉州市唯一的一个垃圾分类示范小区。爱家物联在小区的4号楼和8号楼分别设置了环保屋（图6-3-17），设置

图 6-3-17　环保屋现场照片

专人维护，进行垃圾的分类示范。

（2）绿色教育宣传

在项目运营初期，建研院对物业人员进行了交底和培训，对物业运营过程中需要制定的管理制度和运营数据记录进行了指导。编制了绿色行为和绿色设施宣传手册，对居民及物业人员宣传绿色理念及设施使用情况（图 6-3-18）。

图 6-3-18　绿色教育宣传

（3）绿化维护

为保障人身健康，保护生态环境，绿化养护交由第三方单位管理和维护，定期进行绿化维护和病虫害的防治（图 6-3-19）。

图 6-3-19　绿化养护照片

（4）智能化系统

项目弱电系统设计包括：火灾自动报警系统、有线电视、宽带及电信、安防对讲系统、可视对讲配管系统、车辆出入与停车管理系统、紧急广播与背景音乐系统（图 6-3-20）。

图 6-3-20　智能化现场照片

3.3　实　施　效　果

项目通过围护结构和百叶窗遮阳优化设计，降低空调能耗，节能率达 55.82%，比《福建省居住建筑节能设计标准实施细则》DBJ 13—62—2004 的要求降低 20%左右。

采用太阳能热水系统全覆盖，减低热水能耗，太阳能安装户数 708 户，可再生能源利用比例 100%，每年节约的费用为 24.89 万元。

安装导光筒 12 个，改善地下空间 10.39%的面积，降低了地下车库的照明能耗，每年节煤量约为 2.8 kgce/m²，减少了二氧化碳减排量，对保护环境具有一定的经济效益。

根据物业单位记录的用水数据（2016 年 11 月~2017 年 10 月），住户年总用水量为 42839 吨，人均用水量为 59.6 L/人·d。根据《民用建筑节水设计标准》GB 50555，Ⅲ类住宅二区大城市节水用水定额为 80~130 L/人·d，实际用水量低于该定额中低限值要求。

雨水收集系统节约了自来水消耗，年雨水的利用量为 2402m³，非传统水源利用率 5.23%。

运营期间对室内污染物进行检测，检测结果如表 6-3-2 所示。

检测结果统计　　　　　　　　　　　表 6-3-2

房间类型	氨（mg/m³）	氡（Bq/m³）	甲醛（mg/m³）	苯（mg/m³）	TVOC
客厅	0.10	300	0.09	0.09	0.50
标准要求	0.20	400	0.10	0.11	0.60
达标情况	√	√	√	√	√

3.4　成　本　增　量　分　析

项目应用了活动外遮阳、太阳能热水、雨水收集等绿色建筑技术，降低了建筑能耗水耗。其中太阳能热水技术年节热量为 4246754.27MJ，每年节约的费用为 24.89 万元。导光筒技术年节约照明能耗 7106kWh，节约费用 3197 元。

雨水收集系统，节约自来水用量 2402m³/a，节约费用 5764.8 元。

年共节约 257861.8 元/年，单位面积增量成本 48.84 元/m²。

项目总投资 20859.43 万元，绿色建筑技术总投资 695.94 万元，成本回收期 26 年。见表 6-3-3。

增量成本统计　　　　　　　　　　　　表 6-3-3

实现绿建采取的措施	单价	标准建筑采用的常规技术和产品	单价	应用量/面积	增量成本（万元）
土壤氡检测	50 元/点	无	—	852 点	4.26
提高绿地率	10 元/m²	10110m²	8 元/m²	12064.6m²	3.98
中空百叶玻璃	300 元/m²	无	—	13222.2m²	396.67
太阳能热水系统	2500 元/m²	电加热	2500 元/户	1699.2m²	247.80
导光筒	6000 元/套	无	—	12 套	7.20
雨水收集系统	30 万元/套	无	—	1 套	30.00
节水灌溉	5 元/m²	无	—	12064.6m²	6.03
合　　计					695.94

3.5 总　结

项目因地制宜采用了"绿色节能、低碳、低能耗"设计理念，主要技术措施总结如下：

（1）围护结构

项目属于夏热冬暖地区南区，按照《福建省居住建筑节能设计标准实施细则》DBJ 13—62—2004 进行节能住宅区的设计，主要解决了围护结构的隔热问题。外墙及屋面：项目 2～8 号楼外墙采用加气混凝土砌块（B07 级）（200.0mm），传热系数为 1.54W/(m²·K)，热惰性为 2.94；屋面采用 25mm 挤塑聚苯板＋100mm 钢筋混凝土，传热系数为 0.97W/(m²·K)，热惰性为 2.64。1 号楼为被动式建筑，围护结构比 2～8 号楼更为优越，外墙采用加气混凝土砌块（B07 级）（200.0mm）＋聚苯板（100.0mm），传热系数为 0.39W/(m²·K)，热惰性为 3.63；屋面采用 100mm 挤塑聚苯板＋100mm 钢筋混凝土，传热系数为 0.33W/(m²·K)，热惰性为 2.88。

外窗及遮阳：项目外窗采用百叶活动外遮阳，2～8 号外窗均采用非隔热金属型材中空玻璃内置百叶窗（6＋19A＋6）（除带阳台的客厅推拉门及楼梯间、电梯厅、门厅等），遮阳系数 0.2。1 号楼外窗采用塑钢框窗外百叶 LOW-E 中空玻璃（5mm＋6A＋5mm＋0.15V＋5mm），遮阳系数 0.2。

（2）太阳能热水系统

项目高层住宅部分采用阳台壁挂式太阳能热水系统，该系统在每户阳台布置 2.4m² 的 U 形管集热器，布置 100L 水箱，太阳能热媒管采用 DN15 不锈钢波纹管连接，橡塑保温厚度 20mm。高层规划总户数为 708 户，全部采用太阳能热水系统。

（3）雨水处理系统

项目采用雨水收集处理系统，主要收集屋面雨水，经过沉淀、石英砂过滤、过流式紫外线消毒等过程后，用于室外绿化灌溉和道路浇洒。当雨水不足时，绿化及道路浇洒用水由市政给水供给，经计算项目采用雨水处理系统后，非传统水源利用率达到 5.23%。

（4）导光筒

项目在地下车库设置 12 套直径为 900mm 的导光筒，减少白天地下车库的照明用电。改善地下空间 10.39% 的面积。

（5）窗式通风器

2～8 号楼每户客厅安装一套窗式通风器，通风器长度按照窗户宽度进行设计；1 号楼设置 CO_2 监控系统，新风机组内安装 CO_2 监控探头，用于控制新风量，保证室内空气品质。

项目被福建省人民政府列为 2012 年度省重点项目，其中高层住宅建筑以二星级绿色住宅小区标准进行绿色建筑设计，提高产品的舒适度，营造健康、安全、便利的居住空间。

作者：张国永[1] 贺芳[2] 王雯翡[2] 胡晓辰[2] 张艳芳[2]（1. 福建中节能泉城投资有限公司；2. 中国建筑科学研究院天津分院）

4 江苏省扬州市蓝湾国际
22～39、48、49 号楼

4 Building 22-39，48，49，Lanwan International Projece in Yangzhou

4.1 项 目 简 介

江苏省扬州市蓝湾国际 22～39、48、49 号楼项目位于扬州市邗江区兴城西路与真州中路交叉口西南角，西侧为站南路，南侧为栖祥路。项目由恒通建设集团有限公司投资建设，江苏筑森建筑设计有限公司设计，江苏恒通不动产物业服务有限公司运营。项目总占地面积 24945.8m²，总建筑面积 153650.63m²。项目于 2016 年获得绿色建筑设计标识三星级，2018 年 09 月获得绿色建筑运行标识三星级（图 6-4-1）。

图 6-4-1 项目运行标识证书

项目主要功能为居住建筑，主要由 13 栋多层、5 栋中高层以及 2 栋高层建筑构成为花园式科技节能住宅小区，效果图如图 6-4-2 所示。

项目范围

图 6-4-2　效果图

4.2　主要技术措施

项目采取恒温舒适、恒氧健康、生态宜居、回归自然的设计理念，具有人车分流系统、保温节能系统、地源热泵系统、同层排水系统等绿色技术，将项目打造为节能低碳的示范性项目，为住户提供一个舒适节能的居住环境，打造精品绿色建筑三星级。

4.2.1　节地与室外环境

（1）土地利用与室外环境

项目方案基于对社区规划和用地条件的深刻解析，以"尊重环境，节约用地"为宗旨，建设一座融合自然、生态、科技、生活、品质的理想家园。

申报所在 A 地块内总户数为 1632 户，总用地面积为 113390m^2，人均居住用地指标为 21.71m^2/人，人均公共绿地面积 2.11m^2/人。合理开发地下空间，地下部分主要用于机动车库、非机动车库、地源热泵机房、配电房等，地下建筑面积与地上建筑面积的比率为 43.3％。

项目在规划前期经过日照模拟、风环境模拟等模拟分析和专项优化，营造出良好的室外环境（图 6-4-3，图 6-4-4）。

2018 年 6 月对场地声环境和室外空气质量进行检测（图 6-4-5）。其中小区周围声环境满足《声环境质量标准》GB 3096—2008 中 1 类声环境功能区的规定，场地北侧噪声值最大，昼间为 53.8dB，夜间为 42.2dB；室外 SO_2、CO、NO_2、可吸入颗粒物 PM10 浓度等参数均满足标准要求。

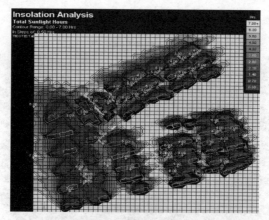

图 6-4-3 日照分析图

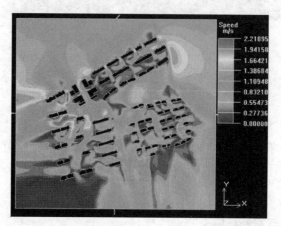

图 6-4-4 冬季 1.5m 处风速云图

序号	测点位置	标准要求dB(A)		实测等效声级 L_{eq} dB(A)		测点判定
		昼	夜	昼	夜	
1	室外测点1	≤55	≤45	53.8	42.2	合格
2	室外测点2	≤55	≤45	51.6	40.3	合格
3	室外测点3	≤55	≤45	53.6	41.8	合格
4	室外测点4	≤55	≤45	52.1	41.2	合格

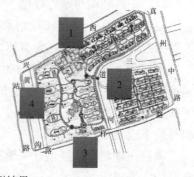

图 6-4-5 场地声环境检测结果

（2）交通设施和公共服务

项目实施人车分流，所有车辆自场地入口进入地下车库，采用远距离蓝牙识别系统，可实现快速无停留通车（图 6-4-6）。同时设置无障碍非机动车地下入

图 6-4-6　人车分流系统

口，方便非机动车进入地下，可遮阳挡雨。

　　地面无车辆，最大化扩大小区绿化面积，创造优雅、宜人的景观环境，植被生长旺盛，空气质量得到改善，降低住区热岛效应。老人可安心散步，孩童可自由奔跑，远离地面车流、尾气和噪音。

　　项目周围步行 500m 范围内有三处公交站点，分别为兴城西路站、文汇苑 a 区东门站和真州中路站，途经公交车路线为 22 路、86 路、38 路、73 路（图 6-4-7）。

图中编号	站点名称	距离(m)	途径公交线路
1	兴城西路	100	22/38/73/86
2	师姑塔体育公园	320	38
3	文汇苑A区东门	400	22
4	真州中路	550	61/86
5	兴城西路博物馆路	620	22/38/61
6	悦来路	730	61/72
8	文汇苑A区	530	73/86

图 6-4-7　住区周边出入口及公交站点图

　　项目在小区内部设有老人、家庭、儿童活动广场以及运动场地，可以满足社区居民的日常运动休闲需求。场地北侧 50 号楼为商业用房、物管服务用房、社区活动用房等，不仅可以满足该区域居民的活动需求，也可辐射至周边地区给其他居民带来方便，实现小区综合业态和配套设置对外共享。

　　场地周边 800m 范围内有邗江实验学校蒋王校区、欣欣益智园、文汇苑社区卫生站，方便居民教育和就医。

　　（3）场地生态和科学绿化

　　室外景观采用乔灌草相结合的复层绿化形式，注重落叶、常绿乔木与灌木的合理搭配，以形成丰富多彩的植物景观（图 6-4-8）。主要植物包括：香樟、桂花、山茶、紫叶李、金边黄杨球、红花继木球、红叶石楠球等。绿地中乔木的数

图 6-4-8 场地景观绿化图

量 2641 株，平均每 100m² 绿地面积上的乔木数为 6.6 株。

4.2.2 节能与能源利用

（1）建筑节能设计

蓝湾国际住宅小区外围护结构的节能率达到 65％，各楼栋建筑全年的全年计算负荷相比现行《夏热冬冷地区居住建筑节能设计标准》JGJ 134 降低幅度达到 15％。具体围护结构做法如下：

外墙：采用 40mm 聚氨酯（外墙外保温）＋加气混凝土砌块（B06 级）200mm＋水泥砂浆 20mm；屋顶：细石混凝土（双向配筋）40mm＋水泥砂浆 20mm＋聚氨酯（屋面保温）55mm＋水泥砂浆 20mm＋炉渣混凝土（$\rho = 1300$）20mm＋钢筋混凝土 120mm；外窗：选用 Low-E 中空玻璃隔热铝合金窗。同时住区各建筑东、南、西向设置活动外遮阳（图 6-4-9）。项目供暖空调全年计算负荷降低幅度达到 15％，项目通过加强住宅建筑围护结构节能设计，实现生态住宅，有利于改善建筑热环境的质量，降低住房使用成本。

图 6-4-9 项目活动外遮阳现场图

（2）供暖、通风及空调

蓝湾国际项目设置 5 台地源热泵机组，满足住户供冷供热以及全年 24h 热水需求。住户夏季采用风机盘管系统供冷，冬季采用地板辐射系统供暖，地源热泵系统全年可为住户提供舒适环境，被中国建设报誉为"南方采暖第一家"。

项目采用高性能的地源热泵机组，热泵机组 COP 最低为 5.95，机组能效指标相比现行《公共建筑节能设计标准》GB 50189 标准值提升幅度满足 6% 要求。系统地源侧和空调侧均为变频水泵，同时采用设备自动控制系统，能够监测系统的各项指标，实现机房的自动控制，保证系统的正常运行。住户末端分别设置温控面板，实现分户控温。如图 6-4-10 所示。

图 6-4-10　地源热泵机房、全热新风换热器、自控系统、温控面板图

项目每户在厨房设全热新风交换器，采用初效＋中效过滤装置，可提供 24h 新鲜空气，送走室内污染空气，打造蓝湾国际恒温恒氧科技住宅。

（3）可再生能源利用

项目充分利用地源热泵作为可再生能源，节能效果明显。夏季供冷时间为 2018 年 05 月 20 日～2018 年 09 月 20 日，冬季供热时间为 2017 年 11 月 20 日～2018 年 03 月 20 日。经核算，项目夏季平均供冷成本为 8 元/m^2，冬季供暖成本为 11 元/m^2，相比北方集中供暖收费标准，经济性高，可为住户节省较多运行成本。

（4）节能照明

项目选用的荧光灯为细管直形 T5 荧光灯、紧凑型荧光灯，所有区域照明满足照明功率目标值的要求。同时住宅的楼梯间、前室、走廊采用声光开关控制，地下车库采用分区控制方式，有效降低照明能耗。

4.2.3 节水与水资源利用

（1）雨水回收利用系统

项目设置雨水收集系统供场地内三期建设使用，其中雨水收集池容积为 1150m³，绿化用清水池和景观补水清水池各 50m³，可以满足小区雨水用水量的需求。项目通过收集屋面雨水，经处理后用于室外绿化灌溉、道路浇洒和水景补水等（图 6-4-11）。

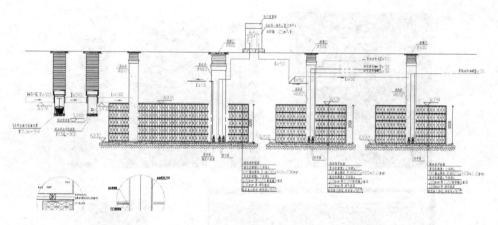

图 6-4-11　雨水处理工艺流程图

经统计，项目全年使用非传统水源量为 9939m³，全年总用水量为 54365m³，项目非传统水源利用率为 18.28%。

（2）节水技术

项目室外采用微喷灌系统进行植物灌溉，并设置土壤湿度感应器，同时室外道路浇洒采用节水型高压水枪，可降低物业人员劳动强度，提高清扫效率，地面清洁度高，减少室外用水（图 6-4-12）。

图 6-4-12　室外节水灌溉图

4.2.4 节材与材料资源利用

（1）高强度钢的使用

项目混凝土结构建筑的主体结构 400MPa 级及以上受力普通钢筋用量为 7052.07t，钢筋总用量为 7119.14t，高强度钢筋的比例为 99.06%。

（2）可循环材料的使用

项目采用可再循环和可再利用材料，主要包括门窗玻璃、钢材、砌块等，其中可再利用和可再循环材料使用量为 15754.92t，建筑材料总量为 228103.6t，可再循环材料比例为 6.91%。

（3）本地建材使用

项目选用建材以扬州、苏州、仪征等地区的建材为主，本地生产建筑材料比例可达到 99.81%。

4.2.5 室内环境质量

（1）室内声环境

安静的居住环境是一个修身养性的港湾，项目在建筑设计时注意住户的私密性，对住房隔声性能进行优化，极大程度地改善了城市人的居住环境，给业主创造了一个安静的居住环境。

现场抽取 29 号楼 301 户、302 户和 3 号楼 404 户、604 户，对室内卧室背景噪声进行现场检测，主要功能空间噪声值为 39.1dB，满足《民用建筑隔声设计规范》GB 50118 中的高限值要求。

经检测，29 号楼 301 户和 302 户隔墙空气声计权隔声量为 49dB，15 号楼 204 户和 104 户楼板墙隔声性能为 49dB，均满足《民用建筑隔声设计规范》GB 50118 中低限标准限值和高要求标准限值的平均值要求。

项目每户采用地板辐射采暖系统，15 号楼 204 户和 104 户楼板计权标准化撞击声声压级检测值为 65dB，可满足《民用建筑隔声设计规范》GB 50118 中高要求标准限值的要求。

（2）同层排水

蓝湾国际项目采用降板同层排水技术（图 6-4-13），相对卫生间建筑地坪降板 300mm，通过合理的管道分布，可减少相邻两层之间的排水束缚，避免了漏水、噪音、空间干扰等许多隐患和麻烦，可实现个性化装修，节约空间。

（3）地库采光井

蓝湾国际住宅小区场地内设置多处采光井，尺寸为 2.4m×2.4m，兼具采光和通风的作用。经测试，项目 24.43% 的地下空间面积的采光系数在 0.5% 以上，可有效降低照明能耗。地下采光井现场效果图见图 6-4-14。

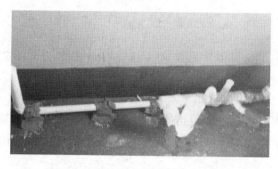
图 6-4-13　施工阶段同层排水图

图 6-4-14　采光井图

（4）CO 监控系统

为保证地下空间的空气品质，项目在地下车库设置一氧化碳浓度监测装置，并与排风设备进行联动。当 CO 浓度超标时，可实行报警功能（浓度限值为25ppm），并与通风系统联动。

4.2.6　施工管理

（1）绿色施工管理体系

项目编制了绿色施工组织设计文件，明确组织机构及岗位职责。项目工程建设中，在保证质量、安全等基本要求的前提下，通过科学管理和技术进步，最大限度地节约资源并减少对环境负面影响的施工活动，实现节能、节地、节水、节材和环境保护。同时在整个施工过程中，注重施工废弃物回收处理、施工噪声控制、水污染控制、扬尘控制、光污染控制，减少环境污染，增进环境保护（图6-4-15）。

图 6-4-15　控制扬尘照片

项目于 2015 年 12 月获得"2015 年下半年扬州市建筑施工文明工地"称号。于 2016 年 1 月获得"2015 年第二批江苏省建筑施工标准化文明示范工地"称号（图 6-4-16）。

图 6-4-16　施工奖项

（2）施工节材、节能、节水

为了加强建筑施工垃圾的管理，减少废弃物产生，制定施工废弃物减量化、资源化计划。制定各项措施，从材料选用源头上控制、加强施工过程的组织和监管等方面出发，减少施工现场建筑垃圾的产生和排放数量。经计算项目每 10000m^2 建筑面积施工固体废弃物排放量为 219.42t＜300t，可回收施工废弃物的回收率为 93.12％。

施工中采用节能施工设备，通过定期进行用电量核算和对比分析，统计得到整个施工过程中单位面积用电量为 26.28kWh/m^2。

施工过程中生活用水部分主要包括淋浴、洗手、冲厕等，通过设置节水标识，采用节水器具来减少水耗，统计得到整个施工过程中单位面积用水量为 0.12t/m^2。

4.2.7　运营管理

（1）智能化系统应用

项目智能化系统主要包括：可视对讲系统（包括室内报警系统、地下车库门禁系统），智能安防系统（视频监控系统、电子巡更系统、周界报警系统），紧急呼救系统、停车场管理系统、公共广播系统以及机房系统（图 6-4-17）。其中紧

图 6-4-17　智能化现场照片

373

急呼救系统，可保证住户在家中遇到紧急情况、突发问题时，第一时间通知管理中心，以最快速度得到解决，排除生活的后顾之忧。

（2）地源热泵系统高效运营

项目制定了完善的设备维护和使用制度，对于地源热泵等大型设备重点检查，精心保养，认真做好主机运行记录和专用设备运行记录。检查人员每天检查机组运行情况，根据运行记录、季节变化、温度变化调整机组的运行参数，同时对空调机组进行定时清洗，保证机组的正常运行，为住户提供舒适的室内环境（图 6-4-18）。

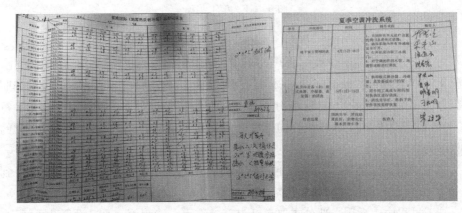

图 6-4-18　运营维护记录

项目在每年夏季和冬季地源热泵机组运行前都会对机房主管网、机房内设备进行清洗。住户有需求时会进入户内对室内新风换气机和风机盘管进行清洗。

（3）物业管理系统

为了更好地服务小区居民，提高工作效率，项目设置物业管理系统，抓好物业人员服务质量，提高业户满意率，为业户营造一个优雅、舒适、温馨的生活环境，使业户心理上感受到文明、热情的服务（图 6-4-19）。物业服务系统可实现以下功能：

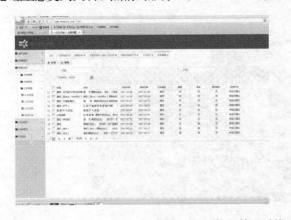

图 6-4-19　物业管理系统

① 可以定期发布重要公告、通知以及温馨提示信息；

② 简化、规范物业公司的日常操作，完善物业人员对日常工作的管理和记录工作。

③ 实现对业主购房的全过程管理，加强对业主及住户的沟通和管理。

4.3　实　施　效　果

（1）通过围护结构和活动外遮阳优化设计，减低供暖空调能耗，节能率达 65.51%，比现行《夏热冬冷地区居住建筑节能设计标准》JGJ 134 的供暖空调全年计算负荷要求降低 23.49%。

（2）采用地源热泵系统满足住户全年供冷供热以及全年 24h 热水需求，可再生能源利用率为 100%。经核算项目夏季平均供冷成本为 8 元/m^2，冬季供暖成本为 11 元/m^2，相比北方集中供暖收费标准经济性高，可为住户节省较多运行成本。

（3）设置雨水回收利用系统减少自来水水耗，年节约自来水用量为 9939m^3。

（4）地下车库设置 26 个采光井，改善 24.43% 地下空间自然采光效果，节省约 57316kWh 电耗。

4.4　成 本 增 量 分 析

项目应用了保温节能系统、高效地源热泵系统、全热新风换气机、雨水回收利用系统、微喷灌系统、同层排水技术、采光井等绿色建筑技术，提高了蓝湾国际住宅小区运行效率。其中保温节能系统和高效地源热泵系统技术节能 230434kWh/a，雨水回收利用系统技术节水 9938m^3/a，共节约 15 万元/年。

项目总投资 75482 万元，绿色建筑技术总投资 106.83 万元，单位面积增量成本 6.95 元/m^2，成本回收期 6.95 年。见表 6-4-1。

增量成本统计　　　　　　　　　表 6-4-1

实现绿建采取的措施	单价	标准建筑采用的常规技术和产品	单价	应用量/面积	增量成本（万元）
雨水回收利用系统	30 万元	—	—	113390.00m^2	30
节能灯具	10 元/m^2	常规灯泡	5 元/m^2	153650.63m^2	76.83
合计					106.83

4.5　总　　　结

项目因地制宜采用了恒温舒适、恒氧健康、生态宜居、回归自然设计理念，主要技术措施总结如下：

（1）高性能围护结构：外墙采用 40mm 聚氨酯外保温，屋面采用 100mm 复合发泡水泥保温板，外窗采用低辐射中空玻璃窗，同时住区各建筑东、南、西向设置活动外遮阳，节能率达到 65.21％，比现行《夏热冬冷地区居住建筑节能设计标准》JGJ 134 的供暖空调全年计算负荷要求降低 23.49％。

（2）高效地源热泵机组：项目设置 5 台地源热泵机组，满足住户供冷供热以及全年 24h 热水需求。每户厨房设全热交换器，采用初效＋中效过滤装置，可提供 24h 新鲜空气，排出室内污染空气，打造蓝湾国际恒温恒氧科技住宅。

（3）雨水回收利用系统：收集屋面雨水，经雨水收集处理系统处理后，用于室外绿化灌溉、道路浇洒和水景补水等，非传统水源利用率为 18.28％。

（4）同层排水技术：住户卫生间采用降板同层排水技术，可减少相邻两层之间的排水束缚，避免了造成的漏水、噪音、空间干扰等许多隐患和麻烦。

项目将绿色能源系统与生态技术融入建筑方案设计中，采用节水技术和雨水回收利用系统技术节约了项目的用水量，利用高性能围护结构、高效地源热泵机组以及活动外遮阳，节约了项目运行能耗。

综合以上技术的应用效果，项目不仅具有很好的经济效益和环境效益良好，而且在当地具有很好的社会效益。

作者：范凤花 胡晓辰 贺芳 张艳芳（中国建筑科学研究院天津分院）

5　宁波市厨余垃圾处理厂

5　Kitchen waste treatment plant in Ningbo

5.1 项目简介

　　宁波厨余垃圾处理厂项目，位于宁波海曙区洞桥镇宣裴村宁波市固废处置中心园区内，由宁波首创厨余垃圾处理有限公司投资建设（图 6-5-1）。项目总占地面积 76154m²，总建筑面积 19141m²，2018 年 9 月获得绿色建筑设计标识三星级。

图 6-5-1　项目效果图

　　项目采用先进的厨余垃圾处理工艺，生产区主要包括预处理车间、厌氧区、沼渣堆肥车间、沼气净化区、雨水收集与应急区、污水处理区等。主工艺流程如下：预处理（机械分选）＋干式厌氧发酵（立式干式厌氧）＋沼气净化制天然气（湿法＋干法脱硫＋变压吸附脱碳提纯）。项目工程符合城乡规划要求，取得了项目建设用地规划许可证。

　　该项目旨在通过引入循环经济理念，借鉴国际先进的垃圾分类处理经验，实施垃圾源头分类和资源化利用，完善再生资源回收利用体系，建立创新型的生活废弃物分类回收循环利用示范体系，并配套相应的机制建设，实现城镇生活废弃物分类回收、循环利用的可持续发展，从而最大程度实现城镇生活废弃物无害化、减量化和资源化。

5.2　主要技术措施

5.2.1　节地与可持续发展场地

（1）总体规划

项目近期规划与远期相结合：①厨余垃圾处理规模：一期设计处理能力 400 吨/日，二期增加处理能力 400 吨/日，总规模共计 800 吨/日；②污水处理规模：一期设计处理能力 620m³/d（含餐厨厂污水 388m³/d），二期设计处理能力达到 760m³/d（含餐厨厂污水 388m³/d）；③沼气处理规模：一期设计处理能力 55000Nm³/d（含餐厨厂沼气 18000Nm³/d），二期设计处理能力 88800Nm³/d。厂房建筑、工艺、电气等配置均为远期作了预留。

（2）物流与交通运输

为保障宁波市固废处置中心的顺利运行，满足地块交通出入功能，海曙区交通运输局拟建相应的配套道路，即宁波市固废处置中心配套道路建设工程。项目垃圾运输采用"分散转运＋集中分流转运"方式，新建江东区、江北区、鄞州区、镇海区、海曙区和东钱湖 6 座分类转运站。项目建设地点选址距离市区交通相对便利，很大程度上减少了企业的运输损耗（图 6-5-2）。

图 6-5-2　宁波市生活垃圾分类收运处置利用系统

项目员工数共计约60人，项目设置非机动停车区域，位于办公楼南侧，共计154m²，可停非机动车车约66辆。可满足100%的员工停车需要。

项目场地内设置立体高架，物料通过高架管输送（图6-5-3）。

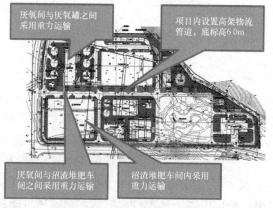

图6-5-3　厂区内物流运输方式

（3）场地资源保护与再生

现状地坪标高基本呈现"焚烧发电厂＞餐厨厂＞厨余厂"的特点，其中，焚烧发电厂范围现状地坪南高北低，南面标高主要为10.0～20.0m，北侧为6.0～8.0m，餐厨厂现状地坪标高主要为7.0～9.0m，厨余厂现状地坪标高主要为5.0～7.0m。从防洪、土方填挖方平衡等影响因素考虑，结合地形地势，地块竖向采用分层缓坡式处理，保证填挖方基本平衡。各地块规划建议地坪标高详见图6-5-4。根据项目土石方量计算，项目挖方约2.1216万m³（其中挖一般土方

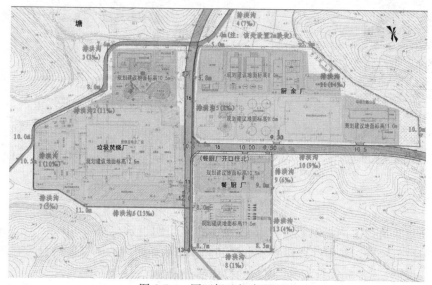

图6-5-4　园区场地标高平面图

22779.53m³，挖沟槽土方 3602m³），填方总量约 20.2730 万 m³（其中素土夯实回填 16889.3m³，地下室侧板灰土夯实回填 8441.89m³），场地净方量为 18.1513 万 m³（主要来自于垃圾焚烧厂的开挖土方）。开挖土方在项目中就地平衡，全部利用，无多余弃土。

5.2.2　节能能源利用

（1）能耗指标

项目设计规模为一期日处理厨余垃圾 400 吨；项目年综合能源消耗量为 3082309.4ktce，即 3082.31tce（当量值）；每吨垃圾综合能耗按标准煤折算为 7705.77kgce/t 垃圾，即 7.71tce/t。项目为产能企业，项目年生产天然气 7860891.85 ktce，即 7860.9tce（当量值）；每吨垃圾产出能量为 19652.23kgce/t 垃圾。经与扬州市餐厨废弃物集中收运处理 BOT 项目和浙江卓尚环保能源有限公司餐厨废弃物资源化利用生物燃料项目比较后，判定项目能耗指标位于行业先进水平。

（2）节能

项目主要考虑综合楼及厂房的建筑节能，参考标准为《公共建筑节能设计标准》GB 50189—2015 及《工业建筑节能设计统一标准》GB 51245—2017。

项目沼渣堆肥车间计算采光区域的建筑面积为 2998.42m²，满足采光系数要求的面积为 2475.71m²，满足采光系数要求的面积比例为 82.57%。项目预处理车间计算采光区域的建筑面积为 7796.99m²，满足采光系数要求的面积为 6476.07m²，满足采光系数要求的面积比例为 83.06%（图 6-5-5）。

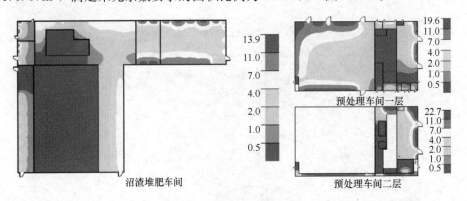

沼渣堆肥车间　　预处理车间一层　　预处理车间二层

图 6-5-5　室内采光模拟结果

项目建筑物室内灯具设计严格按照《建筑照明设计标准》GB 50034—2004 中的现行值执行，其中综合楼的各类房间和场所的照明功率密度值满足《建筑照明设计标准》GB 50034—2013 规定的目标值要求。

（3）能源回收

项目锅炉设于污水处理车间，设置节能器，对大于 60℃ 的烟气进行余热回收利用，提高能源利用效率。项目综合楼各新风系统设置 4 台新风换气机（全热交换），热回收效率不小于 60%。预处理车间中央控制室、生产管理室新风系统设置 1 台新风换气机（全热交换），热回收效率不小于 60%。项目设置沼气提纯工艺系统，将消化罐、污水处理厌氧罐和餐厨厂产生的沼气引入沼气净化和提纯系统，回收并再利用。

（4）再生能源利用

本项目在预处理车间屋顶共布置 310Wp 太阳能光伏组件 890 块，太阳能光伏面板面积为 1456.75m²，总装机容量为 275.9kWp。经测算，太阳能光伏发电系统首年发电量为 311996kWh，在设计寿命 20 年内，发电总量为 5718263kWh，年平均发电量为 285913kWh（图 6-5-6，图 6-5-7）。

图 6-5-6 预处理车间光伏屋面布置效果图（以实际为准）

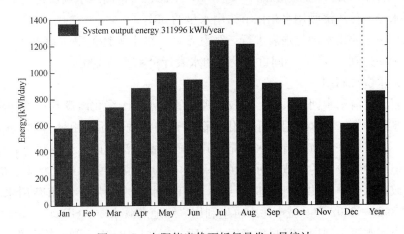

图 6-5-7 太阳能光伏面板每月发电量统计

项目采用集中式真空管太阳能热水系统，在综合办公楼屋顶设置 16 块太阳能集热板，集热器总面积为 56m³。项目每日生活热水需求量为 2400L，通过太阳能热水分析报告，项目太阳能提供热水热量占比为 51.92%。

5.2.3 节水与水资源利用

（1）水资源利用指标

项目一期总用水量为 102317m³/a，一期垃圾处理规模为 400t/d，则单位产品取水量 V_p 为 0.70m³/t。经与扬州市餐厨废弃物集中收运处理 BOT 项目和浙江卓尚环保能源有限公司餐厨废弃物资源化利用生物燃料项目比较后，项目单位产品取水量达到同行业先进水平。

项目循环用水量主要用于冷却塔，冷却循环水量为 597m³/h，每日运行时间为 6.5h；则每日冷却水量为 3880.5m³/d，年冷却水量为 1416382m³/a，水重复利用率 R 为 89.53%，可满足同行业基本水平。

根据统计的指标数据，项目所涉及的废水排放量为 215393.8m³/a。计算单位产品废水量时，计算水量扣除废水排水总量里的生活饮用水、淋浴用水等相关内容，则统计期内的废水产生量为 72197m³/a。项目一期垃圾处理规模为 400t/d，则单位产品取水量 0.49m³/t，可满足同行业基本水平。

（2）节水

项目景观绿化采用节水灌溉系统，灌溉形式为滴灌、喷灌，水源均由雨水回用系统提供。

项目采用节水型卫生器具及冲洗设备，其中坐便器、小便器、淋浴器、洗脸盆水嘴均为用水效率等级二级级以上。洗车台、厂房地面冲洗用水及景观道路冲洗设备采用节水高压水枪；当采用常规冲洗水龙头，流速取 1.0m/s，管径为 DN20，则相应的冲洗流量 $Q=1130.4$L/h，产品报告中高压水枪流量为 380L/h，则高压水枪与传统浇洒用水相比节约用水量约 60%。

项目在主要用水部位水表进行三级设置，一级水表计量率达到 100%，二级水表计量率达到 100%，厂间重点设备的水表计量率达到 100%

（3）水资源利用

项目设置有雨水回用系统，回收处理后的雨水用于绿化灌溉及道路冲洗。根据逐月平衡计算，雨水回用用于绿化灌溉和道路冲洗实际使用量为 8286m³。当雨水量不足时，采用市政自来水补充。同时雨水蓄水池可以起到控制地表径流的作用，但降雨量较大的季节，可以联合采用弃流井和雨水蓄水池，将多余的雨水排入市政雨水口。其出水水质应达到《城市污水再生利用　城市杂用水水质》GB/T 18920—2002 和《城市污水再生利用　绿地灌溉水质》GB/T 25499—2010 和《城市污水再生利用　景观环境用水水质》GB/T 18921—2002 的标准。

5.2.4　节材与材料资源利用

（1）节材

项目所有预埋件预埋后按单体设计图的要求做防腐处理，无特殊要求时，一律在施工后做红丹打底漆，然后刷环氧富锌漆二遍。栏杆和钢梯等预埋件，按建筑图和有关标准图要求预埋，外露铁件的防腐，在无规定时均刷铁红环氧脂底漆两度，过氯乙烯防腐漆两度，过氯乙烯防腐面漆两度，颜色银灰色。

项目预处理车间、沼渣堆肥车间等采用钢屋面，钢结构制作质量符合《钢结构工程施工质量验收规范》GB 50205—2001 及《建筑钢结构焊接技术规程》JGJ 81—2002 的规定。

（2）材料资源利用

项目所使用的主要建筑材料为：钢筋、混凝土、砂浆、金属管材等常规建材。未使用含有化学添加剂、结合剂、胶粘剂、发泡剂、催化剂、稳定剂的有机辅助材料，未使用含有重金属的材料。未使用国家禁止使用的建筑材料或建筑产品。项目可再循环材料使用量比例为 10.57%，达到 10% 以上。

5.2.5　室外环境与污染物控制

（1）大气污染物控制

本系统采用了点源臭气控制的策略，通过分段加罩收集高浓度臭气，并通过生物滴滤＋化学洗涤除臭组合工艺予以处理。此外，为了保证除臭效果，通过设置全厂房通风除臭系统，收集低浓度臭气，通过化学除臭方法处理。所有车间整体空间采用微负压全面通风除臭的方式，防止臭气外溢。

此外，项目通过车间外部的立体绿化配置，利用植物对大气污染物的吸附、吸收、转移等净化能力，作为防治空气污染的一种有效的补充措施（图 6-5-8）。项目配置植物包括朴树、银杏、梧桐、木槿、海棠等抗污类植物，以及含笑、腊梅、桂花、香樟、栀子花、美国薄荷、迷迭香等芳香类乔灌木，有效净化臭气污染物对厂区内部及周边环境的影响。

（2）水污染物控制

项目污水主要由来自场外餐厨厂的废水及厨余厂自身产生的废水组成，厨余厂产生的废水经厌氧系统以后与来自场外的餐厨厂废水统一进入调节池，调节池均匀混合后进入气浮系统，气浮出水进入 MBR（即生化池＋超滤）单元，超滤出水部分进入纳滤单元进行深度处理，纳滤出水与部分超滤出水混合后达标排放。纳滤产生的浓缩液经物料膜处理后外运处理。物料分离膜系统有效截取了纳滤浓缩液中的腐殖酸和胶体成分，清液产率为 93.3%，物料膜产生的清夜和浓缩液均外运处理。

图 6-5-8 立体绿化布置效果图

（3）固体污染物控制

针对宁波市厨余垃圾的特点以及后续干式厌氧工艺的要求，项目使用了滚筒筛等高效筛分设备，磁选机和涡电流分选机等可回收物分选设备。为满足后续厌氧工艺段对于进罐物料成分和粒径的要求，分选系统末端也设有了弹跳板，并设置了破碎机将物料破碎至进罐要求。该工艺流程的设计力求做到工艺路线流程短、功能全、自动化程度高。

项目有效回收物质为铁、铝罐、塑料、玻璃、营养土合计 70.35t，固体废弃物有效回收率为 17.58%。

5.2.6 室内环境与职业健康

针对职业病危害预评价，项目采用以下措施：

（1）工艺设备采用先进、性能优良、安全可靠、噪音量小的产品。

（2）根据 GBZ 158—2003 的要求在生产现场设置警示标识。

（3）进行上岗前职业健康检查，对于存在职业禁忌症的劳动者不得从事接触该有害因素的工作岗位。严格按照 GBZ 188 要求对必检项目进行体检（如噪声：纯音听阈测试）。

（4）对员工进行职业卫生相关知识的培训，确保员工熟知工作时可能接触的职业病危害因素，并做好个人防护。

（5）对员工进行应急救援相关知识的培训，包括可能发生急性危害事故，如果发生急性危害事故相应的处置、急救措施，配备的应急救援设施使用方法。

5.2.7 运营管理

（1）设备自动监控系统

本工程电气设备实行以全自动控制为主，调试、检修及故障情况下为手动就地控制。本设计根据厨余垃圾集中处理工艺流程及总图布置情况，将全场分成8个现场控制站即：预处理系统、厌氧系统、沼渣堆肥系统、沼气净化系统、污泥脱水系统、锅炉房、污水处理系统及除臭系统；中央控制室即计量间及变电室。每个车间采用独立的控制系统完成相应的控制。每套控制系统装置安放在各自车间控制室内。在预处理车间内设置中央控制室，各车间控制站通过工业以太网与中央控制室进行通讯，组成全厂计算机监控系统。中控室还设置了一套大屏幕显示系统，在大屏幕上可以实时的显示各工段生产过程参数以及安保视频信息等。全厂计算机控制系统采用以太网（TCP/IP）通讯方式将各控制站的工艺参数、运行状态、采集到中央控制室进行集中管理，完成全厂的自动控制和生产管理，实现厨余垃圾处理全流程的计算机监控。

全厂计算机监控系统具有一套完整的自诊断功能，可以在运行中自动诊断出系统中任何一个部件是否出现故障，并且在监控软件中及时、准确地反映出故障状态、故障时间、故障地点及相关信息。

本工程空调自控系统可监测、控制空调末端的启闭，预处理车间间、污水处理车间、厌氧综合间、沼渣堆肥车间均设置通风自控系统，可实现轴流风机的报警联动启闭控制。每台高压柜都设置一套湿度检测及加热系统，数字信号送往高压计算机后台控制系统。

（2）能源管理系统

项目设置有能耗监测系统，内设总电能计量装置，装设于厂区变电站内低压出线回路计量。建筑中安装分项计量装置，对建筑内用电实现独立分项计量，照明、空调、电梯、水泵动力、厨房用电等，计量结果可用于建筑物的节能管理。

5.3 实 施 效 果

项目在满足厨余垃圾处理工艺要求的基础上，应用成熟的绿色建筑生态技术，并综合考虑造价控制因素，以实现理想目标与现实条件的均衡。项目单位产品工业建筑能耗为 7.71kgce/t，单位产品取水量为 0.70m³/m³，单位产品废水产生量 0.49m³/m³，水的重复利用率为 89.53%，可再生能源供应的生活热水量比例为 51.92%，可再生能源发电占工业建筑用电比例为 1.26%，废气中有用气体回收利用率为 59.4%，固体废物回收利用量为 0.176t/t。

5.4 成本增量分析

项目总投资 29665.40 万元，绿色建筑技术总投资 1507.45 万元。项目设计时充分考虑项目特点和工业建筑增量成本，通过不同经济技术路线比较，选用适宜的技术，满足绿色建筑各方面要求。项目通过采用保温性能好的围护结构、节能灯具、高效节能空调设备以及可再生能源降低建筑运行费用。项目在预处理车间屋顶共布置 275Wp 太阳能光伏组件 1131 块，太阳能光伏面板面积为 1851.22m²，总装机容量为 311.025kWp。经测算，太阳能光伏发电系统首年发电量为 311996kWh，在设计寿命 20 年内，发电总量为 5718263kWh，年平均发电量为 285913kWh。项目采用集中式真空管太阳能热水系统，在综合办公楼屋顶设置 16 块太阳能集热板，集热器总面积为 56m²，全年节能量 76549MJ。项目综合楼各新风系统设置 4 台新风换气机（全热交换），热回收效率不小于 60%。预处理车间中央控制室、生产管理室新风系统设置 1 台新风换气机（全热交换），热回收效率不小于 60%，全年节约的运行费用约为 6552 元；项目选用两台额定热功率为 2MW 的燃油燃气蒸汽锅炉，设于污水处理车间，设置节能器，对大于 60℃的烟气进行余热回收利用，提高能源利用效率。锅炉节能率可达 7.22%，年节约天然气量约为 13.87 万 Nm³。见表 6-5-1。

增量成本统计　　　　　　　　　　　　　　　　　表 6-5-1

实现绿建采取的措施	单价	标准建筑采用的常规技术和产品	单价	应用量/面积	增量成本（万元）
节水器具	2000 元	普通器具	1000	30 套	3
节水灌溉系统	40 元	无	0	31350m²	125.4
雨水回用系统	800000 元	无	0	1 套	80
智能管理计量系统	350000 元	无	0	1 套	350
排风热回收系统	5 元/m³	无	0	4300m³	2.15
厂房屋面及外墙保温隔热系统	40 元/m²	常规做法		16000m²	44
断热铝合金 LOW-E 中空玻璃窗	140 元/m²	常规做法	0	1800m²	18
太阳能光热系统	2000 元/m²	无	0	56m²	11.2
太阳能光伏系统	9000 元/kW	无	0	311kW	279.9
垂直绿化/屋顶绿化	400 元/m²	无	0	7000m²	280
太阳能光伏系统/整体结构调整	3000 元/m²	普通	2000 元/m²	1938m²	193.8
辐射吊顶空调	1000 元/m²	多联机空调	300 元/m²	600m²	120
合计					1507.45

5.5　总　　结

项目因地制宜采用了绿色建筑设计理念，主要技术措施总结如下：

（1）热能回收：项目综合楼各新风系统设置4台新风换气机（全热交换），热回收效率不小于60%。预处理车间中央控制室、生产管理室新风系统设置1台新风换气机（全热交换），热回收效率不小于60%，全年节约的运行费用约为6552元；项目选用两台额定热功率为2MW的燃油燃气蒸汽锅炉，设于污水处理车间，设置节能器，对大于60℃的烟气进行余热回收利用，提高能源利用效率。锅炉节能率可达7.22%，年节约天然气量约为13.87万Nm^3。

（2）全厂区立体绿化：项目通过车间外部的立体绿化配置，利用植物对大气污染物的吸附、吸收、转移等净化能力，作为防治空气污染的一种有效的补充措施。项目配置植物包括朴树、银杏、梧桐、木槿、海棠等抗污类植物，以及含笑、腊梅、桂花、香樟、栀子花、美国薄荷、迷迭香等芳香类乔灌木，有效净化臭气污染物对厂区内部及周边环境的影响。

（3）太阳能生活热水系统：项目采用集中式真空管太阳能热水系统，在综合办公楼屋顶设置16块太阳能集热板，集热器总面积为$56m^2$。项目每日生活热水需求量为2400L，通过太阳能热水分析报告，项目太阳能提供热水热量占比为51.92%。

（4）太阳能光伏系统：项目在预处理车间屋顶共布置太阳能光伏组件275Wpl131块，太阳能光伏面板面积为$1851.22m^2$，总装机容量为311.025kWp。经测算，太阳能光伏发电系统首年发电量为311996kWh，在设计寿命20年内，发电总量为5718263kWh，年平均发电量为285913kWh。

（5）智能化监控系统：本工程电气设备实行以全自动控制为主，调试、检修及故障情况下为手动就地控制。建筑中安装分项计量装置和标准的能耗监测系统，对建筑内用电实现独立分项计量，照明、空调、电梯、水泵动力、厨房用电等，计量结果可用于建筑物的节能管理。

该项目旨在通过引入循环经济理念，借鉴国际先进的垃圾分类处理经验，实施垃圾源头分类和资源化利用，完善再生资源回收利用体系，建立创新型的生活废弃物分类回收循环利用示范体系，并配套相应的机制建设，实现城镇生活废弃物分类回收、循环利用的可持续发展，从而最大程度实现城镇生活废弃物无害化、减量化和资源化。同时，项目通过可持续发展的建设场地、节能与能源利用、节水与水资源利用、节材与材料资源利用、室外环境与污染物控制、室内环境与职业健康、运营管理等七个方面的绿色工业建筑集成示范，将绿色建筑、环保生态循环利用等先进理念有机结合，为环保产业绿色化提升提供借鉴和参考。

作者：尹金戈（宁波华聪建筑节能科技有限公司）

6 北京化工大学昌平校区——第一教学楼
6 The first teaching building in BUCT's Changping campus

6.1 项 目 简 介

项目位于北京市昌平区南口镇，虎峪村南，清华大学核能技术设计研究院西南侧。北京化工大学昌平新校区项目总建设用地面积1141868.098m³，总建筑面积1012613m³，其中地上建筑面积906000m³，地下建筑面积106613m³。

第一教学楼项目于2018年6月获得绿色建筑三星级设计标识（图6-6-1、图6-6-2）。项目属甲类节能建筑，结构形式为框架剪力墙结构。项目建设用地面积31729m³，总建筑面积33200m³，均为地上。建筑高度23.3m，地上5层，局部3层，无地下空间。项目主要功能为教室及教师办公用房。

图 6-6-1　校区俯视图

图 6-6-2 第一教学楼实景图

6.2 主要技术措施

项目定位于绿色建筑三星级，按照绿色建筑理念进行设计建造，绿色技术的应用上注重成熟的绿色技术，从节地、节能、节水、节材、室内环境质量五方面达到绿色建筑三星级指标要求。

项目采用自建中水作为非传统水源、1级节水器具、节能灯具、地源热泵、排风热回收等技术、空气质量检测，确保本建筑节能、高效、低耗、环保。

6.2.1 节地与室外环境

新校区用地东邻清华大学昌平校区核能技术研究院，西南侧与八达岭高速与南口镇中心区相邻，距北京城区 40km，距昌平城区仅 8km，紧邻京藏高速、京新高速，交通便利，环境清雅宜人，办学条件优越。

（1）室外风环境

项目冬季季节平均风速条件下，建筑周边人行区域风速 2m/s，冬季节平均风速条件下，建筑周边人行区域风速放大系数 0.80，符合行人舒适要求；冬季主导风向条件下，建筑迎风面与背风面表面风压差 3Pa，各季节主导风向风速条件下，周边整体流场较强，不影响室外散热和污染物的消散；过渡季、夏季典型风向和风速条件下，场地内人活动区不会出现漩涡或无风区（图 6-6-3）。

图 6-6-3 夏季、过渡季、冬季距地 1.5m 高度处风速云图

（2）交通设施

项目位于新开发区域，周边交通设施暂未建设齐全，为方便师生出行，根据学生需求校区后勤集团每天安排摆渡车供 31 次往返校区及西山口地铁站；为方便师生出行；校区设置 11 次校车联系化工大学新旧校区，发车地点为校内食堂、主教楼、图书馆等，校车中途还停靠马甸桥和西三旗站。实现了师生便捷出行。

（3）绿色雨水设施

项目地块内绿地均为下凹绿地，透水铺装面积占硬质铺装面积的 70.01%，透水铺装主要为透水砖。通过场地入渗、绿地下凹设置，实现了 70% 的年径流总量控制率所需控制的雨水可全部在项目内部消化，场地年径流系数达到 0.5443。

6.2.2 节能与能源利用

（1）围护结构热工性能提高

项目位于北京市，为寒冷地区。项目围护结构热工性能指标比国家现行节能设计标准的规定高 20%。建筑依据的建筑节能设计标准《公共建筑节能设计标准》GB 50189—2005，表 6-6-1 为各围护结构做法及提高比例。

围护结构性能

表 6-6-1

序号	部位	保温材料	保温材料厚（mm）	传热系数 [kW/(m²·K)]		提高比例
				参评建筑	参照建筑	
1	外墙	玻璃纤维板、加气混凝土砌块	70+200	0.48	0.60	20.00%
2	屋面	憎水膨珠保温砂浆	80	0.43	0.55	21.82%
3	外窗	断桥铝合金中空（Low-E）6 无色+12A+6 无色	—	2.30	3.00	23.33%

（2）排风热回收

项目采用转轮式热回收新风机组。机组全热回收效率为 60%，为各个教室送新风。热回收机组的送风机为变频风机，各教室内的送风支管上的电动风阀平时常闭，并与机组送风机联动；各教室设送风开关，控制送风支管上的电动风阀开关。送风机依据送风主管上的压力测点控制其变频运行；每间教室均设置排风口，教室的排风汇集后通过排风立管至屋面热回收机组与新风换热后排至大气。

新风机组布置在屋面，新风经热回收处理后，送至各个教室，新风剩余负荷由各室内风机盘管承担。新风经过全热回收装置时既有温度变化，又有含湿量变化，热回收为焓回收。通过核算可知，项目采用排风热回收机组节约费用约 103.31 万元，投资回收期约 2.73 年。

（3）可再生能源利用

项目设置 2 台螺杆式地源热泵机组作为项目供暖空调系统的冷热源，以及生活热水系统的热源。机组设置在首层冷热源机房。单台机组提供的制冷量为 1688.40kW，制热量为 1628.10kW，项目设计冷负荷为 3262.40kW，热负荷为 2386kW，可再生能源提供冷热量的比例为 100%（图 6-6-4）。通过模拟 20 年地下温度场变化情况，模拟结果显示循环液进入热泵最高温为 27.9℃；循环液进入热泵最低温度为 6℃，因此在 20 年运行周期内系统确实可以高效稳定运行。

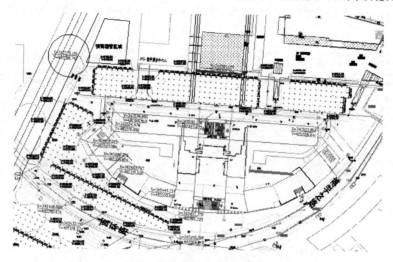

图 6-6-4　地源热泵系统地埋孔定位平面图

（4）空调系统设计

项目设置 2 台螺杆式地源热泵机组作为项目冷热源，机组设置在首层冷热源机房。单台机组提供的制冷量为 1688.40kW，制热量为 1628.10kW。冬夏共用两管制、异程式；风机盘管每层的水平分支管上设置压差平衡阀，组合式空调机组回水管上设置带压力平衡的电动调节阀，保证系统压差基本不变，平衡阻力，消除热网水力失调。

教学区域（30 人、60 人、90 人教室）：风机盘管＋新风系统阶梯教室：全空气定风量系统，全空气系统冬夏季均按最小新风量运行，过渡季通过焓差控制，利用新风消除室内余热并能实现 70%新风调节控制。

通过采用高性能地源热泵机组，并配合使用转轮热回收机组，综合以上措施，项目设计建筑全年供暖、通风与空调系统能耗较参照建筑的降低幅度为 57.99%。

（5）室内舒适性

项目教学区域（30 人、60 人、90 人教室）等均采用风机盘管＋新风系统；阶梯教室采用全空气定风量系统，冬夏季均按最小新风量运行，过渡季通过焓差控制，利用新风消除室内余热并能实现 70% 新风调节控制。室内气流组织为上送上回形式，送风口形式为散流器（方形或条形），回风口形式为百叶风口或条形散流器。对项目室内空调区域的室内热环境进行了模拟计算（图 6-6-5），分析结果如下：

项目阶梯教室区域内流场分布均匀，室内各区域风速基本在 0.3m/s 以内，满足《民用建筑供暖通风与空气调节设计规范》GB 50736—2012 第 3.0.2 条之规定；

项目阶梯教室内温度基本处于 22.0～29.0℃，满足室内人员舒适性；

项目阶梯教室内相对湿度基本处于 42.75%～62.0%，满足室内设计相对湿度。

项目阶梯教室内 PMV 基本处于 −0.5～0.75，PPD 基本处于 15 %以下，基本能够满足《民用建筑供暖通风与空气调节设计规范》GB 50736—2012 第 3.0.4 条之规定。

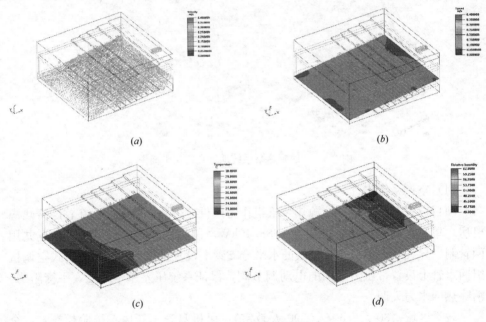

图 6-6-5 气流组织情况

(a) 流场水平分布；(b) 风速水平分布；(c) 温度水平分布；(d) 相对湿度水平分布

（6）节能设备

项目设置电梯 6 台，电梯采用变频调速控制，比同容量的直流电动机具有体积小、占空间小、结构简单、维护方便、可靠性高、价格低等优点。

教室、教室均采用细管径三基色直管形节能荧光灯；门厅、休息厅等大空间高挑空区域采用金属卤化物灯或花灯，走廊、楼梯间等采用紧凑型节能荧光灯，卫生间采用防水防尘灯具。控制策略：本建筑各教室照明开关设于教室侧墙，按灯列控制（与侧窗平行）；各阶梯教室灯具按距离黑板远近分组控制。黑板灯照明开关设于教室内操作台，单独控制；门厅、公共走道、室外照明等公共区域照明控制采用智能照明控制系统，按时间段自动控制，自动控制系统纳入楼控系统。

项目风机满足《通风机能效限定值及能效等级》GB 19761—2009 要求的二级节能评价值；水泵满足《清水离心泵能效限定值及节能评价值》GB 19762 要求二级节能评价值。

6.2.3　节水与水资源利用

（1）水系统综合规划

水源：水源采用市政自来水，东南侧引入管压力约为 0.45MPa（此处地面绝对标高为 133.2m），东北侧引入管压力约为 0.15MPa（此处地面绝对标高为 162.8m）。非传统水源为自建中水。

用水定额：项目平均日用水定额取 35L/（人·d）；绿化浇洒用水采用冷季型二级养护，用水定额为 0.28m³/（m²·a）；道路冲洗用水定额为 0.5L/（m²·次）。给排水系统设计：

①　给水：校区内市政压力能满足的建筑，由市政直接供水；压力不能满足的建筑，由设在工程训练中心附近无负压变频供水设备供水，项目各层由市政直供用水。

②　排水：项目排污采用雨、污分流形式。校区内在西侧建污水处理站，各楼污水经管道收集后排入校区污水管网，再经化粪池处理后集中排入校区自建污水处理站。

③　雨水：屋面雨水采用重力排水系统，屋面雨水排水工程设计重现期为 10年，本工程屋面雨水由建筑专业设计溢流设施。室外场地雨水经雨水管网汇集到雨水调蓄池进行收集处理。

节水器具：项目均采用一级节水型卫生器具，并符合《节水型用水器具》CJ 164—2002 及《节水型产品通用技术条件》GB/T 18870—2011 的要求。

节水灌溉：项目绿化灌溉系统采用滴灌的方式，水源为自建中水。

分项计量：用水点设置分级水表计量，地块设置总水表、入户楼栋设置水表、公共区域的用水（包括所有卫生间、室内外绿化及冲洗点、消防水池、消防水箱、制冷机房、换热站等）均设置水表计量。

（2）非传统水源利用

项目采用化粪池回收处理的中水作为非传统水源，用于厕所冲洗、绿化浇洒、道路冲洗。中水站位于校区西南侧体育场。

工艺流程：从化粪池收集的污水，经过格栅槽去除较大漂浮物后自流入调节池，由于水质水量在不同时间段有较大的差异和变化，调节池能使水量、水质得到充分地均衡调节，并能消减部分污染负荷。之后通过污水提升泵将调节后的水打至 FMBR 膜技术污水反应池，难降解的物质在此中充分反应、降解，使污泥与水分离彻底。在控制间内有消毒设备在此处加入消毒药剂给中水消毒，之后经提升泵将处理后的中水存储在清水池中以备项目冲厕、绿化浇洒、道路冲洗使用（图 6-6-6）。

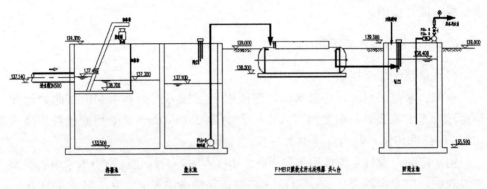

图 6-6-6 中水处理工艺流程图

通过对中水的回收进行冲厕、绿地灌溉、道路冲洗，非传统水源利用率可达到 55.62%。中水回用工程的投资回收期为 3.5 年。

（3）卫生器具

项目采用符合《节水型生活用水器具》CJ 164 及《节水型产品技术条件与管理通则》GB/T 18870 的一级节水器具（表 6-6-2）。同时给水系统管网压力不小于 0.1MPa 满足用水器具的最小工作压力。项目所有部位采用精装修，可以确保节水器具安装到位。

用水器具参数 表 6-6-2

节水器具	流量或用水量	标准流量或用水量	最低工作压力
水嘴	0.083L/s	0.1L/s	0.1MPa
坐便器	4.4 L/次（大档）；3L/次（小档）	4.5 L/次（大档）；3L（小档）	0.1MPa
小便器	0.9 L/s	2L/s	0.1MPa

6.2.4 节材与材料资源利用

（1）主要材料选用

项目现浇混凝土全部采用预拌混凝土；建筑砂浆全部采用预拌砂浆。

混凝土柱、梁纵向受力普通钢筋全部采用不低于 400MPa 级的热轧带肋钢筋，整个项目 HRB400 级（或以上）钢筋使用量占主筋总量的比例为 99.02％。

钢材、木材、铝合金、石膏制品、玻璃等可再循环材料使用比例达到 10.16％。

（2）装饰性构件

项目工程造价为 14979.69 万元，装饰性构件造价为 43.73 万元，主要为顶部外挑楼板，占建筑工程总造价的 2.92‰（图 6-6-7）。

图 6-6-7　装饰性构件位置示意图

6.2.5　室内环境质量

（1）室内声环境

项目围护结构做法如表 6-6-3 所示。

围护结构做法　　　　　　　　　　　　　　　　表 6-6-3

序号	部位	保温材料
1	分户墙	加气混凝土砌块（200mm）
2	外墙	玻璃纤维板（70mm）＋加气混凝土砌块（200mm）
3	外窗	PA 断桥铝合金中空（LowE6＋12A＋6 无色）
4	楼板	复合轻集料混凝土垫层（63mm）＋发泡橡胶减震垫（5mm）＋钢筋混凝土楼板（100mm）
5	分户门	木门

通过以上做法，项目主要功能房间的外墙、隔墙、楼板和门窗的隔声性能能满足现行国家标准《民用建筑隔声设计规范》GB 50118 中低限要求；楼板的撞击声隔声性能达到现行国家标准《民用建筑隔声设计规范》GB 50118 中的高限

395

要求。

建筑外界噪声源主要为交通噪声和生活噪声，项目位于项目地块中间。受交通噪声影响较小。由于地源热泵机房产生噪声对附近教室影响较大，选取教学楼靠近机房的1层30座教室E101为不利房间位置进行室内背景噪声分析，测得该房间在关窗状态下，室内噪声级为42.0dB。室内噪声级达到低限标准限值和高要求标准限值的平均值要求。同时项目设备均选用低噪声设备，并设减振垫，弹性吊架等减振装置。空调机、通风机进风口风管均设软接头、消声器等。降低各类设备对项目声环境影响。

（2）室内光环境

项目主要功能空间通过采用浅色饰面等有效的措施控制眩光，主要功能房间眩光值小于25，门厅、休息厅等空间眩光值小于27；通过对项目室内自然采光效果进行模拟分析，得出结论如下：教室、会议室、办公室采光系数均达到采光等级Ⅲ级要求；门厅、休息厅、教室准备室大部分空间都能达到采光系数均达到采光等级Ⅳ级要求；项目采光系数满足现行国家标准《建筑采光设计标准》GB 50033的要求的面积比例约为99.59%。（图6-6-8）

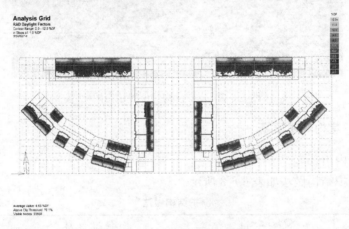

图6-6-8 标准层采光效果图

（3）室内通风

项目四周风口均匀分布，有利于室内自然通风。在过渡季主导风向平均风速边界条件下北京化工大学新校区第一教学楼项目室内其主要功能空间的换气次数基本在2次/h以上，达标房间比例占100%。

6.3 实 施 效 果

北京化工大学昌平校区第一教学楼项目通过对节地、节能、节水、节材、室内环境等方面的各项目措施，最终达到了绿色建筑三星级的设计标准。其中项目节能率达到70%，可再生能源（地源热泵）提供的空调用冷量和热量比例为100%，非传统水源（处理后的中水）利用率为60.97%，可再利用和可再循环材料利用率10.16%。

6.4 成本增量分析

项目综合运用了高校冷热源机组、提升围护结构性能参数、设置下凹绿地、使用节能灯具、节水器具、节水灌溉系统、节能电梯、排风热回收、中水回用、透水地面等技术，为实现绿色建筑而增加的初投资成本为306.59万，单位面积增量成本96.63元/m²。通过绿建各项措施，项目每年可节约的电费为11.31万元，每年可节约水费33.09万元，共节约44.40万元/年。

项目总投资14979.69万元，绿色建筑技术总投资306.59万元，成本回收期6.91年。见表6-6-4。

增量成本统计 表6-6-4

实现绿建采取的措施	单价	标准建筑采用的常规技术和产品	单价	应用量/面积	增量成本（万元）
高效冷热源机组	500000元/台	常规系统	300000元/台	2台	40.00
围护结构提高	530元/m²	满足《建筑照明设计标准》低限要求	500元/m²	20875.59m²	62.62
下凹绿地	183元/m²	常规绿地	180元/m²	11003m²	3.3
节能灯具	25元/m²	普通照明	15元/m²	33200m²	33.20
节水器具	2000元/个	普通节水器具	1200元/个	420个	33.60
滴灌系统	35元/m²	人工漫灌	10元/m²	11003m²	27.51
节能电梯	150000台/m²	普通电梯	100000元/m²	6台	30.00
排风热回收	20000元/台	普通新风机组	12000元/台	16台	12.80
CO_2监测系统	30元/m²	无空气质量监控系统	0	10068.28m²	30.20
自建中水系统	232300元/套	无	0	1套	23.23
透水地面	40元/m²	普通铺装	20元/m²	5058m²	10.12
合计					306.59

6.5 总 结

项目因地制宜采用了绿色的设计理念，主要技术措施总结如下：

（1）场地年径流总量控制率为 70%；

（2）围护结构热工性能指标比国家建筑节能设计标准的规定高 20.00%；

（3）地源热泵供冷供热，提供空调用冷量和热量比例为 100%；

（4）全部部位精装修项目；

（5）采用节水效率 1 级的卫生器具；

（6）项目采用自建中水进行厕所冲洗、绿地浇洒、道路冲洗；

（7）绿化灌溉采用节水滴灌；

（8）项目阶梯教室、90 座及以上教室内设置二氧化碳探测仪，并与新风系统联动；

（9）项目采用热回收式空调机组。

在当下低碳潮流风靡全球的时候，北京化工大学在大力推广普节能建筑的同时，应用先进的建筑技术，发展绿色、低碳建筑。北京化工大学昌平校区第一教学楼项目定位绿色建筑三星级目标，提倡因地制宜，打造以人文本，建设良好的学习办公环境，体现了北京化工大学坚持开发绿色建筑和积极响应国家号召的坚定决心和信念，也反映出北京化工大学对于国家节能环保事业的责任与贡献。

作者：冯伟　张颖（中国建筑科学研究院有限公司）

7 昆明长水国际机场航站楼

7 Terminal building of Kunming Changshui international airport

7.1 项目简介

昆明长水国际机场位于昆明市东北方向官渡区境内，距昆明市约 24.5km，距嵩明县城约 26km，距小哨乡约 8.5km。航站楼位于两条跑道之间的航站区用地南端，主要由前端主楼、前端东西两侧指廊、中央指廊、远端东西 Y 形指廊等几部分组成。南北总长度为 855.1m，东西宽 1134.8m。中央指廊宽度为 40m；Y 指廊宽度 37m，尽端局部放大到 63m；前端东西两侧指廊端部双侧机位的部分，指廊宽度 46m；指廊根部单侧机位部分指廊宽度为 28m（图 6-7-1）。

图 6-7-1　项目图

昆明长水国际机场航站楼建筑主要功能为旅客进出港、中转空间和设施，商业、餐饮等服务设施，后勤办公用房，行李处理用房和设施等。结构形式为钢结构，建筑层数为 4 层，申报建筑面积为 659017.5m²，申报用地面积 583665m²，建筑高度为南侧屋脊顶点标高 72.9m，容积率为 0.85，绿地率为 35.29%。

7.2 主要技术措施

7.2.1　节地与室外环境

（1）石漠化治理
在昆明新机场的场区范围内，从规划时即提出了生态恢复的要求，在满足功

399

能用地情况下，尽可能多的对原地表及屋顶、墙面进行绿化，从而达到生态治理的效果。为了提高昆明新机场场区内植被的成活率和保证生物多样性，特组织西南林学院就场内的绿化植被的选择、搭配等进行了专项研究，并召开专家评审会，确定树种选择以云南乡土树种为主，通过科学高效的植被搭配，使乔、灌、草合理搭配，使石漠化治理效果达到更优。

在工程设计之初步通过多次勘察研究，明确场区地下水的走向状况，避免工程对地下水的流向等产生影响，同时在建设时采取多项措施，保证地下水资源不受影响。对于本场区产生的雨、污水，设计专门的设施和管道进行处理和排放，对该区域的地下水资源起到了很好的保护作用。

对于地面水资源，考虑喀斯特地形储水性差，通过分枝浇灌等方式，节省水资源。通过此模式以小流域为单元，生物治理和工程治理相结合，通过实施边坡绿化、人工造林、坡改梯、综合排污和处理工程、综合雨水排放工程，使昆明新机场区域生态明显改善，石漠化危害的趋势被有效遏制（图 6-7-2）。

(*a*)　　　　　　　　　　　　　(*b*)

图 6-7-2　石漠化治理前后对比图

（*a*）治理前；（*b*）治理后

（2）场地遮阴

设有隐桥和登机廊桥可以实现场地遮阴，红线范围内的人行活动面积为室外面积除掉桃心区面积，为 156979.6m²，登机廊桥遮阴面积为 48858.73m²，遮阴面积比例为 31.21%（图 6-7-3）。

图 6-7-3　场地构筑物遮阴效果图

（3）交通设施

场地内交通组织采用人车分行，场地出入口到达公共汽车站的最短步行距离为 50m 小于 500m，场地出入口 800m 内有 5 个公交站点及 1 个轨道交通站，分别为 919B—小西门、919B1—西部客运站、919C—昆明火车站、919E—北市区车场、919C1—前兴路公交枢纽站，站点距离项目主要出入口均为 50m 以内。

长水机场配套完善，公交站点位于航站楼外的高架桥的下方，乘客可以通过航站楼内的地下通道及电梯，从航站楼内便利地到达位于 B1 层外的公交站点，过程中无需横穿马路。同时由 T2 航站楼有专用的人行道（地下连廊），到达轨道交通站点轻轨航空港南站，无需横穿马路（图 6-7-4）。

图 6-7-4　长水机场交通设施图

（4）停车设施

项目为方便员工非机动的使用需求，在航站楼周边设置非机动车停车位，派专人进行管理，非机动车停车位均设置在高架桥下方，可起到遮阳防雨措施，非机动车位免费开放（图 6-7-5）。

图 6-7-5　长水机场停车设施图

项目基地内部道路交通设计原则为"安全、便捷、人车分流"。临近两条市政道路均设有停车场出入口，车流进入即入停车场，方便人车分流管理，减少对航站楼行人的噪音影响。机动车分室外停车位和室内停车楼，室外停车位免费开放；室内停车楼设置停车库管理系统，设置区域建筑所有业态设停车场管理系统，对外收费开放。

（5）景观设计

　　项目站前广场以绿化为主，并在停车楼屋顶设有绿化屋面（图6-7-6）。场地绿地面积为205987.20m²，绿地率为35.29％。屋顶绿化面积为34416m²，占屋顶可绿化面积的91.1％。种植土覆土深度满足植物生长需求。

图6-7-6　长水机场停车楼屋顶绿化图

　　（6）雨水径流控制

　　经计算场地的综合径流系数为0.64，雨水除经绿地等下渗后，其余经场内统一设置的雨水收集池收集，提高场地内雨水径流控制率。场地内设置3个30万m³容积的雨水蓄水池，雨水需调蓄水池场地为原始的喀斯特地貌，地表蓄水能力弱，极易下渗，实现场内85％径流总量控制。

7.2.2　节能与能源利用

　　（1）空调系统

　　冷源系统采用电制冷＋水蓄冷的联合制冷系统，冷源机组采用3台制冷量为7032kW的约克离心式冷水机组，机组的COP为6.083，IPLV值为7.38。热源系统热源采用2台7MW的燃气锅炉和1台4.2MW的燃气锅炉，设置烟气余热回收提升锅炉效率，锅炉的综合效率分别为94.4％和95.1％（图6-7-7）。

　　航站楼内到达迎客大厅、出发候机大厅，值机大厅、行李提取大厅、远机位出发到达厅、联检大厅、VIP/CIP、商业餐饮等旅客公共区域均为全空气系统，采用变频送风机。对空调新风系统，设置相应的初效、中效空气过滤器，同时设

图 6-7-7 锅炉烟气余热回收图

活性炭过滤器，去除送风中的微生物颗粒物和气态污染物。

（2）水蓄冷＋电制冷联合供冷形式

航站楼冷源由能源中心提供，冷源采用电制冷＋水蓄冷的联合供冷形式，空调冷负荷为 233600kWh。制冷站室外南侧设置两个容积为 6300m³ 的蓄冷水罐，蓄冷量为 94660kWh。利用夜间电力低谷时段（23：00～7：00）使用 2 台主机并联蓄冷 8 小时，白天把蓄冷罐内冷量分配到高峰时段放冷，其余时段运行主机。蓄冷量达到总冷量比例为 40.5％（图 6-7-8）。

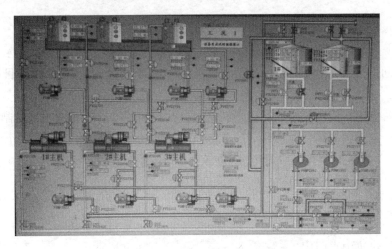

图 6-7-8 空调冷热源控制系统图

（3）余热回收

项目采用风冷螺杆热泵四管制热回收机组，回收制冷运行时产生的冷凝热，将这部分热能用作生活热水热源，实现能源综合利用，满足全部热水需求。

热回收型热泵机组在高温高压的气态工质进入到冷凝器前，加一套热回收用的热交换装置，冷凝器为热回收换热器（制冷剂环路/供热水环路）＋冷凝器（制冷剂环路/冷却风机）的形式（图 6-7-9）。

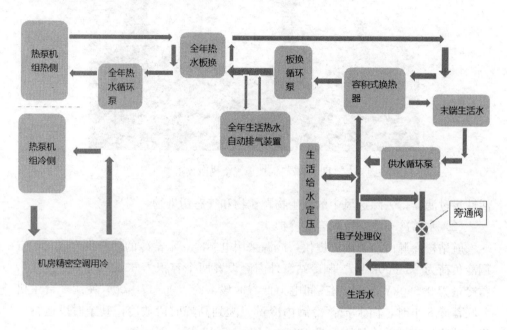

图 6-7-9 余热回收系统图

（4）节能照明与智能控制

光源灯具：节能、高效灯具使用率 100％，照明质量检测结果显示：主要功能空间的照度满足国家标准值，照明功率密度满足现行国家标准目标值的要求。

照明控制：昆明长水国际机场航站楼公共空间可以通过智能照明控制系统实现光感、定时、分区、航班联动等节能照明控制措施。项目内设置 25 个（13 外＋12 内）光感探测器，实时监控建筑外围及建筑内自然光强度（图 6-7-10、图 6-7-11）。每层 28 个照明分区。

7.2.3 节水与水资源利用

（1）建筑中水回用

项目设置污水处理站，采用 CASS（生物厌氧反应）污水处理工艺，收集场地内中水，处理后的中水达到城市杂用水水质标准后，作为市政中水源提供给绿化灌溉、道路冲洗、水景补水及冷却塔补水（图 6-7-12）。全年中水产量占中水需求量比例约 80.3％。

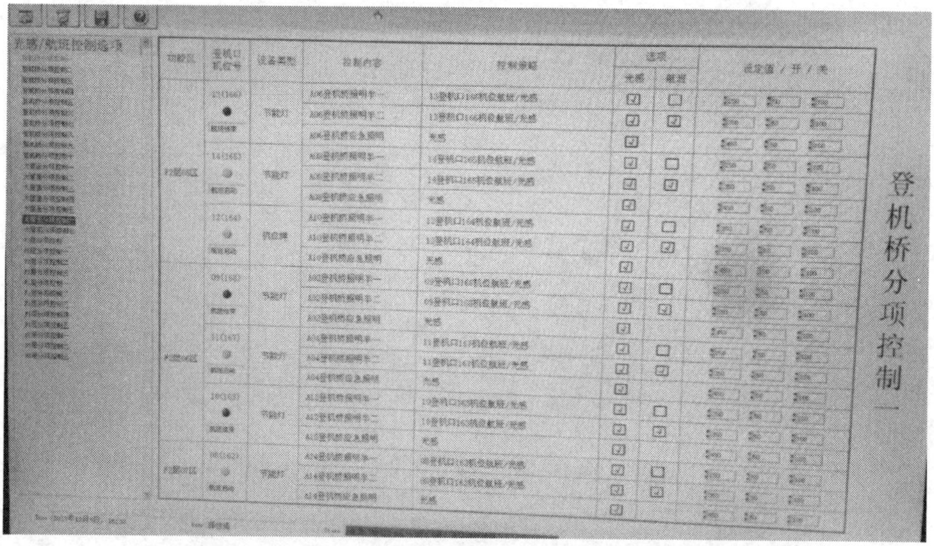

图 6-7-10 智能照明控制系统图

图 6-7-11 照明灯具图

（2）三级用水计量

设置分管理单元、分使用用途的计量水表，航站楼内部包括各驻场单位和承包商户的用水计量、卫生间用水计量（本次增设了卫生间计量水表）和其他办公用水计量，室外用水包括中水厂的补水计量、绿化灌溉道路冲洗计量、水景补水计量以及冷却水补水计量。各项计量数据可以通过远传到能耗管理平台，便于管理分析（图 6-7-13）。

图 6-7-12 中水回用系统图

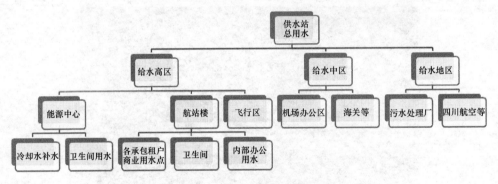

图 6-7-13 三级计量系统图

（3）节水器具

航站楼内部卫生间小便器、坐便器和水嘴等卫生器具均满足节水评价等级二级的要求（图 6-7-14）。水嘴用水量≤0.125L/s，坐便器冲水量大档≤5L/次，小

图 6-7-14 卫生器具图

406

挡≤3.5L/次，小便器冲水量≤3L/次。

（4）其他节水措施

项目冲洗采用高压水枪（图 6-7-15）。绿化采用微喷灌，同时设置 ET 气象传感器（图 6-7-16），实时监测当天的气象资料，如降雨、太阳辐射、温度和湿度，再结合每个电磁阀控制灌溉区域内的植物种类、灌水强度、土壤类型、植物生长成熟度等因素，自动生成当天的灌水制度。

图 6-7-15　高压水枪图　　　　　图 6-7-16　ET 气象传感器图

7.2.4　节材与材料资源利用

（1）土建与装修一体化

项目全部采取土建与装修一体化设计，无二次装修造成材料浪费（图 6-7-17）。

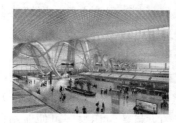  

图 6-7-17　内部装修图

（2）钢结构体系

项目支撑屋顶结构采用钢结构，其中中央大厅屋顶支撑结构为"钢彩带"，以体现七彩云南的主题，外形优美，极富特色（图 6-7-18）。机场设计独树一帜，采用钢结构制作的彩带，不设置纯装饰的构件，利用彩带方向不同，承担屋顶竖

图 6-7-18　外部钢彩带效果图

向荷载，传递地震荷载、风荷载等水平荷载。既为结构，又为造型、科技与美学的结合，成为世界最大的利用安全性隔震支座工程之一（图 6-7-19）。

图 6-7-19　内部钢结构图

通过竖向设计，使场地依地势逐步由北向南、由东向西匀质降低，大大减少了场地的高填方处理量，整个航站区因此可减少土石方回填量约 300 万 m³。

本工程地质条件非常复杂，场地地面起伏大，存在大面积填方区；回填技术采用结构架空层的做法，减少了场区的回填地基处理量，缩短了工期，也大大节约了工程造价，经估算，直指廊标准开间能节省造价 50％以上。

本工程结构主体采用隔震和阻尼相结合的抗震技术，大大降低了地上结构的地震作用，使航站楼上部结构的抗震设防从 8 度（0.28g）降低为 7 度（0.1g），在进一步提高航站楼结构抗震安全的前提下，可节约大量建筑用材，可使航站楼结构造价降低 5％～8％。

7.2.5　室内环境质量

（1）智能化系统

项目智能化系统建设有建筑设备监控系统、照明监控系统、电力监控系统、电梯/自动扶梯/自动步道监控系统、火灾自动报警及联动控制系统、安防系统等（图 6-7-20）。建筑设备监控系统包括空调冷热源系统、空调水系统、能量回收和风系统等设备运行状态的监测及报警、参数设定、运行台数控制、冷热量计量等。

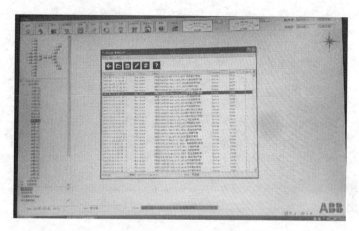

图 6-7-20 智能化系统照片

（2）空气质量监测系统

航站楼和能源中心设置 20 个 CO_2 监测点，主回风管道设二氧化碳传感器，最小新风比工况运行情况下，二氧化碳浓度检测值高于 0.1%（1000ppm）时，新风阀全开、回风阀关闭，同时开启排风机，系统按 100% 新风模式运行，直至室内二氧化碳检测值将为 0.08%（800ppm），恢复系统正常运行模式。屋面天窗根据室内 CO_2 浓度及室外风雨传感器自动启停（图 6-7-21）。

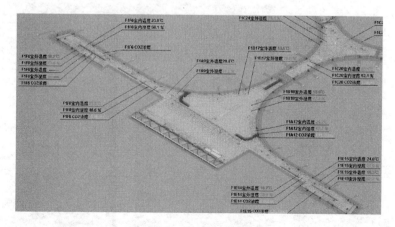

图 6-7-21 CO_2 监测点位图

地下车库设置 40 个左右 CO 监测点，当检测到的 CO 浓度在 150ppm～

600ppm 之间（3 次换气通风量）时，部分送风机及排风机运行；当 CO 平均浓度大于 600ppm（3 次换气通风量）时，各区域的送风机和排风机全部运行；CO 平均浓度小 150ppm 时，送风机和排风机全部停止运行（图 6-7-22）。

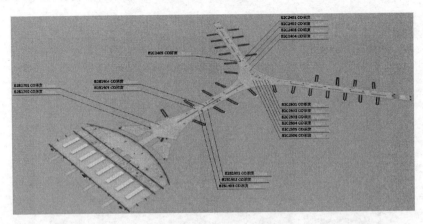

图 6-7-22　CO 监测点位图

7.2.6　施工管理

（1）施工组织体系

项目施工前指定合理的施工管理体系，并设置完善的组织机构。贯彻落实建设工程节地、节能、节水、节材和保护环境的技术经济政策，通过采用先进的技术措施和管理，最大程度地节约资源，提高能源利用率，减少施工活动对环境造成的不利影响（图 6-7-23）。

图 6-7-23　施工组织方案图

（2）废弃物资源化利用

项目在施工过程中监督、检查各施工现场做好固体废弃物的分类、收集、处置管理工作。项目经理部负责具体落实施工现场固体废弃物按要求分类收集、分类投放及清运处置管理工作。根据施工废弃物管理规定，在施工过程中不可避免产生的废弃物应该分类、有组织封闭堆放，定期进行处置，尽力减少施工现场产生的废弃物的量，并进行材料回收（图6-7-24）。

图6-7-24　施工废弃物分类回收机房图

（3）施工材料

项目装修过程中使用的机制砂、高晶天花板、防滑地砖等材料进行反射性检测，水性封固底漆检验全套技术指标、非公共区顶棚无机纤维喷涂的渣球含量和纤维平均直径进行检测，对内装其他材料进行检测都满足相关要求。对钢筋、混凝土、保温材料及装修过程中使用的等材料和设备进行检测，均满足相关行业标准（图6-7-25）。

7.2.7　运营管理

（1）能源管理激励制度

制定能耗管理激励制度，按照"重点奖励主控部门，鼓励全员节支贡献"的原则，分别对动力能源部、场区物业和航站区物业、机电设备部、信息技术部、

图 6-7-25　施工材料检验报告图

飞行区运行保障部、办公室、财务部等各部门制定月度、季度和年度考核指标，并设立奖罚措施（图 6-7-26）。需要在机场永久用能的驻场单位及商户应与机场签订《昆明长水国际机场有限责任公司供电（水）合同》，需临时用能的单位应到动力能源部领取临时用能申请表，填写相关内容，并根据申请负荷缴纳两个月用电、用水保证金，做到合理、有序的供、用能。

图 6-7-26　能耗考核指标分解图

（2）绿色教育宣传

昆明长水机场以"地球日、全国城市节水宣传周、全国节能宣传周"等活动为契机。开展"绿色机场 全民行动"专题宣传活动，完善了办公区域的节能标识。且每年至少1次邀请云南省的高校和环境协会等单位专业人员，在机场层面组织各单位负责人和能源管理员，参与节能减排和环境保护讲座，有效提升了机场各级人员的节能减排和环境保护意识。

长水机场的绿色行为和绩效获得了公共媒体的报道，包括民航资源网的《揭开长水机场节能减排工作的神秘面纱》《媒体记者走进长水机场 感受绿色空港魅力》等报道内容（图 6-7-27）。

图 6-7-27 节能减排新闻稿

（3）垃圾管理制度

项目首次在国内机场实现垃圾综合处理与利用，采用综合的垃圾资源化处理方案，通过合理规划和采用先进技术，开展了对垃圾进行无害化处理和资源化综合利用的专题研究，以机场的垃圾组为基础，采用综合的垃圾资源化处理方案，以最大限度减少最后进入垃圾填埋场的垃圾量，实现垃圾的无害化、减量化、资源化处理（图 6-7-28）。对固体垃圾的无害化处理达到 100%，填埋减量达 30%～50%。

7.2.8 提高与创新

（1）采取措施提高资源利用效率和建筑性能

项目以"被动优先、主动优化"为理念，促进机场的可持续发展，项目在"被动优先"方面所采用的措施如下：

改善场地微环境气候的措施：屋顶绿化增加了湿度，降低强烈日照影响。

合理设计建筑空间：项目所在地原为高原山地，地势北高南低。为适应地形节省土方，选择了对场地干扰最小的位置进行设计，并根据地势高差，采用剖面

图 6-7-28　机场内分类垃圾桶、垃圾房

设计，将到港大厅降至－5.00m 标高；对航站楼无地下室的区域采用结构架空层做法，即节约了大量人工和造价，同时又减少了对土地、自然环境的影响。

改善自然通风效果的措施：结合昆明周边天然自然环境，同时考虑需避免受飞机滑行噪声及尾气的影响，建筑立面和屋顶设置可开启扇，春秋季以及夏季早晨及傍晚等室外温湿度较低时，通过智能窗控系统实现侧窗电动开启及屋顶开启，改善自然通风，减少空调能耗，基本可以保证室内温度在 2℃，保证了室内舒适（图 6-7-29、图 6-7-30）。

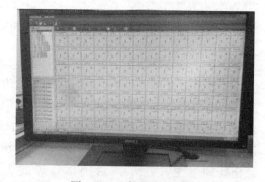

图 6-7-29　电动可开启扇　　　　　　　图 6-7-30　智能窗控系统

改善室内天然采光措施：通过建筑立面设置玻璃幕墙，可以加强内部的自然采光，从而降低人工照明能耗。通过在航站楼屋面设置天窗，补充在室内大进深内部区域的自然采光，同时通过在停车楼与航站楼之前的走道上方设置采光天窗，提高停车楼的自然采光效果（图 6-7-31）。

提升建筑保温隔热效果的措施：多种遮阳措施防止夏季太阳辐射，屋脊天窗下方采用内遮阳板，玻璃幕墙外设置 800mm 宽外遮阳板，玻璃幕墙设置不同密度的釉面处理。

合理运用其他被动措施：采用类似飞机的造型，大大提高了近机位的设置数

图 6-7-31　侧采光及屋脊采光带

量。采用石漠化治理措施，恢复场地生态。

（2）塑料回收加工

项目委托云南昆船环保科技有限公司对航站楼内的垃圾进行清运和处理，对于收集的生活垃圾进行分拣，对分拣出的塑料瓶和塑料袋等塑料类、纸类和金属类等进行打碎成 PET 瓶片、PE 塑料颗粒、RDF 颗粒等颗粒后再加工成木塑复合材料，木塑复合材料可以应用于包装运输、园林景观和装饰建筑等领域。

（3）沼气发电

项目采用污水处理、沼气发电综合工程，利用污水处理中厌氧发酵处理产生的沼气用于发动机上，并装有综合发电装置，以产生电能，实现项目内能源的综合利用，具有创效、节能、安全和环保等特点（图 6-7-32）。

图 6-7-32　沼气发电区

7.3　实　施　效　果

航站楼对空调系统、动力系统、照明系统、各商户等各分项进行分项计量，并通过远传电表至电能信息管理系统，便于项目内部能耗分析。根据 2016 年 10

415

月～2017 年 9 月各分项能耗统计数据，航站内单位面积总能耗为 150.7kWh，空调系统单位能耗为 31.87kWh，项目节能率为 51.71%。

用水量方面，根据 2016 年 11 月～2017 年 10 月实际用水量统计数据，总用水量为 724557m³，小于定额计算的低限值。项目采用的可再循环材料使用重量占所用建筑材料总重量的 11.89%。

作者： 陈喜[1] 孙红鸣[1] 陈熙[1] 方琪[1] 邵文晞[2] 朱琼宇[2] 朱淑静[2]（1. 昆明长水国际机场有限责任公司；2. 中国建筑科学研究院有限公司上海分公司）

8 北京新机场航站楼和停车楼

8 Beijing new airport terminal and parking building project

北京新机场位于永定河北岸，北京市大兴区榆垡镇、礼贤镇和河北省廊坊市广阳区之间，总建筑面积约 140 万 m^2，其中包括航站楼、飞行区域、轨道交通中心、停车楼和综合服务楼工程。其中航站楼和停车楼工程 2017 年 9 月 11 日获得绿色建筑设计标识三星级证书，于同年 9 月 18 日获得国内第一个节能建筑设计标识三星级证书。具有良好的节能效果。

8.1 项 目 介 绍

航站楼建筑和换乘中心由主楼和五条指廊组成了一个包络在 1200m 直径大圆中的中心放射形态，总用地面积约 30 万 m^2（包括航站楼轮廓之外、楼前高架桥下部的 B1 层轨道交通厅用地面积 2.4 万 m^2）。建筑地上共 5 层，地下共 2 层，建筑高度 50.9m，为钢筋混凝土框架结构（图 6-8-1）。五层为值机大厅及陆侧餐

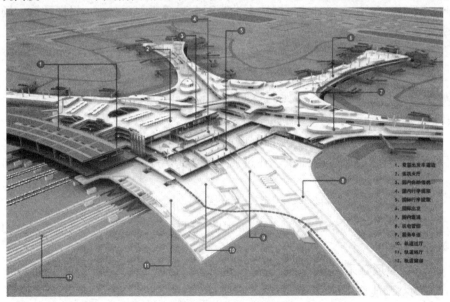

图 6-8-1　航站楼结构图

饮等服务设施；四层为主楼北区为国际常规办票大厅、国际出发安检。主楼南区为国际出发海关、边防。三层为国内自助办票厅、安检现场。其余指廊为国际出发区。二层主楼北区为行李提取厅，中央指廊为国际到港通道。首层为迎客厅，各指廊有楼内酒店、后勤办公及一些机电设备机房等。地下一层为旅客连接地下二层轨道交通的转换空间，最底层为轨道站台。

停车楼位于航站楼和综合换乘中心北侧，主要为航站楼旅客提供停车使用，并相应结合制冷站、综合服务楼及轨道北站厅等部分。停车楼外部造型前如航站楼和综合服务楼，与航站区主体工程形成一个整体。停车楼地上三层，分为东西停车楼，地下为一层整体平面，局部设置设备管廊。地下两层，与航站楼标高一致。

8.2 绿色建筑技术介绍

8.2.1 建筑与景观

项目建筑与景观方面采用了多形式 LID 措施、屋顶夹层增强自然通风、多环境参数模拟等一系列绿色化手段。

（1）项目室外采用多种形式的 LID 措施，增加雨水渗透，降低地表径流，改善地下水涵养。共采用下凹式绿地面积为 $13627m^2$，采用屋顶绿地面积 $2204.46m^2$，具有调蓄雨水功能的绿地面积比例为 39.08%；透水路面占硬质铺装比例不低于 70%；同时项目场地内设置雨水调蓄池 $12000m^3$。根据计算，场地径流系数大于 85% 的要求。

（2）项目在设计时严控围护结构热工性能，严格按照即将发布的 2015 版北京《公共建筑节能设计标准》进行设计，天窗和玻璃幕墙采用高透型 Low-E 中空玻璃窗，夏季隔热，冬季保温，同时保证可见光透进室内，改善天热采光效果。

（3）建筑在幕墙顶部和天窗四周设置开启扇，并利用数值模拟的方法优化通风路径和开启扇的位置及面积，在过渡季充分利用自然通风降温，节约空调能耗，改善室内环境质量。

（4）建筑外窗气密性等级不低于现行国家标准《建筑外门窗气密、水密、抗风压性能分级及检测方法》GB/T 7106 中规定的 7 级，降低室外风渗透，节约空调采暖能耗。

（5）建筑屋顶采用通风夹层屋面，利用夹层通风带走太阳热量，降低屋顶得热，节约空调能耗。

（6）建筑室外通过 CFD 建模进行风环境模拟，根据模拟结果显示冬季人行区平均风速为 3.0m/s 以下，建筑迎风面和背风面压差为 5Pa 以下，过渡季和夏季风度较低，场地内无涡旋，外窗内外表面风压差为 3Pa 左右（图 6-8-2）。

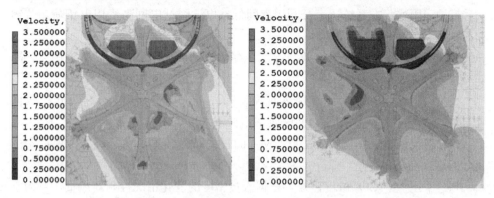

图 6-8-2　场地冬季与夏季 1.5m 速度分布图

8.2.2　结构

（1）项目 100％采用预拌混凝土和预拌砂浆。

（2）项目对地基基础、结构体系和结构构件进行优化设计。采用筏板＋柱下局部加厚的基础形式，避免了大面积超厚板基础方案。从航站楼到停车楼，底板逐步优化，从厚度 2.5m 优化到 2m；桩基施工工艺优化，采用泥浆较少的旋挖施工工艺，绿色环保；通过设置结构缝，将航站楼超大的体量分成相对独立的结构单元，在独立的结构单元内，使结构平面形状尽量简单、规则、刚度和承载力分布较为均匀，明显降低了结构的体型不规则性，减小了由于结构超长带来的特别不利影响，使结构方案更合理，造价更低；航站楼三级钢及以上钢筋用量达到 100％，钢结构 Q345 及以上高强钢材用量占钢材总量的比例达到 70％以上，还采用了屈服强度级别达到 460MPa 的高建钢，减轻了结构重量、降低钢结构用材的厚度，从而减少结构用钢量。

（3）项目大量采用高强度钢筋和钢材，HRB400 级钢筋和 Q345 钢材重量占到总重量的 100％。可再循环材料主要为钢筋、钢材和玻璃幕墙，占到总建筑材料的 10.08％。

8.2.3　暖通空调

（1）国内首家将冷冻站设置在停车楼内，缩短冷冻水输配距离，同时加大冷冻水供回水温差，以节约空调能耗。

（2）航站楼的冷源由集中制冷站提供，采用冰蓄冷作为集中冷源。航站楼内分 4 个区域设置制冷机组，用于信息机房等区域全年供冷；航站楼内设置飞机机舱地面空调冷源。航站楼热源由区域供热站提供。航站楼内的冷水机组的能效比《公共建筑节能设计标准》要求提高12%。

（3）采用冰蓄冷系统，充分利用夜间低谷电，降低电网高峰用电负荷，节约运行费用。

（4）利用冰蓄冷供水温度低的特点，在全空气系统区域采用大温差送风，降低风机能耗。

（5）项目在新风机组上设置热回收装置，共65台。其中52台为转轮热回收，13台为显热回收。新风热回收效率不低于65%。

（6）新风系统采用能有效去除$PM_{2.5}$的过滤净化装置，在雾霾天气保证室内良好的空气品质。

（7）采用室内CO_2浓度监控，根据人员密度的变化情况控制新风量，节约空调采暖能耗。

8.2.4 给排水

（1）坐便器、小便器、水龙头及淋浴器等卫生洁具采用国家规定的一级节水器具。

（2）采用冷凝热回收技术制备生活热水，供应给餐饮有集中生活热水需求的区域。

（3）收集屋面和道路雨水，经处理后进行绿化和道路冲洗，绿化灌溉采用喷灌的节水灌溉方式。并增加了土壤湿度感应器和雨天关闭系统。利用收集回用的雨水进行绿化灌溉，厂区中水为补充用水。

（4）项目停车楼和航站楼冷却水补水采用航站楼路程和空侧收集的屋面雨水，雨水机房额外处理水量$210m^3/h$，每日运行12小时，能够满足冷却水补水93.39%的用水量。处理后水质满足《采暖空调系统水质》GB/T 29044、《城市污水再生利用 城市杂用水水质》GB/T 18920 的规定。

（5）项目收集航站楼陆侧屋面雨水，收集后净化处理用于制冷站冷却塔补水和航站楼各指廊庭院绿化用水，满足2.5天的用水量设计。在C、G指廊地下结构空间内分别设置雨水利用水池，每个水池容积为$6000m^3$，共计$12000m^3$。处理后雨水用于绿化灌溉、道路浇洒和车库冲洗，能满足实际用水量88.13%的要求。雨水收集池经以上工艺处理后，出水水质满足国家标准（图6-8-3）。水量不足时由市政中水补充。

8.2.5 电气

（1）节能光源、高效灯具使用率100%。大量采用LED灯、小功率陶瓷金卤灯、T5荧光灯（>25W）等绿色光源；根据光源类型配置高效电子镇流器或节能型电感镇流器。同时设置智能照明控制系统，主要采用分区支路、分时控制局部附加单灯控制方式，采用照明节能技术和管理相结合。设置智能照明控制系统，

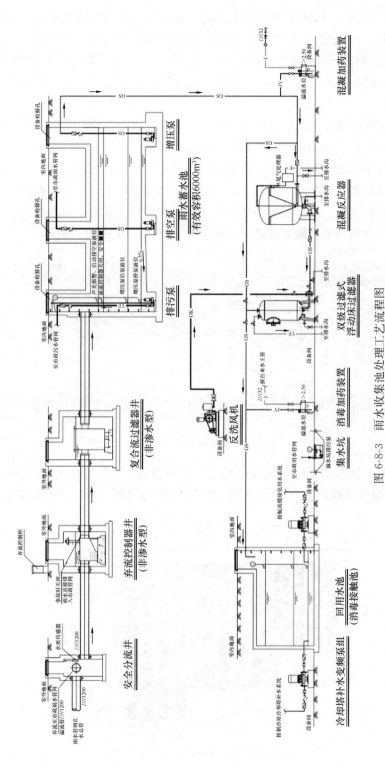

图 6-8-3　雨水收集池处理工艺流程图

主要采用分区支路、分时控制局部附加单灯控制方式，采用照明节能技术和管理相结合。所有区域的照明功率密度均满足现行国家标准《建筑照明设计标准》GB 50034 规定的目标值要求。

（2）高压配电房深入负荷中心，同时采用高效变配电设备，以降低电力输配过程的损耗。

（3）采用建筑设备管理系统对暖通空调系统进行自动监控，采用完善的分项能耗计量系统，为后期的运行管理和节能诊断提供条件。

（4）项目在主回风管道设置二氧化碳传感器，回风二氧化碳浓度超过设定值时优先运行变频器工频状态下的最小新风模式，稀释室内空气，以此来保证变风量系统的最小新风量。在停车楼地下一层～二层均设置一氧化碳浓度监测点，设置传感器对车库内一氧化碳浓度进行数据采集，并与排风系统联动（图 6-8-4）。

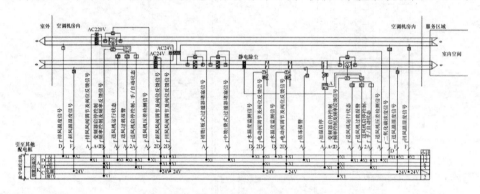

图 6-8-4　新风监控原理图

（5）在停车楼屋面采用光伏发电系统，在东西停车楼屋面分布式采取 9 块 125Wp 光伏组件串联，供 1920 个支路，共 2.16MWp（图 6-8-5）。安装容量为航

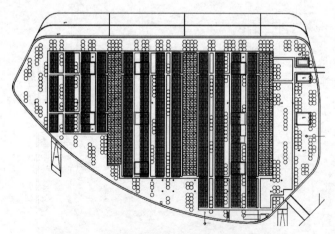

图 6-8-5　西停车楼光伏发电组件排布示意图

站楼与停车楼总耗电量的 3.79%。

8.3 小 结

项目通过优化各项设计达到良好的绿色效果：停车楼屋顶可绿化面积比例 100%、围护结构节能率 2.18%、暖通空调系统节能率 23.85%，可再生能源利用率 3.79%（电量）、采用余热废热利用，其中 91.02% 集中生活热水由余热供给。天然采光达标面积为 87.16%、非传统水源利用率 4.49%、可再利用和可再循环材料利用率 10.08%、年径流总量控制率为 85%。

作者：林波荣[1]　肖伟[2]　李晋秋[2]　白洋[2]（1. 清华大学建筑学院；2. 北京清华同衡规划设计研究院有限公司）

9 上海市虹桥商务区核心区
9 Core area of Shanghai Hongqiao CBD

9.1 项目简介

上海市虹桥商务区位于上海市中心城西侧，沪宁、沪杭发展轴线的交汇处，是上海经济社会发展的重要区域。依托虹桥综合交通枢纽，这里将建设成为上海现代服务业的集聚区、上海国际贸易中心建设的新平台、面向国内外企业总部和贸易机构的汇集地，服务长三角地区、服务长江流域、服务全国的高端商务中心。

虹桥商务区规划用地面积约86.6km^2，主功能区面积约26km^2，其中核心区为商务区中部商务功能集聚的区域，面积约为3.7km^2（图6-9-1）。核心区包括核心区一期、南北片区。核心区一期东侧紧邻虹桥综合交通枢纽本体，面积约1.4km^2。南北片区为一期的空间延伸，总用地面积为2.24km^2。核心区开发规模地上约为500万m^2，地下约为280万m^2，是目前虹桥商务区低碳发展实践的重要载体（图6-9-2）。

图 6-9-1　虹桥商务区
核心区规划范围示意图

图 6-9-2　虹桥商务区
核心区区位效果图

9.2 主要技术措施及实施效果

作为上海市虹桥商务区的核心区域，核心区3.7km^{2}主体功能定位为现代商务功能，秉承"最低碳、特智慧、大交通、优贸易、全配套、崇人文"的发展理念，逐步实现将虹桥商务区建设成为上海市低碳发展示范区和世界一流商务区的目标。截至 2018 年底，核心区内新建建筑总体竣工率超过 85%，结合先进的发展理念，区域内采用了一系列绿色生态的技术措施，主要包括城区功能业态混合开发，设置立体分层的慢行系统、打造全面连通的地下空间、新建建筑 100% 按照绿色建筑设计、建造低碳能效运行管理平台等。

9.2.1 土地利用

虹桥商务区核心区科学合理利用土地，在混合开发、TOD 发展模式、居住区公共服务设施配套、公共开放空间设置、城区通风廊道、居住建筑合理朝向、城市设计等方面体现了绿色生态城区的要求。突出的几点包括：① 建设用地包含了居住用地、公共管理与公共服务设施用地、商业服务业设施用地三类，混合开发比例为 100%；② 城区采用了公共交通导向的用地布局模式，混合开发的公共交通站点比例 100%；③ 城区合理规划了市政路网密度，路网密度 8.8km/km²，体现了窄路密网的理念；④ 城区内的居住区公共服务设施具有较好地便捷性，较好地实现了居、教、养、商的平衡；⑤ 城区内设置了公共开放空间，并具有均好性、连续性和可达性；⑥ 城区内的居住建筑位于合理的建筑朝向范围内，有利于建筑节能；⑦ 考虑上海地区的全年主导风向，城区内利用街道等形成了连续的通风廊道；⑧ 城市设计注重了城市风貌特色、空间形态、建筑体量与环境品质等方面。

在土地利用方面，项目充分利用当地的土地和环境条件，利用场地内的河流和道路情况建设通风廊道，有效降低了热岛效应，同时在配套设施、公共空间等方面合理规划，为当地的工作者和使用者提供了良好的居住和工作体验。

9.2.2 生态环境

由于虹桥商务区的绿色生态建设定位是成为上海市低碳实践区，国家绿色生态示范城区和世界一流商务区，是高端商务中心的中心。但在核心区内，绿化生态工作仍是重中之重。管委会积极开展屋顶绿化工作，在有限的区域内实现最大程度的生态绿化，营造美丽的第五立面和良好的生态环境。

在水资源利用方面，核心区内的市政设施，如供水管网、自来水厂、排水管网与污水处理厂等均建设状况良好，能够满足已建及在建地块的需求；城区内防洪排涝系统设施齐全，管理到位；海绵城市建设规划规划已经通过批准，并制定了实施计划；河道水体经过近年的整治有了较大的改观，水体水质总体可达到我国《地表水环境质量标准》GB 3838 规定的Ⅵ类。

在环境质量把控方面，通过现场实测及统计数据的分析，城区内的空气质量、噪声、垃圾运输等均符合生态城区的建设要求，为当地的居住者和工作者提供了良好的城区环境。总体而言，上海虹桥商务区核心区在生态环境方面体现了绿色生态的城区发展理念，从生态绿化、市政基础和环境质量等多方面践行了绿色低碳的要求（图 6-9-3）。

图 6-9-3　屋顶绿化实景图

9.2.3　绿色建筑

在绿色建筑方面，通过虹桥商务区管理委员会多年来的管控，核心区实现了绿色建筑二星级及以上设计标识全覆盖，运行标识逐步增长的趋势，为商务区的低碳建设工作做出了重大贡献。

在设计、施工、竣工等环节，通过一系列绿色建筑的管控文件实现绿色建筑的全过程管控，确保建筑的绿色技术措施最终落地，体现了真正的绿色建筑内涵。目前，核心区内项目已全部获得绿色建筑设计标识认证（全部为二星级及以上）。其中，二星级项目 29 个，标识面积 238.3 万 m^2，面积占比 41.9%；三星级项目 35 个，标识面积 330.43 万 m^2，面积占比 58.1%。

在运行管理环节，通过专项发展资金引导效应，对按照绿色建筑要求运行的项目予以补贴，鼓励项目主体积极推行绿色建筑，采用绿色技术措施。目前已有两个项目获得绿色建筑运行标识，面积达到 240381m^2，占总竣工项目面积的比例达到 6.05%。

在绿色建筑后评估方面，针对每年的能耗监测平台运行情况和当年的绿色建筑工作开展年度评估工作，出具年度评估报告，另外在工作中多次开展工作例会，并实行季度工作总结和年度工作总结制度。

9.2.4　资源与碳排放

虹桥商务区核心区通过区域三联供实现对区域内项目的集中供冷和供热，已建成的"两站一网"，可以提供区域的电力、供冷、供热（包括热水）三种能源需求，实现了余热、废热能源梯级利用，并建立了具有数据基本应用、监管区域能源消耗、三联供能源优化协调等多项实施目标的监测和服务等多项功能的监控平台，实现了整个城区范围内能源的高效、科学利用。虹桥商务区核心区 2017 年全年余热利用共节能 110MkWh。夏季制冷工况下能源站系统通过冷水机组充分发挥了能源系统的优势，在供冷需求最高的 7 月和 8 月，1 号能源站的一次能源利用效率分别达到 199％、218％，2 号能源站的一次能源利用效率则分别达到 248％、262％，实现了高效节能运行。

通过减少交通和建筑方面的碳排放，推广绿色交通和绿色建筑，同时应增加绿化用地，增加碳汇等低碳措施，虹桥商务区核心区单位面积碳排放减碳比达到 58.35％，实现了原定的较同类商务区 2005 年的碳排放水平减少 45％的减碳目标。

9.2.5 绿色交通

无缝衔接、零距离换乘是当前综合交通发展追求的目标，虹桥商务区地面公交与轨道交通接驳，联动。为进一步提升区域内绿色出行率，建有完善的立体交通慢行体系，地下通道＋二层步廊的设计方式将城区内的建筑连接起来，使用者可通过步行方式方便到达目的地。在绿道建设方面，通过现场实地调研，虹桥商务区核心区内绿道长度为 7.57km，可为当地居民提供良好的休憩和锻炼空间（图 6-9-4～图 6-9-8）。

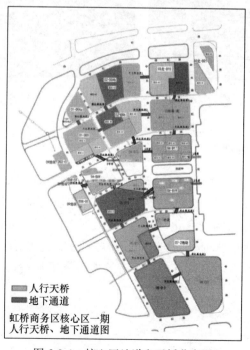

图 6-9-4　核心区地道和天桥分布图

图 6-9-5 地下通道实景图

图 6-9-6 二层步廊实景图

图 6-9-7 核心区绿道分布情况

图 6-9-8 绿道实景图

9.2.6 信息化管理

目前，城区内设有的能效运行管理平台、交通信息化管理系统、停车信息化系统、信息通信服务设施、绿色生态城区市民信息服务系统由管委会对其进行管理。虹桥商务区核心区的信息化管理系统建设依托了上海市智慧城市的建设成果，贴近管委会和属地管理机构的日常业务，扎实做好基础工作，创新应用内容和方式，各类系统稳定运行，有力地、有效地支撑了虹桥商务区核心区的安全、低碳和智慧运行。

9.2.7 人文

在公众参与方面，城区在规划设计、建设与运营阶段对设计方案及出台政策均进行公示，并征询专家、民众意见，保障公众参与。同时，城区设立多处公益性设施，包括文化活动馆、图书馆、文化展示厅、体育中心等，并对公众免费开放。

在绿色生活方面，虹桥商务区制定了《绿色生活与消费导则》，其中对于节能、节水、绿色出行、减少垃圾、绿色教育等方面均进行了倡导，并提出了具体措施和意见，便于引导居民和工作人员在生活中真正做到节能节水。

在绿色教育方面，城区内设置了生态城区展示平台，展示虹桥商务区"最低碳""特智慧"的开发建设特色，并致力将其建设成虹桥商务区，乃至上海市绿色低碳、智慧技术展示、学术交流和科普教育的平台。

综上所述，虹桥商务区在以人为本的基础上，通过制定相关政策，引导绿色行为以实现节能节水。同时针对老人、失业人员制定了完善的政策，使商务区真正成为崇人文的城区。

9.2.8　产业与经济

基于上海的大环境，核心区在产业与经济方面有良好的基础，对于后续的发展具有良好的推动作用。目前，核心区主要行业为商贸业、专业服务业、生活性服务业、房地产业、娱乐业、广告业、建筑业、仓储运输业，均为第三产业，其第三产业增加值比重为 100%，不涉及无工业企业造成的污染。

根据统计年鉴的数据分析，在单位 GDP 能耗方面，上海市 2015 年较 2014 年单位 GDP 进一步降低率为 1.9%，2016 年较 2015 年单位 GDP 能耗进一步降低率为 4.3%。在单位 GDP 水耗方面，2015 年较 2010 年单位 GDP 水耗进一步降低率为 18.3%。

9.3　社会经济效益分析

虹桥商务区核心区在绿色低碳方面始终践行"最低碳"的发展理念，不断加大低碳能效平台的接入力度，从 2017 年的 30% 接入率提升到 50%；新建设了二层步廊东延伸段，完善商务区内的绿色交通系统；商务区全数楼宇按照绿色建筑设计，58.1% 达到绿色建筑三星级标识，41.9% 达到绿色建筑二星级标识；南北片区近 9 万 m² 的屋顶绿化已于 9 月底建成，既节约了土地资源，提升了生态环境质量，也为商务区的减碳起到了一定的效果；2017 年度虹桥商务区核心区单位面积碳排放减碳比达到 58.35%，实现了原定 45% 的减碳目标，具有良好的经济效益和社会效益。

虹桥商务区核心区作为国内首个绿色生态城区三星级实施运管标识项目，意义重大、影响深远，必将在国内甚至国际上起到标杆示范作用，对之后绿色生态城区的建设具有极大的借鉴和参考意义。虹桥商务区建设绿色生态城区，既是对绿色建筑发展外延和内涵的拓展，也是转变经济发展方式的必然选择，更是建设生态之城的必由之路。

9.4 总 结

绿色、低碳建设是国家可持续发展战略的重要载体，是加快转变经济发展方式的关键。绿色、低碳建设更是一项既要有"大写意"，又要从细处着眼、从小处着手的工作，需要不断的总结经验，加强开创。未来，虹桥商务区将在以往的建设基础上不断完善城区内的技术和设施，围绕立体慢行交通、绿色建筑运营、低碳能效平台管理、屋顶立体绿化、共享单车管理、生态水系、"口袋公园"等元素，继续传承"工匠精神"，发扬"绣花精神"，为当地的居住者和工作者提供一个更加良好的居住环境和工作环境，建设一个更加绿色低碳、生态宜居的城区。

作者：徐明生 刘华伟 董昆（上海虹桥商务区管理委员会）

10 2019年中国北京世界园艺博览会项目

10 International Horticultural Exhibition 2019 Beijing China Project

10.1 项 目 简 介

2019年中国北京世界园艺博览会（英文名称：International Horticultural Exhibition 2019，Beijing，China）经国务院批准，同意北京市代表中国申办，2012年9月29日，由国际园艺生产者协会批准，2014年6月11日，由国际展览局第155次全体大会认可。将于2019年4月29日~2019年10月7日在中国北京市延庆区召开，展期162天。是继1999年昆明世园会、2008年北京奥运会和2010年上海世博会之后，我国将举办的级别最高、规模最大的专业A1类世界博览会。

世园会园区位于北京市域西北部，延庆区西南部，东部紧邻延庆新城（图6-10-1）。围栏区用地面积约503公顷，总建筑面积约26~35万 m^2，其中，展馆建筑规模8~12万 m^2，包括中国馆、生活体验馆、国际馆、植物馆、演艺中心，承担室内园艺展览和世园会开闭幕式、演出活动等功能；园艺小镇5~8万 m^2，主要承担展示家庭生活中的园艺功能；园艺产业配套商业建筑5~7万

图 6-10-1 园区鸟瞰效果图

431

m²，主要承担园艺展示产品商业交易功能。

2017 年 11 月，北京世园局组织编制的"2019 年北京世界园艺博览会综合规划"荣获 2017 年 IFLA 规划分析类杰出奖。2018 年 12 月，2019 北京世界园艺博览会园区荣获"2018 年度北京市绿色生态示范区"称号。

10.2 主要技术措施

2019 北京世园会秉持着生态优先、师法自然、传承文化、开放包容、科技智慧、时尚多元、创新办会、永续利用的规划理念，体现在生态、低碳、智慧、人文等方面。

10.2.1 生态环境

（1）生态保留

保留现状植被资源不被破坏，保留现状树木约 5 万棵；保留现状植被群落不被干扰；保护现状大树、古树名木不被砍伐；完善植被生态系统，创造绿色生态本底，新增乔木约 5 万棵，新增灌木约 13 万棵。如图 6-10-2 所示。

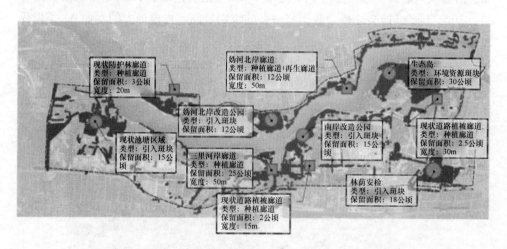

图 6-10-2　现状植被保留策略

保留和构建生态水脉，保护生态水域面积不减少、生态水系驳岸不破坏、生态水系水质不污染；构建湿地缓冲区，保护妫河两岸湿地，同时营造滨水物种栖息环境；设置雨水花园、植草沟等，建立农业面源污染控制带。

截留污染源，避免土壤受到水系、农药、化肥等污染；保护并增加园区自然肥力；防止水土流失；增加人工肥力，对贫瘠的土地进行人工土壤改良。

（2）生物多样性

通过营造多样化的生物生境，进行低扰动开发、近自然化改造，达到丰富生物多样性，提升科普宣教功能的目标。

以鸟类营造为例，采用在人工林中采用打开林窗的方式，提升该片区的作为鸟类生境的质量。优先选择片区内生长质量不佳的杨树进行采伐，采伐后空间较大的区域，适当补植榆树、白蜡、国槐等结种树木，吸引鸟类觅食，同时，公园绿化维护管理时有意的避免清理绿地上的落叶。

（3）海绵园区

通过低影响开发措施、水质保障及径流污染控制策略的实施，将自然途径与人工措施相结合，在确保城市排水防涝安全的前提下，最大限度地实现雨水在园区的自然积存、渗透和净化，建设"海绵园区"。同时，采取雨水控制与利用措施，减少雨水外排量，降低径流污染，加强雨水回用，并采用设置沉砂池等初效过滤方式，保障水体水质（图6-10-3）。

图 6-10-3　汇水分区图

（4）生态水脉

通过分质供水、节水灌溉、加强非传统水资源利用等措施，构建多元节约型供水保障体系。统筹低影响开发雨水系统、雨水排除系统及排涝系统，构建海绵型雨水管理体系。充分考虑园区内建筑分布及地形特点，以分散与集中相结合为原则构建经济高效型污水处理体系。结合供水、雨水、污水、再生水体系的建设，通过对水体生态链的调控，构建具备净化能力的综合型水环境及水生态体系（图6-10-4）。

图 6-10-4 "生态水脉"平面规划图

10.2.2 绿色建筑

园区中，大型公共建筑（＞2万 m²）100％达到绿色（博览）建筑三星标准，包括中国馆、国际馆和生活体验馆。

（1）中国馆

用地面积 48000m²，总建筑面积 23000m²。中国馆引入地道风技术，在夏季进行空气冷却、冬季利用浅层土壤的蓄热能力进行空气加热的通风节能措施，能大幅缩短空调开启时间，有效降低建筑使用能耗（图 6-10-5）。

图 6-10-5 中国馆采用绿色建筑技术示意图

（2）国际馆

用地面积36000m²，建筑规模22000m²。国际馆屋面由94把花伞构成，如同一片花海飘落在园区里。花伞设计不只美观，还具备了遮阳、太阳能光伏一体化和雨水收集作用，有效地改善了室内采光条件，室内自然采光和光环境舒适度大幅提高，还可实现节能与节水的目标（图6-10-6）。

图6-10-6 国际馆采用绿色建筑技术示意图

（3）生活体验馆

用地面积36000m²，总建筑面积21000m²。生活体验馆设置绿化种植屋面，使屋顶绿化面积占屋顶可绿化面积的30%以上。并综合采用雨水收集、生态滴灌等技术，营造区域微气候。

10.2.3 资源与碳排放

（1）地源热泵

园区内核心区展馆供暖空调规模化的应用地源热泵，地源热泵是高效、节能、环保的可再生资源，在冬季作为热泵供暖的热源。采用梯级利用的手段，通过输入少量的高品位能源（如电能），实现低品位热能向高品位热能的转移。

（2）多能互补

世园会园区采用多能互补的能源方案。其中，冬季供暖采用深层地热、浅层地温、水蓄能和调峰燃气真空锅炉的技术，夏季制冷采用浅层地温、水蓄能和调峰电制冷冷水机组的技术。

（3）低碳生活

园区基于物联网技术，对园区生物多样性等信息进行实时展示和相关数据发布的技术，同时对植物集群及代表植物分类碳汇作用进行相关数据统计。

园区采用以人为单位的国际"碳足迹"评测方法，针对参观人员在园区内的行为，进行即时统计，研究世园会游客"碳足迹"信息系统和应用，统计游客交通、饮食和垃圾等方面的碳排放数据，建立绿色规划和人行为模式之间的数据联系，计算游客一天观览活动所产生的碳排放量化，将个人碳排放统计数据推送给参观者，并提供减碳行为建议，引导人们低碳生活方式。

园区引入绿色设计模拟展示技术，研究世园会建筑节能、水资源利用、可再生能源利用、园区交通、景观道路照明等园区绿色建筑技术的原理模拟及动态展示系统，同时涵盖园区水质监测和情况分布实时展示，并进行相关能耗和碳减排数据展示发布系统。

10.2.4　绿色交通

（1）自行车及步行系统

园区内所有地块采用开放式设计理念，通过慢行交通系统连接，并与电瓶车站点结合紧密无缝连接。园区内共设 15 处电瓶车站，并就近设置自行车租赁点和存车处。非机动车及人行系统具备完善的道路设施，包括照明设施、休息座椅、直饮水设施、公共卫生间等。根据日客流量预测，合理设施自行车停车位，并 100％配备遮阳防雨措施。

（2）绿色道路

园区内道路铺设采用环保节能材料，电瓶车道路、人行道路、停车场等采用透水性材料，促进雨水下渗，回补地下水。通过道路横坡，将道路雨水收集至两侧或中间绿化带中的生态草沟内，滞留雨水，缓解雨水径流。与此同时，园区内使用太阳能风力发电路灯，提供电瓶车站的路灯及景观照明。

（3）无障碍设施

园区内公共设施中无障碍设施服务范围覆盖全园的占比达到 100％，各场馆出入口与广场、广场与道路等之间的衔接均采用无障碍设计。

10.2.5　信息化管理

（1）智慧观览

围绕"绿色生活，美丽家园"主题，依托增强现实技术（AR）为核心，融合虚拟现实技术（VR）、空间定位等技术，依据世园需求开发了一套智慧观览系统，包括智慧导航、AR 景观体验、VR 世园、世园百科、应急服务等，从而实现文化与科技相互融合，打造"不一样的世园会"。

（2）智慧交通

在园区运行阶段，园区的交通管理信息系统对道路状况、电瓶车运行状态和人流情况进行监控，合理调度电瓶车运行，引导人流走向，保证园区的交通运输畅通。对车场情况进行监控，应用 IT 技术和智能化识别技术，研究泊车引导系统，通过无线通信和智能通信设备，向驾驶员提供各个停车场的位置、空位数量以及相关道路交通状况等信息，方便游客判断并找到停车场。

（3）智慧建筑

世园会内的中国馆、国际馆和生活体验馆，遵循智慧建筑设计理念和技术，引入信息化应用系统、室内环境质量监控系统、智能楼宇监控系统、高效能源监控与能效优化系统、视频安防监控系统和电子巡更系统等，以建筑中每个人的舒适与健康作为最重要的目标，打造"以人为本"的智慧建筑。

（4）智慧灯杆

智慧路灯依托 LED 路灯和智能控制平台，集成 Wi-Fi 基站、摄像头、红外线传感器、电子显示屏等技术，变成一个信息载体，实现数据监控、环保监测、安防监控、灯杆屏、应急报警等功能。为建设智慧园区提供了一个完备的载体，通过与大数据、物联网、云计算、无线通信技术等科技手段结合，提供对园区公共管理、安全和突发事件的应对能力，将为智慧园区建设提供更多的可能性。

10.2.6　产业与经济

园区以"创新办会、永续利用"为发展理念，推动园区绿色产业发展，充分利用市场机制搭建区域旅游发展框架。会后园区将发展旅游业、园艺花卉产业、养老休闲度假产业，助推京津冀绿色产业发展。结合周边特色旅游资源发展，将园区打造成为区域性大型生态公园、园艺产业的综合发展区、京北区域旅游体系的重要组成部分，构建完整的旅游服务体系和延庆春、夏、秋、冬"四季旅游"框架。

规划园艺产业发展带，将花、果、蔬、茶、药等产业前沿技术和文化集中展示，提供园艺产品交易推广的优质平台，切实推动园艺走进大众日常生活。形成园艺产业的集聚区，结合疏解非首都功能，拉动体育、文化、旅游休闲、生态农业等功能承接。创建一年一度的北京花展品牌，建设万花筒项目，协同冬奥会成功申办带来的群众对冰雪运动的广泛参与，打造全天候京西北黄金旅游带的新热点，带动京津冀园艺、旅游等绿色产业进入跨越发展期，实现城区单位土地产值增加。

10.2.7　人文

（1）文脉传承

对具有一定历史文化价值的遗迹——烽火台、古井等进行保护。为世人了解当地悠久的历史文化发挥积极的作用。同时，在园区的规划建筑设计中，尊重地方文化，保留乡土风貌，保护原有的肌理和格局——园艺小镇（图 6-10-7）。并且，以东方文化为特征，打造承载历史记忆的特色空间。比如代表中华园艺文化的天田园区、具有辽金建筑风格的园区制高点永宁阁、凝聚中国传统元素的 1 号礼乐大门等。

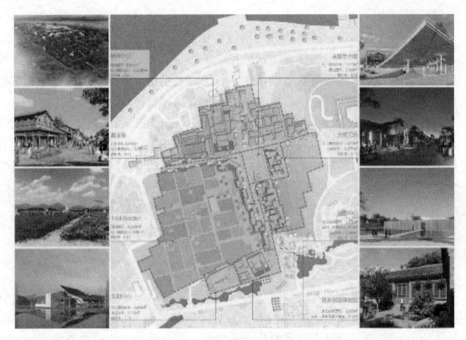

图 6-10-7　园艺小镇平面布置图

（2）以人为本

座椅布置充足舒适，采用集中和分散相结合的布置方式共布置了 940 个座椅，其中，室外休息区座椅均设置遮阳防雨措施。园区内休息设施的间距≤100m，还配套设置了自助售货机、饮水处、展览电子地图等设施。

优化卫生间配置，其中男、女卫生间厕位数配置数量的比值为 1∶3，全园设有 62 处无障碍卫生间，达到无障碍卫生间 100％覆盖，并设置了无性别卫生间以及母婴室。

（3）绿色遮阴

遵循以人为本的规划原则，以游客行为与心理需求为导向，合理布局遮阴系统，精心布置遮阴降温设施，最终形成宜人的室外环境空间，提高参观的舒适度与满意度。综合考虑园区规划布局、游览路线组织结构，依照功能组合、优势互补、技术先进、资源节约的原则进行绿色遮阴系统的空间布局，构建有效满足游客需求、有利于空间氛围体验、有助于系统衔接和高效运行的园区游览体系。

（4）声音景观

建立声景点、面分级规划控制体系，让声音在统一中变化。清晰的声景系统结构将提高世园会的游赏体验。适宜的声音层次感、动静分区有利于园区各大展区和主题区的衔接。园林适宜声音控制在 45～70dB 以内，以便给人最好的听觉享受。同时，利用消声系统将道路与重要节点进行分割，使道路噪声尽可能少地进入到场地中，每个场地尽可能形成单纯、统一的氛围。

10.3   实　施　效　果

通过上述的技术措施，2019 北京世园会将得到非常丰富的绿色成果。具体的指标为：园区的可再生能源利用率≥15％，其中园区内几个主要场馆的可再生能源替代率指标分别为温室 100％、中国馆 60％、国际馆 40％；园区内的景观水体不低于《地表水环境质量标准》现行标准Ⅲ类水体水质要求；非传统水源利用率不低于 70％；园区内交通采用 100％绿色出行方式，主要交通工具为自行车以及电动摆渡车；会时，大型公共建筑（＞2 万 m²）100％达到绿色（博览）建筑三星标准，包括中国馆、国际馆和生活体验馆，占所有大型公共建筑总建筑面积比例约 57.55％；园区内小尺度街区占比≥70％；自然湿地净损失率为 0。

10.4   社会经济效益分析

2019 北京世园会是向世界展示我国生态文明建设成果、促进绿色产业国际交流与合作的一个重要舞台，是弘扬绿色发展理念、推动经济发展方式和居民生活方式转变的一个重要契机，也是建设美丽中国的一次生动实践。办出具有时代特色的精彩盛会，展现大国首都新时代的新形象。

10.5   总　　结

2019 年中国北京世界园艺博览会项目采用了生态优先、师法自然、传承文化、开放包容、科技智慧、时尚多元、创新办会、永续利用的规划理念，主要技术措施总结如下：

（1）海绵园区；

（2）生态水脉；

（3）绿色建筑；

（4）可再生能源利用；

（5）绿色出行方式；

（6）智慧观览；

（7）智慧交通。

2019 年中国北京世界园艺博览会项目通过因地制宜地采用上述绿色技术措施，致力于弘扬绿色发展理念，彰显生态文明成果，推动园艺及绿色产业发展，举办一届独具特色、精彩纷呈、令人难忘的世园会，建设生态文明先行示范区和美丽中国展示区。

作者：叶大华　董辉　白彬彬　黄欣（北京世界园艺博览会事务协调局、中国建筑科学研究院）

附录篇

Appendix

附录 1 中国城市科学研究会绿色建筑与节能专业委员会简介

Appendix 1 Brief introduction to CSUS' S Green Building Council

中国城市科学研究会绿色建筑与节能专业委员会（简称：中国城科会绿建会，英文名称 CSUS'S Green Building Council，缩写为 China GBC）于 2008 年 3 月正式成立，是经中国科协批准，民政部登记注册的中国城市科学研究会的分支机构，是研究适合我国国情的绿色建筑与建筑节能的理论与技术集成系统、协助政府推动我国绿色建筑发展的学术团体。

成员来自科研、高校、设计、房地产开发、建筑施工、制造业及行业管理部门等企事业单位中从事绿色建筑和建筑节能研究与实践的专家、学者和专业技术人员。本会的宗旨：坚持科学发展观，促进学术繁荣；面向经济建设，深入研究社会主义市场经济条件下发展绿色建筑与建筑节能的理论与政策，努力创建适应中国国情的绿色建筑与建筑节能的科学技术体系，提高我国在快速城镇化过程中资源能源利用效率，保障和改善人居环境，积极参与国际学术交流，推动绿色建筑与建筑节能的技术进步，促进绿色建筑科技人才成长，发挥桥梁与纽带作用，为促进我国绿色建筑与建筑节能事业的发展做出贡献。

本会的办会原则：产学研结合、务实创新、服务行业、民主协商。

本会的主要业务范围：从事绿色建筑与节能理论研究，开展学术交流和国际合作，组织专业技术培训，编辑出版专业书刊，开展宣传教育活动，普及绿色建筑的相关知识，为政府主管部门和企业提供咨询服务。

一、中国城科会绿建委（以姓氏笔画排序）

主　　任：王有为　　中国建筑科学研究院顾问总工
副 主 任：王　俊　　中国建筑科学研究院有限公司董事长
　　　　　王清勤　　中国建筑科学研究院副院长
　　　　　王建国　　中国工程院院士、东南大学建筑学院院长
　　　　　毛志兵　　中国建筑股份有限公司总工程师
　　　　　尹　稚　　清华大学生态规划和绿色建筑教育部重点实验室主任
　　　　　叶　青　　深圳建筑科学研究院股份有限公司董事长

　　　　江　亿　中国工程院院士、清华大学教授

　　　　朱　雷　上海市建筑科学研究院（集团）总裁

　　　　李百战　重庆大学城市建设与环境工程学院院长

　　　　吴志强　中国工程院院士同济大学校长副校长

　　　　张　桦　上海现代建筑设计（集团）有限公司总裁

　　　　修　龙　中国建设科技集团有限公司董事长

　　　　徐永模　中国建筑材料联合会副会长

副秘书长：许桃丽　中国建筑科学研究院科技处原副处长

　　　　李　萍　原建设部建筑节能中心副主任

　　　　李丛笑　中建科技集团有限公司副总经理

　　　　常卫华　中国建筑科学研究院科技处处长

主任助理：李大鹏

通讯地址：北京市三里河路 9 号住建部北配楼南楼 214 室　100835

电　　话：010-58934866　88385280

公 众 号：中国城科会绿建委

Email：Chinagbc2008@chinagbc. org. cn

二、地方绿色建筑相关社团单位

广西建设科技协会绿色建筑分会

　　会　　　长：广西建筑科学研究设计院院长　朱惠英

　　秘 书 长：广西建筑科学研究设计院副院长　韦爱萍

　　通 讯 地 址：南宁市北大南路 17 号　530011

深圳市绿色建筑协会

　　会　　　长：中建钢构有限公司董事长　王宏

　　秘 书 长：深圳市建筑科学研究院　王向昱

　　通 讯 地 址：深圳福田区上步中路 1043 号深勘大厦 613 室　518028

四川省土木建筑学会绿色建筑专业委员会

　　主　　　任：四川省建筑科学研究院院长　王德华

　　秘 书 长：四川省建筑科学研究院建筑节能研究所所长　于忠

　　通 讯 地 址：成都市一环路北三段 55 号　610081

中国绿色建筑委员会江苏委员会（江苏省建筑节能协会）

　　会　　　长：江苏省住房和城乡建设厅科技处原处长　陈继东

　　秘 书 长：江苏省建筑科学研究院有限公司总经理　刘永刚

　　通 讯 地 址：南京市北京西路 12 号　210017

厦门市土木建筑学会绿色建筑委员会

主　　　　任：厦门市建设与管理局副局长　林树枝

秘　书　长：厦门市建设与管理局副处长　蔡立宏

通 讯 地 址：福州北大路 242 号　350001

福建省土木建筑学会绿色建筑与建筑节能专业委员会

主　　　　任：福建省建筑设计研究院总建筑师　梁章旋

秘　书　长：福建省建筑科学研究院总工　黄夏冬

通 讯 地 址：福州市通湖路 188 号　350001

福建省海峡绿色建筑发展中心

理　事　长：福建省建筑科学研究院总工　侯伟生

秘　书　长：福建省建筑科学研究院总工　黄夏东

通 讯 地 址：福州市杨桥中路 162 号　350025

山东省土木建筑学会绿色建筑与（近）零能耗建筑专业委员会

主　　　　任：山东省建筑科学研究院绿色建筑分院院长　王昭

秘　书　长：山东省建筑科学研究院绿色建筑研究所所长　李迪

通 讯 地 址：济南市无影山路 29 号　250031

辽宁省土木建筑学会绿色建筑专业委员会

主　　　　任：沈阳建筑大学校长　石铁矛

秘　书　长：沈阳建筑大学教授　顾南宁

通 讯 地 址：沈阳市浑南区浑南东路 9 号　110168

天津市城市科学研究会绿色建筑专业委员会

主　　　　任：天津市城市科学研究会会长　王家瑜

常务副主任：天津市城市科学研究会秘书长　王明浩

秘　书　长：天津市城市建设学院副院长　王建廷

通 讯 地 址：天津市河西区南昌路 116 号　300203

河北省城科会绿色建筑与低碳城市委员会

主　　　　任：河北省建筑科学研究院总工　赵士永

常务副主任：　河北省城市科学研究会副理事长兼秘书长　路春艳

秘　书　长：河北省建筑科学研究院　康熙

通 讯 地 址：石家庄市桥西区盛安大厦 296 号　050051

中国绿色建筑与节能（香港）委员会

主　　　　任：　香港中文大学教授　邹经宇

副 秘 书 长：　香港中文大学中国城市住宅研究中心　苗壮

通 讯 地 址：香港中文大学利黄瑶璧楼 507 室

重庆市建筑节能协会绿色建筑专业委员会

主　　　　任：重庆大学城市建设与环境工程学院院长　李百战

秘 书 长：重庆大学城市建设与环境工程学院教授 丁勇

通 讯 地 址：重庆市沙坪坝区沙北街83号 400045

湖北省土木建筑学会绿色建筑专业委员会

主 任：湖北省建筑科学研究设计院院长 饶钢

秘 书 长：湖北省建筑科学研究设计院所长 唐小虎

通 讯 地 址：武汉市武昌区中南路16号 430071

上海绿色建筑协会

会 长：甘忠泽

副会长兼秘书长：许解良

通 讯 地 址：上海市宛平南路75号1号楼9楼 200032

安徽省建筑节能与科技协会

会 长：安徽省住建厅建筑节能与科技处处长 项炳泉

秘 书 长：安徽省住建厅建筑节能与科技处 叶长青

通 讯 地 址：合肥市包河区紫云路996号 230091

郑州市城科会绿色建筑专业委员会

主 任：郑州交运集团原董事长 张遂生

秘 书 长：郑州市沃德空调销售公司经理 曹力锋

通 讯 地 址：郑州市淮海西路10号B楼二楼东 450006

广东省建筑节能协会

理 事 长：华南理工大学教授 赵立华

秘 书 长：广东省建筑节能协会秘书长 廖远洪

通 讯 地 址：广州市天河区五山路381号

华南理工大学建筑节能研究中心旧楼 510640

广东省建筑节能协会绿色建筑专业委员会

主 任：广东省建筑科学研究院副院长 杨仕超

秘 书 长：广东省建筑科学研究院节能所所长 吴培浩

通 讯 地 址：广州市先烈东路121号 510500

内蒙古绿色建筑协会

理 事 长：内蒙古城市规划市政设计研究院院长 杨永胜

秘 书 长：内蒙古城市规划市政设计研究院副院长 王海滨

通 讯 地 址：呼和浩特市如意开发区四维路西蒙奈伦广场4号楼505 010070

陕西省建筑节能协会

会 长：陕西省住房和城乡建设厅原副巡视员 潘正成

常务副会长：陕西省建筑节能与墙体材料改革办公室原总工 李玉玲

秘 书 长：曹军

通 讯 地 址：西安市东新街 248 号新城国际 B 座 10 楼　700004

河南省生态城市与绿色建筑委员会

　　主　　　任：河南省城市科学研究会副理事长　高玉楼

　　通 讯 地 址：郑州市金水路 102 号　450003

浙江省绿色建筑与建筑节能行业协会

　　会　　　长：浙江省建筑科学设计研究院有限公司副总经理　林奕

　　秘 书　长：浙江省建筑设计研究院绿色建筑工程设计院院长　朱鸿寅

　　通 讯 地 址：杭州市下城区安吉路 20 号　310006

中国建筑绿色建筑与节能委员会

　　会　　　长：中国建筑工程总公司总经理　官庆

　　副 会　长：中国建筑工程总公司总工程师　毛志兵

　　秘 书　长：中国建筑工程总公司科技与设计管理部副总经理　蒋立红

　　通 讯 地 址：北京市海淀区三里河路 15 号中建大厦 B 座 8001 室　100037

宁波市绿色建筑与建筑节能工作组

　　组　　　长：宁波市住建委科技处处长　张顺宝

　　常务副组长：宁波市城市科学研究会副会长　陈鸣达

　　通 讯 地 址：宁波市江东区松下街 595 号　315040

湖南省建设科技与建筑节能协会绿色建筑专业委员会

　　主　　　任：湖南省建筑设计院总建筑师　殷昆仑

　　秘 书　长：长沙绿建节能技术有限公司总经理　王柏俊

　　通 讯 地 址：长沙市人民中路 65 号　410011

黑龙江省土木建筑学会绿色建筑专业委员会

　　主　　　任：哈尔滨工业大学教授、国家"千人计划"专家　康健

　　常务副主任：哈尔滨工业大学建筑学院副院长　金虹

　　秘 书　长：哈尔滨工业大学建筑学院教授　赵运铎

　　通 讯 地 址：哈尔滨市南岗区西大直街 66 号　150006

中国绿色建筑与节能（澳门）协会

　　会　　　长：四方发展集团有限公司主席　卓重贤

　　理 事　长：汇博顾问有限公司理事总经理　李加行

　　通 讯 地 址：澳门友谊大马路 918 号，澳门世界贸易中心 7 楼 B-C 座

大连市绿色建筑行业协会

　　会　　　长：秦学森

　　常务副会长兼秘书长：徐梦鸿

　　通 讯 地 址：大连市沙河口区东北路 99 号亿达广场 4 号楼三楼　116021

北京市建筑节能与环境工程协会生态城市与绿色建筑专业委员会

会　　　长：北京市住宅建筑设计研究院有限公司董事长　李群

秘　书　长：北京市住宅建筑设计研究院副院长　胡颐蘅

通 讯 地 址：北京市东城区东总布胡同 5 号　100005

甘肃省土木建筑学会绿色建筑专业委员会

会　　　长：甘肃省土木工程科学研究院党委书记　何忠茂

秘　书　长：甘肃省土木工程科学研究院主任、教授级高工　侯文虎

三、绿色建筑专业学术小组

绿色工业建筑组

组　　长：机械工业第六设计研究院有限公司副总经理　李国顺

副组长：中国建筑科学研究院国家建筑工程质量监督检验中心主任　曹国庆

中国电子工程设计院科技工程院院长　王立

联系人：机械工业第六设计研究院有限公司副院长　许远超

绿色智能组

组　　长：同济大学教授　程大章

副组长：上海延华智能科技（集团）股份有限公司执行总裁　于兵

联系人：同济大学浙江学院实验中心主任　沈晔

绿色建筑规划设计组

组　　长：华东建筑集团股份有限公司总裁　张桦

副组长：深圳市建筑科学研究院股份有限公司董事长　叶青

浙江省建筑设计研究院总建筑师　许世文

联系人：华东建筑集团股份有限公司教授级高工　瞿燕

绿色建材组

组　　　长：中国建筑科学研究院建筑材料研究所所长　赵霄龙

常务副组长：中国建筑科学研究院建筑材料研究所副所长　黄靖

副 组　　长：北京国建信认证中心总经理　武庆涛

联　系　人：中国建筑科学研究院建筑材料研究所副研究员　何更新

绿色公共建筑组

组　　长：中国建筑科学研究院建筑环境与节能研究院院长　徐伟

副组长：北京市建筑设计院设备总工　徐宏庆

联系人：中国建筑科学研究院建筑环境与节能研究院高工　陈曦

绿色建筑理论与实践组

组　　　长：清华大学建筑学院教授　袁镔

常务副组长：清华大学建筑学院所长　宋晔皓

副 组　　长：华中科技大学建筑与城市规划学院院长　李保峰

        东南大学建筑学院副院长　张彤

        绿地集团总建筑师　戎武杰

        北方工业大学建筑学院院长　贾东

        华南理工大学建筑学院教授　王静

  联系人：清华大学建筑学院副教授　周正楠

绿色施工组

  组　　长：北京城建集团总工程师　张晋勋

  副组长：北京住总集团有限公司总工程师　杨健康

  联系人：北京城建集团四公司总工程师　彭其兵

绿色建筑政策法规组

  组　　长：清华大学土木水利学院建设管理系主任　方东平

  联系人：住房和城乡建设部科技和产业化发展中心工程师　宫玮

绿色校园组

  组　　长：同济大学副校长　吴志强

        西安建筑科技大学院士　刘加平

  副组长：沈阳建筑大学校长　石铁矛

        苏州大学金螳螂建筑与城市环境学院院长　吴永发

湿地与立体绿化组

  组　　　　长：北京市植物园原园长　张佐双

  副　　组　　长：中国城市建设研究院有限公司城乡生态文明研究院院长
        王香春

        北京市园林科学研究院景观所所长　韩丽莉

  副组长兼联系人：中国建筑股份有限公司技术中心环境工程研究室主任
        王珂

绿色轨道交通建筑组

  组　　长：北京城建设计发展集团股份有限公司院长　王汉军

  副组长：北京城建设计研究总院总工程师　杨秀仁

        中建一局（集团）有限公司副总工程师　黄常波

  联系人：北京城建设计研究总院副总工程师　刘京

绿色小城镇组

  组　　长：清华大学建筑学院副院长　朱颖心

  副组长：中建科技集团有限公司副总经理　李丛笑

  联系人：清华大学建筑学院教授　杨旭东

绿色物业与运营组

  组　　长：天津城市建设大学副校长　王建廷

副组长：新加坡建设局国际开发署高级署长　许麟济
　　　　天津天房物业有限公司董事长　张伟杰
　　　　中国建筑科学研究院环境与节能工程院副院长　路宾
　　　　广州粤华物业有限公司董事长、总经理　李健辉
　　　　天津市建筑设计院总工程师　刘建华

绿色建筑软件和应用组
　　组　长：建研科技股份有限公司副总裁　马恩成
　　副组长：清华大学教授　孙红三
　　　　　　欧特克软件（中国）有限公司中国区总监　李绍建
　　联系人：北京构力科技有限公司经理　张永炜

绿色医院建筑组
　　组　长：中国建筑科学研究院建筑环境与节能院副院长　邹瑜
　　副组长：中国中元国际工程有限公司院长　李辉
　　　　　　天津市建筑设计院正高级建筑师　孙鸿兴
　　联系人：中国建筑科学研究院建筑环境与节能院副研究员　袁闪闪

建筑室内环境组
　　组　长：重庆大学城市建设与环境学院院长　李百战
　　副组长：清华大学建筑学院教授　林波荣
　　　　　　中建科技集团有限公司副总工程师　朱清宇
　　　　　　西安建筑科技大学副主任　王怡
　　联系人：重庆大学城市建设与环境学院教授　丁勇

生态园林组
　　组　长：中国城市建设研究院副院长　王磐岩
　　副组长：上海市园林科学规划研究院院长　张浪

四、绿色建筑基地

北方地区绿色建筑基地
　　依托单位：中新（天津）生态城管理委员会
华东地区绿色建筑基地
　　依托单位：上海市绿色建筑协会
南方地区绿色建筑基地
　　依托单位：深圳市建筑科学研究院有限公司
西南地区绿色建筑基地
　　依托单位：重庆市绿色建筑专业委员会

五、国际合作交流机构

中国城科会绿色建筑与节能委员会日本事务部

Japanese Affairs Department of China Green Building Council

  主 任：北九州大学名誉教授 黑木莊一郎

  常务副主任：日本工程院外籍院士、北九州大学教授 高伟俊

  办 公 地 点：日本北九州大学

中国城科会绿色建筑与节能委员会英国事务部

British Affairs Department of China Green Building Council

  主 任：雷丁大学建筑环境学院院长、教授 Stuart Green

  副 主 任：剑桥大学建筑学院前院长、教授 Alan Short

      卡迪夫大学建筑学院前院长、教授 Phil Jones

  秘 书 长：重庆大学教育部绿色建筑与人居环境营造国际合作联合实验室

      主任、雷丁大学建筑环境学院教授 姚润明

  办 公 地 点：英国雷丁大学

中国城科会绿色建筑与节能委员会德国事务部

German Affairs Department of China Green Building Council

  副主任（代理主任）：朗诗欧洲建筑技术有限公司总经理、德国注册建筑师

      陈伟

  副 主 任：德国可持续建筑委员会-DGNB 首席执行官 Johannes Kreissig

      德国 EGS-Plan 设备工程公司/设能建筑咨询（上海）有限公司

      总经理 Dr. Dirk Schwede

  秘 书 长：费泽尔·斯道布建筑事务所创始人/总经理 Mathias Fetzer

  办 公 地 点：朗诗欧洲建筑技术有限公司（法兰克福）

中国城科会绿色建筑与节能委员会美东事务部

China Green Building Council North America Center（East）

  主 任：美国普林斯顿大学副校长 Kyu-Jung Whuang

  副 主 任：中国建筑美国公司高管 Chris Mill

  秘 书 长：康纳尔大学助理教授 华颖

  办 公 地 点：美国康奈尔大学

中美绿色建筑中心

U. S. -China Green Building Center

  主 任：美国劳伦斯伯克利实验室建筑技术和城市系统事业部主任

      Mary Ann Piette

  常务副主任：美国劳伦斯伯克利实验室国际能源分析部门负责人 周南

秘 书 长：美国劳伦斯伯克利实验室中国能源项目组　冯威

办 公 地 点：美国劳伦斯·伯克利国家实验室

中国城科会绿色建筑与节能委员会法国事务部

French Affairs Department of China Green Building Council

主　　　任：法国绿色建筑认证中心总裁　Patrick Nossent

副 主 任：法国建筑科学研究院国际事务部主任　Bruno Mesureur

　　　　　　法国绿色建筑委员会主任　Anne-Sophie Perrissin-Fabert

　　　　　　中建阿尔及利亚公司总经理　周圣

　　　　　　建设 21 国际建筑联盟高级顾问　曾雅薇

附录 2 中国城市科学研究会绿色建筑研究中心简介

Appendix 2 Brief introduction to CSUS Green Building Research Center

中国城市科学研究会绿色建筑研究中心（CSUS Green Building Research Center）成立于 2009 年，是我国重要的绿色建筑评价与推广机构，同时也是面向市场提供绿色建筑相关技术服务的综合性技术服务机构，在全国范围内率先开展了健康建筑标识、既有建筑绿色改造标识以及绿色生态城区评价业务，为我国绿色建筑发展贡献了巨大力量。

绿色建筑研究中心的主要业务有：绿色建筑标识评价（包括普通民用建筑、既有建筑、工业建筑等）；健康建筑标识评价；绿色生态城区标识评价；绿色建筑、健康建筑、超低能耗建筑等相关标准编制、课题研究、教育培训、行业推广等。

标识评价方面：截至 2018 年底，中心共开展了 1828 个绿色建筑标识评价（包括 80 个绿色建筑运行标识，1748 个绿色建筑设计标识），其中包括香港地区 15 个、澳门地区 1 个；55 个绿色工业建筑标识评价；12 个既有建筑绿色改造标识评价；39 个健康建筑标识评价（包括 3 个运行健康建筑运行标识，36 个健康建筑设计标识）；此外，中心开展了全国首个绿色生态城区实施运管标识评价、首个海外绿色建筑评价标识项目（日本）及首个绿色铁路客站项目。

信息化服务方面：截至 2018 年底，中心自主研发的绿色建筑在线申报系统已累积评价项目 772 个，并已在北京、江苏、上海、宁波、贵州等地方评价机构投入使用；建立"城科会绿建中心"、"健康建筑"微信公众号，持续发布绿色建筑及健康建筑标识评价情况、评价技术问题、评价的信息化手段、行业资讯、中心动态等内容；自主研发了绿色建筑标识评价 app 软件"中绿标"（Android 和 IOS 两个版本）以及绿色建筑评价桌面工具软件（PC 端评价软件），具有绿色建筑咨询、项目管理、数据共享等功能。

标准编制及科研方面：中心主编或参编国家、行业及团体标准《健康建筑评价标准》《绿色建筑评价标准》《绿色工业建筑评价标准》《绿色建筑评价标准（香港版）》《既有建筑绿色改造评价标准》《健康社区评价标准》《健康小镇评价标准》《健康医院评价标准》《健康养老建筑评价标准》《城市旧居住小区综合改造技术标准》等；主持或参与国家"十三五"课题、住建部课题、国际合作项目、中国科学技术协会课题《绿色建筑标准体系与标准规范研发项目》《基于实际运行效果的绿色建筑性能后评估方法研究及应用》《可持续发展的新型城镇化关键评价技术研究》《绿色建筑运行管理策略和优化调控技术》《健康建筑可持续运行及典型功能系统评价关键技术研究》《绿色建筑年度发展报告》《北京市绿色建筑第三方评价和信用管理制度研究》等。

国际交流合作方面：2018 年，中心继续与德国 DGNB、法国 HQE 评价标识的管理机构开展绿色建筑双认证工作。此外，中心与英国建筑研究院（BRE）开展绿色建筑标准体系双认证合作，并计划于 2019 年中英两国开展多个绿色建筑双认证评价工作。

绿色建筑研究中心有效整合资源，充分发挥有关机构、部门的专家队伍优势和技术支撑作用，按照住房和城乡建设部和地方相关文件要求开展绿色建筑评价工作，保证评价工作的科学性、公正性、公平性，创新形成了具有中国特色的"以评促管、以评促建"以及"多方共享、互利共赢"的绿建管理模式，已经成为我国绿色建筑标识评价以及行业推广的重要力量。并将继续在满足市场需求、规范绿色建筑评价行为、引导绿色建筑实施、探索绿色建筑发展等方面发挥积极作用。

联系地址：北京市海淀区三里河路 9 号院（住建部大院）
　　　　　中国城市科学研究会西办公楼 4 楼（100835）

电　话：010-58933142

传　真：010-58933144

E-mail：gbrc@csus-gbrc.org

网　址：http：www.csus-gbrc.org

附录 3 中国绿色建筑大事记
Appendix 3 Milestones of China green building development

2018年2月8日，住房和城乡建设部建筑节能与科技司副司长倪江波赴重庆市城乡建设委员会进行了建筑节能与绿色建筑推进工作调研。

2018年2月23日，《天津市绿色建筑管理规定》经市人民政府第3次常务会议通过，自2018年5月1日起施行。

2018年3月7日，中国城市科学研究会绿色建筑与节能委员会法国事务部在法国建筑科学研究院（CSTB）举行成立仪式，并举办绿色建筑技术研讨会。

2018年3月24日，由中国城市科学研究会绿色建筑研究中心与绿色建筑与节能专业委员会组织的首个中国绿色建筑海外项目运行标识评价在日本北九州市立大学组织实施。

2018年4月，工业信息化部、住房城乡建设部、国家能源局等6部门联合发布《智能光伏产业发展行动计划（2018～2020年）》。计划分为5个方面、17项工作，其中住房城乡建设部牵头开展智能光伏建筑及城镇应用示范。

2018年4月2日～3日，由中国城市科学研究会、广东省住房和城乡建设厅、珠海市人民政府、中美绿色基金、中国（城科会）绿色建筑与节能专委会和中国（城科会）生态城市研究专委会联合主办的第十四届国际绿色建筑与建筑节能大会暨新技术与产品博览会在珠海国际会展中心举行，本次大会主题为"推动绿色建筑迈向质量时代"。

2018年4月2日，中国城科会绿色建筑与节能专业委员会第十一次全体委员会议在珠海国际会议中心召开。

2018年4月25日，第三届西南地区建筑绿色化发展研讨会在重庆召开。

2018年4月24日～27日，由中国科技部和罗马尼亚科研创新部联合主办，沈阳建筑大学与罗马尼亚特来西瓦尼亚大学共同承办的"第三届中国—罗马尼亚科技合作研讨会"在罗马尼亚布拉索夫举行。本届研讨会的主题为"绿色建筑与建筑工业化"。

2018年5月11日，第十四届中国（深圳）国际文化产业博览交易会万科云设计公社分会场开幕式暨"根植绿色文化·建设绿色城市"论坛在万科云设计公社召开，绿色建筑首次被提升到文化的层面上进行交流探讨。

2018年6月27日，国务院印发"打赢蓝天保卫战三年行动计划"。

2018年7月12日，住房和城乡建设部与河北雄安新区管理委员会签署战略合作协议，在雄安新区规划建设管理方面建立全面战略合作关系。

2018年7月19日～21日，教育部学校规划建设发展中心和中国城市科学研究会绿色建筑与节能专业委员会在北京华北电力大学共同成功举办"第二届全国青年学生暑期绿色交流会暨第四届全国青年学生绿色建筑夏令营"。

2018年7月27日，《宁夏回族自治区绿色建筑发展条例》于自治区第十二届人民代表大会常务委员会第四次会议通过，自2018年9月1日起施行。

2018年7月31日，中国建筑科学研究院有限公司承担的住房和城乡建设部研究项目"国家标准《绿色建筑评价标准》GB/T 50378—2014修订研究"通过验收。

2018年8月14日，由中国建筑科学研究院有限公司会同有关单位开展的国家标准《绿色建筑评价标准》GB/T 50378—2014的修订工作启动。

2018年8月17日，二十项"2018年度建筑节能与科技司咨询研究课题"面向社会公开招标。

2018年8月30日～31日，第十届绿色建筑青年论坛暨青委会成立十周年庆祝大会在清华大学建筑馆召开。

2018年9月，国家首批绿色生态城区示范项目——长沙梅溪湖新区通过省部级验收。

2018年9月13日～14日，由中国城市科学研究会绿色建筑与节能专业委员会与北京建筑节能与环境工程协会联合主办的"第七届严寒寒冷地区绿色建筑技术论坛"于在北京召开。本届论坛由北京建筑节能与环境工程协会生态城市与绿色建筑专业委员会等单位承办。

2018年9月19日，由广东省住房和城乡建设厅、新加坡建设局、深圳市住房和建设局、广州市林业和园林局、广州市建筑节能与墙材革新管理办公室指导，中国城市科学研究会绿色建筑与节能专业委员会、新加坡绿色建筑协会、热带及亚热带地区绿色建筑委员会联盟主办的"热带及亚热带地区立体绿化大会"在广州召开，主题为"发展立体绿化，建设生态城市"。

2018年9月27日，由中国城市科学研究会绿色建筑与节能专业委员会、北方地区绿色建筑示范基地主办，天津生态城绿色建筑研究院有限公司承办的国家标准《绿色生态城区评价标准》北方地区宣贯会在天津市滨海新区举行。

2015年9月28日，中新国际绿色建筑论坛在中新天津生态城召开。大会由中华人民共和国住房和城乡建设部、新加坡国家发展部、天津市政府支持，中国城市科学研究会、中新天津生态城管理委员会、中国城市科学研究会绿色建筑与节能专业委员会、新加坡建设局联合主办。论坛主题为：从绿色建筑迈向绿色城区。

2018 年 10 月 24 日，中国城市科学研究会向上海虹桥商务区管委会颁发全国首个"国家绿色生态城区三星级运行标识"，上海虹桥商务区成为国内首个获得"国家绿色生态城区三星级运行标识"的城区。

2018 年 10 月 29 日，由西南地区绿色建筑基地和中国城市科学研究会主办的国家标准《绿色生态城区评价标准》和学会标准《健康建筑评价标准》宣贯会在重庆大学组织召开。

2018 年 10 月 31 日，住房和城乡建设部、江苏省人民政府、联合国人居署共同在徐州举办 2018 年世界城市日中国主场活动。世界城市日的主题是"生态城市，绿色发展"。

2018 年 11 月 19 日，"第八届夏热冬冷地区绿色建筑联盟大会"在南京成功召开。本次会议由中国城市科学研究会绿色建筑与节能专业委员会、中国绿色建筑委员会江苏省委员会（江苏绿建委）主办，江苏省建筑科学研究院有限公司、江苏建科节能技术有限公司承办。

2018 年 11 月 16 日～18 日，第八届热带亚热带（夏热冬暖）地区绿色建筑技术国际论坛在香港科学园举行，论坛以"绿色建筑与绿色小区作为构建热带及亚热带地区可持续和韧性人居环境的手段"为主题，由中国绿色建筑与节能（香港）委员会主办。

2018 年 11 月 28 日，《辽宁省绿色建筑条例》经省十三届人大常委会第七次会议全票通过，于 2019 年 2 月 1 日起施行。

2018 年 11 月 28 日，《河北省促进绿色建筑发展条例》由省第十三届人大常委会第七次会议高票通过，于 2019 年 1 月 1 日起施行。

2018 年 12 月 1 日，国家标准《绿色建筑评价标准》GB/T 50378—2014 修订审查会在北京召开。

2018 年 12 月 6 日，住房和城乡建设部在广西南宁举办"推动城市高质量发展系列标准发布"活动，发布包括《海绵城市建设评价标准》《绿色建筑评价标准》在内的 10 项标准，旨在适应中国经济由高速增长阶段转向高质量发展阶段的新要求，以高标准支撑和引导我国城市建设、工程建设高质量发展。

2018 年 12 月 6 日，中国建筑科学研究院有限公司王清勤副总经理受邀出席第二十四届联合国气候变化大会（COP24）2018 建筑行动论坛（2018 Building Action Symposium），并发表主题演讲。

2018 年 12 月 8 日，深圳市绿色建筑协会举行"不忘初心，绿色前行"协会成立十周年庆典系列活动。

2018 年 12 月 24 日，全国住房和城乡建设工作会议在京召开。住房和城乡建设部党组书记、部长王蒙徽全面总结了 2018 年住房和城乡建设工作，分析了面临的形势和问题，提出了 2019 年工作总体要求和重点任务。